现代煤化工项目
建设管理实务

张兆孔
刘　堃 | 主编

PRACTICE OF CONSTRUCTION MANAGEMENT
FOR MODERN COAL CHEMICAL PROJECTS

化学工业出版社
·北京·

内容简介

《现代煤化工项目建设管理实务》结合项目管理理论和现代管理学知识，从建设单位的角度，系统阐述了现代煤化工项目的管理，对项目的规划、立项、可行性研究、设计、采购、施工、交工、竣工验收等全过程进行了详尽介绍，深入总结了现代煤化工项目在组织设计、进度管理、费用控制、质量管理、安全管理、风险管理、信息管理和档案管理等方面的实用方法和措施。

本书融合了作者参与多个大型煤化工项目建设的经验，内容丰富，实用性强，可作为煤化工项目建设管理者的案头工具书，也可供大型现代石油化工项目和其他大型化工项目管理者阅读参考。

图书在版编目（CIP）数据

现代煤化工项目建设管理实务 / 张兆孔，刘堃主编.
北京：化学工业出版社，2025. 3. -- ISBN 978-7-122
-47158-1

Ⅰ. TQ53

中国国家版本馆 CIP 数据核字第 2025PX5952 号

责任编辑：傅聪智　　　　　　文字编辑：靳星瑞
责任校对：边　涛　　　　　　装帧设计：王晓宇

出版发行：化学工业出版社
　　　　　（北京市东城区青年湖南街 13 号　邮政编码 100011）
印　　装：中煤（北京）印务有限公司
787mm×1092mm　1/16　印张 27¼　字数 636 千字
2025 年 3 月北京第 1 版第 1 次印刷

购书咨询：010-64518888　　　　　　售后服务：010-64518899
网　　址：http://www.cip.com.cn
凡购买本书，如有缺损质量问题，本社销售中心负责调换。

定　　价：199.00 元　　　　　　　　版权所有　违者必究

20 世纪 70 年代，全球石油危机爆发，世界各国为应对石油短缺对经济造成的冲击，展开了广泛的研究和应对措施。中国"富煤、贫油、少气"的资源禀赋，结合复杂的地缘政治环境，开始了煤制油和煤制化学品技术的探索。进入 20 世纪末和 21 世纪初，随着相关技术的成熟及国家对石油安全的重视，中国启动了煤制油和煤化工示范项目的建设。这些项目不仅被视为工业史上最复杂、最具挑战性和创新性的工程之一，也使得中国成为全球唯一全面开展此类实践的国家。

《现代煤化工项目建设管理实务》一书凝聚了作者在过去 22 年中管理和执行这些变革性项目的丰富经验。书中总结了在应对前所未有的挑战时所汲取的教训、获得的宝贵洞察和不断优化的方法论。这些经验不仅为行业实践提供了宝贵的借鉴，也为未来项目管理的发展奠定了坚实基础。

本书探讨的方法论核心是一种服务于客户战略的项目管理模式，重点考虑煤炭企业作为项目业主的需求、战略及愿景。项目的目标在于通过最大化煤炭资源的利用、延长价值链，从而实现经济效益和煤炭资源的保障。明确的愿景、使命和投资组合管理，为项目的成功提供了坚实的基础。

值得注意的是，项目业主在开展这些复杂项目的过程中，最初普遍缺乏专业知识和资源。为应对这一挑战，有的业主聘请了全球顶尖的项目管理咨询公司（如 Aker Kvaerner 和 Lummus），与业主团队共同组建了一体化项目管理团队，按照国际惯例的业主管理模式进行项目管理。这种合作不仅成功克服了众多技术和管理难题，还为业主留下了宝贵的知识遗产，并根据中国的实际情况进行了进一步的优化与发展。

在项目执行过程中，由于项目业主的项目管理经验及人力资源有限，项目大多采用了 EPC（工程设计、采购与施工）合同模式；对于涉及新技术的工艺单元，则采用 EPCM（工程设计、采购与施工管理）模式。在项目定义阶段尽量减少不确定性和误解，从而规避执行阶段的风险。 EPC 和 EPCM 模式在当时的中国市场尚属新兴事物，极大地考验了业主的项目定义能力，而这种能力也成为项目成功的关键因素之一。

更加复杂的是，这些项目是全球首创，包括煤直接液化项目和煤制化学品项目（如乙烯和丙烯的生产）。这些创新要求整合多个传统上完全独立的行业领域，如煤气化、制氢、石油加氢技术以及煤制甲醇和乙烯技术。这种跨领域的整合不仅给项目业主带来了巨大的挑战，也对负责项目集成的工程公司提出了极大的考验。然而，尽管困难重重，这些项目最终得以成功实施，成为现代工业发展史上的重要里程碑。

经过二十多年的煤制油煤化工项目建设的实践，煤制油煤化工项目建设积累了一定的经验，形成了较为成熟的项目管理体系，《现代煤化工项目建设管理实务》一书在总结以往经验的基础上应运而生。

（1）本书的贡献

本书总结了这些项目成功背后的四大关键因素。

① 完善的项目管理体系：为业主需求量身定制的稳固框架，并通过实践不断优化。

② 高效的专业团队：能够高效运用管理体系，成功交付项目成果。

③ 本土承包商的成长：通过培训，本地承包商逐步达到了国际 EPC 标准。

④ 人才培养：培养了一代新兴的专业人才，他们在中国煤化工行业中发挥了关键作用。

这些项目不仅是实现业主战略目标的重要载体，也是人才孵化器，推动了先进项目管理实践的发展，并促进了整个行业的成长。

（2）未来的挑战与展望

经过 20 多年的发展与积累，中国现代煤化工行业已经形成了独特的优势，并在未来十年迎来了新的发展机遇。

与上一轮项目相比，下一阶段的煤化工项目将在以下几个方面呈现显著差异：

- 更大的投资规模
- 更加复杂的产品方案
- 更多新技术的验证与示范需求
- 更加严格的环保要求和温室气体排放标准

与此同时，数字化转型、模块化设计与建造、人工智能在项目管理中的应用，以及可再生能源与煤化工的耦合等新兴趋势，也对项目管理提出了全新的要求。

尽管全球正在朝着碳中和目标迈进，但对于中国、印度、印度尼西亚等发展中国家，煤炭依然是重要的原材料。尽管煤化工技术与石油天然气化工相比缺乏全球推广价值，但对于这些国家而言，煤炭的清洁高效利用以及煤化工产业仍然是未来的重要发展方向。因此，本书同样为国际同行在开发和管理煤化工项目方面提供了宝贵的参考价值。

从业主的视角来看，未来的煤化工项目管理将更加复杂和富有挑战性。本书希望为项目管理专业人士、工程师和战略规划者提供有价值的见解。它不仅记录了如何将巨大挑战转化为成功成果的原则与实践，还总结了对行业乃至国家产生深远影响的经验。作为对已取得成就的总结，本书更是未来在战略、技术与项目管理复杂交汇点上开拓前进的指南。

闫国春

2025 年 1 月

前言
PREFACE

二十一世纪初以来，从神华鄂尔多斯煤制油项目引入国外先进的工程管理经验开始，我国现代煤化工项目建设管理水平取得了长足的进步。

作为一名长期从事煤化工项目建设的专业人士，笔者一直苦于找不到一本合适的煤化工项目管理参考书籍。理想的书籍应该具备以下几个特点：首先，知识体系完整，结构清晰；其次，理论深度适中，不仅能够解释项目管理中的基本概念，还能深入挖掘管理理念和方法论；最后，内容应与实际煤化工建设项目紧密结合，深入浅出，通俗易懂，具有较好的可读性。尽管市面上涉及项目管理的书籍众多，但很难找到同时满足上述标准的作品。许多书籍虽然写得生动，贴近实际，但体系不够完整，往往只集中在时间管理和成本管理等核心领域。而一些体系完整的书籍则过于理论化，通篇都是概念解释，难以应用于实际管理实践中。因此，笔者萌生了自己编写一本符合上述标准的煤化工项目管理书籍的想法，希望为中国未来的煤化工项目建设提供一本有价值的参考书。

《现代煤化工项目建设管理实务》一书基于笔者参与多个大型煤化工项目建设的经验和掌握的第一手资料，结合项目管理理论和现代管理学知识，站在建设单位的角度，系统阐述了现代煤化工项目的管理，对项目的规划、立项、可行性研究、设计、采购、施工、交工、竣工验收等全过程进行了详尽介绍，深入总结了现代煤化工项目在组织设计、进度管理、费用控制、质量管理、安全管理、风险管理、信息管理和档案管理等方面的实用方法和措施。本书旨在全面覆盖现代煤化工项目建设的各个方面，对于大型现代煤化工项目的建设具有重要的参考价值，同时也对大型现代石油化工项目和其他大型化工项目的建设有一定的借鉴意义。本书不仅可作为煤化工项目建设管理者的案头书，也可为与工程项目管理相关的院校师生、研究人员提供丰富的管理实践内容。

本书由张兆孔、刘堃主编，邓祥国、孙树涛、宋强、那国良、魏佳、常海斌、董宇涵、崔富国、邓方文、王婷、李成刚、李蕊、孟庆彪等同志参加编写。

本书的编写从提出到成稿一直得到国家能源集团党组副书记、副总经理闫国春同志的高度肯定和大力支持，得到了神华工程技术有限公司的支持和项目管理团队的积极参与。在此，特别感谢闫国春、张先松、贾润安、姜兴剑、刘夏明、安亮、赵永年、王军光、高岷、王进、申屠春田等领导和同事的指导和鞭策。

书中如有不当之处，敬请读者批评指正。

张兆孔
2024 年 10 月

目 录
CONTENTS

绪论 ·· 001

第一章　煤化工产业及煤化工项目管理概述 ······································· 009

第一节　煤化工项目产业兴起的背景 ··· 009
　　一、符合国家发展战略，促进区域经济发展 ····················· 009
　　二、符合国家产业政策 ··· 010
　　三、良好的石油、天然气替代品 ···································· 010
第二节　现代煤化工产业的现状及发展方向 ··································· 011
　　一、"十三五"以来取得的成就 ······································ 011
　　二、现代煤化工项目面临的挑战 ···································· 012
　　三、现代煤化工项目未来发展的方向 ······························ 013
第三节　煤化工项目建设特点及管理特色 ····································· 014
　　一、煤化工项目建设特点 ·· 014
　　二、煤化工项目管理的历史沿革和固有特色 ······················ 014

第二章　现代煤化工项目管理的模式与组织 ······························· 015

第一节　常用的项目管理模式 ·· 015
　　一、　PMT 模式 ··· 015
　　二、　IPMT 模式 ·· 017
　　三、　PMC 模式 ··· 018
　　四、　EPC 模式 ··· 019
第二节　建立项目管理组织机构 ··· 021
　　一、搭建项目管理组织架构 ·· 021
　　二、配备项目管理组织人员 ·· 023
　　三、界定部门和岗位职责 ··· 023

第三章　煤化工项目的选择和可行性研究 ································· 030

第一节　项目规划、产业政策及行业准入 ····································· 030
　　一、符合国家和地方规划 ··· 030
　　二、不背离产业政策 ·· 030
　　三、满足行业准入条件 ·· 030
第二节　项目投资的三种行政管控方式 ··· 031
第三节　项目前期主要咨询成果 ··· 033

第四节　项目可行性研究 ·· 034
　　一、可行性研究的意义和具体作用 ·· 035
　　二、可行性研究的依据和要求 ·· 036
　　三、可行性研究报告的主要内容 ·· 037

第四章　项目策划 ·· 057

第一节　项目策划的理论方法 ·· 057
　　一、项目策划的基本原理 ·· 057
　　二、项目策划方法的概念 ·· 058
　　三、策划环境分析 ·· 058
第二节　项目策划的意义 ··· 058
第三节　编制项目策划 ··· 061
　　一、项目总体策划的编制 ·· 061
　　二、项目局部策划的编制 ·· 062

第五章　项目融资与财务管理 ······································· 063

第一节　煤化工项目的融资与风险管控 ·· 063
　　一、煤化工项目资金流动特点 ·· 063
　　二、项目融资 ·· 064
　　三、项目融资管理风险分析 ·· 064
第二节　煤化工项目的全过程财务管理 ·· 065

第六章　项目界面管理与协调 ······································· 068

第一节　项目界面管理 ··· 068
　　一、煤化工项目的管理界面 ·· 068
　　二、项目界面分析 ·· 068
　　三、项目界面管理方法 ··· 071
　　四、项目工序界面管理 ··· 072
第二节　项目沟通协调 ··· 073
　　一、煤化工项目的沟通协调 ·· 073
　　二、形成项目沟通协调机制 ·· 073
　　三、项目沟通协调的几项要点 ·· 074

第七章　项目报批与协调管理 ······································· 076

第一节　项目的核准及备案 ··· 076
　　一、项目的核准 ·· 076
　　二、项目的备案 ·· 079
第二节　煤化工项目前期附属报告 ·· 080
　　一、前期附属报告的编制 ·· 080

二、项目的报建 ……………………………………………………………… 082

第三节 外部协调工作要点 ………………………………………………………… 086

一、外部协调的重要性 ……………………………………………………… 086

二、协调工作的内容 ………………………………………………………… 086

三、协调工作的实施策略 …………………………………………………… 086

四、协调工作的风险及应对措施 …………………………………………… 087

五、协调工作的效果评估 …………………………………………………… 087

第八章 工程招标及合同管理 ……………………………………………………… 088

第一节 工程招标的意义和基本要求 ……………………………………………… 088

一、工程招标的意义 ………………………………………………………… 088

二、对工程招标的基本要求 ………………………………………………… 088

三、相关的法律法规和规章制度 …………………………………………… 089

第二节 构建煤化工项目工程合同体系 …………………………………………… 089

一、工程合同的分类 ………………………………………………………… 089

二、工程合同的策划 ………………………………………………………… 090

第三节 招标的策划与招标的流程 ………………………………………………… 090

一、工程招标策划 …………………………………………………………… 090

二、工程招投标流程 ………………………………………………………… 091

第四节 工程的非招标选择方式 …………………………………………………… 091

第五节 工程合同管理 ……………………………………………………………… 092

一、煤化工项目的合同管理 ………………………………………………… 092

二、合同变更和索赔管理 …………………………………………………… 093

三、合同保函管理 …………………………………………………………… 093

第六节 项目 EPC 合同的履行与索赔 ……………………………………………… 094

一、 EPC 合同的概念和特征 ……………………………………………… 094

二、 EPC 合同策划及承包商选择 ………………………………………… 095

三、 EPC 合同的履行和管理 ……………………………………………… 096

第七节 项目施工合同履行与索赔 ………………………………………………… 096

一、施工合同策划及施工总包商选择 ……………………………………… 096

二、施工合同的履行和管理 ………………………………………………… 097

第九章 项目计划管理和进度控制 ………………………………………………… 099

第一节 煤化工项目的进度计划体系 ……………………………………………… 099

一、一级计划 ………………………………………………………………… 099

二、二级计划 ………………………………………………………………… 100

三、三级计划 ………………………………………………………………… 101

四、四级计划 ………………………………………………………………… 102

第二节 项目进度监测体系 ………………………………………………………… 102

一、项目 WBS 编制 ……………………………………………… 102

二、建立项目进度监测体系 ……………………………………… 103

第三节　项目进度计划的制订与调整 ……………………………… 104

一、项目总体统筹计划 …………………………………………… 104

二、项目总进度计划 ……………………………………………… 104

三、项目执行计划 ………………………………………………… 105

四、装置主进度计划 ……………………………………………… 107

五、项目年度计划 ………………………………………………… 107

六、三月滚动计划 ………………………………………………… 107

七、三周滚动计划 ………………………………………………… 108

八、项目进度计划调整 …………………………………………… 108

第四节　项目进度计划的执行和控制 ……………………………… 108

一、进度控制组织机构 …………………………………………… 108

二、项目进度控制过程 …………………………………………… 109

三、项目进度的跟踪与控制 ……………………………………… 109

四、与进度相关的协调会议 ……………………………………… 110

五、进度控制的主要措施 ………………………………………… 111

第十章　项目投资控制 ……………………………………………… 112

第一节　煤化工项目的投资构成 …………………………………… 112

一、煤化工项目总投资和总概算 ………………………………… 112

二、项目总概算的内容 …………………………………………… 112

第二节　煤化工项目投资控制的内容和原则 ……………………… 114

一、投资控制的主要内容 ………………………………………… 114

二、投资控制的基本原则 ………………………………………… 115

第三节　项目投资控制目标的建立和调整 ………………………… 115

第四节　项目投资控制要点 ………………………………………… 116

一、项目投资控制的环节 ………………………………………… 116

二、决策阶段的投资控制 ………………………………………… 116

三、设计阶段的投资控制 ………………………………………… 118

四、招标阶段的投资控制 ………………………………………… 121

五、施工阶段的投资控制 ………………………………………… 128

六、竣工验收阶段的投资控制 …………………………………… 133

第五节　管控项目投资偏差 ………………………………………… 134

一、建立健全相应的管控体系 …………………………………… 135

二、投资偏差数据分析的方法 …………………………………… 135

三、投资偏差原因分析和偏差纠正 ……………………………… 136

第十一章　项目质量管理 …………………………………………… 137

第一节　建立煤化工项目质量管理体系 …………………………… 137

一、体系建立的基本思路 …………………………………………… 137

二、质量方针和质量目标 …………………………………………… 137

三、质量管理组织机构及职责 ……………………………………… 137

四、质量管理中的几个特定方面 …………………………………… 141

五、政府质量监督协调 ……………………………………………… 142

第二节　项目质量策划 ……………………………………………… 143

一、质量策划种类 …………………………………………………… 143

二、质量策划内容 …………………………………………………… 143

第三节　项目过程质量管理 ………………………………………… 143

一、设计质量管理 …………………………………………………… 143

二、采购质量管理 …………………………………………………… 146

三、施工质量管理 …………………………………………………… 147

第四节　质量检查 …………………………………………………… 149

一、质量检查方法 …………………………………………………… 149

二、质量检查内容 …………………………………………………… 150

第五节　质量事故管理 ……………………………………………… 151

一、质量事故的分类、调查和处理 ………………………………… 151

二、预防质量事故的几项主要措施 ………………………………… 152

第十二章　项目技术和设计管理 ………………………………… 154

第一节　煤化工项目设计管理的机构设置和职责划分 …………… 154

一、设计管理组织机构设置 ………………………………………… 154

二、设计管理职责划分 ……………………………………………… 156

第二节　工程勘察管理 ……………………………………………… 157

一、岩土工程勘察 …………………………………………………… 157

二、地形测绘 ………………………………………………………… 159

第三节　设计阶段划分及各阶段主要工作 ………………………… 159

一、设计阶段划分 …………………………………………………… 159

二、工艺包设计阶段 ………………………………………………… 160

三、总体设计阶段 …………………………………………………… 160

四、基础设计阶段 …………………………………………………… 161

五、详细设计阶段 …………………………………………………… 161

第四节　煤化工项目设计管理的几个主要方面 …………………… 162

一、设计界面管理 …………………………………………………… 162

二、设计技术管理 …………………………………………………… 162

三、设计“三同时”管理 …………………………………………… 163

四、设计变更管理 …………………………………………………… 164

五、设计交底及设计现场技术服务 ………………………………… 165

六、专利商选择及管理要点 ………………………………………… 166

七、项目数字化交付管理要点 ……………………………………… 167

第十三章　项目采购管理 ·· 169

第一节　项目定义阶段物资管理 ·· 169

第二节　项目执行阶段物资管理 ·· 174

第三节　项目收尾及运营阶段物资管理 ·· 176

第四节　物资采购统计方法及报表 ·· 177

第十四章　项目施工管理 ·· 178

第一节　施工管理的组织机构及职责 ·· 178

　　一、项目施工管理部机构设置 ·· 178

　　二、项目施工管理部职责 ··· 179

第二节　煤化工项目施工管理策划 ··· 180

　　一、施工管理策划的意义和作用 ··· 180

　　二、施工管理策划的主要内容 ·· 180

　　三、建立施工管理体系 ·· 181

第三节　施工准备 ··· 181

　　一、三通一平 ··· 181

　　二、资源准备 ··· 182

　　三、开工条件确认 ··· 182

第四节　施工技术管理 ·· 184

　　一、项目技术管理的组织机构 ·· 184

　　二、施工技术管理的主要内容 ·· 184

第五节　施工总图管理 ·· 186

　　一、临时水电管理 ··· 186

　　二、大件运输与吊装管理 ··· 186

　　三、道路管理 ··· 187

　　四、承包商生活区及预制场地管理 ··· 187

第六节　框架协议单位的管理 ·· 188

第七节　文明施工管理 ·· 189

第八节　第三方检测管理 ·· 189

　　一、第三方检测的范围 ·· 189

　　二、选择和管理第三方检测单位 ··· 190

第九节　监理管理 ··· 192

　　一、监理的业务内容 ··· 192

　　二、煤化工项目监理的工作内容 ··· 192

　　三、监理的选择 ··· 193

　　四、对监理的管理与评价 ··· 193

第十五章　项目 HSE 管理 ··· 196

第一节　建立煤化工项目 HSE 管理体系 ······································· 196

一、煤化工项目 HSE 管理体系 ……………………………………………… 196

二、项目 HSE 方针及目标 …………………………………………………… 199

三、项目 HSE 管理组织机构及职责 ……………………………………… 200

第二节　对承包商的 HSE 管理 ……………………………………………… 207

一、对承包商准入的 HSE 管理 …………………………………………… 207

二、对现场开工的 HSE 管理 ……………………………………………… 211

三、对施工过程的 HSE 监管 ……………………………………………… 212

四、对承包商的 HSE 考核 ………………………………………………… 215

第三节　项目 HSE 动态风险管理 …………………………………………… 216

一、项目 HSE 动态风险管控的意义和要点 …………………………… 216

二、项目 HSE 动态风险辨识 ……………………………………………… 216

三、项目 HSE 动态风险控制 ……………………………………………… 219

第四节　项目安全技术方案管理 …………………………………………… 219

一、安全技术方案管理的意义 …………………………………………… 219

二、安全技术方案管理 …………………………………………………… 220

三、对专项施工方案的要求 ……………………………………………… 221

第五节　项目装置性防护管理 ……………………………………………… 225

一、装置性防护的意义 …………………………………………………… 225

二、装置性防护的要求 …………………………………………………… 225

三、装置性防护的过程管理 ……………………………………………… 227

第六节　项目安全培训管理 ………………………………………………… 228

第七节　对项目人员不安全行为的管理 …………………………………… 230

一、对不安全行为的管控措施 …………………………………………… 230

二、不安全行为矫正方法 ………………………………………………… 232

第八节　项目机具设备安全管理 …………………………………………… 233

一、施工机具设备种类 …………………………………………………… 233

二、使用要求和管理职责 ………………………………………………… 233

三、机具设备的安全使用 ………………………………………………… 234

第九节　煤化工项目的应急管理 …………………………………………… 238

一、煤化工项目易发安全事故的种类与特点 ………………………… 238

二、项目应急预案 ………………………………………………………… 239

三、应急准备 ……………………………………………………………… 240

四、应急预案评审和修订 ………………………………………………… 241

第十六章　项目风险管理与工程保险 …………………………………… 242

第一节　项目风险管理体系的建立 ………………………………………… 242

第二节　煤化工项目的风险辨识 …………………………………………… 243

一、项目外部风险 ………………………………………………………… 243

二、项目内部风险 ………………………………………………………… 243

第三节　煤化工项目的风险应对 …………………………………………… 244

第四节　项目工程保险的分类和实施 ⋯⋯⋯⋯⋯⋯⋯⋯⋯⋯⋯⋯⋯⋯⋯ 245
　　一、建设方需购买的保险 ⋯⋯⋯⋯⋯⋯⋯⋯⋯⋯⋯⋯⋯ 245
　　二、承包商需购买的保险 ⋯⋯⋯⋯⋯⋯⋯⋯⋯⋯⋯⋯⋯ 245

第十七章　项目信息化管理 ⋯⋯⋯⋯⋯⋯⋯⋯⋯⋯⋯⋯⋯⋯ 247

第一节　项目管理信息资源 ⋯⋯⋯⋯⋯⋯⋯⋯⋯⋯⋯⋯⋯⋯⋯⋯⋯⋯ 247
　　一、项目管理中的信息资源 ⋯⋯⋯⋯⋯⋯⋯⋯⋯⋯⋯⋯ 247
　　二、煤化工项目管理信息资源的管理和利用 ⋯⋯⋯⋯ 248
第二节　建立项目管理信息系统 ⋯⋯⋯⋯⋯⋯⋯⋯⋯⋯⋯⋯⋯⋯⋯⋯ 249
　　一、系统建设前应解决的认识问题 ⋯⋯⋯⋯⋯⋯⋯⋯ 249
　　二、系统建设的方法和途径 ⋯⋯⋯⋯⋯⋯⋯⋯⋯⋯⋯⋯ 250
第三节　煤化工项目管理信息系统实例 ⋯⋯⋯⋯⋯⋯⋯⋯⋯⋯⋯⋯ 251
　　一、煤化工项目管理信息系统的组成 ⋯⋯⋯⋯⋯⋯⋯ 251
　　二、煤化工项目管理信息系统的实施 ⋯⋯⋯⋯⋯⋯⋯ 254
第四节　项目管理信息系统与工厂数字化交付 ⋯⋯⋯⋯⋯⋯⋯⋯⋯ 257
　　一、数字化交付范围 ⋯⋯⋯⋯⋯⋯⋯⋯⋯⋯⋯⋯⋯⋯⋯ 258
　　二、工厂对象分类属性规定 ⋯⋯⋯⋯⋯⋯⋯⋯⋯⋯⋯⋯ 259
　　三、三维数字化模型交付规定 ⋯⋯⋯⋯⋯⋯⋯⋯⋯⋯⋯ 259
　　四、智能 P&ID 交付规定 ⋯⋯⋯⋯⋯⋯⋯⋯⋯⋯⋯⋯⋯ 262
　　五、工厂对象数据交付规定 ⋯⋯⋯⋯⋯⋯⋯⋯⋯⋯⋯⋯ 262
　　六、电子文档交付规定 ⋯⋯⋯⋯⋯⋯⋯⋯⋯⋯⋯⋯⋯⋯ 262
　　七、交付物格式要求 ⋯⋯⋯⋯⋯⋯⋯⋯⋯⋯⋯⋯⋯⋯⋯ 263
　　八、数字化管理及职责 ⋯⋯⋯⋯⋯⋯⋯⋯⋯⋯⋯⋯⋯⋯ 263
　　九、数字交付方式 ⋯⋯⋯⋯⋯⋯⋯⋯⋯⋯⋯⋯⋯⋯⋯⋯ 264

第十八章　项目档案管理 ⋯⋯⋯⋯⋯⋯⋯⋯⋯⋯⋯⋯⋯⋯ 265

第一节　项目档案管理的目的和意义 ⋯⋯⋯⋯⋯⋯⋯⋯⋯⋯⋯⋯⋯ 265
第二节　项目档案管理的特点和原则 ⋯⋯⋯⋯⋯⋯⋯⋯⋯⋯⋯⋯⋯ 265
　　一、项目档案管理的特点 ⋯⋯⋯⋯⋯⋯⋯⋯⋯⋯⋯⋯⋯ 265
　　二、项目档案管理的原则 ⋯⋯⋯⋯⋯⋯⋯⋯⋯⋯⋯⋯⋯ 266
第三节　建立项目档案管理体系 ⋯⋯⋯⋯⋯⋯⋯⋯⋯⋯⋯⋯⋯⋯⋯⋯ 266
　　一、明确岗位职责 ⋯⋯⋯⋯⋯⋯⋯⋯⋯⋯⋯⋯⋯⋯⋯⋯ 267
　　二、配备人员，建立项目档案室 ⋯⋯⋯⋯⋯⋯⋯⋯⋯⋯ 269
第四节　对项目文档的过程控制 ⋯⋯⋯⋯⋯⋯⋯⋯⋯⋯⋯⋯⋯⋯⋯⋯ 270
　　一、前期文件 ⋯⋯⋯⋯⋯⋯⋯⋯⋯⋯⋯⋯⋯⋯⋯⋯⋯⋯ 270
　　二、设计文件 ⋯⋯⋯⋯⋯⋯⋯⋯⋯⋯⋯⋯⋯⋯⋯⋯⋯⋯ 270
　　三、施工文件 ⋯⋯⋯⋯⋯⋯⋯⋯⋯⋯⋯⋯⋯⋯⋯⋯⋯⋯ 271
第五节　项目档案整编 ⋯⋯⋯⋯⋯⋯⋯⋯⋯⋯⋯⋯⋯⋯⋯⋯⋯⋯⋯⋯ 272
　　一、项目档案整编的总体要求 ⋯⋯⋯⋯⋯⋯⋯⋯⋯⋯⋯ 272

二、项目前期文件的整编 ································· 272

三、项目管理性文件的整编 ································· 273

四、项目交工技术文件的整编 ······························· 273

第六节 项目档案专项验收 ····································· 278

一、档案专项验收的概念和依据 ··························· 278

二、档案专项验收的程序和办法 ··························· 279

第十九章　项目交工管理和竣工验收 ···················· 280

第一节 煤化工项目的交工管理 ····························· 280

第二节 建立项目交工管理机构 ····························· 281

第三节 项目交工管理内容与要求 ··························· 282

一、项目机械完工（MC） ······························· 282

二、工程中间交接 ······································· 287

三、最终交工验收 ······································· 292

第二十章　项目生产准备 ································· 293

第一节 生产组织准备 ····································· 293

第二节 人员准备 ······································· 293

第三节 技术准备 ······································· 294

第四节 安职环防准备 ····································· 296

第五节 生产物资及营销准备 ······························· 296

第六节 生产资金及外部条件准备 ··························· 297

第二十一章　煤化工项目的投料试车和性能考核 ·········· 298

第一节 煤化工项目试车及方案审批 ························· 298

第二节 单机试车和系统吹扫 ······························· 300

第三节 联动试车及预试车 ································· 301

第四节 投料试车 ······································· 303

第五节 生产考核 ······································· 309

第二十二章　项目决算 ··································· 311

第一节 煤化工项目竣工财务决算报告编制 ··················· 311

一、竣工财务决算报告的概念和意义 ······················· 311

二、竣工财务决算报告的编制要求和依据 ··················· 311

三、竣工财务决算报告的编制内容及原则 ··················· 312

第二节 项目竣工财务决算编制信息化应用 ··················· 314

一、竣工决算管理系统的作用和意义 ······················· 314

二、竣工决算管理系统的核心功能 ························· 315

三、构建竣工决算管理系统 ······························· 316

第二十三章　项目审计 ·· 318

第一节　项目全过程跟踪审计 ·· 318
　　一、全过程跟踪审计的概念和意义 ······················· 318
　　二、原则和内容、方法和程序 ······························· 318
　　三、全过程跟踪审计实施 ····································· 319
第二节　结算审计 ··· 322
　　一、结算审计的策划和实施 ································· 322
　　二、结算审计的审核要点 ····································· 322
第三节　决算审计 ··· 324
　　一、决算审计的内容 ·· 324
　　二、决算审计依据的主要文件 ······························· 326

第二十四章　项目后评价 ·· 328

第一节　项目后评价的概念和要求 ···································· 328
　　一、项目后评价的目的和作用 ······························· 328
　　二、项目后评价的含义和基本特征 ························· 329
　　三、项目后评价的类型 ·· 330
　　四、项目后评价的依据 ·· 331
　　五、项目后评价的评价指标 ································· 332
　　六、项目后评价结果反馈 ····································· 333
第二节　煤化工项目后评价的方法和报告内容 ··················· 333
　　一、选择后评价项目时应考虑的因素 ····················· 333
　　二、项目后评价方法 ·· 333
　　三、项目后评价报告内容 ····································· 334

参考文献 ·· 336

附录一　XX项目总体策划 ··· 337

附录二　现代煤化工"十四五"发展指南 ························ 416

绪 论

进入二十一世纪，随着现代煤制油技术和重型装备制造技术的突破，现代煤化工进入了崭新的阶段。短短十几年的时间，随着神华鄂尔多斯 108 万吨/年煤直接液化示范项目、神华包头 68 万吨/年煤制烯烃示范项目、大唐 40 亿立方米/年煤制气示范项目、神华宁煤 400 万吨/年煤间接液化示范项目等一大批煤化工示范项目取得成功，大型现代煤化工项目如雨后春笋般地建成投产。据不完全统计，截止到 2023 年底，我国已经建成投产的煤制油产量约为 1100 万吨/年，煤制天然气产量约为 340 亿立方米/年，煤制烯烃产量约为 1700 万吨/年，煤制乙二醇产量约为 700 万吨，现代煤化工产业发展取得了举世瞩目的成就。

与此同时，随着国内一大批炼油化工一体化项目的建成投产，原油加工能力持续增加。据统计，2023 年国内原油加工量达到 7.33 亿吨，炼油厂的开工率为 79.4%，原油加工能力实际已经达到 9.23 亿吨。2023 年我国原油产量达到历史新高 2.08 亿吨，进口原油 5.25 亿吨，原油对外依存度达 71.6%。与此相对应的是，我国能源安全问题愈加突出。

破解这一难题，还是要从我国的资源禀赋"富煤贫油少气"上做文章。笔者认为，纵然我们面临着碳达峰、碳中和的巨大压力，现代煤化工尤其是现代煤制油项目在相当长的时期内还将占据一定的位置，还有一定的发展空间。

现代煤化工产业经过近二十年"轰轰烈烈"的发展，已经初具规模。在这些大型现代煤化工项目建设过程中，有非常成功的案例，但也不乏失败的教训，甚至是惨痛的教训。项目管理在大型现代煤化工建设中起着举足轻重的作用，总结经验，吸取教训，为迎接新一轮煤化工项目的建设高潮做好准备，是很有必要的。

项目管理既是一个旧话题，也是一个新话题。新中国成立之初，大型的项目建设，比如苏联援助的一百五十多个项目建设、北京的十大建筑等，基本上采取的是带有行政命令性质的基建指挥部的管理模式。这种模式在集中力量办大事、集中有限资源办大事方面发挥了很好的作用，有的还创造了建设史上的奇迹。比如北京人民大会堂的建设，从开工到完工总共耗时 10 个月。该工程于 1958 年 10 月 28 日正式开工，为了给国庆 10 周年献礼，仅仅用了 10 个月时间就建成了这座建筑面积达 17 万平方米的建筑。在如此短的时间内完成，真正创造了建设史上的奇迹。

改革开放以后，随着国外资金的引入，同时也引入了国外先进的项目管理模式，比如建设监理制、设计采购施工（EPC）总承包制、施工承包制等各种模式。全国各行各业随着基本建设的大发展也探讨使用了各种模式，比如世界银行贷款的京津塘高速公路项目采用了以 FIDIC 条款为合同蓝本的建设监理制；国家计委批准国内十一家设计院改制成工程公司对本行业的项目实行 EPC 总承包制，比较成功的有原中国石化北京石化工程公司（BPEC）总承包的 10 套聚丙烯项目；中国石化燕山石化乙烯改造项目采用的仍然是指挥部的管理模式。

时间进入到二十一世纪，在石油化工领域，三大中外合资大型乙烯项目的建设（南京扬巴乙烯、上海赛科乙烯、惠州中海壳牌乙烯）全部引入了建设管理公司代建制（PMC）

的管理模式，该模式对石油化工大型联合装置的建设起到了积极的推动作用，起到了很好的效果，也为国内大型联合装置的建设提供了宝贵的经验。

神华鄂尔多斯 108 万吨/年煤直接液化示范工程就采用了美国 ABB 鲁姆斯（ABB Lummus）公司和科瓦纳（Aker Kvaerner）公司先进的项目管理体系，结合采用中石化先进的项目管理经验，圆满建成了世界上第一套煤直接液化生产装置并一次投料试车成功。在接下来的包头 68 万吨/年煤制烯烃示范项目、榆林 68 万吨/年甲醇下游加工项目（SSMTO）、新疆 68 万吨/年煤基新材料项目、榆林神华煤炭循环经济利用项目一阶段工程（SYCTC-1）等项目建设中，逐渐形成了独特的业主管理模式下的建设生产一体化项目管理体系。本书所叙述的项目管理就是基于这种建设生产一体化的项目管理体系。

项目就是一项工作任务，是指在特定的时间、成本和资源条件下，按照标准开展体系化工作进而达到预定目标的一项任务，具有目标性、临时性、独特性、不确定性等特点。项目管理就是对项目进行全面和系统的策划、组织、控制和协调，以确保项目能够在限定的时间、成本和资源条件下达成既定的目标。

简单地说，项目就是从 A 点到 B 点，项目管理就是如何从 A 点到 B 点。从 A 点到 B 点有无数条线，理论上说直线是最短的距离。项目管理就是通过有效的项目策划、组织、控制和协调，使得项目能够以最接近于直线的方式从 A 点到达 B 点。

项目管理涉及方方面面，纵向来说包括设计管理、采购管理、施工管理和开车管理，横向来说包括进度管理、质量管理、投资管理、安全管理。除了带有指标性质的进度、质量、投资、安全四大管理以外，横向管理还包括人员管理、商务管理、合同管理、界面管理、信息管理、档案管理、风险管理、行政管理等。

组织一个大型现代煤化工项目建设，就像打一场现代战争一样复杂多变。如何把项目管理涉及到的这十六种管理有效地、系统地、全面地组织起来，产生积极向前的合力，确保项目"连续均衡有节奏"地进行，实现项目的既定目标，极大地考验着项目组织者。

首先，我们要秉持先进的项目管理理念。"项目成功是所有建设者的成功"，这应该成为项目管理的第一大理念。尊重所有的项目建设者，使所有参与者都能分享项目成功的喜悦，都能从项目建设中有获有益，都能为有机会参与到项目建设感到自豪和骄傲。

"连续均衡有节奏"推动项目，这是一种境界。组织一个大型项目建设，就像演奏一曲钢琴曲，有节奏，高潮不断，使人心旷神怡。掌控和把握项目建设的节奏，连续均衡地推动项目建设，自始至终不会出现不可控的情景，达到"无为而治"的境界。

"所有事故都能够避免，所有风险都能够防范"。任何事故的发生都有其必然性和偶然性，如何将必然性和偶然性一一化解，避免事故发生，这是项目管理的水平体现。风险无处不在，如何规避风险，将风险的发生控制在可接受的范围内，同样考验着项目管理的能力和水平。

"安全零伤害？质量无隐患"是安全质量管理追求的终极目标。安全事故的发生不对人员造成伤害，最大程度地保障人的生命安全，体现"生命至上"的最高理念。如何实现安全零伤害？危险源的动态辨识与管控，采取装置性的防护措施是必要手段。质量隐患会导致将来生产安全事故的发生，消除潜在的质量隐患，是质量管理的终极目标。

"一分耕耘，一分收获"。有耕耘才有收获。项目建设没有捷径可走，所有的努力都最终体现在建设产品上。无论从事管理的人员还是从事设计、施工的人员，产品是我们最终要交付的，精雕细琢才能交出精品工程。

其次，大型现代煤化工项目主线条上的关键环节，每个环节都有其关键作用。产品方案和工艺路线是方向；工艺技术是保证；设计是龙头；采购是保障；施工是过程；试车是验证；生产要效益。

再次，大型现代煤化工项目建设过程的阶段划分。一般情况下，我们把大型现代煤化工项目的全生命周期划分为以下五个阶段，这五个阶段相互衔接、相互制约而又相互交叉。

第一个阶段是前期阶段，一般指项目提出到项目批准的整个阶段。包括项目建议、可行性研究及其附属报告、可研批准及投资决策、项目核准或备案等。

第二个阶段是定义阶段，一般指从工艺包设计开始到EPC选定。包括工艺包设计、总体设计、基础设计及专篇审批、长周期设备采购、现场三通一平、EPC选定等。这个阶段项目的主要成果文件有项目总体策划、项目总进度计划、项目管理体系文件、项目工程统一规定、项目总体统筹控制计划等。

第三个阶段是执行阶段，一般指从现场开始施工到项目中间交接。这个阶段是实现项目实体的阶段，这是项目实现的过程，一般由EPC负责按照合同交付项目实体。项目组代表建设单位对各EPC实施管理，项目部的主要职责是确保各EPC在执行过程中不跑偏、不出问题，按照设计文件、工程统一规定和建设单位要求顺利实现项目的中间交接。

第四个阶段是试车阶段，一般指从机械完工到投料试车的过程。项目达到机械完工的条件后转入预试车阶段，这个阶段生产全面介入，并引导和指导项目的系统冲洗和吹扫、系统气密、大机组负荷试车以及仪表的联校联锁调试。项目中间交接后，生产负责组织联动试车和投料试车。

第五个阶段是验收阶段，一般指项目转入试生产后到竣工验收的阶段。项目投料试车成功后转入试生产阶段，各装置将要进行生产考核和性能考核。环保、安全、职业病防护、档案等要进行专项验收，各EPC和施工单位要完成工程结算，项目要完成竣工决算和项目审计，最后进行项目的竣工验收。竣工验收后一段时间内要进行项目后评价。

一个崭新的大型现代煤化工项目摆在你的面前，如何组织？从何处着手？重点抓哪些工作？如何推进项目？等等，千人千种做法，都有一定的道理。但建立高效的项目管理团队应是大家的共同之选。这包括两个方面：一是建立高效的项目管理组织，二是配备合适的项目管理人员。

矩阵式的项目管理组织机构被公认为是现代项目管理体系中最具代表性的项目组织形式。设置若干职能部门，设置若干项目组，形成矩阵式的项目管理组织机构。职能部门一般应包括设计、商务采购、施工、控制、安全质量、财务等关键部门，项目组设置数量视项目大小而定，一般设置4~9个项目组。

项目组织机构应在项目主任组的直接领导下开展工作，项目主任组是项目的决策和管理机构，对建设单位负责。项目主任组的配备应该是建设生产相结合的组织形式，项目主任要具有大型石油化工、煤化工、化工项目的建设经验，对项目建设的客观规律把控到位，具有引导、组织项目向前推进的能力、定力、魄力。

项目主任组由五位主任组成是最佳配置。主任组成员不宜太多，否则不利于决策和效率优先的原则。四位副主任各有侧重：设计与技术、设备与采购、安全与质量、项目执行等，大家各负其责、相互支持、相互配合、相互补台，发挥整体合力的作用。

部门主要成员的配备以及项目组主要成员的配备，主要原则以经验为主，具有良好的专业知识、个人能力和个人素质，具有较强的沟通和协调能力。

确定了项目组织机构，配备了项目主要成员，接下来要做的一项重要工作就是编制项目总体策划，也就是如何做好这个项目。要确定项目的指导方针，确定项目的指导思想，确定项目的主要目标。

如何贯彻项目的指导方针和指导思想，实现项目的主要目标，体现在项目总体策划上。项目总体策划的编制要体现以下几个原则：一是项目管理要体现先进性，代表着国内先进的项目管理理念和做法；二是项目管理要体现务实性，要结合项目的实际情况和项目本身的特点去编制；三是项目管理要体现全面性，要包括项目管理涉及到的方方面面，不能有所偏颇；四是项目管理要体现原则性，策划中的做法要在后续的工作中严格执行，原则性要强，同时要求可实施性要强，不能好高骛远，也不能随意放弃；五是项目管理要体现持续性，持续改进是永恒的主题，改进是为了适应变化了的条件和环境，一个大型现代煤化工项目建设持续 4～5 年，环境条件变化是客观存在的。

最为核心的一点，项目总体策划需要项目主要成员亲自编写，不能越俎代庖。这一点非常重要，没有亲自编写，"五性"原则就不能很好地体现。

笔者在亲自组织的几个大型现代煤化工项目上，均结合项目实际编制了行之有效的项目总体策划，并在项目建设的全过程进行了实施，效果非常好。附录节选了某大型现代煤化工项目的项目总体策划，仅供参考。

建立了项目组织，配备了相应人员，编制了总体策划，接下来就是全力以赴推动项目坚定不移地往前走。项目千头万绪，如何从容抓起呢？以笔者几十年从事项目管理的经验，要抓好"点""线""面"的工作。

何为"点"的工作？就是项目的主要工作，这在本书中有详细介绍，比如工艺包选择、总体设计、基础设计、长周期设备采购、现场开工等。一般来说，这些主要工作大家都清楚，大家的注意力都在关注着这些工作。

何为"线"的工作？就是项目关键路线上的工作，简单地说，以单元为单位每个主项的工作进展情况和衔接情况，既要关注关键线路上项目的执行情况，也要关注非关键线路上项目的执行情况，关键的是要防止非关键线路转化为关键线路。一般情况下，这种转化意味着这条线路出现了问题，甚至可能是严重的问题。

何为"面"的工作？就是全面推进项目，确保各项目在统一的管理框架下，在统一的管理要求下，在统一的管理标准下同步推进。这里的关键是各项目不仅要按照项目总进度计划同步推进，更为关键的是项目的各项管理标准在各项目得到同样的贯彻和执行，不能有偏颇。比如对安全管理标准的把控，对质量标准的把控，各项目都要理解一致，贯彻一致。

掌握了"点""线""面"的工作，在推进项目的同时，还要坚持以下几个原则：

一是"合规合法，依规依法"的原则。随着顶层设计的加强，随着巡视、审计力度的增加，基本建设管理逐渐走向正规化，合规合法地建设项目，依规依法地执行项目越来越重要，即使项目进度受到了来自外部和内部的种种压力，但仍要坚持合规合法、依规依法。

二是"超前策划，提前预判，事前控制"的"三前"原则。超前策划不仅仅体现在策划要超前，核心还是项目管理的理念、思想、思维、采取的方式方法等都要超前，要体现出先进的项目管理水平。提前预判是对项目风险事先感知的反应，有经验的项目管理者能够提前三个月甚至半年预判到项目可能遇到的风险，从而早早采取措施，起到事半功倍的效果，把风险降低到最低程度或者可接受的程度。事先控制对应于事中控制和事后控制，从控制理论上，任何一项工作，都要事先谋划，事先安排，事先采取对策，项目管理讲究的是从容不迫，而不是手忙脚乱，"天天救火"。

三是"技术先进，安全可靠，安稳长满优"原则。这句话主要针对工艺技术的选择。我们要选择的技术应该是先进的，代表着国内先进水平甚至国际领先水平；同时应该是成熟可靠的，即使示范工程，也要确保安全可靠。这样我们才能保证项目在未来的生产中实现"安稳长满优"。

四是"建设生产一体化"原则。要把建设人员和生产人员有机地结合起来，发挥各自的长处，形成合力。发挥生产人员在技术选择、设备选择、三查四定、试车开车方面的优势，发挥建设人员在项目全过程项目管理的优势，尤其是项目控制的优势。任何把生产与建设割裂开来的做法和想法都是错误的，任何的偏颇都可能带来无法估量的损失。建设与生产人员在项目推进过程中相互支持、相互配合，相互吸取对方的建议，非常有利于项目的推进和正常开展。

五是"阳光工程、廉洁工程、放心工程"原则。基本建设领域历来是腐败的高发区域，廉政建设与反对腐败永远在路上。建设一个"阳光工程、廉洁工程、放心工程"是时代赋予我们的责任，防患于未然，防微杜渐，形成团结活泼、蓬勃向上的良好建设氛围，是项目组织者的崇高使命。

前面提到的涉及项目管理的 16 个方面的管理，是所有项目都要遇到的。笔者根据长期从事项目管理的经历和经验，简单论述一下这 16 个方面的管理。

① 进度管理。项目工期的确定应遵循合理先进的原则，压缩工期意味着投入的增加和质量的降低，尤其不能无原则地压缩工期。进度控制的核心在于条件的创造和资源的落实。建立合理的进度监测体系对于进度控制有很大的助力。每个项目制约进度的因素各不相同，提前预判采取相应对策能够保证项目进展不会出现大的偏差，对症下药是进度控制的有效方法。

② 质量管理。质量管理包括质量保证和质量控制。质量保证主要侧重于工作质量，质量控制主要侧重于产品质量。工作质量是产品质量的前提，一分耕耘，一分收获，工作质量直接决定了产品质量。质量缺陷必须纠正，质量隐患才是最可怕的，因为 100% 合格交付的工程也不能保证不存在质量隐患。质量隐患尤其是物料系统上的质量隐患很可能就会导致未来生产的安全事故，因此消除质量隐患是质量管理的终极目标。如何更好地消除质量隐患，把质量隐患降低到最低程度才是质量管理的重中之重。

③ 投资管理。投资管理最大的难点在于如何确定一个合理的项目投资。剔除人为的因素，项目的总投资应该在一个相对合理适度偏紧的水平。总投资过于放松，增加项目的成本，但过于偏紧，将导致项目执行困难，可能得不偿失。项目前期阶段对项目投资影响最大，工艺路线的选择、工艺包的选择决定了项目的总投资水平。基础设计对项目的投资影响仍然很大，设计方案、设计标准、材料标准、装备国产化水平等都制约着项目投资。基础设计的质量、设计输入条件的把控等影响着项目变更，进而影响项目的投资。

④ 安全管理。化工装置的本质安全在于设计，安全预评价、安全专篇、HAZOP 研究

等确保了装置的本质安全。项目现场施工的安全管理是本书安全管理章节中论述的重点。进入二十一世纪后，随着国家对安全生产越来越重视，基本建设领域施工安全管理的理念已经由以前的指标管理进化为"不发生事故、不污染环境、不损害健康"。"零事故"成了我们追求的目标。在现代大型煤化工项目建设中，我们对安全管理的目标又有了新的认识，"零伤害"是安全管理追求的终极目标。不发生事故是我们的目标，事故发生了不造成人员的伤害才是最终目标。在施工现场，事故或者说未遂事故时是经常发生的，比如高空掉下来一个螺栓或者一个扳手，或者拆除脚手架把脚手管扔到地上，其实事故已经发生了，但如何不伤害到人才是关键。因此在施工现场安全管理中，"施工措施的质量隐患就是现场施工的安全事故"。如何确保"安全零伤害"，首先，安全投入要保证，要保证安全费用全部用在安全措施上；其次，对危险源进行动态辨识，采取装置性防护措施；再次，安全监管必不可少，安全第一责任与监管责任形成矩阵式管理，事半功倍。

⑤ 设计管理。设计是龙头，设计是"百善之首"。选择好的设计单位，选择最擅长的设计单位负责装置的设计工作。确定设计基础包括自然地质气象数据、标准规范选用、工程统一规定等。加大对工艺包设计、总体设计、基础设计的审查力度，加强对详细设计的审核力度，确保设计质量，减少设计变更等是设计管理的主要内容。加大模型设计的深度、增强数字化交付的执行力度，这些都是提升设计质量的必要手段。设计与采购的紧密配合是缩短建设工期的有效手段，采购技术文件是保证设备材料质量的前提。

⑥ 采购管理。采购是保障，设备材料的供应是保证现场施工的前提。要了解和掌握国内大型设备制造市场情况，重型装备制造厂的制造能力、制造水平、负荷情况、财务状况等。分类分等级确定设备、材料供货厂商短名单。专利设备、长周期设备要及时采购。电气、仪表、电信等专业的保护伞协议在定义阶段确定，这些都是确保项目顺利进展的有力保障。长周期设备、超限设备的运输，进口物资的商检、清关等都是采购管理的主要内容。如何保证设备材料的质量，提高设备材料监检的效果，发挥第三方监检的作用始终是采购管理的重要内容。

⑦ 施工管理。施工是过程，是实现蓝图的过程，是形成最终建设产品的过程。施工技术管理是施工管理的重要内容，施工组织设计、施工方案、施工技术措施等施工性技术文件的把关与审批，解决施工过程中各专业出现的技术问题、攻克技术难题、施工新技术新材料新方法的使用等都是施工技术管理的主要内容。施工总平面管理是施工管理的主要工作，施工用电、施工用水、消防通道的合理布置和有效管理，施工临时设施包括承包商办公与生活设施、承包商加工场地、仓储设施、现场临设设施等都要纳入统一管理。混凝土搅拌站、集中防腐厂、阀门集中打压站、焊工统一考试等框架协议的运作与执行是保证产品质量的必要手段。大件设备的集中统一吊装是充分利用现场吊装资源、合理安排吊装节奏、确保大件吊装安全顺利进行的有效保证。文明施工是施工管理的一项重要工作，文明施工标准化，施工垃圾的及时消纳、现场卫生设施的有效维护等都是文明施工的内容。

⑧ 开车管理。开车是验证，是对工艺技术、设计方案、设计质量、产品质量的验证过程。开车包括预试车、负荷试车、联动试车和投料试车等。预试车是在装置达到机械完工条件后所进行的一系列的调试和验证工作，包括电机测试、单机试车、大型机组的空负荷试车、烘炉煮炉、仪表联校联锁调试、系统冲洗与系统吹扫、系统气密等。负荷试车是为验证大型机组的性能而进行的带有物料或者其他介质的试车，一般要在投料试车前完成。

联动试车是投料试车前进行的系统联运，包括水联运、油联运、物料联运等。联动试车没有问题，接着就是投入催化剂等媒介开始投料试车，以期生产出合格产品。试车掌握好三要素：试车组织和人员、试车方案、试车条件的确认。

⑨ 人员管理。项目组织中人员配备坚持"少而精"的原则，关键人员要具有必要的项目管理经验。人员按照派遣计划陆续到位，过早过晚均不利于项目的执行和运作。在项目的不同阶段均要对项目管理人员进行集中培训，项目管理人员来自四面八方，统一项目认识、统一项目做法、统一项目标准等就显得尤为重要。集中培训不仅仅局限于项目管理体系培训，项目管理内容培训，安全、质量等专项培训，也包括对项目理念、指导方针和指导思想、廉洁自律等方面的培训。项目岗位职责明确具体，不管人员多少，都要保证项目的每一项工作都有人去做。项目管理组织是临时组织，团队建设尤为重要，适时开展团队活动对提高团队凝聚力和执行力、营造良好工作氛围很有效果。人员考核必不可少，优胜劣汰是自然法则。

⑩ 商务管理。商务活动的目的是选择服务承包商为项目提供有效的服务，方式是通过采购（招投标）的方式择优选择。一个大型现代煤化工项目涉及的服务承包商多达百家，商务合同要签署百份以上，因此要对项目的商务进行很好的策划，对于不同类型的服务承包商采用不同的招标文件、评分办法和合同模式。商务类别一般包括工艺包类、总体设计和基础设计类、EPC总承包类、施工类、监理类、单项服务类、框架协议类等。一般采用公开招标、邀请招标、询比价或者单一来源的形式择优选择。商务活动既要满足国家法律法规、企业规章制度的要求，又要满足项目具体情况，选择最适合的承包商。

⑪ 合同管理。商务合同签订后进入合同管理环节。合同管理的关键在于合同条款的设置，合同条款既要严谨、有效地保护建设单位的利益，又不要做成"霸王条款"，让人诟病。合同条款要有一定的灵活性。商务合同既是对乙方的约束，同样也是对甲方的约束。合同执行阶段合同管理的主要内容是合同变更和合同纠纷的处理，依据是相关法律以及合同文本、合同变更等。索赔与反索赔也是合同管理的主要内容，证据要在合同执行过程中保存。合同关闭是合同管理的最后一个环节，合同履约完要关闭合同，要有休止符。

⑫ 界面管理。也称沟通管理，或者沟通协调、组织协调。一个大型现代煤化工项目，沟通界面包含外部界面和内部界面。外部界面包括政府层面、承包商/供货商层面、第三方等。内部界面包括集团层面、公司层面、项目层面等。建立良好的沟通机制（包括定期和不定期）对项目有着极大的推动作用。在外部沟通上主要解决"点"的问题和"线"的问题，在内部沟通上主要解决"面"的问题和"线"的问题。例会制度（包括年度会议、月度会议、周例会等）在推动"面"的工作上起着巨大作用，同样专题会、专项会等在解决"点"的问题上发挥着积极的作用。应加强各个层面、各个方面的沟通，与各方建立良好的沟通机制，从而保证项目执行在正确的轨道上。

⑬ 信息管理。信息渠道畅通无阻，文件传递及时有效。项目要建立文档控制中心（DCC），建立有效的文件接收、分发、传递体系，保证项目信息在项目内部畅通无阻，大家随时都能获得。项目使用先进的项目管理系统（软件）辅助项目管理，提高工作效率。数字化交付是信息化管理的重要组成部分，数字化交付方案、设计模型软件的采用等在定义阶段要确定。必要时采用一些信息化的辅助系统提高工作效率，比如概预算辅助系统、财务固定资产移交辅助系统等。

⑭ 档案管理。实现"过程归档"是项目档案管理的最高境界。建立有效的档案管理体系，将项目相关方全部纳入进来，定期宣贯、检查、评比，实现过程归档。项目档案管理规定和归档要求要明确项目前期文件、设计文件、设备文件、施工技术文件、项目管理文件等如何进行过程归档。项目之初要编制出项目档案总目录，过程归档就是按照总目录进行填空。过程检查必不可少，边归档、边检查、边整改、边完善，项目交工之时也是档案归档完工之日。

⑮ 风险管理。风险无处不在，任何风险（不可抗力除外）都是能够规避的。风险管理的目的就是通过超前策划、提前预判、事前控制合理规避风险或者将风险控制到可接受的水平。在项目定义阶段，在编制项目总体策划的同时就要辨识项目的风险，辨识项目在工艺方面、设计方面、采购方面、施工方面、开车方面存在的风险，辨识项目在进度方面、质量方面、安全方面、投资方面存在的风险。按照风险出现的频率、风险造成的影响等辨识出重大风险，也就是项目的重点和难点，采取相应的对策和措施控制风险或规避风险。项目风险要阶段性进行辨识，同样需要动态管控。

⑯ 行政管理。行政管理为项目提供服务，为项目提供良好的办公条件和生活条件。加强项目的考勤管理，维护项目的会议系统和 IT 系统，配合组织项目的大型会议。

除了上面介绍的 16 种管理，还有交工管理、党建纪检等。交工管理体现在交工过程，首先是交工标准的制定，在合同中要明确交工标准。其次是交工条件的检查确认，一般情况下在预试车合格基础上对交工条件逐一确认，在没有影响或者实质性影响联动试车的尾项前提下，可以办理项目的中间交接。党建纪检要按照相应党组织的要求开展相关党建和纪检工作。

项目管理是经验的总结，没有对错之分，只有合理不合理或者合理更合理之别。一个优秀的项目管理者组织一个项目就像弹奏一曲钢琴曲，有低潮有高潮，连续均衡有节奏，保证项目有序进行，不打乱仗，处处体现出是一位有经验的项目管理者组织的项目。

第一章

煤化工产业及煤化工项目管理概述

第一节　煤化工项目产业兴起的背景

我国的能源结构是石油、天然气资源短缺，煤炭资源相对丰富。2023 年全球煤炭产量为 90.96 亿吨，中国是世界上煤炭第一生产大国，产量占全球煤炭产量的一半以上。2016～2023 年中国原煤产量逐年增加，除 2020 年外，原煤产量增长速度也呈现缓慢却稳定的态势。2023 年产量为 47.1 亿吨，同比增长 3.3%。因此，大力发展煤化工产业，有利于推动能源替代战略的实施，保障国家能源安全，满足经济社会发展的需要。

煤化工产业的发展对缓解我国石油、天然气等能源的供求矛盾，促进钢铁、化工、轻工和农业发展发挥了重要作用。其主要体现在：

一、符合国家发展战略，促进区域经济发展

"十三五"期间煤制油、煤制烯烃、煤制乙二醇、煤制气均已实现大规模工业化生产，逐步形成了宁东能源化工基地、鄂尔多斯能源化工基地、榆林国家级能源化工基地等多个现代煤化工产业集聚区，部分化工基地已实现与石化、电力等产业多联产发展，产业园区化、基地化发展的优势已经初步显现。2021 年发布的"十四五"规划《纲要》中提出建设内蒙古鄂尔多斯、陕西榆林、山西晋北、新疆准东、新疆哈密等五大煤制油气战略基地。目前已建成投产的部分煤制油气项目正位于五大基地中。中国石油和化学工业联合会发布的《现代煤化工"十四五"发展指南》指出，我国"十四五"时期现代煤化工产业的发展目标是形成 30Mt/a 煤制油、1.5×10^{10} m³/a 煤制气、10Mt/a 煤制乙二醇、1Mt/a 煤制芳烃、20Mt/a 煤（甲醇）制烯烃的产业规模。同时提出"十四五"现代煤化工要完成如下五个主要任务：

① 优化布局，融合发展。将重点布局内蒙古鄂尔多斯、陕西榆林、宁夏宁东、新疆准东 4 个重点现代煤化工产业示范区，适度布局国家规划的 14 个大型煤炭基地，推动产业集聚发展，形成世界一流的现代煤化工产业示范区。蒙西、陕北、宁东地区以煤制油、煤制烯烃、低阶煤分质利用为龙头，合理规划下游深加工产品方案，建设具有竞争力的煤基化工原料及合成材料项目；云贵地区建设煤制油、煤制烯烃、煤制乙二醇等项目；其他地区适度布局现代煤化工项目，并加强与现有产业的融合发展。产业融合发展的重点一是与石油化工融合，实现煤直接液化和间接液化融合、煤制油与石油化工融合；二是与聚酯产业融合，加快煤制芳烃、煤制乙二醇产业化，推动化纤原料多元化；三是低阶煤分质利用多联产，与不同产业的工艺技术进行集成联产；四是与聚氯乙烯（PVC）产业融合，形成"煤/甲醇-烯烃-PVC"新型煤化工产品链。

② 总结经验，升级示范。示范项目发展的重点是煤制油、煤制天然气、煤制化学品及低阶煤分质利用。其中煤制化学品领域应开发差异化、高端化聚烯烃牌号，加强对碳一资

源综合利用。

③ 创新引领，高端发展。科技创新的重点包括开发先进大型煤气化技术，短流程技术，产品高值化、高端化、差异化生产技术以及节能、节水、环保技术等。

④ 安全环保，绿色发展。应突破高盐废水处理和 CO_2 减排技术的制约，用清洁可靠的技术从根本上解决当前制约现代煤化工发展的环保排放等突出问题；建立高效严格的环保监管体系，培养我国现代煤化工绿色可持续发展的标杆和典型。在节能减排上实现单位工业增加值水耗降低 10％、能效水平提高 5％、CO_2 排放强度降低 5％的目标。

⑤ 标准规范，有序发展。应加快标准修订和制定速度，调整煤化工标准结构；建立标准化工作协调推进机制；重点开展煤制烯烃、煤制油、煤制天然气、煤制乙二醇和煤制芳烃等现代煤化工示范项目的主副产品、综合能耗、水耗、安全生产规范等标准制定，从而在标准体系上为现代煤化工的可持续发展奠定坚实的基础。

二、符合国家产业政策

国家鼓励通过煤炭的清洁利用发展煤化工产业。国家"十二五"规划纲要中明确指出"发展清洁高效、大容量燃煤机组"、"提高能源就地加工转化水平"。

《国务院关于发布实施〈促进产业结构调整暂行规定〉的决定》（国发〔2005〕40 号）出台后，国家发改委适时更新出台了《产业结构调整指导目录（2011 年本）》（国家发改委 2011 年 9 号令），其中"鼓励类"产业包括了："节能、节水、环保及资源综合利用等技术开发、应用及设备制造"、"高炉、转炉、焦炉煤气回收及综合利用"等产业，而现代煤化工产业的发展方向与之正相契合。

2006 年 7 月国家发改委会同科技部、财政部、建设部、国家质检总局、国家环保总局、国管局和中直管理局组织编制并下发了《"十一五"十大重点节能工程实施意见》。在"节约和替代石油工程实施内容"中，有关化工行业部分指出"以煤炭气化替代燃料油和原料油；在煤炭和电力资源可靠的地区，适度发展煤化工替代石油化工"。煤化工项目的建设完全符合国家产业政策，可以起到推动我国替代能源产业发展和技术升级的目的。

三、良好的石油、天然气替代品

随着我国经济持续快速的发展，能源及石化产品供需矛盾日益突出，2024 年我国石油表观消费量 7.56 亿吨，成品油消费总量 3.9 亿吨。2025 年，预计全国石油表观消费量小幅增长 1.1％至 7.65 亿吨，成品油需求下降 1.9％至 3.82 亿吨，对外依存度超过 70％。我国能源结构的特点是煤多油少，从国家能源战略安全考虑，需要推进能源结构多元化，除了进一步通过多种途径扩大国内外石油资源供给外，更应该充分利用我国煤炭资源优势，大力发展煤基能源化工产业，缓解石油需求的压力，这对于促进国家能源战略结构调整、缓解石油资源短缺、保障我国能源运行安全有着十分重大的意义。

加快煤化工产业发展可以实现煤炭资源的高效、清洁化利用，能有效促进经济的发展，促进国家经济发展总体能源战略。

第二节　现代煤化工产业的现状及发展方向

一、"十三五"以来取得的成就

我国现代煤化工产业经过十几年的快速发展，已经形成了相当的规模。截至"十三五"末，我国煤制油产能达到 823 万吨/年，与 2015 年度相比增加了 505 万吨，增幅为 158.81%；煤制天然气产能达到 51.05 亿立方米/年，与 2015 年度相比增加了 20 亿立方米，增幅为 64.41%；煤（甲醇）制烯烃产能达到 1672 万吨/年，与 2015 年度相比增加了 844 万吨，增幅为 101.93%；煤（合成气）制乙二醇产能达到 597 万吨/年，与 2015 年度相比增加了 367 万吨，增幅为 159.57%。

"十三五"期间，现代煤化工示范项目生产运行水平不断提升。国家能源集团鄂尔多斯煤直接液化示范项目，"十三五"期间累计生产油品 388 万吨，平均生产负荷为 79%，单周期稳定运行突破了 420 天，超过 310 天的设计运行时间。国家能源集团宁夏煤业公司 400 万吨/年煤间接液化项目于 2016 年 12 月 21 日打通工艺全流程，目前已实现油品线保持 90% 以上负荷运行。新疆庆华煤制天然气项目碎煤加压气化炉单炉连续运行超过 287 天、甲烷化系统单套稳定运行超过 265 天。大唐克旗煤制天然气项目一期工程已具备长周期满负荷运行的能力，最高产量 460 万方/天，超过设计值 15%。内蒙古汇能煤制天然气项目产品质量、消耗指标均接近或优于国家控制指标，生产系统安全、稳定、满负荷运行最长达 652 天。国家能源集团包头煤制烯烃项目基本实现两年一大修，"十三五"期间达到满负荷运行，最长连续运行突破 528 天，累计生产聚烯烃约 315 万吨。

"十四五"以来，随着现代煤化工系统配置优化和提升，新建项目的能源转化效率普遍提高，单位产品能耗、水耗不断下降。中石化鄂尔多斯中天合创煤炭深加工示范项目整体能源清洁转化效率超过 44%。中煤陕西榆林能源化工有限公司通过智能工厂建设实现降本增效，与同类煤制烯烃项目比，用工人数减少 40%，单位生产成本降低 1000 元，各主要生产经营指标位于行业前列。国家能源集团新疆煤制烯烃项目 2019 年度单位乙烯、丙烯综合能耗为 2657 千克标准煤，产品能耗创历史新低，能效水平继续领跑煤制烯烃行业。内蒙古伊泰化工有限责任公司 120 万吨/年精细化学品示范项目吨油品水耗为 5.1 吨。目前煤炭间接液化、煤制天然气示范项目的单位产品综合能耗和水耗已基本达到"十三五"示范项目的基准值。国家能源集团神华百万吨级煤直接液化项目吨油品耗水由设计值 10 吨降到 5.8 吨以下。国家能源集团宁煤 400 万吨/年煤炭间接液化项目，通过采用节水型工艺技术和措施，完善污水处理系统及废水回收利用体系，吨产品新鲜水消耗降至 6.1 吨，远低于南非沙索公司煤炭间接液化工厂吨产品 12.8 吨的新鲜水耗量。

现代煤化工项目大多是近些年建成的，从技术路线选择、设备选型、安全设施配套、自动化控制系统、工程建设等方面起点较高，具备安全生产的硬件基础。中盐安徽红四方股份有限公司 30 万吨/年煤（合成气）制乙二醇项目以提升安全环保管理为核心，引入 MES 生产制造系统，利用智能化实现安全环保管理的系统化、动态化。国家能源集团化工产业持续推进 HAZOP 分析等，实现了在役装置 HAZOP 分析工作常态化和自主化、在役生产装置安全仪表系统评估工作完成 100%。随着国家环境保护要求的日趋严格，示范项目依托煤化工企业不断加强废水资源化及末端治理等技术攻关，多个项目实现了废水"近零排放"，项目环保水平不断提高。

在煤气化技术方面，也在持续创新、不断研发，相续开发出一批高效、节能、环保的新技术，多喷嘴对置式水煤浆气化技术、航天粉煤加压气化技术、水煤浆水冷壁废锅煤气化技术、SE-东方炉粉煤气化技术、"神宁炉"干煤粉气化技术等先进技术都已经进入大型化、长周期运行阶段。在煤制油方面，国家能源集团依据煤直接液化反应的产物分布特点，着力开发超清洁汽、柴油以及军用柴油、高密度航空煤油、火箭煤油等特种油品的生产技术，目前已完成了煤直接液化油品的战机试飞和火箭发动机试验。中科合成油技术有限公司开发的煤炭分级液化工艺解决了传统煤炭液化技术存在的操作条件苛刻、油品质量较差、过程能效偏低等问题，操作条件温和、油品化学结构丰富、节能减排效果显著。陕西未来能源化工有限公司自主开发的高温流化床费托合成关键技术已完成 10 万吨/年中试，该技术将大大丰富和改善煤制油产品方案，与低温费托合成等其他现代煤化工、石油化工单项技术结合，将逐步打破煤制油、煤制烯烃产业的界限，形成具有较强竞争力的煤基能源化工新产业。在煤制化学品方面，中国科学院大连化学物理研究所开发的"第三代甲醇制烯烃（DMTO-Ⅲ）技术"在甲醇转化率、乙烯丙烯选择性、吨烯烃甲醇单耗等方面优势明显，继续引领行业技术进步。在低阶煤分级分质利用方面，陕西煤业化工集团分别完成了低阶粉煤气固热载体双循环快速热解技术（SM-SP）、煤气热载体分层低阶煤热解成套工业化技术（SM-GF）、输送床粉煤快速热解技术、大型工业化低阶粉煤回转热解成套技术等一系列热解技术的开发和示范。这些技术的进步为推动我国煤炭清洁高效转化提供了重要支撑。

"十四五"以来，我国现代煤化工示范工程项目在前期打通工艺流程、试车和商业化运行的基础上，着力工艺优化和管理提升，运行水平显著提高，示范项目效应明显。

二、现代煤化工项目面临的挑战

当前国际形势中不稳定不确定因素增多，世界经济形势复杂严峻。国内经济恢复基础尚不牢固，投资增长后劲不足，加上我国现代煤化工产业由于自身的原因和特点，在新形势下还面临着许多尖锐挑战，具体表现在以下四个方面：

① 能效双控政策。2021 年 5 月 31 日，生态环境部公布了《关于加强高耗能、高排放建设项目生态环境源头防控的指导意见》，要求各级生态环境部门审批"两高"项目环评文件时应衔接落实有关碳达峰行动方案、清洁能源替代、煤炭消费总量控制等政策要求，明确碳排放控制要求。目前，受能耗"双控"和"双碳"目标等政策影响，各地方政府的政策措施还不够完善，也不尽统一，甚至有些还受到了停工或暂缓建设的影响。

② CO_2 减排。现代煤化工行业面临更加巨大的减排压力，据测算，煤直接液化制油、煤间接液化制油、煤制烯烃和煤制乙二醇，吨产品 CO_2 排放量分别约为 5.8 吨、6.5 吨、11.1 吨和 5.6 吨。围绕碳达峰、碳中和这一宏大目标，在"十四五"时期将有更多新的节能减排政策出台，必将会对现代煤化工企业和产业发展带来新的压力。

③ 大批石油炼化一体化项目投产，市场竞争更加激烈。随着国内炼化市场进一步放开，民营、国有、外资炼化企业纷纷上马大型炼化一体化项目。当前，全国炼油产能已经过剩，化工产能还存在不足，石油加工的产业链正在向化工方向延伸，生产高附加值的化

工产品已经成为炼化一体化项目发展的主流方向，石油化工与煤化工的产品存在交叉和重叠，必然构成市场竞争。

④ 水资源短缺。现代煤化工重点项目均分布在黄河中上游的宁夏、陕西、内蒙古等省区，用水主要依赖黄河。目前，黄河流域现代煤化工行业用水总量约5.3亿立方米/年，生态环境脆弱，水资源保障形势严峻，发展质量有待提高。当前，生态脆弱区域水资源短缺，已成为现代煤化工项目发展的瓶颈。

三、现代煤化工项目未来发展的方向

发展仍然是煤化工高质量发展的硬道理，笔者认为应该充分利用"能耗双控"和"双碳"目标倒逼现代煤化工行业产业升级，围绕节能减排、绿色发展开展技术创新和技术改造。

煤炭作为我国主体能源，要按照绿色低碳的发展方向，对标实现碳达峰、碳中和目标任务，立足国情、控制总量、兜住底线，有序减量替代，推进煤炭消费转型升级。煤化工产业潜力巨大、大有前途，要提高煤炭作为化工原料的综合利用效能，促进煤化工产业高端化、多元化、低碳化发展，把加强科技创新作为最紧迫任务，加快关键核心技术攻关，积极发展煤基特种燃料、煤基生物可降解材料等。

在当前形势下，煤化工项目的发展方向主要有：

① 优化工艺、节能增效，提高能源利用效率。现代煤化工项目大多系统优化集成不够，主体化工装置与环保设施之间、各单元化工装置之间匹配度不够，低位热能、灰渣等资源综合利用水平有待提高。也正因此，工艺优化和节能增效空间很大，未来通过流程优化和关键部件提升，对主要耗能工序进行流程再造，必然就能达到减排、降耗目的。

② 采用先进技术，推动行业绿色低碳转型。"双碳"目标成为推动现代煤化工行业产业升级的重要推手，新建项目要选取具有国际领先或国际先进水平的技术引导行业发展。中国科学院大连化学物理研究所开发的"第三代甲醇制烯烃（DMTO-Ⅲ）技术"在甲醇转化率、乙烯丙烯选择性、吨烯烃甲醇单耗等方面优势明显，吨烯烃（乙烯＋丙烯）甲醇单耗显著降低，刷新行业记录。中国科学院福建物质结构研究所在第一代煤制乙二醇技术实现产业化后，成功开发了具有独立知识产权的新一代煤制乙二醇技术，各项技术指标优于第一代。由清华大学山西清洁能源研究院等单位合作开发了水煤浆水冷壁废锅气化炉技术，蒸汽产量在半热回收流程基础上能够再增加20％～30％，节能减排效果明显。青岛联信催化材料有限公司等单位开发的低水/气（CO）比耐硫变换新工艺，可以显著降低蒸汽的消耗和外排冷凝液的量，节能效果显著。

③ 延伸产业链，提高产品附加值。现代煤化工行业在节能减排政策的巨大压力下，生存是第一要务，由此就要不断向下游延伸，提高产品附加值。煤制油向超清洁油品、特种油品等高附加值油品发展，煤制化学品向化工新材料和高端精细化学品延伸，推动产业高端化、高值化发展。

④ 推进煤化工与清洁能源多能互补应用，实现绿色发展。利用现代煤化工基地上充沛的风能、太阳能等可再生能源制"绿氢"，大幅减少二氧化碳排放，现代煤化工项目中燃煤工业锅炉、电站锅炉、火炬等公用工程需要的电能和热能，也可以与可再生能源或其他能源相结合，从而减少燃料煤的使用，充分发挥煤炭的原料价值，满足绿色低碳循环发展的

要求。

⑤ 利用现代煤化工 CO_2 浓度高等优势，实现资源化利用。煤化工装置作为尾气排放的 CO_2，具有排放集中、量大、成分相对单一及浓度高等特点，因此，通过 CO_2 加氢转化制化学品、实现资源化利用成为当前煤化工领域技术研发的一个新热点。国内清华大学、天津大学、南京大学、北京化工大学、中国科学院大连化学物理研究所、中国科学院上海高等研究院、中国科学院过程工程研究所、中国科学院山西煤炭化学研究所等高校和研究院所在二氧化碳制芳烃、甲醇、碳酸酯、橡胶、N,N-二甲基甲酰胺（DMF）、生物基化学品等前瞻技术的领域正不断开展研究。

第三节　煤化工项目建设特点及管理特色

一、煤化工项目建设特点

煤化工项目建设是一项涉及面广、时间跨度长、技术性较强的系统工程。保证项目的工程质量、安全和进度，节约投资，发挥投资效益，是煤化工建设项目管理的关键，而具体的管理则必须立足于煤化工项目自有的建设特点。

项目进度与成本管理作为煤化工项目的主要管理活动，一直备受关注。进度及成本控制要贯穿于项目立项、可研、基础工程设计（以下简称"基础设计"）、初步设计、开工准备、详细设计、工程施工、生产准备、试生产直至工程竣工验收全过程。进度和成本控制有内在统一性，它们互相制约、互相影响、互相促进，只有正确处理好二者的关系并力争做到最优化，才能确保生产顺利进行，建设出高质量、低成本、短工期的工程项目。

21 世纪初，伴随着全球化竞争加剧，资金密集型的煤化工项目对进度与成本要求越来越高，许多项目从一开始就面临时间紧、任务重的问题，投资方往往要求超进度、低成本完成项目建设，这就给项目管理者带来了挑战。如果还是一成不变地采用传统的石油化工建设项目管理方式，必然难以满足要求，也正因此，与现代煤化工项目建设特点相契合的项目管理方式应运而生。

二、煤化工项目管理的历史沿革和固有特色

21 世纪初期至今，从神华鄂尔多斯煤制油项目引进国外先进的工程管理经验开始，其后随着一大批煤化工项目的建设，现代煤化工项目建设管理水平有长足的进步。本书以作者数个大型煤化工项目建设经验和掌握的大量第一手资料为基础，利用项目管理理论和现代管理学知识，从煤化工项目的规划、立项、可研到设计、采购、施工、交工、竣工全过程，就现代煤化工项目的组织设计及进度、费用、质量、安全、风险、信息、档案各方面的管理，提供了颇为实用的方式、方法、措施和手段，它既可作为煤化工项目建设管理者的案头书，也可成为与工程项目管理相关的院校师生、研究人员提供丰富管理实践内容的参考书。

第二章
现代煤化工项目管理的模式与组织

第一节　常用的项目管理模式

现代煤化工项目的管理是一种有意识地按照项目的固有特殊规律对项目进行组织管理的活动。现代煤化工建设项目，分为项目前期、定义、执行、生产准备和试车、竣工验收及后评价五个阶段。各个项目阶段的工作内容和重点各不相同，但建设方始终有着如下需求：建设全过程的投资及成本控制需求；专业的工程建设及风险控制需求；体系化的工程质量、安全控制需求；及时准确获取项目决策所需信息的需求。因为建设项目的临时性，作为以生产运营为主业的建设方，其自身的项目管理力量常难以满足这些需要，为此，就需要通过合作、委托、招标等方式使用外部资源来满足项目管理所需，进而实现既定项目目标、达到项目确立的根本目的。

项目建设本是一个系统性工程，各个阶段本也是一个整体，需要对工程各阶段、各方面进行全过程、系统化、整体性的管理。随着社会经济和科学技术的发展，现代煤化工建设项目规模越来越大，工程内容、功能复杂程度越来越高，技术越来越专，系统性越来越强，对工程建设的专业化、科学化、市场化管理的要求愈加迫切，对工程项目管理的组织实施方式即项目管理模式的要求也越来越高、越来越多样。因此，具有煤化工项目管理经验、专业配套齐全、技术实力强，具有完整管理体系的工程项目管理公司就成为现代煤化工项目建设管理的主要力量。

对于现代煤化工工程项目而言，根据工程项目管理公司参与建设项目管理的程度及服务阶段、内容、身份的不同，一般常用到 PMT、IPMT、PMC 和 EPC 四种模式或者几种模式的组合。

一、　PMT 模式

1. PMT 组织介绍

PMT（Project Management Team），指建设方项目管理团队，即建设方依据项目规模按照矩阵体制组建一个项目经理负责制的"项目经理部"。其管理层的大部分岗位由建设方的长期雇员担任，少部分次要岗位由临时招聘人员担任。PMT 代表建设方全权负责项目建设的组织和实施，并向建设方原有组织报告并受其领导，它是建设方内部专门负责某个建设项目的临时组织。

如果单一采用这种模式来管理一个大型煤化工建设项目，建设方项目管理内容势必庞杂无比，为此，它常通过与 PMC 模式相结合等方式解决这一难题。

2. PMT 主要工作内容

真正以建设方的身份进行项目管理，工作范围自然涵盖了项目五个阶段，其主要工作内容如下：

（1）前期阶段

① 组织完成可行性研究；

② 组织完成各类前期附属报告；

③ 办理项目核准或备案及其他各类前期手续。

（2）定义阶段

① 策划项目统筹计划；

② 制定项目管理规定；

③ 制定设计统一规定；

④ 确定技术路线及设计基础；

⑤ 选择专利技术，审查专利商的工艺包设计文件；

⑥ 管理和监督项目总体设计；

⑦ 管理和监督项目基础（初步）设计。

（3）执行阶段

① 选定各承包商、制造商、服务商等；

② 监督和管理设计、制造、施工过程。

（4）生产准备和试车

此项任务由将进行生产操作和生产管理的人员负责，PMT 负责相关配合。

（5）竣工验收和后评价

① 组织中间交接、交工验收、竣工验收；

② 查收项目归档文件；

③ 进行生产性能考核；

④ 处理遗留问题；

⑤ 组织工程结算、竣工决算、项目审计、合同关闭、资产移交；

⑥ 进行项目总结；

⑦ 进行项目后评价。

3. PMT 工作界面

依据建设方授权委托项目经理部的工作范围，PMT 组织项目建设；如同时也采用 PMC 模式，工作界面因项目情况和建设方的不同而各不相同，甚至大不相同。

4. PMT 模式优点

① 因为成立专门组织进行项目建设，其主要力量仍然可以重点放在自身的核心业务上。

② PMT 作为建设方相对固定的临时机构，利于积累建设项目管理经验提升后续管理，也利于建设方项目建设资源的优化配置。

③ PMT 和 PMC 模式共同使用，既能满足项目组织和管理的需要，又能避免建设方在项目结束后出现大量人员无法安置的局面。

④ PMT 作为建设方项目唯一机构，利于项目管理流程的简化，便于加强对项目各方

的监督、管理和协调力度。

二、 IPMT 模式

1. IPMT 组织介绍

IPMT（Integrated Project Management Team），指"一体化项目管理团队"。"一体化项目管理"，是指工程项目管理公司按合同约定提供人员，与建设方人员共同组建建设方项目管理团队，其中的"一体化"，是指组织机构和人员配置的一体化、项目程序和管理体系的一体化、工程管理各环节的一体化以及项目目标的一体化。

这种模式以提高项目管理专业化水平和效率、降低管理成本为核心，运用先进的管理理论和技术，结合每个项目的特点，优化配置项目管理公司和建设方各类工程建设资源，在保证项目目标实现的同时，最大限度地减少建设方项目人员和项目管理软硬件设施的投入。而项目管理公司以其派遣人员的丰富经验和自身成熟、有效的项目管理体系，通过工程及设备采购、费用审核、方案优化、过程控制等及管理效率的提高和工期的缩短或保证，都会为建设方带来颇为可观的费用节省。

一体化项目管理的合同，主要内容通常是对派遣人员在资历、能力、资格、责任心等方面的具体要求以及应满足的工作标准，但因为工作的"一体化"，因此，少有对交付物的描述，也少有根据选派人员的表现而对项目管理单位本身的奖罚或激励内容。

2. IPMT 主要工作内容

IPMT 主要工作内容根据其成立时建设方已完成的工作和项目管理单位人员撤离完毕的节点不同而不同。概言之，它涵盖了合同期内建设方项目管理的所有工作内容。当然，鉴于项目管理单位人员的专业特点，会将那些工程特征明显且复杂的工作交给其完成，但这种安排不再与单位组织有何关联。

3. IPMT 工作界面

因为工作是"一体化"，建设方与项目管理单位本无工作界面。但通常情况下，建设方代表任项目管理团队负责人，项目管理公司代表任项目执行负责人。一体化项目部其他成员根据最优化资源配置原则可能来源于建设方，也可能来源于项目管理公司。在一体化项目部内部，建设方与项目管理公司的人员间只有职责之分，没有单位之分，以此实现人员、专业配置、软硬件设施的最优配置。

4. IPMT 模式优点

① 一体化管理可以确保大型项目总体得到有效控制，确保设计的标准化、优化和整体性，确保工程采购、施工的一致性。

② 建设方和项目管理公司通过有效组合达到资源和特长的最优化配置。

③ IPMT 可直接管理承包商，项目管理的层次更少，信息沟通更方便。

④ 建设方可以直接利用项目管理公司人员及其管理经验，参与决策。

⑤ 建设方把大多数的项目管理日常工作交给专于此道的项目管理公司人员，自身可以把主要力量放在项目专有技术、功能确定、资金筹措、市场开发及生产准备等自身的核心业务上。

⑥ 利用项目管理公司的经验及体系，建设方可以达到项目定义、设计、采购、施工的

最优效果。

⑦ 建设方可以直接使用项目管理公司先进的项目管理工具、设施，建设方参与人员可以从项目管理公司得到项目管理体系化知识。

⑧ 建设方仅投入少量人员就可以保证对项目的有效控制，不必考虑项目完成后多余人员的分流和安置问题。

三、 PMC 模式

1. PMC 组织介绍

PMC（Project Management Consultant），即项目管理咨询承包商，通常指建设方不直接管理项目建设，而是选择项目管理咨询公司对几个项目阶段进行管理，并由 PMC 承包商协助或代表建设方通过招投标，择优选择一家或几家承包商完成项目定义、执行、试车等阶段的工程任务。

PMC 承包商代表建设方对工程项目进行全过程、全方位的项目管理，包括进行项目的整体规划、项目定义、工程招标、选择承包商、供应商等，并对设计、采购、施工过程进行全面管理。它是建设方代表的延伸，与建设方的项目目标和利益保持一致。PMC 承包商就从项目前期到竣工验收及后评价全过程的项目管理对建设方负责。

PMC 承包商一般不直接进行设计、采购、施工和试运行等。作为 PMC 承包商，一般是根据自身经验和管理实力，以体系化和系统性的方式和手段对项目进行全面、深入的管理，如有效完成项目前期工作、统一和整合项目涉及到的技术和设计、对技术来源方进行管理，如对众多承包商和供应商进行的管理，尤其是其中的界面管理，更充分体现出了 PMC 的意义和价值。

建设方可完全委托 PMC 承包商代理建设方管理，建设方仅派遣少量人员对 PMC 承包商的工作进行监督。也可由建设方成立 PMT，由 PMT 和 PMC 承包商联合实施项目组织和管理。无论哪种形式，PMC 承包商与建设方都是合同关系，彼此是管理、监督与被管理、被监督的关系。

2. PMC 主要工作内容

由于 PMC 承包商是协助建设方完成项目管理工作，因此，PMC 承包商可完成的工作内容与建设方在项目五个阶段的工作内容相一致。但根据 PMC 承包商介入项目阶段和建设方人力资源、工作能力和经验的不同，PMC 承包商的主要工作内容可发生较大变化。

3. PMC 工作界面

在 PMC 模式下，建设方不直接面对各承包商、供应商等，而通过对 PMC 承包商的管控实现对项目的管控。因此，依据 PMC 合同约定的工作内容分为 PMT-PMC、PMC-承包商两类工作界面。

4. PMC 模式优点

① 建设方仅需保留很小部分的基建管理力量对一些关键事项进行决策，而绝大部分的项目管理都由 PMC 承包商来承担。

② 利于有效利用 PMC 承包商积累的专业管理技术和建设经验，利于实现建设方资源的优化配置，利于项目的动态管理。

四、 EPC 模式

1. EPC 组织介绍

EPC（Engineering Procurement Construction），即设计-采购-施工。通常指建设方在项目执行阶段就某一套装置（单元）或几套装置（单元）选择一个总承包商或几个总承包商负责项目的设计、设备和材料的采购、施工及试运行，由其提供完整的、可交付使用的工程交付物的建设模式。它适用于规模较大、工期较长且较具技术复杂性的工程项目，成套煤化工装置项目即属此类。

EPC 模式与其他模式最重要的区别在于它充分利用了市场机制。建设方通常仅规定应执行、满足的技术标准、技术要求及其他基本要求，这使总承包商能够在设计、采购、施工方面与其供方共同寻求最经济、最有效的方法实施工程内容，而这从全局和宏观角度上看，建设方也必然因此受益。为了有效竞争，EPC 总承包商常将所承揽的工程划分成若干相对独立的工程包后再分包给不同的施工承包商，当然，它仍要就所承揽的工程对建设方承担全部责任。EPC 模式的关键在于依托最具专业能力的承包商和供应商，遵循规范化、标准化的流程实施项目管控，从而确保复杂工程项目获得成功。

EPC 模式基本都是固定总价，建设方允许 EPC 总承包商因成本变化而调价的情况并不多见。EPC 总承包商为防范风险，也常将其风险含于报价中。也正因此，对 EPC 总承包商来说，只要有足够的实力和高水平的管理，也就有机会获得较高的利润。

在 EPC 模式下，投资方通常通过建设方（IPMT、PMT）或委派建设方代表（PMC）来管理项目。EPC 总承包商本身一般采用矩阵式的组织结构，以项目经理部的模式运行。它根据 EPC 合同内容，组织相关人员成立项目管理部门，授权项目经理全面负责项目经理部的活动，合同执行完毕后，项目经理部也随之解散。因为工作范围和工作责任、工作所需知识、经验和技能全然不同于其他模式，EPC 项目经理部人员的素质要求远高于施工承包商的项目管理人员，他们不仅在所从事的专业上有着多年的工作经历，而且在组织协调能力、沟通能力、应变能力、统筹能力方面均较强。正是这些素质高、能力强的团队成员加上项目经理的有效管理才能保证 EPC 项目的正常推进。

因为 EPC 合同的特点，这种模式对总承包商的综合要求较高，它应具有承担合同规定的设计、采购、施工、技术培训及融资的能力及在相应的技术上、管理上和经济上的足够实力。正因此，在国际工程项目中，一般都要求对承包商进行两级资格预审后再正式招标。

2. EPC 承包商主要风险

（1）投标风险

在 EPC 模式下，投标人在投标时要花费相当大的费用和精力。如果盲目投标，就会面临颇大的不确定性，与其他投标人相比，由此带来的失利风险远大于机会。EPC 项目，无论在技术上，或在应有的管理上，都较为复杂，加之建设方设定的合同总价和工期固定，承包商如果没有足够的综合实力，即使中标也可能无法完成工程建设，最终将蒙受更大的损失。

（2）合同文件缺陷风险

一般情况下，合同文件存在缺陷的风险也要由承包商来承担。除了预期目标、功能要求和设计标准的准确性应由建设方负责之外，承包商要对合同文件的准确性和充分性负责。也就是说，如果合同文件中存在错误、遗漏、不一致或相互矛盾等，即使有关数据或资料来自建设方，建设方也会通过免责条款使其不承担由此造成的费用增加和工期延长的责任，EPC总承包商为此需要核实、修正它们，并对其准确性、充分性和完整性负责。

（3）建设过程风险

建设方有对工程设计文件审查的权力。如果设计文件不符合合同要求时，建设方会就此多次提出审核意见，由此造成设计工作量增加、工期延长等风险。同时，作为EPC承包商，为满足合同中对项目的功能要求，可能需要修改投标时的方案设计，有时，这会引起项目成本增加，这些风险也通常由承包商承担。

在设备和材料的采购中，供货商延期供货、所采购的设备材料存在瑕疵、货物在运输过程中可能发生损坏和灭失，这些都要由EPC承包商来承担。

在施工过程中，因发生意外事件或遭遇到的不可预见困难而造成工程设备损坏或人员伤亡，也均由EPC总承包商来承担。

3. EPC模式优点

对建设方来说，EPC模式具有以下优点：

① 有效地克服和弥补自身在项目管理知识和经验、实力上的不足，降低了项目管理压力。

② 项目实施中的主要风险可以转嫁到EPC总承包商承担。

③ 避免设计、采购、施工、试运行相互制约和脱节，实现从详勘、设计到采购、施工、交付的一体化，有利于方案整体优化。

④ 能充分发挥项目建设过程中设计的主导作用。

⑤ 因为这种模式能充分发挥总承包商在项目管理上的专业知识和经验，在为建设方创造效益的同时，也提高了整个社会的投资效益。

对总承包商来说，EPC模式具有以下优点：

① 有利于设计、采购、施工合理深度交叉，能够较大程度缩短项目工期。

② 有利于在进度、费用和质量上，对项目进行全过程、系统化、综合性的管控，以此缩短工期、降低投资、保证质量，确保项目目标的顺利实现。

③ 工程风险一般都由EPC承包商承担，而这种承担常含在承包费用中，如果总承包商善于运用EPC合同模式，控制和处理好工程风险，就能为其转化为可观的利润。

作为建设方，项目管理模式应当结合项目特点和实施环境以及自身的实力和优劣方面，根据自身的发展战略做出适当选择，也可以几种模式混合使用。对大型现代煤化工项目而言，当前最为流行的是采用IPMT管理模式和EPC承包模式，从而充分发挥项目建设和生产一体化高度融合的优势，通过组建精干、高效、务实、善于协作的项目管理团队，运用先进的项目管理理念和方法，吸取既往项目的经验教训，通过超前策划、精心组织、过程控制、严格管理、紧密配合，必定会建成一个让自身和生产人员满意、放心的现代化工厂。

第二节　建立项目管理组织机构

一、搭建项目管理组织架构

为了及早建立项目管理体系、形成有效的项目管理运行机制，也为及早理顺关系、明确责任、规范管理、提高效率，保证项目的顺利进行，一般情况下，建设方在项目前期阶段就要成立项目管理组织机构。根据项目管理模式的不同，各个项目的管理组织机构也各不相同。在此，从建设方角度介绍一种在大型现代煤化工项目常用的矩阵式管理模式组织机构，即在项目主任组领导下，由项目职能部门、专业组和承担特定任务的项目组组成的项目部，详见"煤化工项目典型组织机构图"（图2-1，后续"项目部"和与此图所示一样称谓的部门，除非特别说明，否则，均指建设方项目部和其下的部门）。

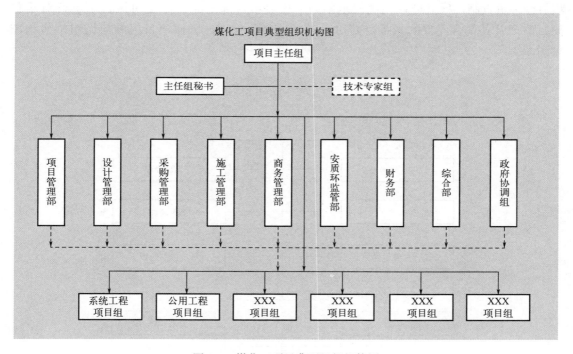

图 2-1　煤化工项目典型组织机构图

项目主任组是项目各项工作管理的决策层和其他组织单元的直接领导层，项目主任组成员一般由企业的上级单位任命，项目主任组由项目主任、若干名主管副主任组成，项目主任组可以配备一名主任组秘书。项目主任组在建设方的授权下管理项目，负责项目各个阶段的组织和管理工作，并就项目工程建设对建设方负总责。

项目部内各部门、项目组、专业组负责建设过程中的各项具体管理工作，一般有9个职能部门、若干个项目组和2个专业组。

项目职能部门是承担项目管理的分解任务、具有某方面管理职责的团队。项目职能部门根据管理需要设置，一般情况下设立项目管理部、设计管理部、采购管理部、施工管理部、商务管理部、安全部、质量部、财务部和综合部等9个部门。它们是项目主任组领导下的工作执行层，按照项目部制定的项目执行策略、项目总目标以及项目管理的统一要求，在其职权范围内开展工作，同时对项目组实施必要的指导、支持、管理、监督和协调。

专业组是承担项目专项业务工作管理的团队，一般设立政府协调组、技术专家组2个专业组。政府协调组隶属项目主任组，向其直接报告工作，为涉及向政府报批报审、备案、报验的各类事项提供服务和支持。技术专家组为项目部内的临时性组织单元，根据项目建设需要临时聘请企业上级单位下辖相关分（子）公司的相应专业人员，在重大技术方案、重大技术问题上提供技术支持。

项目组是依据工程特性和合同，代表建设方对相对完整的若干单元工程在项目执行阶段进行项目管理、行使建设方职权的团队。它是分区域划定的项目管理执行组织，依托各职能部门的技术、管理和资源，在项目主任组的统一领导、指挥、协调下，肩负着本区域质量、安全、进度和费用的管理和控制职责。同时，它也是合同执行的主体。项目组实行项目经理负责制，项目经理在授权范围内，代表项目部全面负责合同执行，履行对承包商、监理及其他合同方的义务，并对其进行监督、管理。区域项目组的典型组织机构图见图2-2。

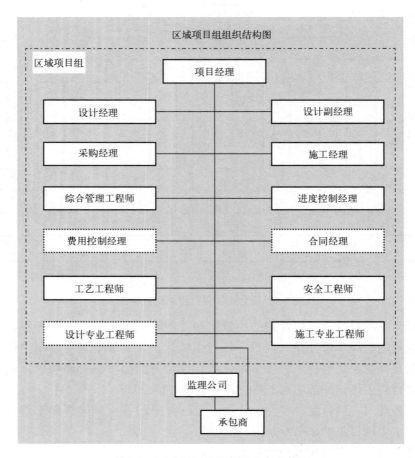

图2-2　区域项目组的典型组织机构图

图2-2中，实框中的人员在项目组集中办公，虚框中的人员一般在职能部门集中办公；

焊接、吊装、动设备等部分专业工程师可由职能部门相应专业工程师兼任；项目组人员配置是动态的，人员根据项目进展情况适时配置。

二、配备项目管理组织人员

项目部人员配备要体现"少而精"的原则，人员配备随着项目进展动态调配。根据项目前期工作特点，项目前期后段、项目定义阶段专职、兼职人员约各占一半，项目部搭起组织构架，成立职能部门及项目组、任命关键人员，项目有关前期工作、技术选择、长周期设备采购及商务招标等，按照"三集中"原则，即项目部牵头提出工作计划和工作需求，抽调相关人员进入项目部给予技术支持。项目进入执行阶段，项目部人员按照组织构架和人员需求计划陆续配齐并相对固定，在此阶段就以专职人员为主。

1. 职能部门人员配置

各部门设部门经理1人，考虑执行阶段的项目规模、复杂性、协调界面及人员来源等情况，项目管理部、设计管理部、施工管理部可增设部门副经理岗位。各部门结合自身业务根据管理需求和管理内容设置功能组和相关岗位。为有效整合人力，结合岗位性质，一些岗位人员兼职部门和项目组两个岗位，其中合同经理、费控经理可由部门统一管理；设计管理部原则上配备专业齐全的一组人员，由设计部统一管理，详细设计阶段水工艺、粉体、静设备、动设备、管道、热工等专业设计工程师可以派驻到项目组；项目组的施工工程师原则上派驻项目组，个别专业如吊装、测量、焊接、无损检测、筑炉、电气、动设备工程师等由施工管理部统一调配管理。

2. 项目组人员配置

项目组人员由项目经理、生产代表（执行阶段可以不进入项目部）、专业经理和专业工程师组成。在项目定义阶段，项目组工作由技术项目经理负责，并任命执行项目经理配合；在项目执行阶段，项目组工作由执行项目经理负责。项目经理均由建设方、项目管理公司派遣。在项目定义阶段，各项目组均配置1~2名生产代表，人员由建设方派出。各项目组按需设置专业经理和工程师，除建设方为各项目组配备的工艺、设备、电气、电信及仪表等工程师外，设计经理、采购经理、施工经理、进度控制经理、费用控制经理、合同经理、安全工程师、土建工程师、管道安装工程师、设备安装工程师、仪表安装工程师及文控工程师属于各项目组标准配置。系统工程、公用工程项目组因合同界面多、管理范围大，施工经理、安全工程师及土建工程师可以根据需要各增加1人。

3. 专业组人员配置

政府协调组岗位根据项目协调工作需要设定，部分岗位可兼职。技术专家组无常设人员，根据项目建设需要临时聘请。

三、界定部门和岗位职责

项目组织机构各组织单元的具体工作职责如下：

1. 项目主任组职责

（1）主任组成员职责

① 确定主任组各成员的分工和相应职权，并报公司上级单位备案。

② 负责组建项目部，并对项目组及项目部各部门的工作进行管理、指导和监督。

③ 代表建设方、以项目管理的最高层级对项目组织、管理及协调工程建设各阶段和各方面。

④ 确保项目建设过程中遵守法律法规、公司及上级单位相关管理规定。

⑤ 根据项目管理需要，组织制定临时管理流程和规定，报公司备案。

（2）主任组秘书职责

① 负责召集主任组会议，会议准备、记录，编写及发布会议纪要。

② 跟踪主任组会议等项目高层会议所定事项的落实情况

③ 跟踪主任组所作指示、决定的执行情况。

④ 编写项目部向公司或其上级的和对外的综合性汇报材料。

⑤ 管理主任组文件资料，定期存档。

2. 技术专家组职责

① 研究、确定项目重大技术方案。

② 处理项目重大、复杂或关键技术问题。

3. 政府协调组职责

① 为项目涉及向政府报批报审、备案、报验的各类事项提供服务和支持。

② 使项目部与政府行政主管部门间保持密切联系。

③ 及时获取行政主管部门就行政审批事项和监督检查的意见。

④ 确保项目合法依规建设。

4. 职能部门、项目组

就各职能部门来说，均具有的工作职责是编制各自方面的项目管理程序文件、形成各自方面的管理体系并与其他方面体系融成一体、编制各自方面的管理计划、协助、支持、指导和监督项目组相应方面的管理、项目结束时编制各自方面的总结，除此之外，各自还有如下职责：

（1）项目管理部工作职责

① 负责组织进行项目策划，编制项目总体策划和总体统筹计划。

② 负责组织编制项目年度工作计划。

③ 负责组织制定项目部人力资源配置方案/计划。

④ 负责审核各项目执行计划。

⑤ 负责审核项目估算/基础设计概算。

⑥ 牵头组织项目进度控制、费用控制及档案管理。

⑦ 负责项目进度、费用、人力统计及分析。

⑧ 负责计算并提出项目招标控制价。

⑨ 负责工程合同变更、签证的费用审核，负责项目结算。

⑩ 负责项目管理信息化平台的管理、维护与技术支持。

⑪ 负责组织编制项目管理月报、费用报告、项目建设年度工作报告。

⑫ 负责编制有关项目总体进展、费用控制、档案管理方面的汇报材料。

⑬ 负责组织项目部例会、年度会议。

⑭ 按 EPC 承包合同组织各装置工程开工会，负责审批 EPC 承包商开工报告。

⑮ 负责组织对 EPC 承包商项目经理部关键人员的面试。

⑯ 负责组织对项目 EPC 承包商、咨询及服务商的考核。

⑰ 负责组织优秀 EPC 承包商的评选，组织对 EPC 承包商进行后评价。

⑱ 负责组织对项目部内部考核。

⑲ 负责项目建设过程中的整体协调。

⑳ 组织档案验收、中间交接、交工验收，协助上级单位组织竣工验收。

（2）设计管理部工作职责

① 负责组织编制项目的《设计基础》和《工程统一规定》，发布实施，并报公司备案，负责确认在项目上设计所采用的标准规范及标准清单。

② 协助项目组进行与专利专有技术选择相关的技术工作。

③ 负责组织项目前期项目申请报告、相关前期附属报告的编制单位选择及相关技术工作，负责组织前期可研及项目申请报告、相关前期附属报告的过程管理以及审查工作。

④ 负责选择并管理项目勘察设计咨询单位，协助选择 EPC 承包商。

⑤ 负责组织设计输入条件的审查、编制及维护。

⑥ 负责项目前期、总体设计、基础设计的组织、管理和协调，指导和管理项目组就详细设计进行的管理和协调。

⑦ 负责组织项目各阶段设计工作的总体统筹协调，做好全厂总体性和系统性设计工作的协调和管理，做好全厂各设计界面的协调管理。

⑧ 负责组织可研、总体设计、基础设计文件的审查，并按法律法规要求代表建设方向政府部门报审，协助公司上级部门的审查。

⑨ 负责组织项目长周期设备、框架协议设备材料请购或招标技术文件的编制。

⑩ 组织项目组开展各装置单元的 HAZOP 分析、安全仪表系统评级和验证（包括 SIL 定级）及其在后续阶段的落实。

⑪ 组织研究确定项目重要技术方案，组织对项目重要技术问题的处理解决。

⑫ 负责协助项目组审查设计变更。

⑬ 负责在设计过程中落实项目"三同时"的要求，负责项目前期的可研报告等技术文件、定义阶段的总体设计、基础设计文件、设计管理文件的整理归档和移交。

⑭ 协助项目组审查并完成竣工图的归档工作。

⑮ 参与中间交接、交工验收、性能考核和竣工验收。

⑯ 负责勘察、咨询、设计的合同执行和对其的管理。

⑰ 负责组织项目技术交流并负责技术交流成果的归档。

（3）采购管理部工作职责

① 负责项目各装置长周期设备清单的编制、长周期设备招标采购，监督长周期设备合同转移给 EPC 承包商后的执行，并协调处理执行过程中的商务问题。

② 负责项目保护伞协议清单的编制、保护伞协议采购和合同执行。

③ 负责项目部自采设备、材料的采购和合同执行。

④ 配合项目组监督和协调各 EPC 承包完成备品备件及专用工具的移交。

⑤ 就进口设备、材料商检和报检报验与政府协调。

⑥ 就进口压力容器的监检与政府协调。

⑦ 配合项目组对 EPC 承包商的采购管理（包括计划、进度报告、催交检验、物流、仓储）进行过程监督和检查。

⑧ 负责项目部自采物资的仓储管理，并监督各 EPC 承包商的仓储管理满足项目部要求。

⑨ 就自采且未转移合同主体责任的物资，负责采购文档的收集、整理、造册和归档。

⑩ 在项目结束后，组织对本项目供应商开展后评价。

（4）施工管理部工作职责

① 负责策划施工框架协议并选定、管理框架协议单位。

② 负责包括三通一平、公共临时设施在内的全厂施工总平面的规划、实施、管理和维护。

③ 负责对施工承包商、监理、检测单位的管理和监督。

④ 负责策划大型设备吊装并组织实施。

⑤ 负责组织拟定并更新施工短名单。

⑥ 定期组织现场质量、安全、文明施工检查。

⑦ 参与或配合项目现场安全、质量事故的调查和处理方案的制定。

⑧ 定期组织对施工承包商、监理和检测单位的检查和评比。

⑨ 负责处理项目施工废料。

⑩ 对水土保持方案实施进行管理，组织水土保持设施专项验收。

⑪ 按照行政要求，引入和管理环境监理和水保监理。

⑫ 负责办理项目建设用地规划许可、施工许可，并就施工临时用地、临时水电资源条件对接、建筑垃圾消纳及处置、弃土场地设置与政府协调。

（5）商务管理部工作职责

① 编制并提交项目招标策划和项目招标计划。

② 组织编制项目招标文件、协助组织开评标、组织合同谈判和合同签署。

③ 组织合同文件的起草、审查、报批。

④ 负责工程合同的执行管理（包括 PIP 平台上合同记录、合同变更处理、保函管理等）。

⑤ 负责建立和维护工程合同签署台账。

⑥ 牵头组织各部门提供项目全过程跟踪审计所需的各类资料，做好审计配合支持工作。

⑦ 负责商务文件的管理控制、文档管理及保密工作。

（6）安质环部工作职责

① 协助项目主任组建立和维护项目安全管理体系。

② 在项目执行阶段，对安全进行全过程监督管理。

③ 组织检查监理、承包商项目安全管理体系。

④ 组织安全例会或有关专题会。

⑤ 负责项目现场安全事故统计管理，参与或配合事故的调查和处理方案的制定。

⑥ 组织项目安全月度检查和安全考评及奖惩活动，迎接上级单位组织的安全检查。

⑦ 负责项目独立管理区域人员和车辆入场证的办理，配合生产部门办理生产装置区域入场证，监督检查证卡使用情况。

⑧ 负责进场人员的一级教育培训以及必要的专项教育培训，监督监理、承包商的二、三级培训教育情况。

⑨ 负责项目车辆和交通的安全管理，检查入场车辆，监督检查管辖区域内行车速度，确保车辆和行人安全。

⑩ 负责项目统计总安全人工时，适时组织安全奖励活动和质量评比、竞赛活动。

⑪ 负责在项目公共区域布置安全、质量宣传方面的图幅标语，建立入场人员教育培训室。

⑫ 负责项目应急管理，策划项目的应急演练，引入适合的医院在项目建立急救站，租赁急救车、急救器械等。

⑬ 负责项目门禁和监控系统的选择、建立、使用、管理和维护。

⑭ 负责项目的治安保卫管理。

⑮ 负责放射源库的管理，确保射线源库安全。

⑯ 督促项目组及时进行风险辨识评价及相应公告、相应的管控活动以及重大危险源管理方案的组织编制。

⑰ 协助项目主任组建立和维护项目质量管理体系。

⑱ 在项目执行阶段，对质量进行全过程监督管理。

⑲ 组织检查监理、承包商项目质量管理体系。

⑳ 组织质量例会或有关专题会。

㉑ 负责项目现场质量事故统计管理，参与或配合事故的调查和处理方案的制定。

㉒ 组织项目质量月度检查和质量考评及奖惩活动，迎接上级单位组织的安全检查。

㉓ 负责办理监督申报、与工程质量监督机构的对口协调和组织、安排监理、承包商与监督相关的配合工作。

㉔ 负责与地方技术监督局的协调，监督承包商报监情况，督促项目组配合生产部门办理特种设备的注册登记。

(7) 财务部工作职责

① 执行《会计法》《企业会计准则》和财经、税务、金融等方面的其他法律法规及公司财务会计制度，依法、合规处理账务。

② 负责项目建筑安装工程、设备材料、待摊投资的核算管理，及时编制会计凭证，为项目管理提供财务信息。

③ 负责项目年度、半年度、季度和月度定期的财务会计报告编制、上报工作，做到数字准确、内容完整、报送及时。

④ 负责汇总每周、月资金使用计划，合理安排、使用资金，每月分析资金使用计划执行情况。

⑤ 每月组织项目采购部进行工程物资稽核抽盘，每年组织对工程物资进行全面盘点至

少一次。

⑥ 负责执行公司税务筹划方案和项目税务核算及申报纳税等日常工作，防范税务风险，协调税企关系，配合税务检查。

⑦ 负责项目保函的收取、保管、释放，建立合同、保函台账，并与业务部门保持密切沟通、及时核对，以保证其正确性。

⑧ 参与项目招标文件编制和合同的会审，负责其中的财务、税务有关条款。

⑨ 使用项目统一的管理信息系统，组织其开发公司完善和优化升级其中的财务付款使用功能。

⑩ 负责财务会计文档管理、相应档案的形成和移交。

⑪ 负责组织竣工决算、资产移交及配合相应审计工作。

（8）综合部工作职责

① 负责项目部日常公文、印章管理、会务组织等。

② 负责项目的信访维稳、新闻宣传与舆情管控、保密管理、外事及翻译、会议接待、人事考勤、七项费用预算、办公设施的采购等。

③ 做好项目建设管理团队的办公、后勤保障服务。

④ 做好项目用车保障、驾驶员考核管理、车辆费用管控、车辆安全管理等。

⑤ 做好项目办公设施的维护及维修，做好项目信息化系统建设及信息化安全管理。

（9）项目组

1）各项目组工作职责

① 负责落实项目部及职能部门的各项管理要求。

② 负责编制本区域项目执行计划，经项目管理部批准后，负责其实施。

③ 负责本区域内各方间和与项目部内各组织单元的沟通协调。

④ 负责本区域的施工平面管理。

⑤ 负责本区域的承包商管理。

⑥ 负责本区域的监理管理。

⑦ 负责本区域的设计管理。

⑧ 负责本区域的采购管理。

⑨ 负责本区域的施工管理。

⑩ 负责本区域的 HSE 管理。

⑪ 负责本区域的质量控制。

⑫ 负责本区域的进度控制。

⑬ 负责本区域的费用控制。

⑭ 负责本区域的合同管理。

⑮ 负责本区域的变更管理。

⑯ 负责本区域的风险管理。

⑰ 负责本区域的文档管理并负责归档。

⑱ 负责本区域项目信息管理系统的使用。

2）项目组工作要求

① 严格执行项目程序和管理规定。遇无法执行时，按照一事一办的原则向项目主任组请示，并按照批示执行。

② 按照目标驱动的理念开展工作，做好项目组管理策划和计划执行，针对重要过程制定保证措施。

③ 在项目部统一策划下制定项目执行计划，强化标准和工作流程，做事有标准、验收有程序。

④ 严格执行合同约定，树立、维护项目部管理的信誉和权威，及时对监理、承包商违反合同的行为采取措施，防止问题拖而不决或反复出现不符合要求的行为。

⑤ 创造共赢的工作氛围，积极履行建设方义务，积极协调、解决承包商、监理遇到的外部问题和困难，树立项目成功是参建各方共同努力的结果的理念。

⑥ 落实管理责任，制定详细而明确的岗位职责，定期评估组内成员工作质量，鼓励勤奋敬业的成员，对不合格人员及时提出撤换要求。

⑦ 按照项目主任组及有关部门的规定，形成各种策划、计划、报告、总结。

第三章

煤化工项目的选择和可行性研究

第一节　项目规划、产业政策及行业准入

在前期规划煤化工项目时，投资者要充分研究政策法规、国家及地方规划、产业政策及行业准入方面的要求，精心谋划，并做到以下三点，才能为一个成功的项目开好头。

一、符合国家和地方规划

我国的规划体系由发展规划、专项规划、区域规划和空间规划等不同种类的规划组合而成，其中包括了国家产业政策及行业发展规划、地方经济社会发展规划、企业发展规划和园区发展规划。这些规划是从投资建设的角度，根据政策要求和现实条件，对产业、区域、企业、园区的发展机会进行系统研究，对投资方向进行战略性判断和指导，对投资项目的外部条件和配套设施进行总体设计的规划。

煤化工项目在规划方面，要满足项目所在地国民经济和社会发展总体规划、主体功能区规划、区域规划、城镇体系规划、城市或镇总体规划、行业发展规划等各类与之密切相关的规划内容。

二、不背离产业政策

在产业政策方面，应对照有关法律法规要求，满足相关的产业结构调整、产业发展方向、产业空间布局、行业规范条件、产业技术政策的要求，并满足相关的技术标准、行业准入政策、标准等内容。

"十三五"期间发布的有关煤化工项目的产业政策主要有：

《煤炭深加工产业示范"十三五"规划》（国能科技〔2017〕43号）

《现代煤化工产业创新发展布局方案》（发改产业〔2017〕553号）

《现代煤化工项目环境准入条件（试行）》（环办〔2015〕111号）

《现代煤化工行业建设项目环境影响评价文件审批原则》（生态环境部〔2022〕）

《国家发展改革委等部门关于推动现代煤化工产业健康发展的通知》（发改产业〔2023〕773号）

《关于规范煤制燃料示范工作的指导意见》（第二次征求意见稿）国家能源局

国家发布的煤化工项目能耗限额、水耗标准。

三、满足行业准入条件

1. 产业结构调整指导目录

根据《国务院关于发布实施〈促进产业结构调整暂行规定〉的决定》（国发〔2005〕40

号），国家发展改革委会同有关部门编制《产业结构调整指导目录》（以下简称《目录》），
《目录》是引导投资方向、政府管理投资项目，制定实施财税、信贷、土地、进出口等政策
的重要依据。2005 年，经国务院批准，国家发展改革委发布《目录（2005 年本）》，其后，
2011 年、2013 年、2019 年和 2021 年，分别对《目录》进行了修订和修正。

　　《产业结构调整指导目录》由鼓励、限制和淘汰三类组成。对鼓励类项目，按照有关规
定审批、核准或备案；对限制类项目，禁止新建，现有生产能力允许在一定期限内改造升
级；对淘汰类项目，禁止投资并按规定期限淘汰。这三类都是调整供给结构的有效手段，
鼓励类目录是有关部门出台政策、有关地方制定产业发展规划和确定招商引资方向、有关
金融机构出台信贷指引的重要参考，发布鼓励类目录有效引导了社会投资方向。发布限制
和淘汰类目录为市场主体提供了稳定、公平、透明和可预期的政策环境，引导企业加快过
剩产能出清、淘汰落后产能。

2. 市场准入负面清单

　　市场准入负面清单分为禁止和许可两类事项。对禁止准入事项，市场主体不得进入，
行政机关不予审批、核准，不得办理有关手续；对许可准入事项，包括有关资格的要求和
程序、技术标准和许可要求等，或由市场主体提出申请，行政机关依法依规作出是否予以
准入的决定，或由市场主体依照政府规定的准入条件和准入方式合规进入；对市场准入负
面清单以外的行业、领域、业务等，各类市场主体皆可依法平等进入。

　　产业结构调整指导目录、政府核准的投资项目目录纳入市场准入负面清单。

第二节　项目投资的三种行政管控方式

　　2004 年国务院颁发《关于投资体制改革的决定》（国发〔2004〕20 号），对不同投资主
体、不同资金来源的建设项目实行分类管理。依据国务院颁发的《政府核准的投资项目目
录》，区别不同投资项目的资金使用性质、类别、事权等情况分别实施核准制或备案制等相
应的决策程序，从而打破了以往高度集中的投资管理模式，开始形成投资主体多元化、资
金来源多渠道、投资方式多样化、项目建设市场化的新格局。

　　在全国人大第十三次会议的政府工作报告，将投资体制深化改革列入日程，国务院以
及国家有关部门，不断出台继续简化审查程序。目前，国家对项目实行审批、核准和备案
三种管控方式。

　　实行审批制的项目，主要是指政府直接投资和注入资本金的项目，以及外商投资项目。
这类项目不在本章描述范围内。

　　实行核准制的项目，针对的是少数关系国家安全和生态安全、涉及全国重大生产力布
局、战略性资源开发和重大公共利益的项目。这类项目，仅需向政府提交项目申请报告，
不再经过批准项目建议书、可行性研究报告和开工报告程序，政府对企业提交的项目申请
报告，主要从维护经济安全、合理开发利用资源、保护生态环境、优化重大布局、保障公
共利益、防止出现垄断等方面进行核准。

　　实行备案制的项目，针对的是除《核准目录》范围以外的企业投资项目，是投资体制
改革精简审批、简政放权的重要内容，是改善企业投资管理，激发社会投资动力和活力，
确立企业投资主体地位、落实企业投资决策自主权的关键措施。备案不设置前置条件，备

案机关通过投资项目在线审批监管平台或政务服务大厅提供备案服务。

大型现代煤化工建设项目，多属于实行核准制的项目，其核准程序一般为：

(1) 编制项目申请报告

属于《政府核准的投资项目目录》内的企业投资项目，在完成企业内部决策之后，应当由项目申请单位自主编制或选择具备相应资信或能力的工程咨询机构编制项目申请报告。

(2) 报送项目申请报告

由地方政府核准的企业投资项目，应按照地方政府的有关规定向相应的项目核准机关报送项目申请报告。

由国家发改委、国务院行业管理部门核准的地方企业投资项目，应由项目所在地省级政府发展改革部门、行业管理部门提出初审意见后，分别向国家发改委、国务院行业管理部门报送项目申请报告。其中，属于国家发改委核准权限的项目，项目所在地省级政府规定由省级政府行业管理部门初审的，应当由省级政府发展改革部门与其联合报送。

国务院有关部门所属单位、计划单列企业集团、中央管理企业投资建设项目应当分别由国家发改委、国务院行业管理部门核准的项目，分别直接向国家发改委、国务院行业管理部门报送项目申请报告，并分别附项目所在地省级政府发展改革部门、行业管理部门的意见。

应当由国务院核准的企业投资项目，由国家发展和改革委员会审核后报国务院核准。

(3) 项目受理与项目核准

核准机关在受理项目申请书后，应从下列几个方面对项目进行审查：

① 是否危害经济安全、社会安全、生态安全等国家安全；

② 是否符合相关发展建设规划、技术标准和产业政策；

③ 是否合理开发并有效利用资源；

④ 是否对重大公共利益产生不利影响。

涉及有关部门或者项目所在地地方人民政府职责的，核准机关应当书面征求其意见，被征求单位应当及时书面回复。

实行核准制的投资项目，政府部门要依托投资项目在线审批监管平台或政务服务大厅实行并联核准。精简投资项目准入阶段的相关手续，只保留选址意见、用地（用海）预审以及重特大项目的环评审批作为前置条件。按照并联办理、联合评审的要求，相关部门协同下放审批权限，形成多评合一、统一评审的新模式。

目前，正在一定领域、区域内先行试点企业投资项目承诺制，探索以政策性条件引导、企业信用承诺、监管有效约束为核心的管理新模式。

对专业性强以及其他需要委托咨询机构评估的核准项目，由核准机关按照有关规定和相应程序委托相应咨询机构评估，据此出具核准意见。

核准机关对项目予以核准的，向企业出具核准文件；不予核准的应当书面通知企业并说明理由。由国务院核准的项目，由国务院投资主管部门根据国务院的决定向企业出具核准文件或不予核准的书面通知。

第三节　项目前期主要咨询成果

通常，企业内部决策分为立项以及投资决策两部分，有的企业还加上了开工审批。企业内部的项目立项，是指企业按照国家和地方产业政策、市场需求、企业自身的发展战略，捕获投资机会，经过初步比选、分析、判断和初步可行性研究后，认为项目具有投资建设的必要性和经济性，经审批同意开展项目前期工作的行为。初可行性研究报告（项目建议书）是立项申请的重要申请文件。企业内部的投资决策，是指企业在项目完成可行性研究后，组织完成专家对可研报告的评审，经内部审批后下达批复文件，明确项目的建设规模、投资规模、产品方案等重要事项。

显然，企业内部决策依赖项目初步可行性研究和项目可行性研究等这些项目前期主要咨询成果。

项目决策分析与评价是一个由粗到细、由浅到深的递进过程。在这个过程中主要包括项目投资机会研究、项目初步可行性研究、项目可行性研究、项目评估、项目后评价等内容。必要时需要和辅助一些专题研究等。这些研究成果可以由投资者自行完成，也可以聘请专家，还可以委托工程咨询机构完成，除项目后评价外，这些过程所形成的如下报告构成了前期的主要咨询成果：

1. 投资机会研究报告

（1）投资机会研究的目的

投资机会研究，也称投资机会鉴别，是指为寻找有价值的投资机会而进行的准备性调查研究，其目的是发现有价值的投资机会。

（2）投资机会研究的内容和研究重点

投资机会研究的内容，包括市场调查、消费分析、投资政策、税收政策研究等，其研究重点是分析投资环境。如在某一地区或某一产业，对某类项目相应的市场需求、资源条件、发展趋势以及需要的投入和可能的产出等方面进行准备性的调查、研究和分析，从而发现有价值的投资机会。投资机会研究的成果是机会研究报告。

需要指出的是，在实际操作中，机会研究逐步被企业发展规划所替代。无论是区域、行业或者是企业，随着规划的重要性及其内容的不断加深，企业发展规划和产业发展规划逐步担当了机会研究甚至项目建议书的角色。

2. 初步可行性研究报告

（1）初步可行性研究的目的

初步可行性研究，也称预可行性研究，是在投资机会研究的基础上，对项目方案进行初步的技术、经济分析和社会、环境评价，对项目是否可行做出初步判断。初步可行性研究的主要目的是判断项目是否有必要性，是否值得投入更多的人力和资金进行可行性研究。是企业立项的基础性文件，企业内部对初步可行性研究报告进行论证、评估后，做出是否开展项目前期工作的决定，也即决定是否立项。

（2）初步可行性研究的内容、重点和深度要求

初步可行性研究的内容与可行性研究基本一致，只是深度有所不同。重点是根据国民

经济和社会发展长期规划、行业规划和地区规划以及国家产业政策，经过调查研究、市场预测，从宏观上分析论证项目建设的必要性和可能性。

初步可行性研究的深度介于投资机会研究和可行性研究之间，其成果是初步可行性研究报告或者项目建议书。

需要指出的是，不是所有项目都必须进行初步可行性研究。小型项目或简单的技术改造项目，在选定投资机会后，可以直接进行可行性研究。

3. 项目建议书

对于政府投资项目，项目建议书是立项的必要程序，应按照程序和要求编制和报批项目建议书。对于企业投资项目，企业自主决策过程中，企业根据自身需要也会自主选择前期不同阶段的研究成果作为立项的依据。政府投资项目，初步可行性研究报告可以代替项目建议书，企业投资项目，也常将初步可行性研究报告作为项目建议书，以此做出是否立项的决定。

实际工作中，企业投资项目往往省略了机会研究和项目建议书的决策程序，许多投资者往往依据企业发展规划而直接进入项目可行性研究阶段。

4. 可行性研究报告

可行性研究是建设项目在决策分析与评价时最重要的工作。可行性研究是通过对拟建项目的建设方案和建设条件的分析、比较、论证，得出该项目是否值得投资、建设方案是否合理、可行的研究结论，从而为项目的决策提供依据，可行性研究的成果是可行性研究报告。

5. 项目申请报告

实行核准制的项目，企业为获得项目核准机关对拟建项目的行政许可，按核准要求报送项目申请报告。

项目申请报告按照申报企业性质和是否在国内的投资分为企业投资（国内企业境内投资）项目申请报告、外商投资项目申请报告、境外投资项目申请报告。

6. 项目评估报告

项目评估是在项目投资决策过程中和项目前期阶段的一项重要工作。不同的委托主体，不同的项目前期咨询成果，对评估的内容及侧重点的要求会有所不同。项目评估的咨询成果是咨询评估报告。

7. 专题报告

在项目投资决策过程中，对一些影响项目决策的重大或重要事项，根据其复杂程度，单纯依靠可行性研究报告不能满足决策要求，可以开展专题研究，为决策提供补充材料，这些资料或专题报告构成了咨询成果的一部分。包括：市场研究报告、竞争力分析报告、场（厂）址选择报告、技术方案比选报告、融资方案研究报告、风险分析报告等等。

第四节　项目可行性研究

可行性研究是建设项目前期工作的重要内容，是建设项目投资决策的重要依据。可行性研究的成果是可行性研究报告。

对于煤化工建设项目，要按照程序要求编制和报批可行性研究报告，其内容可深度参照《化工投资项目可行性研究报告编制办法》和《石油化工项目可行性研究报告编制规定》。

一、可行性研究的意义和具体作用

可行性研究就是对拟投资项目从与项目有关的各个方面进行全面、系统的调查研究和综合论证，为投资决策提供科学依据，从而保证所投资项目在合法合规的前提下，在技术上先进可靠，在经济上合理有利，在操作上简便可行。

改革开放后，国务院和国家有关部委先后发布了一系列法规，确立了可行性研究工作在我国投资领域的地位和作用，把可行性研究作为投资前期工作中的重要一环。

对政府投资项目来说，项目单位应当编制项目可行性研究报告，按照政府投资管理权限和规定的程序，报投资主管部门或者其他有关部门审批。经投资主管部门或者其他有关部门核定的投资概算是政府控制项目总投资的依据。初步设计（基础设计）提出的投资概算超过经批准的可行性研究报告提出的投资估算10%的，项目单位应当向投资主管部门或者其他有关部门报告，投资主管部门或者其他有关部门可以要求项目单位重新报送可行性研究报告。

对企业投资项目来说，可行性研究同样是企业投资决策过程中的重要一环，其结论既是投资决策的重要依据，也是指导下一步工作的重要参考，为初步设计、环评、安评、能评、社会稳定性风险分析、融资等提供方案、参数与数据等。

具体来说，可行性研究具有如下重要作用：

1. 投资决策的依据

可行性研究对项目产品的市场需求、市场竞争力、建设方案、项目需要投入的资金、可能获得的效益以及项目可能面临的风险等都要作出结论。对企业投资项目，可行性研究的结论既是企业内部投资决策的依据，同时，对须经政府投资主管部门核准的投资项目，可行性研究又可以作为编制项目申请报告的依据。对于使用政府投资补助、贷款贴息等方式的企业投资项目，可行性研究则可以作为编制资金申请报告的依据。

2. 筹措资金和申请贷款的依据

银行等金融机构一般都要求项目建设方提交可行性研究报告，通过对可行性研究报告的评估，分析项目产品的市场竞争力、采用技术的可靠性、项目的财务效益和还款能力、项目的风险，以此作为对项目提供贷款的参考。

3. 编制基础设计文件的依据

基础设计以经批准的可行性研究报告为基础。可行性研究的投资估算，也通常作为基础设计概算限额设计的依据。

4. 优化建设方案的作用

方案比选伴随可行性研究的全过程。围绕着投资的核心目标即投资的目的，通过可行性研究展开系统研究和方案优化。通过对市场、竞争力、技术、规模、产品方案、建设条件、厂址、总图布局、系统配套、环境保护、安全卫生、消防、项目管理、人力资源配置、投资估算、资金筹措、财务分析、经济分析、风险分析等诸多方面进行多方案比选，选择最优方案。

5. 落实建设条件的作用

在可行性研究过程中，围绕实现投资目标，满足最优方案的需要，往往以建设地区在自然条件、社会经济状况、政策环境等方面为依据，在可行性研究过程中提出需要的条件，寻求包括政府、相关企业或部门各方协调解决与落实。在这个过程中，条件不断得到改善，方案不断得到优化。

6. 其他的重要意义和作用

项目决策过程，伴随着一些专项审批项，诸如环评、安评、能评、社会稳定性风险分析等，这些专项审批需要经批准的可行性研究报告作为基础资料，可行性研究中的产品方案、物料平衡、技术装备水平、项目选址、项目占地、总图布局、建设方案等都是开展这些专项评价或专项分析的重要基础资料和数据来源。

二、可行性研究的依据和要求

1. 可行性研究的依据

可行性研究主要有如下几类依据：

① 项目建议书（初步可行性研究报告），对于政府投资项目还需要项目建议书的批复文件。

② 国家和地方的国民经济和社会发展规划、相关领域专项规划、行业部门的产业发展规划、产业政策等。

③ 有关法律、法规和国家及地方政府发布的相关政策。

④ 项目应执行的工程建设方面的标准、规范、定额。

⑤ 拟建场（厂）址的自然、经济、社会概况等基础资料。

⑥ 合资、合作项目，各方签订的协议书或意向书。

⑦ 并购项目、混改项目、PPP 等类项目，各方有关的协议或意向书等。

⑧ 与拟建项目有关的各种市场信息资料或社会公众要求等。

⑨ 有关专题研究报告，如：市场研究、竞争力分析、场（厂）址比选、风险分析等。

2. 可行性研究的基本要求

① 合规性。可行性研究必须符合相关法律、法规和政策。必须重视生态文明、环境保护和安全生产。

② 预见性。可行性研究不仅应对历史、现状资料进行研究和分析，更重要的是应对未来的市场需求、投资效益或效果进行预测和估算。

③ 真实客观性。可行性研究必须坚持实事求是，所有的结论都必须立于可靠的事实或明确的假设条件之上，并在调查研究的基础上，按照客观情况进行论证和评价。

④ 可靠性。可行性研究应认真研究确定项目的技术经济措施，以保证项目的可靠性，同时也应否定不可行的项目或方案，以避免投资损失。

⑤ 科学性。可行性研究必须应用现代科学技术手段进行市场预测、方案比选与优化等，运用科学的评价指标体系和方法来分析评价项目的财务效益、经济效益和社会影响等，为项目决策提供科学依据。

3. 可行性研究及其报告的深度要求

可行性研究的成果是可行性研究报告。可行性研究报告内容和深度可根据项目性质结合国家、行业或公司规范、规定等参照执行，并依据项目具体情况对内容和深度适当增加或简化。通常为满足项目决策要求，可行性研究及其报告应达到以下深度要求：

① 可行性研究报告应达到内容齐全、数据准确、论据充分、结论明确的要求，以满足决策者定方案、定项目的需要。

② 可行性研究要以达到投资目的为中心，最大限度地优化方案，并对项目可能的风险作出必要的提示。

③ 可行性研究中的重大技术、财务方案，应有两个以上方案的比选。

④ 可行性研究中确定的主要工程技术数据，应能满足项目基础设计（初步设计）的要求。

⑤ 可行性研究阶段对投资和成本费用的估算应采用分项详细估算法，其准确度应能满足决策者的要求。

⑥ 可行性研究确定的融资方案，应能满足项目资金筹措及使用计划对投资数额、时间和币种的要求，并能满足银行等金融机构信贷决策的需要。

⑦ 可行性研究报告应反映可行性研究过程中出现的重大分歧及最后选定其一的理由，以供决策者决策时权衡利弊。

⑧ 可行性研究报告应符合国家、行业、地方有关法律、法规和政策，符合投资方或出资人有关规定和要求。应附有供评估、决策审批所必需的合同、协议和相应行政许可文件。报告中采用的法规文件应是最新的和有效的。

简而言之，煤化工建设项目可行性研究必须满足四个基本条件：

① 符合项目所在地发展规划、区域规划、产业政策。

② 满足项目的各项约束性条件（如能耗指标、能效水平、水耗指标、污染物总量控制、环境"三线一单"、环境准入条件等）。

③ 技术先进、可行且具有可获得性。

④ 经济合理，能够实现经济效益、环境效益和社会效益的统一。

三、可行性研究报告的主要内容

参照《石油化工项目可行性研究报告编制规定》（2020年版），煤化工建设可行性研究报告应有以下内容。

（一）总论

1. 项目及建设方基本情况

（1）项目及建设方概况

项目基本情况：列出项目名称、项目建设性质、投资类型、项目建设地点等基本内容。

建设方基本情况：企业名称、企业性质，从注册资本、注册地址、员工状况、主营业务及主要产品、生产规模、装备及技术水平、资本结构、资产负债等方面，简述其基本情况。

（2）编制依据及原则

编制依据：列出主要编制依据的文件名称、编制和批准单位、文号和日期。主要依据包括可行性研究报告编制委托函或合同、发展规划、建设方案及相关会议纪要、上级主管部门的有关文件、对外协助条件意向书以及做可行性研究依据的其他主要文件等。

编制原则：列出可行性研究报告编制遵循的主要原则。针对项目的特点，一般应遵循的原则包括符合国家产业政策、满足市场需求、原料供应稳定可靠、规模经济合理、技术可靠先进、减少物耗、能耗、节省投资，提高企业效益、提高竞争力和抗风险能力等。

（3）研究范围及编制分工

说明研究范围和编制单位的分工情况，列出主要单项工程，列出在可行性研究中重点研究的内容。

2. 项目必要性及建设条件

（1）项目背景及必要性

项目背景：简述项目立项的由来，以及前期研究和论证过程。

项目必要性：从宏观政策、市场需求、经济效益、社会效益等方面论述项目建设必要性。

（2）宏观政策与发展规划

宏观政策分析：论述建设项目与国家产业政策、行业规划的关系。

区域发展分析：论述建设项目与区域经济发展、区域规划及企业区域优化的关系。

（3）项目建设条件

优势分析：列出项目建设的优势条件，说明市场、资源、技术、生态环境等以及外部协作配套条件对拟建项目的支持和满足程度。

劣势分析：说明影响项目建设的外部不利条件，包括资源、市场、技术和生态环境的约束条件等方面。

合法合规性分析：列出项目在可行性研究、设计、施工及竣工验收阶段应当取得的行政许可或强制性评估报告的清单，梳理存在问题并提出措施建议。

3. 可行性研究的主要结论和建议

（1）主要研究结论与建议

推荐方案：从市场、环境、经济和竞争力、工程等方面描述推荐方案的主要内容和论证结果，列出项目主要技术经济指标汇总表。

未推荐方案：针对存在重大分歧的方案，简述未被推荐方案的主要内容，说明优、缺点和未被推荐的理由，列出主要比选方案的对比表。

结论与建议：明确提出项目可行与否的结论、预期效果，以及对遗留问题和下一步工作的建议。

（2）项目实施进度计划

对于可行的项目，根据固定资产投资项目建设程序，结合行业周期、市场变化等因素，提出项目实施计划的建议。重点是找准项目投入时机，优化项目实施周期，谋求最佳投资效益。

（二）市场研究篇

1. 产品市场供需分析和预测

（1）世界市场供需分析与预测

分析预测世界及各地区市场的供需状况及未来趋势。对境内项目，可简化处理，重点分析国内市场供需，但要分析国外市场对国内市场的影响，如国外低成本产品对国内市场的冲击、国内产品出口是否受到国外供需影响等，具体有如下几个主要方面。

世界消费现状、消费结构及其消费特点分析：分析项目产品在世界市场及各地区市场的消费现状，列出其最近5年以上消费数据表，阐述消费结构及消费特点。

世界需求预测：预测项目建设期及生产期内，项目产品在世界市场及各地区市场的需求情况，并阐述预测依据。若项目产品存在替代或竞争产品，需对替代或竞争产品的市场需求进行分析和预测。

世界供应现状分析：分析项目产品在世界市场及各地区市场的供应现状，列出5年以上产能、产量、开工率数据表，列表说明项目产品世界主要生产企业概况。

世界供应预测：预测项目建设期及生产期中，项目产品在世界市场及各地区市场的供应情况，包括在建、拟建项目的名称、新增产能、项目状况和预计投产时间。若项目产品存在替代或竞争产品，分析其替代程度，对其市场供应和对供应市场的影响进行分析和预测。

（2）国内市场供需分析与预测

概述项目产品全国消费总体情况，并列出国内项目产品供需状况表，对项目产品在国内各区域市场的供需进行分析与预测，具体有如下几个方面。

国内消费现状、消费结构及消费特点分析：分析项目产品在国内市场及各区域市场的消费现状，列出5年以上消费数据表，阐述消费结构及消费特点。

产品出口分析：从项目产品全国出口总量、主要出口国别、贸易方式、出口价格以及出口退税等方面分析产品出口的情况，并列出项目产品主要出口国别表、项目产品出口主要贸易方式表。

国内需求预测：分析包括国民经济、人口状况和相关政策、法规等方面的变化趋势对项目可能产生的影响，预测项目建设期及生产期中，项目产品在国内市场及各区域市场的需求情况，并阐述预测依据。分析项目产品可能出口的地区和主要出口的品种、数量，分析项目产品新用途开发带来的需求增长幅度。若项目产品存在替代或竞争产品，对替代或竞争产品的市场需求进行预测和分析。

国内供应现状分析：分析项目产品在国内市场及各区域市场的供应现状，列出5年以上产能、产量、开工率数据表格，列表说明项目产品国内主要生产企业概况；从项目产品全国进口总量、主要进口国别、贸易方式、进口价格、进口关税税率等方面分析产品进口的情况，并列出项目产品主要进口国别表、项目产品进口主要贸易方式表、项目产品进口平均价格表；分析国外主要供应商对我国出口的项目产品的品种和数量。

国内供应预测：预测项目建设期及生产期项目产品在国内市场及各区域市场的供应情况，包括在建、拟建项目的名称、生产能力、项目状况和预计投产时间。分析未来产品的进口变化趋势及主要进口地区。若项目产品存在替代或竞争产品，分析其替代程度，对其市场供应和对供应市场的影响进行预测和分析。

（3）目标市场供需分析与预测

目标市场确定原则和范围：明确项目产品目标市场确定原则以及项目目标市场范围。在境内目标市场分析及预测时，要注意深化分析产品流向变化对市场供需平衡的影响。

目标市场消费现状、消费结构及消费特点分析：分析项目产品在目标市场的消费现状，列出 5 年以上消费数据表，阐述消费结构及消费特点。

目标市场需求预测：预测项目建设期及生产期中，项目产品在目标市场的需求情况，并阐述预测依据。若项目产品存在替代或竞争产品，对替代或竞争产品的市场需求进行预测和分析。

目标市场供应现状分析：分析项目产品在目标市场的供应现状，列出 5 年以上产能、产量、开工率数据表格。列表说明项目产品在目标市场的主要生产企业概况。

目标市场供应预测：预测项目建设期及生产期中，项目产品在目标市场的供应情况，包括在建、拟建项目的名称、生产能力、项目状况和预计投产时间。若项目产品存在替代或竞争产品，分析其替代程度，对其市场供应和对供应市场的影响进行预测和分析。

（4）产品营销策略

分析预测项目投产后的市场占有率，对于新建项目，需分析其销售渠道及销售能力。分析说明项目产品所处的生命周期阶段；阐明项目产品的市场定位；分析说明项目产品选择进入市场的时机；说明项目产品的品牌与包装；说明项目产品组合广度与深度；说明项目客户服务类型及范围；说明项目的内部销售组织结构及预期费用，提出项目产品的定价策略；提出项目的促销手段，分析竞争对手可能的反应。

2. 主要原材料、燃料供应分析及价格预测

（1）原料供需分析及预测

根据原料来源情况，比照"产品市场供需分析及预测"的要求，对主要原料进行供需现状分析和预测。

（2）原料供应分析及价格预测

原料来源和品质分析：介绍原料供应方案，叙述不同原料路线、不同工艺技术对各种原料的要求，列出原料来源表，并对不同来源的原料进行品质分析。对国外建设项目，要求做国外原料来源和品质分析。

供应可靠性分析：研究各种原料供应、品质、运输的稳定性、特殊性以及供应风险和风险规避措施。

价格分析及预测：对项目所在地主要原料的价格进行分析及预测。

推荐方案：列出多方案原料供应可靠性和经济性综合对比表，并提出推荐的原料供应方案。对燃料消耗量较大的项目，比照原料供应分析进行主要燃料供应分析。

3. 产品价格分析及预测

阐述价格预测方法：说明预测基础数据来源、样本数量和主要依据等与预测相关的内容，列出国内外价格表，绘制价格趋势图。

(1) 世界市场价格分析和预测

分析项目产品世界及各地区市场价格 5 年以上的历史数据和现状，指出其主要影响因素以及未来趋势。

(2) 国内市场价格分析和预测

分析项目产品全国及各区域市场价格 5 年以上的历史数据和现状，指出其主要影响因素以及未来趋势。

(3) 目标市场价格分析和预测

分析项目产品目标市场价格 5 年以上的历史数据和现状，指出其主要影响因素以及未来趋势。

(4) 毛利分析

分析目标市场项目产品与原料价差 5 年以上的历史数据和现状，指出其主要影响因素及未来变化趋势。

4. 市场环境及市场风险分析

(1) 市场环境分析

相关政策：根据项目特点，必要时增加政策对市场影响的分析，主要分析外贸、投资、生产、质量、安全环保、税收、监管、劳动力、宗教等方面的法规、条例等相关政策的影响。如市场开放对竞争者数量及产品价格和毛利的影响、环保新要求对市场的影响等。

定价分析：分析现有的定价方式或机制，并通过分析供需变化对价格的影响，判断未来价格变化趋势。

(2) 市场竞争分析

竞争对手基本情况：分析目标市场主要竞争对手的基本情况。

主要竞争指标分析：从产能、技术、质量、价格、市场占有率、销售渠道、品牌、营销策略等方面对比分析目标市场主要竞争对手的竞争优势及劣势，以及项目产品进入目标市场可能引起的竞争对手的反应。

(3) 市场风险分析

原料来源的可靠性：从原料来源的可得性、可靠性方面分析判断项目原料来源风险。

目标市场产品供需及价格变化：根据目标市场产品供需及价格或毛利变化趋势的预测结果分析项目产品的市场风险。

社会环境及政策的不确定性：从项目所在地社会环境及政策的不确定性分析项目产品的市场风险。

竞争对手或替代产品的竞争性：从竞争对手或替代产品的竞争能力分析项目产品的市场风险。

5. 市场研究的主要结论

(1) 供需平衡数量结论

供需平衡：对国外项目，形成包括全球市场、大洲市场和目标市场三个层次供需平衡的数量结论。对国内项目，形成包括全球市场、国内市场、目标市场三个层次供需平衡的数量结论。

（2）**目标市场划分和市场开拓建议**

提出目标市场选择、销售渠道、营销策略等方面的建议。

（3）**建议应采取的相关对策**

就项目面临的主要风险和不利因素而应采取的对策，提出相应建议。

（三）规模产品篇

1. 建设规模

（1）**建设规模确立的依据**

说明确定建设规模的依据。

（2）**建设规模比选**

对于新建项目，根据市场预测与产品竞争力、资源配置与保证程度、建设条件与运输条件、技术设备满足程度与水平、经济规模、环境保护以及产业政策等因素确定生产规模，并分析建设规模各方案的优缺点，列出建设方案对比表。

对于改、扩建和技术改造项目，要描述企业目前规模和配套条件，结合企业现状，就对改造后不同的生产规模和产品方案以及它们与现有的生产规模和产品类型进行对比，以此进行优选。

（3）**推荐的建设规模**

将推荐方案的单系列能力和总能力与国内外先进生产装置进行对比，并列出装置规模对比表。说明推荐方案及其先进性、可靠性和经济性等。

2. 总工艺流程

对于大型化工项目需编制总工艺流程，并要求进行总流程多方案研究。

（1）**研究的原则和思路**

说明总流程研究的原则和思路。

（2）**方案设置及说明**

依据原料的性质特点，结合建设规模、产品方案、生产技术及环境保护要求等因素，制定总工艺流程。总工艺流程必须对两个及以上方案进行比选。描述所提出的各总工艺流程方案，说明各方案间的共性及差异，并附总工艺流程图。

（3）**研究结果分析**

从原料和产品的结构、规格、数量、工艺方案灵活性、工艺技术的先进性和可靠性、主要技术指标、节能、环保、安全、投资及经济效益等方面，对各总工艺流程方案进行对比，并列表说明，对于改扩建项目，还要对各方案的利旧情况进行比较。通过比选提出推荐方案。

（4）**推荐方案**

对推荐方案的总物料平衡、全厂燃料平衡、氧气平衡等进行列表和图示说明。对于原油加工类项目，还应包括出厂汽柴油调和表、全厂硫平衡表等；对于乙烯项目，还应列出中间物料如乙烯、丙烯等的平衡。

3. 产品方案

（1）产品方案确定的依据及原则

说明确定产品方案的依据及原则。

（2）产品多方案比选

从多方面论证各产品方案的优缺点，并列出各产品方案对比表。

（3）推荐的产品方案

结合市场细分及目标市场分析确定推荐方案，阐述推荐方案所具备的先进性、可靠性和经济性。列出推荐建设规模和产品方案表。

（4）主要产品质量标准

分析主要产品与国内外的标准和规格现状和发展趋势，明确项目投产后执行的产品标准和规格。

（四）工程技术篇

1. 工艺技术

工艺技术是决定项目可行性的首要基础。技术方案选择应符合国家产业政策要求，要具有适用性、可靠性、先进性及经济合理性，且要安全、环保。

对于新建工厂项目和联合装置项目，可研报告要分别介绍各装置技术比选、工艺流程、物料平衡、消耗定额等内容。

对于改、扩建和技术改造项目，可研报告要叙述原有工艺技术状况，说明项目建设与原有装置的关系，结合改造具体情况编制本章内容。

（1）工艺技术方案的选择

技术选择的原则和依据：说明工艺技术选择的原则和依据。

技术方案比选：说明项目各生产装置的技术方案选择，简述国内外技术状况和特点。对国内外研发的新技术，以及国内引进的已实现商业化的技术，详细说明技术的来源、先进性、可靠性、环保方面特性和国内技术鉴定材料与结论；技术引进要说明引进种类、范围、方式。在综合比选的基础上提出推荐技术路线，简述推荐的理由，列出可获得技术的专利商名单。

推荐及备选的工艺技术：对拟采用的技术方案，列出主要操作条件，说明数据来源和依据。在推荐技术方案的基础上，提出备选技术方案，列出主要操作条件，说明数据来源和依据。

（2）推荐技术方案的流程和消耗定额

工艺流程概述：简述主要工艺过程、操作参数（必要时用表格表示）和关键的控制方案。附工艺流程图。

物料平衡说明：简述进出装置的物料平衡，并将相应数据列表说明。

工艺消耗定额及与国内外先进水平比较：列出推荐技术方案的原料、主要催化剂、主要辅助材料、公用工程等消耗定额和污染物排放数据，并列表与国内外先进水平进行对比。

2. 设备

（1）设备概况

阐述选择设备配置方案的原则，简述设备配置方案，对设备进行分类汇总。对于利旧设备，列出清单，说明设备状况及在正常操作条件下的预期使用寿命，给出设备的估算净值，并提出利旧节省的投资额度。列出采用的主要标准、规范。

（2）关键设备方案比选

对关键设备配置进行多方案比选，提出可能出现的风险及规避措施，列出推荐方案主要设备表；说明主要引进设备的引进理由，列出主要引进设备表；列出超限设备表，提出整体运输或现场组焊方案。

（3）依托情况

对改扩建项目，论述依托工厂现有设备情况。

3. 自控与通信

（1）自控系统

建设方现状：介绍项目建设方现有自控水平、控制系统、控制室布设等整体情况。

自控水平及仪表选型：说明项目中各装置或生产过程的自控水平、控制规模、控制系统主要配置、主要控制方案、仪表选型原则，列出主要仪表一览表。

控制室设置方案：说明项目控制室设置方案，包括集中或独立、位置、建筑面积等。

自控系统供电等设施设置方案：说明项目控制系统及仪表的供电、供气方案。

标准规范：列出采用的主要标准及规范。

（2）通信系统

建设方现状：介绍企业现有的通信系统整体情况。

通信系统建设原则及内容：说明项目通信系统的设置原则及范围、项目所需的通信用户数，对项目租用、建造或购置通信设施方案进行比较，说明各类通信系统的建设方案，列出主要通信设备表。

通信辅助设施：说明系统供电等设施设置方案。

标准规范：列出采用的主要标准及规范。

4. 信息技术

（1）建设方现状

业务支持情况：介绍企业现有信息系统对业务的支持情况。

系统配置及优缺点：介绍现有信息系统的范围、总体架构、主要配置及其功能，说明现有信息系统的主要优点和存在的主要问题。

（2）项目建设方案

信息系统需求分析：分析信息系统的业务需求，说明信息系统将达到的总体目标。

信息系统建设原则及内容：说明项目信息系统的设置原则、范围、总体架构、技术路线，说明建设方案对建设方的业务支持情况。说明信息系统的建设内容，主要包括基础设施、生产营运系统、经营管理系统等的主要功能和配置，列出硬软件配置表。

（3）采用的主要标准及规范

5. 厂址选择及建设条件

（1）厂址选择

厂址选择原则：说明厂址选择的原则，以及国家、地区产业布局规划和有关政策、地区发展规划等。

厂址比选：厂址方案进行技术、经济等多方案比选，给出各厂址方案区域位置图，综合分析论证各厂址方案的优缺点，提出推荐厂址。

（2）建设条件

厂址位置：说明厂址地理位置及区域位置，与城镇的距离。

自然条件：说明厂址所在地区气象条件（海拔、气温、相对湿度、降雨量、雷电日、大气压力、风力与风向等），气象条件要给出历史极端值、月平均值、年平均值，分析极端值出现的概率；其中气温值应包括极端最高气温、极端最低气温、最热月平均温度、最冷月平均温度等；说明厂址区域的地形地貌、工程地质、水文地质、地震烈度、设防等级、区域地质构造情况等。

社会经济状况：说明厂址所在地区和城市的社会经济发展现状及发展规划。

外部交通运输状况：说明厂址周边的铁路、公路、港口、码头、管道等的现状条件和发展规划。

公用工程条件：说明厂址周边水、电、气等供应现状及其发展规划。

6. 总图运输及土建

（1）总图运输

1）总图

① 说明工程占地范围，总规划占地面积，分步实施工程占地面积，以及预留用地情况，列出工程占地表。

② 说明总平面布置原则并进行多方案比较，给出各方案总平面布置图，综合分析论证各布置方案的优缺点，提出推荐方案。

③ 简述总平面布置方案，说明全厂功能分区情况，说明总平面布置与风向、与建厂址自然地形相协调的情况及与外部建设条件（周边城镇、交通运输、公用工程等）的适应情况；说明总平面布置在满足工艺流程方面的情况；说明总平面布置执行防火规范的情况；说明项目物流及人流的组织情况。

④ 竖向布置：说明场地地形地貌、自然地形坡度；说明竖向布置原则；说明竖向布置形式、场地平整方式、土（石）方平衡情况和主要控制点高程；说明厂区防洪标准及采取的措施；说明厂区雨水排水方式。

⑤ 绿化、道路、围墙及大门：说明厂区绿化的原则、绿化方案、绿化面积、绿化率；说明道路布置特点、道路类型、宽度及路面结构；说明围墙型式、工程量及大门设置。

⑥ 拆迁：说明工程占地范围内的拆迁工程量，以及迁建方案。

⑦ 总图主要工程量：根据总平面布置、竖向布置、拆迁等总图方案列出总图主要工程量表。

⑧ 采用的主要标准及规范

2）运输

① 物料运输方案：说明项目达产年各种原辅料及产品的数量，以及各种物料用铁路、公路、水运、进出厂管道的运输量，列出全厂物料运输量及运输方式一览表，结合项目原料来源和目标市场情况，提出推荐的进出三各种物料运输方案，包括进、出运量、运输方式及物料来源、流向去向等。

② 大件运输方案：列出项目的大件设备运输方案。

（2）土建

1）建筑方案

① 说明建筑设计原则。

② 说明主要建筑物（生产厂房、中央控制室、综合办公楼、倒班公寓等）的功能和技术要求。

③ 说明主要建筑物的占地和建筑面积、使用人数和能力，列出建筑面积、占地面积一览表。

④ 说明主要建筑物的建筑结构型式、层数和高度、立面处理等技术方案。

⑤ 说明主要建筑物的建筑构造及装修方案，包括屋面、顶棚、内外墙面、门窗、楼地面等。

⑥ 说明建筑物在采光、日照、通风等方面采取的技术措施。

⑦ 说明建筑物在防腐、防爆、防毒、隔声、隔震等方面采取的特殊技术措施。

2）结构

① 工程地质条件：简述工程地质勘察报告内容，说明工程地质概况、持力层的主要物理力学指标、特殊地质问题及天然地基评价等。

② 结构载荷：说明风、雪荷载及建、构筑物各部位荷载的取值情况。

③ 建、构筑物结构设计。

a. 说明建筑结构的安全等级、设计使用年限和建、构筑物的抗震设防烈度、设计基本地震加速度、场地类别、地震分组情况等。

b. 说明建、构筑物的耐火设计要求，说明主要建、构筑物所采用的具体结构型式。

c. 说明建、构筑物所采用的基础形式及特殊地基的处理方案（如软土地基处理、地基防渗处理等）、特殊设备基础设计技术参数及型式选择、地基基础设计等级及地下结构的防水等级、主要结构构件的材料选择等；说明地基基础、混凝土结构、钢结构等采取的防腐蚀措施。

d. 说明对特殊性问题如地震、冻胀等所采取的处理措施。

e. 说明项目的防渗要求、处理方案及主要工程量。

f. 说明新技术、新结构、新材料的采用情况。

g. 改扩建项目需说明依托的原建构筑物情况，简要说明改造方案。

综合上述设计方案，列出建、构筑物主要工程量表。

（3）采用的主要标准及规范

7. 储运系统

（1）储运系统

工程范围及设置原则：说明本项工程范围及工程项目单元划分；说明储运系统的设置原则；列出采用的相关标准、规范。

1）储运工艺流程：

① 说明储运系统相关流程，并给出流程示意图。

② 说明装置检维修、装置更换催化剂的周期，以及检维修、更换催化剂期间储运系统的应对方案。

2）储存及装卸系统：

① 说明各种物料（包括装置中间原料）储存量、储存周期、储存方式，确定储存设施建设规模、建设方案和主要工程量。

② 对储存条件较为特殊的物料储存方案和储罐选型方案进行技术经济比较，提出推荐方案。对其中的关键储罐方案进行可行性论述。

③ 列出储罐配置一览表。

④ 说明铁路、公路、水运装卸设施、厂外管道的设计规模、建设方案和主要工程量。

⑤ 列出储存及装卸系统主要设备表（名称、数量、规格、材料等）。

（2）全厂工艺及热力管网、管廊

1）工程范围及设置原则：说明工艺及热力管网的范围及设置原则。

2）主要工艺及热力管网：说明全厂主要工艺和热力管道的起止点、敷设方式，说明管道通过特殊地区的技术方案和措施，以及采用的特殊材料等；对特殊物料的管网设置进行技术经济比较，提出推荐方案。列出厂内主要工艺及热力管道一览表。

3）全厂性管廊：说明全厂性管廊的走向、结构型式、宽度、跨度、净空高度等内容。

（3）全厂可燃性气体排放和回收系统

1）设置原则和标准：说明全厂可燃性气体排放系统和回收系统的设置原则。列出采用的主要标准、规范。

2）全厂可燃性气体排放系统

① 说明事故状态下工艺装置的气体排放情况，包括气体主要成分、流量、温度、压力等，确定排放量。

② 说明全厂可燃性气体排放系统的管网、分液及水封、火炬等的设置方案，列出主要设备表。

③ 说明高架火炬的热辐射半径，说明地面火炬的占地面积。

3）全厂可燃性气体回收系统

① 估算并说明可燃性气体的回收量。

② 说明全厂可燃性气体回收系统的设置方案，列出主要设备表。

4）其他设施

说明其他设施（产品包装、添加剂、化学药剂、修桶洗桶、洗槽站等）的建设方案。

8. 公用工程

（1）给水、排水

水源：比较和选择水源、取水、输水管线和净水工程等供水方案，说明可供项目的水量、水质及供水条件。

用水、排水负荷：列出项目用水量、排水量表。

供水、排水方案：对厂内给水、排水方案进行比选，包括给排水系统划分、净水场、循环水场、加压站、雨水监控、事故水收集储存等建设方案、主要设施及规模，说明外排水去向。给出新建净水场等处理流程原则框图。对于改扩建项目，在说明依托情况的前提下，对新建给水、排水设施进行方案比选说明；列出主要消耗指标，包括电、药剂等。

（2）供电

1）电源方案

① 当项目电源依托企业现有供配电系统时，说明电源的电压等级、设计供电能力、现有负荷等依托条件。

② 当项目电源涉及外电网时，说明外电源比选方案，以及电源的电压等级、供电外线距离、供电可靠性、设计供电能力、现有负荷等。

③ 当项目电源涉及新建或扩建热电站，必须从投资、技术、成本、环保及总图限制等方面进行自建方案与外购电方案的全面对比，特别是采用与大用户直接交易的购电方案进行对比。

④ 当项目电源涉及新建输变电工程，可按《输变电工程可行性研究内容深度规定》（DL/T 5448）、《220千伏及110（66）千伏输变电工程可行性研究内容深度规定》（Q/GDW 270）等相关标准的规定，单独编写可行性研究报告。

⑤ 用电负荷，分装置提出负荷容量、负荷等级、利用系数等。

2）供电方案

① 根据用电负荷确定供电方案，提供各级变电站的电压等级、主接线方案、供电规模和主要设备选型，提供供电系统图。

② 论述大型电动机组启动方案，全厂调度系统设置及与上级电网的通信内容，以及全厂电力调度系统与全智能化系统的衔接内容。

③ 编制主要电气设备表，包括名称、规格、型号、数量等。

④ 列出采用的主要标准、规范。

（3）供热

1）热负荷：分项列出生产装置、辅助设施等的正常热负荷和间断最大热负荷，并提出供应的参数（温度、压力等）。

2）供热方案：

① 热源选择应优先利用项目余热和依托社会供应。

② 自建供热设施的，应进行多方案比选，说明供热技术、建设规模、炉机配置、燃料来源、规格及消耗量、能耗指标及主要污染物排放量，若采用热电联产方案，可参照《火

力发电厂可行性研究报告内容深度规定》（DL/T 5375）单独编制可行性研究报告，绘制全厂蒸汽平衡图。针对改扩建项目，在说明依托情况的前提下，说明新建供热设施方案比选确定情况。

3）化学水、凝结水处理：说明化学水处理、凝结水回收的负荷，以及建设方案（规模、技术）比选结果和消耗指标。

（4）空分、空压、制冷设施

1）负荷：确定生产所需的氧气、氮气、压缩空气及制冷的负荷（正常负荷和间断最大负荷），列出氧气、氮气、压缩空气及制冷负荷一览表，提出供应参数。

2）建设方案：比选空分、空压、制冷方案，并提出推荐方案，列出空分、空压、制冷设施主要设备一览表及消耗指标。改扩建项目需说明依托情况。

（5）采暖通风和空气调节

1）负荷：概述暖通设计范围，确定生产所需的采暖通风和空气调节的负荷，提出供应参数。

2）建设方案：比选采暖通风和空气调节方案，并提出推荐方案，编制主要设备表及消耗指标。改扩建项目需说明依托情况。

9. 安全、职业病防护与消防

（1）安全

1）总平面布置及周边条件

① 说明项目与周边生产、生活设施外部安全防护距离及是否满足规范要求。

② 说明总平面布置在安全规范方面的符合性。

③ 总平面布置应进行评审并针对其中的安全问题形成结论。

项目所在地自然条件：说明项目所在地地质、地理、气象等自然条件对安全生产的影响，如抗震、防洪、防浪堤、地基处理等。

2）项目内在危险有害因素及其对安全生产的影响

① 进行项目工艺可靠性分析，基于对工艺流程图、主要设备表的辨识，说明主要技术、工艺是否成熟可靠，是否属于"落后生产工艺装备"或"落后产品"。

② 识别重大危险源，辨识需重点监管的危险化工工艺。

③ 辨识是否有国内首次使用的化工工艺，如有应经省级人民政府有关部门组织的安全可靠性论证，新开发的危险化学品生产工艺原则上应在小试、中试、工业化试验的基础上逐步放大到工业化生产。

④ 根据项目生产和使用的危险化学品的种类、名称、数量，包括易燃、易爆、有毒气体、液体、固体类、腐蚀品类、辐射物质类、氧化剂和过氧化物类，工业粉尘类及其他危害品类，辨识其中的重点监管化学品。

⑤ 分析存在的火灾、爆炸危险。

⑥ 分析存在的毒性危害。

⑦ 分析存在的危险有害作业，包括高空、高温、低温、辐射、振动、噪声等危害性作业场所及其可能造成的人身伤害。

⑧ 初步分析项目公用工程和辅助生产装置带来的危险有害因素，如：VOC罐顶气联

通、RCO/RTO、二次炉、空分空压、火炬、管廊、装卸设施等。

3）安全防范措施

① 说明在安全管理上的防范措施，包括管理与监督制度、应急预案等。

② 说明在技术和设计上的治理方案，包括本质安全生产工艺的选择、"两重点一重大"的防护措施等。

③ HSE 管理机构设置及人员配备。

4）预期效果，说明项目的总体安全水平及预期效果。

5）采用的主要标准、规范。

（2）职业病防护

1）职业病危害因素识别：对项目建设、生产过程中以及生产环境中、劳动过程中产生或可能产生的职业病危害因素进行辨识。

2）职业病危害分析：分析、评价职业病危害因素对作业场所和岗位劳动者健康影响与危害程度。

3）职业病防护设施及防控措施：说明项目采取的建筑卫生学、辅助用室、职业病防护设施、应急救援设施、个体防护用品及其他防护措施等。

4）预期效果：说明项目职业病防护的预期效果，包括防尘毒、防噪声、防高温、防低温、防电离辐射等。

5）采用的主要标准、规范

（3）消防

1）火灾危险性分析：分类列出厂区主要生产储存设施，结合项目所涉及的原料、中间产品及成品的性质及运输、装卸过程的火灾危险性等因素，确定消防对象、消防范围及同一时间的火灾次数。

2）可依托的消防条件

① 已建消防设施：说明企业已建或相邻场站已有的固定消防设施现状，包括消防标准、消防体制、消防设施、用水及设备器材等。

② 社会消防依托：说明所在地区的消防协作力量位置及装备情况、消防协议、联防体制等可依托性条件。

3）消防系统方案

① 消防系统总体设置：说明消防系统的构成，包括消防站及泡沫站规模、消火栓系统设置、消防管网布置方式、稳压系统设置，以及其他有关气体灭火、干粉灭火、蒸汽灭火系统的设置内容等。

② 消防系统参数：说明各系统的主要参数，包括消防用水量、压力、消防水或泡沫的储量

③ 消防水源：说明消防水源和连续补水时间情况。

④ 消防控制水平：说明各系统的检测及报警方式、消防设施的控制水平、消防系统的通信方式等。

4）消防管理

① 消防体制与职责的设置原则

② 消防人员的编制

5）预期效果：说明消防系统可达到的预期效果。

6）采用的主要标准、规范

10. 辅助生产设施

（1）检修、维修设施

1）说明检修、维修设施的设置原则。

2）说明检修、维修任务及维修规模。

3）说明检修、维修设施的建设方案、占地面积及建筑面积。

4）列出采用的主要标准、规范。

（2）仓库

1）配置原则：说明全厂性仓库（化学品库、综合性仓库、备品备件库等）、堆场的配置原则。

2）建设方案：说明全厂性仓库、堆场的建设方案、占地面积及建筑面积。

3）列出采用的主要标准、规范。

（3）中心化验室

1）设置原则：说明中心化验室的设置原则。

2）建筑物情况：列出中心化验室占地面积及建筑面积一览表。

3）化验仪器设备：说明中心化验室主要化验项目以及采用的化验仪器设备。

4）采用的主要标准、规范

（4）其他辅助设施

1）说明事故池、酸碱站、汽车库、医疗站等其他辅助生产设施的建设方案、占地面积及建筑面积。

2）列出采用的主要标准、规范。

11. 厂外工程

（1）输油（气）管道

1）范围：说明管道的范围。

2）管道输送任务：说明管道输送介质的名称、性质、输送量、起点和目的地。

3）管道建设方案：

① 说明线路走向、敷设方式、管道材料和防腐与保温方案。

② 说明管道输送工艺以及站场主要工艺和设备情况。

③ 说明管道的自动控制和通信系统方案以及站场的供配电、给排水方案。

④ 说明管道沿线可依托的抢维修力量以及配备的主要抢维修机具、设备、车辆等。

（2）给水排水工程

说明给水水源、取水设施、排水去向、排水设施、输水线路等方案，给出厂外给水排水工程主要工程量。当项目水源涉及新建大型给水工程，可参考国家住房和城乡建设部《给水工程可行性研究报告文件编制深度》等标准的规定，单独编写可行性研究报告。

（3）外部电源工程

说明项目外部电源相关情况，包括周边电网情况、变电所电压等级、装机容量、供电能力及供电线路电压等级、导线截面积、长度、路由和接线方案等。给出外部供电工程主要工程量。

项目电源涉及 110（66）千伏及以上新建输变电工程，可按《输变电工程可行性研究内容深度规定》（CDIL/T 5448）、《220 千伏及 110（66）千伏输变电工程可行性研究内容深度规定》（CQ/GDW 270）的要求，单独编写可行性研究报告。

（4）铁路专用线

1）范围：说明铁路专用线的范围。

2）铁路输送任务：说明项目铁路运输的货物、运量。

3）铁路专用线建设方案

① 说明铁路专用线的等级、长度。

② 说明铁路专用线的主要技术标准。

③ 说明铁路专用线的主要建设方案。

④ 列出主要设备和工程量。

（5）码头

1）范围：说明码头的范围。

2）水路运输任务：说明项目水路运输的货物、运量。

3）码头建设方案：

① 说明码头的设计规模。

② 说明码头的总平面布置方案。

③ 说明码头的装卸工艺。

④ 说明码头的水工建筑物方案。

⑤ 说明码头配套设施的建设方案。

⑥ 列出主要设备和工程量。

（6）固废填埋场

说明项目配套建设固废填埋场的建设规模、建设方案和工程量等。

（7）其他

说明项目厂外其他设施的主要建设规模、建设方案和工程量。

（五）环境影响篇

1. 生态环境保护

（1）建设地区的环境概况

1）建设地区生态环境及制约因素

① 说明建设项目地理位置、周边生态环境现状，分析区域环境存在的突出问题。

② 分析项目所在地环境容量、生态敏感区域对项目的制约因素。

③ 分析项目与区域规划、规划环评、产业政策的相符性。

2）法律法规、标准及制度

① 执行的国家环境保护法律法规、标准规范和政策文件要求。

② 执行的地方环境保护标准及政策文件要求。

③ 执行的集团公司环境保护制度、标准规范和文件要求。

（2）建设项目的环保状况

1）清洁生产技术与指标：列出项目的清洁生产技术和指标、工艺技术和主要效果，对工艺清洁生产水平进行对标。

2）主要污染源及污染物

① 建设期

a. 分析建设期的主要污染源及污染物的种类、排放方式、浓度、数量和去向。

b. 生态影响类项目，分析建设期生态破坏、生态扰动等影响。

② 运营期

a. 分析项目主要污染源及污染物的种类、产生数量及浓度、排放方式（含治理工艺、污染物种类、浓度、排放量及去向），分装置列表说明项目主要污染源产、排污情况。

b. 生态影响类项目，分析项目运营期生态破坏、生态扰动等影响。

c. 改扩建、技改项目，说明现有企业的污染物排放和控制情况。

d. 说明本企业拟建项目、在建项目、已建项目污染物总量情况，分析"增产不增污""污染物削减"等要求符合性。

（3）环保措施可行性分析

1）环保设施现状及达标排放情况

① 论述企业环保设施现状，包括采用的工艺方法、执行的排放标准及达标情况、处理规模及余量等，列出环保设施（措施）现状表。

② 分析项目依托现有（或在建）环保设施的可行性。

2）环保措施与方案比选论证

① 说明环保控制方案

② 说明方案的比选优化

③ 说明项目"以新带老"要求落实情况。

④ 分析项目污染物排放总量和浓度达标可靠性，列出污染物排放总量控制平衡表、污染物浓度达标排放表。

3）项目生态环境风险防范措施分析

① 提出项目环境风险管理及控制措施。

② 说明环境应急能力，包括物资、人员、应急监测、应急联动等情况。

4）环境监测

① 说明废气、废水、噪声以及土壤地下水等监测点位、监测因子、监测方式（人工/自动）和监测频率，以及地下水监测井设置、排污口规范化建设情况。

② 改扩建项目应说明现有监测设备的依托情况。

（4）环境保护投资估算

列出各项环保设施、措施投资估算一览表（包含环境影响评价、环境监理、竣工环保验收等费用），并说明环保投资占总投资的比例。

（5）环境可行性分析

① 生态环境影响评价概况：说明生态环境影响评价进展、初步结论、防治要求与措施。

② 环境可行性结论：从合法合规性、污染防治和生态保护措施以及生态环境风险防控措施的可行性、达标排放的可靠性、污染物排放总量与环境容量、排污许可证条件的满足等方面，提出项目的环境可行性结论。

③ 存在问题与建议：说明项目总量制约因素、工艺技术选择等存在的问题，并提出建议。

2. 碳排放分析及降碳措施

（1）建设项目的碳排放情况

（2）碳排放监测与降碳措施

碳排放监测：说明碳排放源活动数据获取及排放因子取值等碳排放监测情况。

降碳措施：说明项目采用的主要低碳技术、低碳方案和降碳效果。

存在问题与建议：分析说明项目排放高浓度二氧化碳、甲烷等温室气体回收利用尚存的问题和建议。

（3）社会影响

核准类项目，应根据核准要求编写社会影响分析，其他项目可不编写本章内容。

（六）资源利用篇

1. 能源利用分析及节能措施
① 能耗构成分析
② 节能措施

2. 水资源利用分析及节水措施
① 建设地区的水资源概况
② 建设项目的水资源利用状况
③ 节水措施

3. 土地资源

（1）土地利用规划情况

说明项目所在城市土地利用总体规划情况，说明项目所在区域经过土地资源部门批准的土地规划情况、土地性质、土地使用现状。

（2）项目土地利用评价

说明项目用地范围、工程占地情况；说明工业项目建设用地控制指标情况；说明项目所在地土地资源部门的用地预审意见；说明项目用地的合法合规性和合理性。

4. 人力资源

（1）原则和依据

说明项目投产后生产、运营的组织机构和人力资源配置的原则和依据。

（2）组织机构及人力资源配置

提出组织机构设置、人力资源配置、员工来源、员工素质要求和培训计划等。列出组织机构设置和人力资源配置的图、表。

（3）人力资源利用评价

说明人力资源配置的合规性、人力资源供给的可靠性以及对当地就业的影响。

（七）投资效益篇

1. 投资估算

（1）投资估算的范围、方法与依据

说明工程项目概况和投资估算的范围、方法，列出投资估算的依据。

（2）投资估算

投资估算编制执行中国石化《石油化工项目可行性研究投资估算编制办法》。

（3）投资估算的问题及说明

对投资估算中存在的问题进行分析和说明。

2. 融资方案

① 融资组织形式：明确是新设法人融资或既有法人融资。

② 资金来源：明确项目自有资金、债务资金的资金来源。

③ 资本金筹措：明确各资本金出资人的出资方式、金额。

④ 债务资金筹措：明确各债务资金的来源、借贷条件、金额。

⑤ 融资方案分析

3. 财务评价

① 财务评价依据、基础数据与参数

② 成本费用估算及分析

③ 财务指标计算与效益分析

④ 不确定性分析

（八）竞争风险篇

1. 竞争力分析

① 概述

② 市场竞争力分析

③ 技术竞争力分析

④ 系统、节能及人力资源竞争力分析

⑤ 财务竞争力分析

2. 风险分析

① 概述

② 风险识别

③ 风险估计及评价

④ 风险应对

⑤ 风险分析结论

第四章

项目策划

第一节　项目策划的理论方法

　　策划是为完成某一任务或为达到预期的目标，根据现实的各种情况与信息，判断事物变化的趋势，围绕活动的任务或目标这个中心，对所采取的方法、途径、程序等进行周密而系统的全面构思、设计、选择合理可行的行动方式，从而形成正确的决策和高效的工作。由此可见，策划是在现实所提供的条件的基础上进行的、具有明确的目的性、按特定程序运作的系统活动。很显然，策划是一种超前性的人类特有的思维过程。它是针对未来和未来发展及其发展结果所做的筹划，能有效地指导未来工作的开展，并取得良好的成效。总之，精心的策划是实现科学决策的重要保证，也是实现预期目标、提高工作效率的重要保证。

　　策划与计划这两个概念容易被人混为一谈，其实从策划的含义中可以发现策划与计划是两个不同的范畴，两者有较大的差异。所谓"策划"，就是立足现实，面向未来，能实际引导行动的创造性思考及实践过程，包括分析情况、发现问题、确定目标、设计和优化方案，最后形成工作计划等一整套环节。策划更多地表现为战略决策，这也决定了策划对预算及其具体工作步骤、进度安排的考虑比较粗略。所谓"计划"，就是从现在到未来，根据时间表思考如何逐次达成策划目标的行为。计划很大程度上只是策划的结果，比较多地表现为在目标、条件、战略和任务等都已明确化的情况下，为即将进行的活动提供一种可具体操作的指导性方案。

　　工程项目策划是策划工作的一个重要领域。考察一下我国近年来的建设流程不难发现，人们在工程项目的决策方面虽然已基本上形成了一套科学的程序，但对项目决策后如何实施，在我国一直是建设业主的权限范围，即多是由投资方按照已有的资料加上专家的个人经验而拟就的。这就造成了设计人员只是在项目立项的基础上，接受了任务委托书后进行具体设计，而施工单位则只是按设计图纸进行施工。从字面上来看这是一个单向的流程，但事实上项目的实施远不是这么简单，因为每一个工程项目的设想提出，都有其特定的政治、经济或社会生活背景。从简单抽象的建设意图产生，到具体复杂的工程建设，其间每一环节每一过程的活动内容、方式及其所要求达到的预期目标，都离不开计划的指导，而计划的前提就是行动方案的策划，这些策划的好坏将直接关系到建设项目活动能否成功。因此，建设项目策划是建设项目决策到建设项目实施的一个非常重要的环节。

一、项目策划的基本原理

　　建设项目策划的特性是由其研究对象的特殊性所决定的，大致可归纳为以下几点：

1. 建设项目策划的物质性

工程项目策划的实质是对"工程项目"这个物质实体及相关因素的研究，因而其物质性是项目策划的一大特色。社会、地域一经确定，人们的活动一经进行，作为空间、时间积累物和人类生产、生活活动载体的工程项目就完全是一个活生生的客观存在了。项目策划总是以合理性、客观性为轴心，以工程项目的时间、空间和实体的创作过程为首要点，其任务之一就是对未来目标的时空环境与建设项目进行构想，以各种图式、表格和文字的形式表现出来，这一过程是由工程目标这物质实体开始，以工程项目策划结论——策划书的具体时空要求这一最终所要实现的物质时空为结束，全过程始终离不开时空、形体这一物质概念。

2. 建设项目策划的个别性

由于地域、业主或使用者的不同，各个工程项目的策划必须分别制作，而不可借用，这种单一性也就决定了项目策划的个别性。但我们同时要看到，工程项目生产又是一种大规模的社会化生产，同类工程项目的生产又可以从个性中总结出共性，工程项目策划将其共性抽出加以综合，使项目策划具有普遍的指导意义。

二、项目策划方法的概念

工程项目策划的方法是不断发展的，早期项目策划的方法只注重推论方法，将项目策划视为单一的数理逻辑演绎。而现代的项目策划方法将不只局限于数理解析法、模拟法，出现了许多更新的高效的方法。目前，项目策划方法大致可归类为以下几种。

① 以事实为依据的项目策划方法。该策划方法强调社会经济生活对项目策划的限定性，从而以认识项目和社会生产、生活的关系为目的，只反映客观的现象，将项目策划的方法都建立在事实的记录和收集之上，反对主观的思维和加工；只研究实际相关的资料，其所表述的内容和结果如面积、大小、尺寸等恰恰是项目策划可操作性的反映。

② 以技术为手段的项目策划方法。该法强调运用高技术手段对项目与生产和生活相关信息进行推理，只研究信息的分析和处理方法，强调以技术的手段解决项目实施中的前期问题，把项目策划引导到高技术的方向上去。

三、策划环境分析

影响工程项目的因素是广泛而复杂多变的，同时各个因素间也存在交叉作用。每一个项目策划人员必须随时注意环境的动态性及项目对环境的适应性。环境一旦变化，项目就必须积极地、创造性地适应这种变化。因此，作为项目策划的基石——环境分析在项目策划中起着举足轻重的作用。项目策划环境分析就是分析项目策划的约束条件，包括技术约束、资源约束、组织约束、法律约束等各种环境约束。预先对策划环境进行细致的分析，找出各种可能的约束条件，是拟定实际可行策划方案的前提条件。至于策划环境的分类，可以从多种角度进行。通常可以简单将其划分成内部环境和外部环境有利的环境因素和不利的环境因素。

第二节　项目策划的意义

煤化工项目策划是集科学发展观、市场需求、工程建设、节能环保、资金运作、法律政策、效益评估等众多专业学科的系统分析活动。项目策划是项目开展的起始阶段，项目构成、实施、运营的策划对项目后期的实施、运营乃至成败具有决定性的作用，其重要性不言而喻。项目策划工作，可以为项目建设顺利进行，达到进度、安全、质量和投资四大控制目标，可以为项目后期运营维护带来方便。项目策划的重要性主要体现在以下几点。

1. 全面而深入地调查、分析项目建设环境，编制科学合理的项目策划，可以为科学决策提供依据，避免决策失误

项目建设环境调查内容多、涉及面广，有些资料和信息的获得还有一定的难度，但是作为项目的基础资料，这项工作又不得不进行，而且必须细致深入。主要包含以下几方面的内容。

（1）**政府政策、法规及城市总体规划**

对政府政策、法规和城市总体规划的调查研究，有助于确定项目建设所应遵循的规范，不与现行政策、法规和城市总体规划相冲突。反之则会给项目的建设报批带来障碍，造成工程进度滞后。

（2）**自然条件和历史资料**

包括：地形图，气象资料，水文资料，地震及地质资料和项目所在地的历史沿革资料。这些资料是设计工作的依据，也是进行项目定义的依据。没有这些资料，设计成果的深度就值得怀疑。

（3）**技术经济资料**

包括：自然资源情况、经济状况、土地利用情况、商业、服务业、工业企业的现状、对外交通情况等。对这些情况的了解，有助于明确该项目的有利条件和不利条件，在项目定义策划时加以充分考虑。如果考虑不周，可能将给后期项目的运营带来困难和风险。

（4）**市场情况资料**

包括：资金市场、建筑市场。

了解项目建设的资金来源、数量、利率、汇率及风险等，为项目融资策划和制定投资计划提供依据。同时，对建筑市场的了解包括建筑队伍、建筑材料、建筑机械等情况，为合理安排施工顺序、施工进度提供依据，反之则项目进度受影响。

2. 具有明确项目定义的项目策划可以为设计提供科学依据，项目定义是项目前期策划的重要组成部分和基础。项目定义的主要内容包括项目定位和项目结构

（1）**项目定位**

项目定位就是结合建设地点的自然条件和特点，提出项目的性质和特点，使得项目建成后能够独树一帜，并获得良好的经济效益。在当前煤化工市场经济竞争激烈的环境下，准确的定位决定了煤化工项目的盈利水平。

（2）**项目结构**

项目结构也就是项目的构成以及组成部分的规模。项目的构成及规模不能凭空想象，而是要经过认真论证，并且要有开创性的思维。项目结构的组成决定了项目长期保持盈利的能力。

3. 具有明确合理且确实可行的项目目标、项目管理策划、融资策划等内容的项目策划，是进度、安全、质量和投资四大控制目标的根本保证

（1）**项目目标**

工程项目的确立是一个极其复杂的、同时又是十分重要的过程。为取得成功，项目策划工作的主要任务是寻找并确立项目目标，并对项目进行详细的技术经济论证，为项目的批准提供依据。使整个项目建立在可靠的、坚实的、优化的基础上。项目目标的确立对项目的建设实施和运营管理起着决定性作用。

如果目标设计出错，常常会产生如下后果：工程建成后无法正常地运行，达不到使用效果；虽然可以正常运行，但其产品或服务没有市场，不能为社会接受；运营费用高，没有效益，没有竞争力；项目目标在工程建设过程中不断变动造成投资高、超工期等。

因此在现代工程项目中，人们越来越重视项目策划工作。项目管理专家介入项目的时间也逐渐提前，这样不仅能够防止决策失误，而且保证项目管理的连续性，进而能够保证项目的成功，提高项目的整体效益。

（2）**项目管理策划**

项目管理策划的内容包括：

① 项目目标，也就是质量目标、投资目标、进度目标。

② 项目组织。目标决定组织，组织是目标能否实现的决定性因素。项目的组织不仅包括业主方的组织，而且包括项目管理方的组织、设计方的组织、施工方的组织、供货方的组织等。

③ 项目的合同管理。对项目的合同结构、工作流程、合同变更管理等内容进行策划。

④ 信息管理。信息管理是项目管理的一个重要组成部分，任何有效的决策，只有在充分掌握信息的基础上才能做出。一个项目必须建立起流畅的信息管理系统。信息管理的主要内容包括：信息编码、信息流程、信息采集、信息处理等。

项目管理是一个长期复杂的过程，具备规范、标准、专业的项目组织模式决定了项目质量、进度、投资能否实现。

（3）**项目融资策划**

对煤化工项目要有生产工艺流程方案设计，主要生产设备装置要基本定型，与上下游产业衔接的有关参数也应基本确定。除此以外，投资方案细化还应在上述生产工艺流程方案设计基础上详细估算投资额及预期收益，最终合理确定资金来源、融资方式、融资工作流程及融资风险等。避免因为资金问题造成项目停摆或者流产。

总之，项目策划是为完成某一任务或为达到预期的目标，根据现实的各种情况与信息，判断事物变化的趋势。围绕活动的任务或目标这个中心，对所采取的方法、途径、程序等进行周密而系统的全面构思、设计选择合理可行的行动方式，从而形成正确的决策和高效的工作，具有明确的目的性，按特定程序运作的系统活动。一个科学合理的项目策划会给工程管理打开一个良好的局面。然而，工程管理过程不可预见因素很多，应该学会适时调整计划。唯有对项目进行持续动态管理，目标才会如期实现。项目策划同时是一种超前性的人类思维过程，它是针对未来和未来发展及其结果所做的筹划，能有效地指导未来工作的开展，并取得良好的成效。精心的策划是实现科学决策的重要保证，也是实现预期目标、提高工作效率的重要保证。

第三节　编制项目策划

按煤化工项目策划的范围可分为项目总体策划和项目局部策划。项目的总体策划一般指在项目决策阶段所进行的全面策划，局部策划是指对全面策划分解后的一个单项性或专业性问题的策划。

一、项目总体策划的编制

煤化工项目的总体策划主要是为项目各阶段、各方面的各项主要工作开展制定相应的工作原则、确定相应的工作范围、建立相应的工作机制。在编制总体策划时，可能还未确定项目的产品方案和工艺技术，因此还不能就各阶段的工作都详细地计划，只能是确定一些基本的原则、流程、方法、措施和应满足的基本要求，但对于后续的前期阶段可进行较详细规划，以此指导此阶段各项工作的开展。

工程项目的总体策划一般在项目立项获批、项目管理组织机构及关键岗位人员确定后开始启动，并应在项目的可行性研究报告获得批复后完成编制。

项目总体策划的内容包括但不限于：项目概述（编制说明及依据、项目概况），项目指导方针、管理理念，项目管理模式、组织机构、人员配备计划及职责分工，项目管理目标体系，项目阶段划分及主要工作，项目特点、难点分析，项目前期工作、商务及合同、投资、计划与进度控制、设计、采购、施工、安全、质量、财务、行政、风险、沟通、档案、专项验收及竣工验收等方面的主要管理内容，项目界面管理，生产准备、试运行及装置投产，项目国产化与科技创新等。

项目总体策划的编制、审查一般经确定编制提纲和编制分工、召开编制启动会明确编制内容要求和时间要求、各部门负责人组织编制、汇总初稿并经内部会审和相应修改后形成正式稿、内部正式评审并进一步修改、正式稿报上级单位评审且经修改完善后正式批准发布。

在项目总体策划编制过程中，必须策划好项目以下方面的工作：

① 项目各项前期工作，这是保证合法合规推进的基础性工作。

② 项目的融资方案。

③ 工程的承发包模式，尽可能采用以 EPC 为主的合同模式，有效保证设计、采购、施工的深度交叉与衔接，缩短建设工期。

④ 设计拿总管理，协调好各设计方的协作关系，做好互提条件和界面条件的时间管控。

⑤ 工艺包设计、总体设计、基础设计、详细设计的组织审查。

⑥ 长周期设备订货、大型散装设备现场制造及大型设备吊装等这些影响项目进度的关键因素，尽可能提早安排。

⑦ 及时签订电气、仪表、电信保护伞协议，保证 EPC 招标时公开公平。

⑧ 项目现场各项准备工作、施工总平面管理。

⑨ 各类项目开工会的组织，包括 EPC 开工会、大型设备制造开工会等，建立沟通协调机制、审定承包商的项目执行计划、进行条件对接并提出管理要求，为后续工作顺利开展

打下良好基础。

⑩ 如项目地处北方，要规划好冬季施工措施；如项目在南方，要规划好雨季施工措施。

⑪ 项目主要 HSE 管理措施。

⑫ 做好各项风险识别和分析，制定好相应的应对措施。

⑬ 项目沟通、协调机制的建立。

综上所述，项目总体策划方案是一个项目成功的关键因素，它对项目的整体发展起着重要的作用。因此，我们要认真制定和实施项目总体策划方案，确保项目的顺利实施和取得成功。

二、项目局部策划的编制

局部策划是对对总体策划分解后的单项性或专业性问题进行的策划，通常具有一定的规模和复杂性。为了确保煤化工项目的顺利进行，需要制定详细的策划方案。

1. 策划目标

制定局部策划方案的主要目标是确保项目顺利完成，达到预期的效果。具体目标如下：

① 确定项目的范围和目标，明确项目的实施计划和时间安排。

② 确定项目所涉及的人力、物力和财力资源，并制定相应的资源调配方案。

③ 确保项目的质量和安全，制定相关的质量管理和安全措施。

④ 确定项目的沟通和协调机制，保证各方沟通畅通，协作高效。

⑤ 做好项目的风险管理，制定风险评估和应对措施。

2. 策划步骤

制定局部策划方案可以按照以下步骤进行：

① 确定项目的背景和目标。在开始策划之前，首先要明确专项的背景和目标。要了解项目的背景信息和需求，明确项目的目标和可行性。

② 制定项目计划和时间安排。根据项目的目标和要求，制定项目的计划和时间安排。确定项目的里程碑和关键节点，明确工作的先后顺序和工期。

③ 确定项目资源和调配方案。根据项目的规模和要求，确定所需的人力、物力和财力资源，并制定相应的资源调配方案，确保项目所需的资源能够及时供应，以保证项目的顺利进行。

④ 制定质量管理和安全措施。对于专项工程来说，质量和安全是非常重要的。制定相应的质量管理和安全措施，确保项目的质量和安全。

⑤ 确定沟通和协调机制。在项目实施过程中，各方之间需要进行沟通和协调，保证项目的顺利进行。制定相应的沟通和协调机制，以确保信息传递畅通，协作高效。

⑥ 做好项目的风险管理。项目实施过程中存在各种风险和不确定因素，需要做好风险管理工作。制定相应的风险评估和风险应对措施，降低项目风险。

通过制定项目局部策划方案，可以全面规划和组织项目的实施，确保项目的顺利进行。只有制定详细的项目局部策划方案，才能更好地服务项目总体策划，有效管理和控制煤化工项目。

第五章

项目融资与财务管理

第一节　煤化工项目的融资与风险管控

就煤化工项目来说，通过融资战略可以优化资本结构、降低成本、增强应对风险的能力，保障项目建设的资金来源安全。

煤化工项目的建设过程是个庞大的融资、支出的过程，因此资金管理也就成为了煤化工财务管理工作的重中之重。财务人员要厘清如何筹集项目所需要的资金，就要了解煤化工项目资金的特点。

一、煤化工项目资金流动特点

企业的资金运动具有反复循环的特点，通过销售产品获取资金收入，再用于支付采购生产所需燃料及各项运营成本等各项支出。而建设项目的资金运动是一次性直线式，资金流动从基本建设项目的兴建开始，随着基本建设项目的建成或交付使用而逐渐结束。煤化工项目需要筹集大量资金，选择何种融资渠道、融资的规模以及投放的时机和金额，都将直接影响工程成本及投资回报。如果计划不当，会直接导致项目建设期乃至生产期筹资费用增加。因此，煤化工项目的融资必须针对不同的投资阶段进行有效分析。

从财务角度看，煤化工项目分为项目前期、建设期、调试期以及投产期，不同阶段的时间跨度不同，煤化工业务重点不同，对应的投资内容也不同。

项目前期的支出多是与土地相关的费用，主要包括征地补偿款、出让金、土地平整费用。除此之外，还有临时设施相关费用和各项评估费、设计费、审查费等。此阶段需要的资金主要依靠股东出资来解决，同时在情况允许的条件下，也应加紧与银行接洽。另外，项目的融资方案需要在此阶段确定。

项目建设期主要以土建施工开始为标志，它大致分为土建施工阶段和安装施工阶段，项目建设期主要支出为各装置（单元）施工工程款、各项设备材料预付款、到货款等。

项目调试期在设备安装结束后开始，此阶段的主要支出为设备安装阶段的工程款、设备性能验收款等。

项目投产期主要以整套装置达到预定可使用状态作为起始时点，此阶段的主要支出为各项工程尾款、设备质保金等。

以某大型煤化工项目整个建设期资金支出情况为例，该项目基础设计于 2012 年 11 月完成，于 2013 年 3 月份现场施工正式开始，自此，每月的项目支出就经常出现高峰，直至项目在 2015 年 12 月投产。自投产之后一年又出现一次高峰，意味着公司各项工程、设备合同质保已满，逐步支付各项合同尾款。由此可见，建设项目的资金需求是有规律可循的，融资和财务管理唯有适应这个规律，才能从财务上保证项目的顺利推进，并为企业创造出应有的效益。

二、项目融资

煤化工项目融资来源主要为股东投入资本金和债务融资。煤化工项目属于资本密集型企业，投资大都形成了企业的固定资产。投资建设一家化工项目一般资债比例为 3∶7，即股东投入 30％资金，其余由银行贷款解决。因此，项目前期财务部门必须合理确定项目建设资金来源及额度。项目前期阶段，由于基础设计刚刚开展，项目资金来源主要依靠股东投入资本金。当然，外部融资工作也随前期工作的开展不断深入，这期间主要工作是根据可行性研究报告确定融资金额、

以法人实体名义向银行提出申请，在银行审批后，拟定项目融资方案，上报公司批准、签订贷款合同；向公司申请批准当年范围内的融资计划，批复后具备提款条件。

企业应根据可融资金额、融资成本及可投放资金的时间，比较各种融资渠道优劣，在保证工程施工需要的同时，结合资金来源情况，按年度投资计划所需的现金，分阶段逐步投放，把利息支出降至最低，尽量减少建设资金的占用规模，控制建设项目投资支出。

三、项目融资管理风险分析

1. 借款合同的利率变动风险

借款合同利率的高低是这类合同的关键。影响利率水平高低的因素主要有浮动方式、借款年限、优惠幅度、调整期限等。借款合同利率浮动方式为固定利率及浮动利率，以签订合同时间点的市场利率为基准固定或浮动。在经济发展的不同阶段，政府经常以利率调整作为政策指挥棒，经济疲软，则利率水平低，反之则处于高利率通道。利率浮动方式选择不当，会增加借款的利息负担，此影响是合同期内的，是长期风险。

浮动利率需要关注两点风险，一是关注利率浮动的范围及比例。投资市场上最基本的原则之一是高风险高收益，低风险低收益。企业在签订借款合同时需要明确的浮动比例，是由当时的金融市场形势所决定的。利率浮动范围高低直接体现出银行给予企业的贷款条件。优惠幅度的高低也影响了整个合同期内企业使用贷款资金的成本，也是一种长期风险。二是关注利率调整的期限。既然是浮动利率，就要明确何时浮动、如何浮动。如果遇到经济形势错综复杂的时期，政府利用利率调整经济的频率会比较高，甚至会遇到一年多次调整的情况。因为煤化工项目的借款都是按笔记账，同一借款合同下，付一笔钱、借一笔款，而且每笔借款的利率都是根据借款时点的市场基准利率加浮动确定的。当期的利率调整风险只存在一个期间，一般为一年时间，因此利率调整风险是一种短期风险。

2. 利率变动风险应对措施

关于浮动方式的风险，煤化工项目借款年限一般都在 10 年以上，长于经济波动周期，所以应以浮动利率形式规避利率风险。关于利率浮动范围风险，金融产品也有价格属性，区别在于政府规定了基准价格和浮动范围，但是落地的浮动幅度则由具体提供贷款的银行根据自身实力、对项目的评估状况来确定。因此，同一时间，不同银行的浮动幅度会有不同。煤化工项目的建设方大多是大型国有企业或有足够信誉和实力的大型民营企业，贷款违约风险较低，大多能获得中国人民银行基准贷款利率及下浮的优惠利率。当然，企业也应在融资时货比三家，以获得最大的优惠。

关于利率调整期限的风险，借款人提款后，可以选择利率调整的周期，同时需要关注的是，如果当前是分期提款的情况下，还有尚未结清的贷款，不论分几次提款，都可选择在其中某期内进行，并选择其中某个利率确定日确定当期借款利率，并在下一期同时调整。抑或按照每笔提款的借款利率分别确定并调整，贷款银行根据首次提款日期界定下一期利率调整的时间。然而，任何一种选择都不能绝对规避利率变动的风险，财务人员应该积极发挥职业判断能力，加强分析和预测，根据所处的金融市场环境及利率周期来确定哪种方式对企业最有利。

3. 借款合同的生效时间的风险

与银行签订的贷款合同都约定自双方签字盖章之日起生效，但在实际操作过程中合同生效的日期是隐含风险的一个环节。当公司内部贷款合同会签流程完毕，在合同上加盖公章、法人代表签字后由财务人员交给贷款银行履行签字盖章手续。但此时银行往往提示财务人员"签字日期"暂时留白，且财务人员将合同交给银行后，银行往往以在会签、发放贷款前还需将合同交付给借款人为由不发放贷款，此举显然增加了借款方的不良风险。对于项目建设方来说，合同没有生效，就不能保证项目资金来源的及时性及享受合同约定的贷款条件，如果在此期间，因为市场变化较大使利率市场走高、银行流动性资金紧张，而无法获取贷款，则会给建设方带来付款违约等损失。

对此，应先将合同交由贷款银行签字后，再交由自己这方签字，在本方签字盖章时将双方日期填齐。当然，也在合同中约定合同生效日、提款日和利率执行时间。

煤化工项目实际融资过程中，如果财务人员经验欠缺，风险控制能力不足，对于借款合同的相关内容，应及时咨询法律部门、内控部门，对于融资的每个环节、每个与之相关的法律文件都应认真研究，以此确保资金及时到位。

第二节　煤化工项目的全过程财务管理

全过程财务管理贯穿煤化工项目始终，从某种程度上来说，项目的投资过程可视为货币资金转化为固定资产的过程，全过程财务管理系统全面反映了该项目的开支、效益，有利于管理者合理判断，准确决策。从程序上来看，建设方的各个职能部门都参与了项目建设的一个或几个阶段，但只有财务部门是贯穿整个项目全过程。随着资金的逐步投入，财务部门通过掌握各个环节资金的分配与流向，分析和预测资金使用的合理性与匹配性。精确、合理地进行煤化工项目全过程财务管理，严格按照要求进行把控，以此确保了煤化工项目的建设质量以及良好的投资预期。

全过程财务管控内容一般分六个部分，即可研规划期间的财务决策；招标过程中的招标文件及合同审查；工程实施期间的会计核算、资金筹集、审批支付管理；工程验收的资产管理；工程结算及决算期间的财务结算审核及转资；后评价时的工程财务分析评价。各自具体内容如下。

1. 规划可研期间的财务决策

煤化工项目规划期间的财务决策有四个方面的内容：一是通过对发展规划以及财务状况的分析，确定未来一段时期项目的投资方案；二是对已经列入规划的煤化工项目进行可行性分析，形成可行性分析报告；三是合理规划年度投资计划，科学分配年度投资；四是做好项目前期的各项准备工作，做好前期费用管控。财务部门在规划可研阶段参与的决策内容主要有确定企业中长期的投资能力、分析煤化工项目规划方案的可行性、确定煤化工项目在前期阶段的费用管控方案。财务部门需在掌握企业发展规划的情况下，结合企业财务状况，测算与评估煤化工项目的投资规划，提出财务管控建议；进行煤化工项目比选时，从财务层面给出专业建议，协助做好方案技术经济分析与预期经济效益的评估。在可研审查时，财务部门要重点关注财务指标符合有关要求的情况，对项目年度投资计划作出及时、细致的测评与估算，分析可能出现的财务风险。在前期费用管控中，将煤化工项目前期的费用支出计划列入到企业预算进行统一管控，专款专用。

2. 招标过程中的财务审查

财务管控在招标过程中的主要工作内容是审查招标文件如招标公告、正式招标文件及合同协议书等、参与资格审查、参与合同会签，严格审核财务及税务方面条款是否与招标文件一致及有无漏项、收取中标方的履约保证金。

3. 项目实施期间财务管控

财务部门在项目实施期间的主要工作内容是主导项目的财务预算管控、筹集项目资金、负责项目财务支出的审核与支付管控、核算工程成本等，具体可以归纳为下列五方面：

① 主导工程财务预算管控。财务部门依据企业年度投资计划，编制年度工程项目的资本性支出预算与月度现金预算，将资本性支出预算纳入到财务预算统一管控。编制月度现金预算以合同为依据，各项目部门先编制预算初稿，财务部门平衡投融资情况后形成项目总体月度现金预算；根据实际情况编制滚动现金预算，并根据签订的合同信息不断补充；促进年度投资计划与项目现金预算之间紧密结合，合理安排投融资计划；定期对预算执行情况总结和分析，及时发现预算执行中存在的问题，采取措施进行改进。

② 筹集项目资金。财务部门应综合考虑项目工程进度、合同约定等信息，合理预算煤化工项目的年度需求资金，再结合企业的现金流情况，制定科学的融资计划，制定多种融资方案，经过比较分析后选取最优方案。

③ 工程资金的审核管控与支付管控。在工程资金的审核管理方面，财务部门应对报送来的各类项目资金报表、业务凭证以及发票等信息进行严格审核；在支付管理方面，承包商等供方根据采购合同付款方式及相关要求按月及时报送资金使用计划，凭借手续完整的合同付款审批单、发票及验收单等原始凭证提出付款申请，财务部门严格审核付款凭据，保障项目资金的支出始终处在财务监控的范围内，规避投资风险。

④ 参与物资管理。辅助物资采购部门完成各项材料的采购，做到账、物一致；及时办理增值税抵扣等税务工作；准确及时完成物资各阶段的合同款项支付工作；配合做好废旧物资的变卖及收入的账务处理工作。

⑤ 正确核算工程项目成本。以项目概算为基础，统一核算口径，准确记录投资完成明细账或由信息化系统完成，保证项目核算主体与出资单位的一致，客观反映项目投资成本。

4. 工程竣工的资产管理

财务部门在该阶段的主要任务主要有下列三个方面：

① 资产清点与移交。财务部门参与到项目实物资产的盘点和移交活动，对资产移交清

册中的各类资金金额进行复核。

② 资产暂估转资。财务部门就依据的"暂估工程费用明细表"对资产暂估金额进行复核，使固定资产的暂估值更贴近实际情况，并做好工程暂估转资的系统入账工作。

③ 管控未完工程。财务部门核对未完工工程量，预留未完工工程支出。

5. 竣工及决算期间的财务管控

在此方面，财务管控主要体现在参与各类报告的编制上，尤其竣工决算报告，该报告对工程建设情况进行了全面综合反映，该阶段财务管控的内容有下列五项：

① 核对项目的应收与应付款项。财务部门要及时完成工程成本的确认，监控工程项目的各项往来账款，确保竣工决算报告的准确性与完整性；通过分析项目的应收与应付款项和各类账款的账龄，了解项目资金的需求情况，提高项目现金预算管控的科学性。

② 编制竣工财务决算。应遵循"一个概算范围内的基本建设项目，编制一个竣工财务决算报告"的原则。财务部门在编制竣工财务决算的过程中要正确反映项目的实际造价与投资结果，通过竣工决算同概算、预算间的对比分析，为工程财务后评价时的分析提供准确的基础性信息。

③ 竣工决算审计与批复。财务部门要全面配合项目竣工决算审计工作，项目审计完成后，将编制好的竣工决算报告及审计报告提交上级主管部门先审核、后批复。

④ 办理正式转资。财务部门依据批复后的竣工决算报表与项目资产清单，准确并且及时地按照公司及上级要求将项目在建工程转为企业的固定资产，调整原暂估交付固定资产价值，分摊已计提折旧，在企业 ERP 资产管控系统中建立固定资产卡。

⑤ 清理工程资金。在工程项目正式办理完转资后，财务部门应分析项目资金的来源与使用情况，暂不拨付短期内不使用的资金，避免与生产性资金混淆，为后续项目的现金流量分析提供依据。

6. 后评价时的工程财务分析评价

在此阶段，要对煤化工项目在建设目标、建设过程、投资效益、项目作用以及影响等方面进行客观与全面分析，财务部门的主要工作内容有下列两项：

① 参与经济效益评价。在项目后评价工作中，财务部门可以通过前后对比法、有无对比法以及横向对比法等方法，监督与复核涉及到的财务数据内容，分析煤化工工程的实际投资效果，查找与预期间存在偏差的大小及原因，积累经验教训。同时，财务部门可以从偿债能力、获利能力、营运能力及发展能力等方面，选取经济效益后评价指标，建立经济效益后评价指标体系，进行项目经济效益的分析，并形成评价结果。

② 应用财务后评价结果。财务部门可以对比项目可研阶段与项目后评价阶段的有关指标数据，查找概算与决算间差异的形成原因，为后续项目的可研评审提供数据支持。

第六章

项目界面管理与协调

第一节 项目界面管理

一、煤化工项目的管理界面

建设项目界面管理中的界面可以定义为：为实现建设项目目标，在建设项目决策和实施过程中所涉及的组织、部门、物资、资金等要素交互作用的状况。项目界面的多少和复杂程度，主要取决于项目本身的复杂程度和工程承包模式、建设方的项目组织管理机构和管理体系。

建设项目的界面管理，则是以项目作为一个整体系统，对建设项目决策和实施过程中各子系统的界面进行识别、规划和控制，做好各子系统间的协调，保证子系统间的物资、资金、信息通畅地流动，并处理好系统与外部环境的关系，保证各子系统之间界面的契合，以使整个项目的组织管理始终处于高效、顺畅状态。

对于煤化工项目特别是大型煤化工项目来说，整个项目系统由众多的子系统构成，并与外部环境息息相关，涉及项目建设方、建设方上级单位、项目建设组织机构、国家及地方各级政府、承包商、供应商、运输商、监理、检测单位、第三方咨询服务单位、银行、保险公司、税务、海关、当地居民等众多利益相关者，界面关系错综复杂。为做好项目管理，需要对整个项目系统进行全面分析，进而对整个项目进行系统性管理，而项目的界面管理在其中占有不可或缺的重要地位。

二、项目界面分析

项目界面有各种不同的类型，不同的管理主体有不同的分类，总体来说，可以分为内部项目界面、外部项目界面两大类。

对大型煤化工项目来说，内部项目界面一般包括项目部内部界面、项目部与承包商/供应商/服务商等合作方界面、项目部与生产组织界面、项目部与建设方上级单位界面、其他临时性工作协调等界面。同时，如果项目是由建设方委托 PMC 服务方管理，则还有 PMC 项目部与建设方及其上级单位的界面关系。外部项目界面主要涉及项目部与各级政府及银行、保险公司等业务界面、与园区管委会界面、与项目征地与拆迁等相关利益方界面。

下面就国内煤化工项目中常见的内部、外部界面关系进行分析、讨论。

1. 项目部内部界面

就项目部内各部门、岗位间的界面关系，根据项目部承担的建设管理内容，项目部可以提前制定出描述详细内部界面关系的项目责任矩阵表。组织机构中项目主任组（项目部的领导层和决策层）、各职能部门及项目组之间的界面关系，业务工作以谁主管谁牵头、相关部门配合为原则。管理过程中出现分歧，则由各项目分管主任共同确定。

2. 项目部与承包商、供应商、服务商等合作方界面

项目部与承包商、供应商、服务商等合作方的界面以合同为基础。项目部职能部门或项目组作为合同执行主体，也是建设方与相应合作方间唯一的接口界面。对于影响合同执行的任何事项，项目其他组织机构，包括项目主任组，不得跨过合同执行主体进行单方面协调。

3. PMC 项目部与建设方界面

在 PMC 管理模式下，建设方一般承担从项目执行、试车、竣工验收到生产运营的项目全寿命周期管理职责，PMC 项目部则负责其中的执行阶段。

一般情况下，PMC 项目部中层管理人员由建设方发文予以明确，同时，建设方也会派一定数量的管理人员和专业技术人员如仪表、电气、电信、设备等工程师进入项目部，负责技术支持、催交检验、开箱检验、三查四定、试车等项工作，这些人服从项目部的统一管理和领导。

生产代表由建设方派出，不进入项目部。生产代表与 PMC 项目部项目组经理按照建设方确定的界面分工履行各自应承担的职责。生产代表侧重技术、工艺、设备、选址、安全、环保、操作、检维修、节能、减排等与生产运营的相关事项。PMC 项目经理侧重于对项目执行过程中的各项协调、管理工作。项目组经理与生产代表之间应保持良好的沟通、协作关系，生产代表可以定期参与项目组内部协调会。

原则上，在项目建设的各个阶段，PMC 项目部按建设方划定的分工进行管理。当建设方在项目执行、决算审计、资产移交、专项验收、竣工验收等方面，对项目有超出基础设计、工程统一规定等的特殊要求时，与项目主任组进行沟通，必要时召开建设方与项目主任组的联席会议做出相应决定。

一般情况下，按照建设方与项目部的策划分工，项目办公场所、住宿、物业、会议室、项目档案室、项目办公设施、项目档案室硬件设施等由建设方提供、安排、负责或配置。项目公文流转程序一般由建设方办公室完善，项目部在建设方内网建立项目办公邮件群用于邮件流转。

项目总体策划、总体统筹计划、年度控制点计划、项目开工报告等由 PMC 项目部内部的项目管理部组织编制后报建设方审批。对项目承包商的检查，由项目管理部组织，建设方根据需要可派人参与检查。项目月度承包商协调会由项目管理部组织，建设方基建管理部门可派人参加；项目年度会议由项目管理部组织，建设方领导、相关各部室经理、生产代表参加。

项目投资控制由项目管理部负责，但概算、总体设计、基础设计也需报建设方审批。对承包商的投资控制指标由项目管理部下达，年度投资计划由项目管理部组织编制并报送建设方。

对承包商的档案管理要求、资料检查及培训活动由 PMC 项目部负责。项目每个单项中交前后的档案资料审查，由项目管理部组织，建设方各有关部室进行集中审查。项目档案迎检、专项验收工作，由项目部负责，迎检/验收场地及设施、检查/验收有关人员的住宿及用餐等由建设方安排和负责。

项目在建设期间，现场及门禁管理由项目部统一负责。因引用原公用工程、整合辅助设施而需在生产区域内施工时，按建设方的安全管理规定执行。在一些特定或紧急情况下，需要采取紧急放行或特殊处理的措施时，由项目组经理与生产代表协商确定，必要时报PMC项目部安质环监管部及建设方安健环部批准。项目全面中交后，全场门禁管理移交建设方负责，项目执行建设方的管理规定。

生产联动试车及投料试车期间，PMC项目部安排保镖人员配合，处理项目建设过程中遗留问题和试车期间发现的质量问题。当试生产达到稳定运行后，交生产保运人员负责生产运行维护，项目保镖人员工作结束退出，剩余尾项也交由保运单位负责。

除以上内容外，建设方还可成立项目纪检组，负责对项目实施过程进行纪律监督。

4. PMC项目部与建设方上级单位界面

就大型煤化工项目来说，除了负责项目投产后的生产、运营的建设方外，PMC项目部也常与其上级单位存在界面关系。

一般情况下，PMC项目部中的项目主任组由建设方与PMC单位共同组建，并经建设方上级单位批准。项目主任组代表建设方组建项目部。PMC项目部分解、执行建设方上级单位下达给建设方的项目管理目标及各项控制指标。PMC项目部按照建设方上级单位的要求，定期参加建设方上级单位的基建项目例会，汇报项目建设有关情况。PMC项目部对建设方上级单位的各种报告、请示等文件及建设方上级单位要求的各类报表，PMC项目部按规定形成后，通过建设方上报建设方上级单位。

5. 其他临时性工作协调界面

在项目执行过程中，上级单位等对项目的各种检查，以及其他省市地方政府、其他行业对项目的考察等，由项目部相关业务部门负责组织迎检，接待工作一般由项目综合部负责统一安排。

6. 项目部与各级政府及银行、保险公司等业务界面

煤化工项目在建设过程中，一般涉及与省、市、县（或区）、园区各级政府部门的管理界面，项目应严格执行地方各级政府关于建设项目管理方面的文件规定，及时按要求向地方政府汇报项目建设进展情况，并寻求政府对本项目的指导和支持。项目部对各级地方政府职能部门发出的有法律效力联络函等，由项目部起草，由公司按有关公文管理规定向各级地方政府职能部门行文；项目部与各级地方政府职能部门之间的其他协调，由项目部政府协调组负责或牵头进行。

在项目前期，项目部还需对项目融资、减免税、保险、银行保函等做出策划。项目部需制定各职能部门的对口协调职责。如设计管理部负责项目可研及项目申请报告、相关前期附属报告的编制，施工管理部负责征地、拆迁及水土保持专项验收，财务部负责项目融资，采购管理部负责清关、商检，商务管理部负责保险、银行保函协调，政府协调组负责项目的报批、报建及与政府协调工作等。在执行过程中，项目各职能部门作为责任主体，按照各自工作职责，就与对口政府或相关业务机关的协调，分别牵头组织相关部门明确协调工作内容、制定工作流程、编制工作计划，在实施过程中，及时报告协调过程中存在的问题，提出建议措施，包括需项目主任组、公司主管领导或建设方上级单位领导出面协调的某些环节等。

7. 项目部与园区管委会界面

煤化工项目大多建在当地化工园区，园区管委会是项目建设的政府直接管理机构。为了政府协调工作高效开展。原则上，按照项目各业务部门与对口的园区管委会各局、委、办沟通协调。现以项目施工管理部为例说明。在园区管委会相关部门的配合下，施工管理部与地区电力公司、园区水厂及附近有渣场的单位就项目施工用电、施工用水、建筑垃圾消纳等施工条件进行协调，确定方案，并组织相关合同的签订。施工管理部与园区公用事业局、市政部门进行协调，解决厂区外市政道路的使用事宜。在前置条件通过的情况下，施工管理部还负责在园区规划建设局办理建设用地规划许可证和施工许可证。

对不能明确划定分工归属的或不宜由单个部门直接接洽的，分别由政府协调组和政府协调组带相关业务部门与园区管委会进行沟通协调

8. 项目征地与拆迁等相关利益方

对于项目建设涉及的拆迁、改造等相关利益方，项目部的协调策略是在与对方充分沟通、了解对方期望的基础上，对具体事宜进行策划，包括迁改方案、费用估算、涉及资产变更的处理、实施合同、管理模式及迁改完成后的责任界面等等。确定我方的底线后，再与对方正式谈判。

针对征地、迁改涉及利益单位的协调，由施工管理部牵头负责，设计管理部和政府协调组等相关部门配合。

对于项目涉及当地居民利益的个体，由政府协调组通过地方政府按照有关政策、法规进行协调，项目部相关职能部门配合，项目部原则上不直接面对个体。

三、项目界面管理方法

一个项目采用何种界面管理方法，主要取决于该项目界面的多少及复杂程度。就现代大型煤化工项目来说，其界面数量较多，而且比较复杂。因此，需要在项目部内，设定某个岗位专职或指定某个岗位兼职负责项目界面管理。这个岗位要求具备较高的综合素质、有大型项目管理的履历、熟悉项目部内部的各类工作关系。

项目界面随着项目而产生，界面管理贯穿于项目整个全生命周期的各个阶段。无论采用何种项目界面管理方法，都不可能事先完全清楚在项目生命周期各个阶段所产生的每一个项目界面。但是，在项目的前期或项目实施阶段前，制定出一份比较详细的项目界面表或界面关系清单，以此作为界面管理的基本依据，同时对未预见到的项目界面制定出相应程序，以便在新的项目界面出现时据此更新项目界面关系清单，这必然使界面管理更为科学、高效、有条理。

下面就如何编制项目界面关系清单，介绍几种常用的方法。

1. 模板法

用以前类似项目的界面关系清单作为模板，再结合本项目的特点、与模板项目的差异与不同的约束条件，对该模板修改而成。也可以根据项目的具体情况，将以前几个类似项目的界面关系清单结合起来，作为新项目的模板。用这个方法可以借鉴过去的经验，以一个比较成熟的底稿作为开端，省去许多烦琐，提高工作效率，是最常用的方法。

2. 头脑风暴法

召集项目管理团队各个岗位、各个专业成员，对项目界面关系进行充分交流。每个人

员根据自己的经验和理解，轮流发言。记录员客观准确地记录下每个人的发言，会后组织者及时整理发言记录，通过分类、归纳、合并并形成初步的项目界面关系清单。如果一次交流未能形成满意的结果，可以组织第二次。如果有必要，也可以邀请与所讨论界面的另一方人员参加。采用这个方法，可以编制出比较完整和全面的项目界面关系清单。在此基础上，再根据项目的具体情况和约束条件，对初稿进行适当修改，可形成作为项目界面管理的基础文件。

3. 模拟法

项目界面产生于有项目界面关系的几个组织或其内组织单元之间。基于此点，可以将项目内的职能部门或项目组分成具有界面关系的几个组，分别模拟各自所代表的一方，各组站在自己的角度考虑项目工作，尽可能多地设想出在管理过程中可能产生的项目界面关系和问题，然后几个组坐在一起，就提出的这些界面关系和问题进行讨论，讨论的结果经整理后就形成了两方或几方之间的初步项目界面关系清单。

依此可整理出项目各方之间的初步项目界面关系清单，将所有这些清单汇总、归纳、分类，即可形成正式的项目界面关系清单。

采用这一方法的效果取决于项目成员的搭配及其所具有的综合技能和项目管理经验。

4. 委托第三方

如果条件允许的情况下，可以将项目界面管理作为一个单独的任务，委托一个有经验的项目管理公司或专业项目咨询公司，根据建设方提供的项目约束条件、项目策略和项目特点、项目管理体系等输入条件，利用其所具有的丰富的专业项目管理经验、庞大的数据库，来编制包括项目界面关系清单在内的界面管理方面的基础性文件。

采用这一方法，可以有效地利用项目管理领域内丰富的专业项目管理经验和历史数据，有利于编制出科学合理的项目界面管理文件。

以上几种方法各有优缺点和适用条件，在具体的项目界面管理中，可以根据项目的具体背景和约束条件，选择其中的一种方法或选择几种方法结合使用。

四、项目工序界面管理

在现代大型煤化工项目建设过程中，会产生大量的管理工序，如果其中直接关联的工序归属不同的组织、部门或岗位负责，它们之间的交接就形成了界面。如果这些界面发生在同一个组织内部且这组织也非建设方，界面上的问题也许不会暴露在建设方面前，否则，界面问题就会凸显。对此，如果事先策划并形成相应的管理程序或规定、明确相应原则和要求，就很可能造成项管理混乱。下面，就三类项目工序界面管理分别进行讨论。

1. 设计阶段的工序界面管理

清楚定义项目界面是顺利开展工程设计、采购、施工的前提。项目总体设计的重要任务之一就是确定各装置、各专业之间的界面，虽然这是技术层面的界面，但却是划分其他界面的基础。首先它是确定各装置设计院设计范围的重要依据，也是总体院、建设方管理和协调各装置设计院的主要依据；其次，它也是商务策划中划分标段的依据，商务据此综合考虑市场因素、管理因素等，并以尽可能简化管理界面为原则划分标段；再次，它也是项目部划分项目组的依据，项目管理团队据此考虑到自身管理资源和管理能力，并同样遵循简化管理界面的原则来划定项目组管理范围。最后，设计界面表是成果验收的主要依据。

2. 不同专业间的工序界面管理

对于在项目执行阶段，不同但相关联的专业之间，特别是其中可能归属不同标段间的工序界面要给予足够重视，事先要对它们认真梳理形成界面表或界面关系清单，作为形成招标文件、合同文件内容的依据之一。如土建施工和安装施工的界面，要清晰、具体地规定它们间的边界和交接的标准。又如设备供应和设备吊装的界面，当它们分属不同的承包商时，也容易产生许多界面纠纷，包括设备卸车位置、卸车方向、吊耳配置情况、卸车地面条件、运输到货时间等都必须规定得十分明确而具体，并形成各自合同的相应条款，以此将它们形成一个相互衔接的整体。

3. 同一专业间的工序界面管理

公用工程和装置之间、公用工程之间以及装置之间的同一工序也会形成项目界面。很多情况下，公用工程和装置分属于不同标段的合同，也常是由不同的承包商执行。其中既会形成设计界面，也会形成施工界面。在设计界上，不同的设计单位就可能选用了不同级别的材质和规格，也可能采用了不同的设计标准和规范。在施工界面上，各施工承包商都会尽可能按照最有利于自己的原则施工，有时就会出现一段无人施工的工程。对于这类界面，要在商务策划时认真分析，明确能彼此衔接的界面关系，在招标文件和合同范围描述中准确、具体、清晰地予以说明，最好事先形成清晰的界面表或者界面关系清单作为其内容的一部分。

第二节　项目沟通协调

一、煤化工项目的沟通协调

项目沟通协调，一般是指项目建设过程中，项目建设方与各参建方及地方政府、上级单位等及其他项目利益相关方间进行信息交流，以此就事项达成共识、形成决定。

现代煤化工项目，尤其是大型煤化工项目，其投资规模巨大，涉及到的政府部门及公司内部、外部单位众多，管理界面复杂。因此，建立畅通、高效的沟通渠道和协调机制，可以确保信息的有效传递、减少不良冲突、降低沟通成本，更有助于科学、规范、高效地进行项目协调。下面就项目沟通协调机制的建立及沟通协调的要点进行论述和探讨。

二、形成项目沟通协调机制

项目沟通协调机制一般是按如下方式来形成的。

1. 制定项目协调程序

项目部制定并发布供项目部内部及其他所有参建方统一执行的《项目协调程序》。《项目协调程序》应包含项目协调的原则、决策程序、用于协调沟通的文件所用格式、编号规则、生效形式、确认方式、文件传递程序、电子邮件应用、联络方式确认等内容。

2. 明确项目决策程序

在制定《项目协调程序》时，要结合项目组织机构设置制定项目的决策程序。一般情况下，技术方面事项，设项目组、项目主任组、公司技术委员会、公司上级单位四级。管理方面事项，一般设项目组、项目主任组、项目-公司联席会议三级决策层级。这两类都是根据事项的重要性和复杂性在相应层级上进行决策的。

3. 建立项目会议制度

项目主任组例会：原则上每月召开一次，特定情况下可随时召开。会议由主任组织、项目主任主持，主任组成员参加，有关议题涉及到的项目部门经理及项目组经理列席会议。会议就项目部重点事项、重大工作做出决策、部署，对需主任组解决的问题进行商讨和决策。

项目周例会：在项目执行阶段，每周召开一次，会议由项目部内的项目管理部（以下"项目管理部"均指此）组织，项目执行主任主持，主任组成员、项目组经理及各部门经理参加。会议听取有关项目进展情况汇报，协调解决项目组提出的问题，并对项目组提出相关管理要求。

项目月度协调会：在项目执行阶段，每月召开一次，会议由项目管理部组织，项目执行主任主持，主任组成员、项目组经理、各部门经理及承包商项目经理参加。会议听取承包商项目经理有关项目进展情况的汇报，协调解决承包商提出的问题，各部门对当期承包商的检查情况及存在的问题进行通报，并提出管理要求。

项目专题会：不定期召开，由会议发起的部门或项目组组织，通知有关部门、项目组经理或专业人员参加，并邀请相关主任组成员参加。

4. 建立项目报告制度

项目建设月报：该报告模板由公司或公司上级单位制定，项目管理部每月按规定的时间组织编制，涉及的部门或项目组配合，内部审定后按公司或公司上级单位的要求报送。

项目管理月报：项目部每月定期编制，由项目管理部负责，项目各部门、项目组配合，内部审定后在项目部内部发布并报送公司。报告包含项目当期各项工作完成情况、存在的问题、需要协调的事项及下期主要工作安排等各类项目信息，确保项目部各级人员和公司随时掌握项目动态，并对项目存在的问题及时做出决策。

承包商项目月报、周报：承包商定期向对应的项目组提交项目周报和月报，报告项目进展情况，提出需要协调解决的问题和下期工作安排。

项目专题报告：根据不同的专项事宜和需要，由项目组、项目部门组织编写专项报告，并按报告层级上报。

项目进度预警报告：当项目装置/单元进度偏差达到规定的百分比限时，项目组要按相应规定编制进度预警报告，并及时报送项目管理部。

5. 建立项目管理信息系统

项目部应建立项目管理信息系统，该系统以项目为主体，从项目的设计、采购、施工、费用控制、进度控制、质量控制、HSE管理等各方面实施集成化管理，为项目部、监理、EPC总包商、施工单位等主要参建单位提供信息展现门户和协同工作平台，用户能获取工作所需信息，并处理相应业务。

三、项目沟通协调的几项要点

在项目的沟通协调过程中，为了保证沟通、协调工作的规范、高效，应注意以下几项要点：

① 项目部与各级地方政府间的协调。凡有法律效力的行文，经项目部起草后，都必须由公司向相应的政府部门行文，除此之外，原则上均由项目部进行。

② 项目部与其他参建方之间及项目部内各组织单元之间，传送对合同执行产生影响的信息，均应以书面正式文件形式进行，以此作为项目执行的可靠依据。

③ 往来的正式信息文件，均需由合同执行负责人或其代理人签发，否则视为无效。

④ 项目发生的所有信函、工作联络单、会议纪要、备忘录、通知、工作报告都应严格按照起草、审核、批准或签发、分发、存档的程序进行，以保证文件始终处于受控制状态。其中由项目部发出的文件，都应采用既定的相应格式。

⑤ 一般的对外工作和业务往来中的信息交流，如果不涉及到双方责任或经济利益，为便于工作，可以在双方达成一致的情况下，通过电子邮件来完成。

⑥ 在项目执行过程中，项目各部门、项目组应在《项目协调程序》基础上与相关合作方相互协商，并建立其与相应业务最契合的沟通协调机制。

第七章

项目报批与协调管理

第一节　项目的核准及备案

一、项目的核准

实行核准制的项目，建设方需向政府提交项目申请报告，并在之前完成其前置条件的办理。政府在核准项目申请报告前，会委托咨询机构对项目申请报告进行评估，评估通过，才予核准。

企业项目申请报告的前置审批事项，包括城乡规划行政主管部门出具的选址意见书（以划拨方式提供国有土地使用权的项目）、自然资源主管部门出具的用地（用海）预审意见（自然资源主管部门明确可以不进行土地预审的情形除外）及法律法规规定的其他前置手续。

（一）政府核准的投资项目目录

国家和地方政府都会发布政府核准的投资项目名录。由地方政府核准的项目，各省级政府可以根据本地实际情况，按照下放层级与承接能力相匹配的原则，具体划分地方各级政府管理权限，制定本行政区域内统一的政府核准投资项目目录。对于涉及本地区重大规划布局、重要资源开发配置的项目，由省级政府核准，原则上不下放到地市级政府。

国务院发布的《政府核准的投资项目目录》（2016 年本）中规定，热电站（含自备电站），由地方政府核准，其中抽凝式燃煤热电项目由省级政府在国家依据总量控制制定的建设规划内核准；煤制燃料，年产超过 20 亿立方米的煤制天然气项目、年产超过 100 万吨的煤制油项目，由国务院投资主管部门核准。

地方政府核准的项目，以陕西省为例，在其发布的《陕西省政府核准的投资项目目录（2017 年本）》中规定，热电站（含自备电站和生物质热电联产），抽凝式燃煤热电项目由省政府投资主管部门在国家依据总量控制制定的建设规划内核准，其余热电项目由市级政府投资主管部门核准；煤化工，新建煤制烯烃、新建煤制对二甲苯（PX）项目，由省政府投资主管部门按照国家批准的相关规划核准，新建年产超过 100 万吨的煤制甲醇项目，由省政府投资主管部门核准，其余项目禁止建设。

（二）项目申请报告

项目申请报告是企业为获得项目核准机关的行政许可，按核准要求报送的项目论证报告。

根据《政府核准和备案投资项目管理条例》（国务院令 2016 年第 673 号）、《政府核准投资项目管理办法》（国家发展改革委令 2014 年第 11 号）和《企业投资项目核准和备案管理办法》（国家发展改革委令 2017 年第 2 号），实行核准制的项目，企业应当编制项目申请报告，取得依法应当附具的有关文件，按照规定报送项目核准机关。

项目申请报告的编制内容与相应要求如下。

(1) 项目单位及拟建项目情况

全面了解和掌握项目申报单位及拟建项目的基本情况，是核准机关对拟建项目进行分析评价以决定是否核准的前提和基础。因此，这部分内容在项目申请报告的编写中占有非常重要的地位。

通过对项目申报单位的主营业务、营业期限、资产负债、企业投资人构成、主要投资项目情况、现有生产能力、近几年信用情况等内容的阐述，为核准机关分析判断项目申报单位是否具备承担拟建项目的资格、是否符合有关的市场准入条件等提供依据。

通过对拟建项目的建设背景、建设地点、主要建设内容和规模、产品和工程技术方案、主要设备选型和配套工程、投资规模和资金筹措方案等内容的阐述，为核准机关对拟建项目的相关核准事项进行分析、评价奠定基础和前提。

在规划方面，应阐述国民经济和社会发展总体规划、行业发展规划、主体功能区规划、区域规划、城镇体系规划、城市或镇总体规划等各类规划与拟建项目密切相关的内容。

在产业政策方面，对照有关法律法规和与产业政策规定和要求，阐述与拟建项目相关的产业结构调整、产业发展方向、产业空间布局、行业规范条件、产业技术政策等内容。

在技术标准和行业准入方面，阐述与拟建项目相关的技术标准、行业准入政策、准入标准等内容。

取得相关前置性要件情况方面，阐述拟建项目取得规划选址、土地利用等前置性要件的情况。

(2) 资源开发及综合利用分析

合理开发并有效利用资源，是贯彻落实科学发展观的重要内容。对于开发和利用重要资源的企业投资项目，要从建设节约型社会、发展循环经济等角度，对资源开发、利用的合理性和有效性进行分析论证。

对于需要占用重要资源或消耗大量资源的建设项目，应阐述项目需要占用的资源品种和数量，提出资源供应方案；通过单位生产能力主要资源消耗量、资源循环再生利用率等指标的国内外先进水平对比分析，评价拟建项目资源利用效率的先进性和合理性；分析评价资源综合利用方案是否符合发展循环经济、建设节约型社会的要求；分析资源利用是否会对地表（下）水等其他资源造成不利影响，以提高资源利用综合效率。

在资源利用分析中，应对资源节约措施进行分析评价。对于耗水量大或严重依赖水资源的建设项目，应对节水措施进行专题论证，分析拟建项目的资源消耗指标，阐述工程建设方案是否符合资源节约综合利用政策及相关专项规划的要求，就如何提高资源利用效率、降低资源消耗、实现资源能源再利用与再循环提出对策措施。

(3) 生态环境影响分析

为保护生态环境和自然文化遗产，维护公共利益，对于可能对环境产生重要影响的企业投资项目，应从防治污染、保护生态环境等角度进行环境和生态影响的分析评价，确保生态环境和自然文化遗产在项目建设和运营过程中得到有效保护，并避免出现由于项目建设实施而引发的地质灾害等问题。

生态和环境现状：应通过阐述项目场址的自然生态系统状况、资源承载力、环境条件、现有污染物情况、特殊环境条件及环境容量状况等基本情况，为拟建项目的环境和生态影响分析提供依据。

拟建项目对生态环境的影响：应分析拟建项目在工程建设和投入运营过程中对环境可能产生的破坏因素以及对环境的影响程度，包括废气、废水、固体废弃物、噪声、粉尘和其他废弃物的排放数量，水土流失情况，对地形、地貌、植被及整个流域和区域环境及生态系统的综合影响等。

生态环境保护措施的分析：应从减少污染排放、防止水土流失、强化污染治理、促进清洁生产、保持生态环境可持续能力的角度，按照国家生态环境保护修复、水土保持的政策法规要求，对项目实施可能造成的生态环境损害提出保护措施和环境影响治理和水土保持方案，并分析评价其工程可行性和治理效果。治理措施方案的制定，应反映不同污染源和污染排放物及其他环境影响因素的性质特点，所采用的技术和设备应满足先进性、适用性、可靠性等要求。环境治理方案应符合发展循环经济的要求，对项目产生的废气、废水、固体废弃物等，提出回收处理和再利用方案。污染治理效果应能满足达标排放的有关要求。涉及水土保持的建设项目，还应包括水土保持方案的内容。

特殊环境分析：对于历史文化遗产、自然遗产、自然保护区、森林公园、重要湿地、风景名胜和自然景观等特殊环境，应分析项目建设可能产生的影响，研究论证影响因素、影响程度，提出保护措施，并论证保护措施的可行性。

（4）经济影响分析

经济影响分析，是对投资项目所耗费的社会资源及其产生的经济效果进行论证，分析项目对行业发展、区域和宏观经济的影响，从而判断拟建项目的经济合理性。

对具有明显外部性影响的有形产品项目，如污染严重的工业产品项目，应进行经济费用效益或费用效果分析，对社会为项目的建设和生产运营付出的各类费用以及项目所产生的各种效益，进行全面识别和评价。如果项目的经济费用和效益能够进行货币量化，应编制经济费用效益流量表，计算经济净现值（ENPV）、经济内部效益率（EIRR）等经济评价指标，评价项目投资的经济合理性。对于产出效果难以货币量化的项目，应尽可能地采用非货币的量纲进行量化，采用费用效果分析的方法分析评价项目建设的经济合理性。确难以进行量化分析的，应进行定性分析描述。

对于在行业内具有重要地位、影响行业未来发展的重大投资项目，应进行行业影响分析，评价拟建项目对所在行业及关联产业发展的影响，包括产业结构调整、行业技术进步、行业竞争格局等主要内容，特别要对是否可能形成行业垄断进行分析评价。

对区域经济可能产生重大影响的项目，应进行区域经济影响分析，重点分析项目对区域经济发展、产业空间布局、当地财政收支、社会收入分配、市场竞争结构等方面的影响。

对于涉及国家经济安全的重大项目，应从维护国家利益、保证国家产业发展及经济运行免受侵害的角度，结合资源、技术、资金、市场等方面的分析，进行投资项目的经济安全分析。

（5）社会影响分析

对于因征地拆迁等可能产生重要社会影响的项目，应从维护公共利益、构建和谐社会、落实以人为本的科学发展观等角度，进行社会影响分析评价。

社会影响效果分析，应阐述与项目建设实施相关的社会经济调查内容及主要结论，分析项目所产生的社会影响效果的种类、范围、涉及的主要社会组织和群体等。

社会适应性分析，应确定项目的主要利益相关者，分析利益相关者的需求，研究目标人群对项目建设内容的认可和接受程度，评价各利益相关者的重要性和影响力，阐述各利益相关者参与项目方案确定、实施管理和监测评价的措施方案，以提高当地居民等利益相关者对项目的支持程度，确保拟建项目能够为当地社会环境、人文条件所接纳，提高拟建项目与当地社会环境的相互适应性。

社会风险及对策分析，应在确认项目有负面社会影响的情况下，提出协调项目与当地的社会关系，避免项目投资建设或运营管理过程中可能存在的冲突和各种潜在社会风险，解决相关社会问题，减轻负面社会影响的措施方案。社会稳定风险分析篇章的编写参照《国家发展改革委办公厅关于引发重大固定资产投资项目社会稳定风险分析篇章和评估报告编制大纲（试行）的通知》（发改办投资〔2013〕428号）。

（三）项目申请报告评估

项目申请报告评估是指项目核准机关委托符合要求的工程咨询机构，对企业报送的项目申请报告进行评估论证，并编写评估报告。项目申请报告评估报告是项目核准机关进行核准的重要参考依据。

政府对企业提交的项目申请报告，主要从维护经济安全、合理开发利用资源、保护生态环境、优化重大布局、保障公共利益、防止出现垄断等方面进行核准。因此，项目申请报告主要围绕"外部性"影响进行评估，由此而涉及到内部的，再剖析"内部性"因素，以此分析其对外部效果的影响方式和影响程度。

（四）核准程序

《企业投资项目核准和备案管理办法》（发改委令第2号，2017年3月8日）中规定：

地方企业投资建设应当分别由国务院投资主管部门、国务院行业管理部门核准的项目，可以分别通过项目所在地省级政府投资主管部门、行业管理部门向其转送项目申请报告。属于国务院投资主管部门核准权限的项目，项目所在地省级政府规定由省级政府行业管理部门转送的，可以由省级政府投资主管部门与其联合报送。

国务院有关部门所属单位、计划单列企业集团、中央管理企业投资建设应当由国务院有关部门核准的项目，直接向相应的项目核准机关报送项目申请报告，并附行业管理部门的意见。

企业投资建设应当由地方政府核准的项目，应当按照地方政府的有关规定，向相应的项目核准机关报送项目申请报告。

二、项目的备案

实行备案管理的项目，项目单位应当在开工建设前通过在线平台将相关信息告知项目备案机关，依法履行投资项目信息告知义务，并遵循诚信和规范原则。

项目备案机关收到按规定提交的全部信息即为备案。项目备案信息不完整的，备案机关应当及时以适当方式提醒和指导项目单位补正。

项目备案机关发现项目属产业政策禁止投资建设或者依法应实行核准管理，以及不属于固定资产投资项目、依法应实施审批管理、不属于本备案机关权限等情形的，应当通过在线平台及时告知企业予以纠正或者依法申请办理相关手续。项目备案相关信息通过在线平台在相关部门之间实现互通共享。项目单位需要备案证明的，可以通过在线平台自行打印或者要求备案机关出具。项目单位根据《项目备案通知书》、项目备案代码，办理规划、土地、林地、施工、环保、消防、质量技术监督等后续手续，并在项目开工前完成法律法规规定需要办理的相关手续。

第二节　煤化工项目前期附属报告

通常在项目可行性研究报告完成后，可开展项目前期附属报告的编制。项目可行性研究报告是所有前期附属报告编制的基础。煤化工建设项目的前期附属报告编制及报批的时间跨度比较长，但需在项目开工前完成报批并取得审批批文。

一、前期附属报告的编制

1. 前期附属报告的种类

自 2014 年以来，国务院陆续出台了一系列清理规范投资项目报建审批事项、改革工程建设项目审批制度的文件。项目建设方应根据《国务院关于印发清理规范投资项目报建审批事项实施方案的通知》（国发〔2016〕29 号）、《国务院办公厅关于全面开展工程建设项目审批制度改革的实施意见》（国办发〔2019〕11 号）、《多部门关于印发全国投资项目在线审批监管平台投资审批管理事项统一名称和申请材料清单的通知》（发改投资〔2019〕268 号），与当地政府审批部门沟通，筛选适用的审批事项，并准备相应的申请材料。

当前煤化工建设项目需要编制的前期附属报告清单见表 7-1，其中有的附属报告不需要由政府主管部门审批，但需要由项目建设方自行组织评审、政府主管部门进行监管。

表 7-1　煤化工建设项目需要编制的前期附属报告清单

序号	前期附属报告名称	适用情形	审批事项	备注
1	项目社会稳定风险评估报告	重大项目		
2	建设项目规划选址论证报告	（一）未纳入依法批准的城镇体系规划、城市总体规划（或城乡总体规划）、相关专项规划的交通、水利、电力、通信等区域性重大基础设施建设项目；（二）因建设安全、环境保护、卫生、资源分布以及涉密等原因需要独立选址建设的国家或省重点建设项目、棚户区改造项目	选址意见书	
3	建设项目压覆重要矿产资源评估报告		建设项目压覆重要矿产资源审批	
4	建设项目环境影响报告书		建设项目环境影响评价审批	

序号	前期附属报告名称	适用情形	审批事项	备注
5	排污口设置论证报告		江河、湖泊新建、改建或者扩大排污口审核	
6	固定资产投资项目节能报告		节能审查	
7	生产建设项目水土保持方案		生产建设项目水土保持方案审批	
8	建设项目水资源论证报告书		取水许可审批	
9	建设项目使用林地可行性报告	使用防护林林地或者特殊用途林地面积10公顷以上，用材林、经济林、薪炭林林地及其采伐迹地面积35公顷以上的，其他林地面积70公顷以上的；使用重点国有林区林地的	建设项目使用林地审批	
10	文物影响评估报告及考古勘探报告		建设工程文物保护和考古许可	
11	地质灾害评估报告	地质灾害易发区内进行工程建设	地质灾害评审/备案登记意见	需和当地政府沟通，明确是否需要此项报告
12	地震安全性评价报告	（一）国家重大建设工程； （二）受地震破坏后可能引发水灾、火灾、爆炸、剧毒或者强腐蚀性物质大量泄漏或者其他严重次生灾害的建设工程，包括水库大坝、堤防和贮油、贮气，贮存易燃易爆、剧毒或者强腐蚀性物质的设施以及其他可能发生严重次生灾害的建设工程； （三）受地震破坏后可能引发放射性污染的核电站和核设施建设工程； （四）省、自治区、直辖市认为对本行政区域有重大价值或者有重大影响的其他建设工程	地震安全性评价审批	
13	气候可行性论证报告	国家重点建设工程、重大区域性经济开发项目和大型太阳能、风能等气候资源开发利用项目		需和当地政府沟通，明确是否由其组织论证
14	安全预评价报告	生产、储存危险化学品的建设项目、化工等行业的国家和省级重点建设项目等	安全条件审查	
15	职业病危害预评价报告			建设方自行组织评审
16	电网接入系统报告		报当地电网公司审批	

2. 前期附属报告的编制和时序性安排

近年来国家对行政审批中介服务事项进行了多次规范和清理，部分前期附属报告，建设方可按要求自行编制也可委托有关机构编制，审批部门不再要求必须委托特定中介机构提供服务。但因为前期附属报告的专业性都很强，建设方往往没有编制能力而仍委托具备编制资质和能力的单位编制。

煤化工建设项目，在可行性研究阶段，项目的专利技术往往还没选定。如果仅以项目可行性研究报告作为编制依据，对环境影响评价、安全预评价等需政府审批的报告，有可能含有构成后续重大变动的因素，如真是如此，就需要重新编制、报批。为了避免这类情况的发生，这类报告及与工艺技术息息相关的职业病危害预评价等报告，应在专利技术确定后再定稿，并进入报批程序。

二、项目的报建

建设项目因其固有特点涉及到很多种类的公共设施和公众利益，因此，涉及到的报建手续也颇多，现按《关于印发全国投资项目在线审批监管平台投资审批管理事项统一名称和申请材料清单的通知》（发改投资〔2019〕268号）的附录《全国投资项目在线审批监管平台投资审批管理事项统一名称清单》（2018年版）将其列出，见表7-2，为保持完整性，即使是显然与煤化工项目无关的项，也仍全部保留，当然，不属于适用情形的，无需办理。

表7-2 全国投资项目在线审批监管平台投资审批管理事项统一名称清单

序号	审批事项名称	适用情形
1	政府投资项目建议书审批	政府直接投资或资本金注入项目
2	政府投资项目可行性研究报告审批	政府直接投资或资本金注入项目
3	政府投资项目初步设计审批	政府直接投资或资本金注入项目
4	企业投资项目核准	企业投资《政府核准的投资项目目录》内的固定资产投资项目（含非企业组织利用自有资金、不申请政府投资建设的固定资产投资项目）
5	企业投资项目备案	企业投资《政府核准的投资项目目录》外的固定资产投资项目（含非企业组织利用自有资金、不申请政府投资建设的固定资产投资项目）
6	建设项目用地预审	不涉及新增建设用地，在土地利用总体规划确定的城镇建设用地范围内使用已批准建设用地的建设项目，可不进行建设项目用地预审
7	选址意见书	按照国家规定需要有关部门批准或者核准的建设项目，以划拨方式提供国有土地使用权的
8	港口岸线使用审批	在港口总体规划区内建设码头等港口设施使用港口岸线的
9	无居民海岛开发利用申请审核	无居民海岛的开发利用。其中，涉及利用特殊用途海岛，或者确需填海连岛以及其他严重改变海岛自然地形、地貌的，由国务院审批
10	建设项目压覆重要矿产资源审批	建设铁路、工厂、水库、输油管道、输电线路和各种大型建筑物或者建筑群压覆重要矿床的
11	海域使用权审核	建设项目需要使用海域的
12	建设项目环境影响评价审批	按照《建设项目环境影响评价分类管理目录》执行

序号	审批事项名称	适用情形
13	节能审查	除年综合能源消费量不满 1000 吨标准煤，且年电力消费量不满 500 万千瓦时的固定资产投资项目，涉及国家秘密的固定资产投资项目，以及《不单独进行节能审查的行业目录》外的固定资产投资项目
14	江河、湖泊新建、改建或者扩大排污口审核	建设方在江河、湖泊新建、改建或者扩大排污口
15	洪水影响评价审批	（一）在江河湖泊上新建、扩建以及改建并调整原有功能的水工程（原水工程规划同意书审核）； （二）建设跨河、穿河、穿堤、临河的桥梁、码头、道路、渡口、管道、缆线、取水、排水等工程设施（原河道管理范围内建设项目工程建设方案审批）； （三）在洪泛区、蓄滞洪区内建设非防洪建设项目（原非防洪建设项目洪水影响评价报告审批）； （四）在国家基本水文测站上下游建设影响水文监测的工程（原国家基本水文测站上下游建设影响水文监测工程的审批）
16	航道通航条件影响评价审核	建设与航道有关的工程，包括： （一）跨越、穿越航道的桥梁、隧道、管道、渡槽、缆线等建筑物、构筑物； （二）通航河流上的永久性拦河闸坝； （三）航道保护范围内的临河、临湖、临海建筑物、构筑物，包括码头、取（排）水口、栈桥、护岸、船台、滑道、船坞、圈围工程等
17	生产建设项目水土保持方案审批	在山区、丘陵区、风沙区以及水土保持规划确定的容易发生水土流失的其他区域开办可能造成水土流失的生产建设项目
18	取水许可审批	利用取水工程或者设施直接从江河、湖泊或者地下取用水资源的建设项目
19	农业灌排影响意见书（占用农业灌溉水源灌排工程设施补偿项目审批）	工程建设项目占用农业灌溉水源、灌排工程设施，或者对原有灌溉用水、供水水源有不利影响的。其中，工程建设项目占用农业灌溉水源或灌排工程设施需要建设替代工程满足原有功能的，需要进行占用农业灌溉水源灌排工程设施补偿项目审批；不能建设替代工程的需要进行评估，补偿相关费用上缴财政用于灌排设施改造建设
20	移民安置规划审核	涉及移民安置的大中型水利水电工程
21	新建、扩建、改建建设工程避免危害气象探测环境审批	在气象台站保护范围内的新建、扩建、改建建设工程
22	雷电防护装置设计审核	油库、气库、弹药库、化学品仓库、烟花爆竹仓库、石化等易燃易爆建设工程和场所，雷电易发区内的矿区、旅游景点或者投入使用的建（构）筑物、设施等需要单独安装雷电防护装置的场所，以及雷电风险高且没有防雷标准规范、需要进行特殊论证的大型项目，由气象部门负责防雷装置设计审核。（房屋建筑工程和市政基础设施工程防雷装置设计审核，整合纳入建筑工程施工图审查；公路、水路、铁路、民航、水利、电力、核电、通信等专业建设工程防雷管理，由各专业部门负责）
23	建设项目使用林地及在森林和野生动物类型国家级自然保护区建设审批（核）	（一）使用防护林林地或者特殊用途林林地面积 10 公顷以上，用材林、经济林、薪炭林林地及其采伐迹地面积 35 公顷以上的，其他林地面积 70 公顷以上的；使用重点国有林区林地的（原建设项目使用林地审核）； （二）在森林和野生动物类型国家级自然保护区修筑设施
24	矿藏开采、工程建设征收、征用或者使用草原审核	矿藏开发、工程建设征收、征用或者使用 70 公顷以上草原审核

序号	审批事项名称	适用情形
25	风景名胜区内建设活动审批	在风景名胜区内除下列禁止活动以外的建设项目： （一）开山、采石、开矿、开荒、修坟立碑等破坏景观、植被和地形地貌的活动； （二）修建存储爆炸性、易燃性、放射性、毒害性、腐蚀性物品的设施； （三）违反风景名胜区规划，在风景名胜区内设立各类开发区； （四）在核心景区内建设宾馆、招待所、培训中心、疗养院以及与风景名胜资源保护无关的其他建筑物
26	建设工程文物保护和考古许可	（一）在文物保护单位保护范围内建设其他工程，或者涉及爆破、钻探、挖掘等作业的建设项目（原文物保护单位保护范围内其他建设工程或者爆破、钻探、挖掘等作业审批）； （二）文物保护单位建设控制地带内的建设项目（原文物保护单位建设控制地带内建设工程设计方案审批）； （三）大型基本建设工程（原进行大型基本建设工程前在工程范围内有可能埋藏文物的地方进行考古调查、勘探的许可）； （四）经考古调查、勘探，在工程建设范围内有地下文物遗存的（原配合建设工程进行考古发掘的许可）
27	建设用地（含临时用地）规划许可证核发	在城市、镇规划区内以划拨方式提供国有土地使用权的建设项目，经有关部门批准、核准、备案后，应提出建设用地规划许可申请，依据控制性详细规划核定建设用地的位置、面积、允许建设的范围
28	乡村建设规划许可证核发	在乡、村庄规划区内进行农村村民住宅、乡镇企业、乡村公共设施和公益事业建设的
29	建设工程规划类许可证核发	（一）在城市、镇规划区内进行建筑物、构筑物、道路、管线和其他工程建设的，建设方或者个人应当申请办理建设工程规划许可证，提交使用土地的有关证明文件、建设工程设计方案等材料。需要建设方编制修建性详细规划的建设项目，还应当提交修建性详细规划； （二）涉及历史文化街区、名镇、名村核心保护范围内拆除历史建筑以外的建筑物、构筑物和其他设施的； （三）涉及历史建筑实施原址保护的措施，以及因公共利益必须迁移异地保护或拆除的； （四）涉及历史建筑外部修缮装饰、添加设施以及改变历史建筑的结构或者使用性质的
30	超限高层建筑工程抗震设防审批	超限高层建筑工程
31	建设工程消防设计审核	（一）具有下列情形的人员密集场所： 1. 建筑总面积大于二万平方米的体育场馆、会堂，公共展览馆、博物馆的展示厅； 2. 建筑总面积大于一万五千平方米的民用机场航站楼、客运车站候车室、客运码头候船厅； 3. 建筑总面积大于一万平方米的宾馆、饭店、商场、市场； 4. 建筑总面积大于二千五百平方米的影剧院，公共图书馆的阅览室，营业性室内健身、休闲场馆，医院的门诊楼，大学的教学楼、图书馆、食堂，劳动密集型企业的生产加工车间，寺庙、教堂； 5. 建筑总面积大于一千平方米的托儿所、幼儿园的儿童用房，儿童游乐厅等室内儿童活动场所，养老院、福利院，医院、疗养院的病房楼，中小学的教学楼、图书馆、食堂，学校的集体宿舍，劳动密集型企业的员工集体宿舍；

序号	审批事项名称	适用情形
31	建设工程消防设计审核	6. 建筑总面积大于五百平方米的歌舞厅、录像厅、放映厅、卡拉OK厅、夜总会、游艺厅、桑拿浴室、网吧、酒吧，具有娱乐功能的餐馆、茶馆、咖啡厅。 （二）具有下列情形之一的特殊建设工程： 1. 设有上条所述的人员密集场所的建设工程； 2. 国家机关办公楼、电力调度楼、电信楼、邮政楼、防灾指挥调度楼、广播电视楼、档案楼； 3. 单体建筑面积大于四万平方米或者建筑高度超过五十米的公共建筑； 4. 国家标准规定的一类高层住宅建筑； 5. 城市轨道交通、隧道工程，大型发电、变配电工程； 6. 生产、储存、装卸易燃易爆危险品的工厂、仓库和专用车站、码头，易燃易爆气体和液体的充装站、供应站、调压站
32	工程建设涉及城市绿地、树木审批	工程建设涉及占用城市绿地、砍伐或迁移树木的
33	市政设施建设类审批	工程建设涉及占用、挖掘城市道路，依附于城市道路建设各种管线、杆线等设施，城市桥梁上架设各类市政管线的
34	因工程建设需要拆除、改动、迁移供水、排水与污水处理设施审核	因工程建设需要改装、拆除或者迁移城市公共供水设施，拆除、移动城镇排水与污水处理设施的
35	建筑工程施工许可证核发	各类房屋建筑及其附属设施的建造、装修装饰和与其配套的线路、管道、设备的安装，以及城镇市政基础设施工程的施工
36	水运工程设计文件审查	水运工程初步设计、施工图设计审查
37	公路建设项目设计审批	公路（包括各行政等级和技术等级公路）建设项目
38	公路建设项目施工许可	公路（包括各行政等级和技术等级公路）建设项目
39	水利煤化工项目初步设计文件审批	水利煤化工项目
40	民航专业工程及含有中央投资的民航建设项目初步设计审批	民航专业工程及含有中央投资的民航建设项目
41	涉及国家安全事项的建设项目审批	（一）重要国家机关、军事设施、国防军工单位和其他重要涉密单位周边安全控制区域内的建设项目的新改扩建行为； （二）部分地方法规规章中明确的国际机场、出入境口岸、火车站、重要邮（快）件处理场所、电信枢纽场所，以及境外机构、组织、人员投资、居住、使用的宾馆、旅馆、酒店和写字楼等建设项目新改扩建行为
42	民用核设施建造活动审批	民用核设施项目

　　因为建设项目报建手续颇多，国家在此方面也常有改革举措，而在其出台前，常会先在一些地方试点，因此，在项目策划阶段，应安排专人和当地政府部门对接项目手续。

　　有些审批事项，是在项目执行过程中办理的，如消防设计审核、雷电防护装置设计审核等，有些审批事项如压覆矿审批，如果拟建项目园区已统一完成过了，就不必再单独办理了。

项目临时设施涉及到的土地、林地、水土保持等手续，需和当地政府沟通，可采用临时租用、使用完毕后恢复等方式处理。

第三节　外部协调工作要点

煤化工项目外部协调工作主要体现在和政府部门的沟通方面，工程与政府之间的沟通是一个复杂而又关键的环节。政府作为管理者和监管者，对煤化工项目涉及的环保、规划、安全等方面有着严格的要求，而煤化工项目的建设方则需要政府的支持和协助来完成项目。因此，建立良好的项目与政府沟通机制至关重要。

一、外部协调的重要性

① 政策支持。政府在工程建设领域有着重要的政策支持作用，通过政策的引导和支持，可以为工程项目提供良好的发展环境和政策支持。

② 审批与监管。煤化工项目在立项、施工、验收等环节都需要接受政府部门的审批和监督，与政府良好对接可以减少项目在审批过程中的阻力，提高工程项目的审批效率。

③ 资源配置。政府在土地、资金、人力资源等方面都有一定的资源配置权，通过与政府对接可以获得更多的资源支持，为项目的顺利实施提供助力。

④ 减少风险。政府在工程项目中扮演监管的角色，有权力对工程项目进行检查和处罚。与政府良好的沟通可以减少项目的合规风险，避免因违规而导致的延误和损失。

⑤ 建立良好的形象。政府是公众的代表，与政府保持良好的沟通可以提高煤化工项目在社会上的形象，获得更多的信任和支持。

二、协调工作的内容

① 政策协调。通过与政府相关部门的对接，了解政府在工程建设领域的最新政策和法规，及时调整项目的建设方案和规划，确保项目的合规性和可持续发展性。

② 审批协调。与政府相关部门建立良好的沟通渠道，及时了解项目的审批信息和流程，积极配合政府部门的工作，提供审批所需的资料和信息，保证项目的审批顺利进行。

③ 监管协调。与政府相关部门建立监管对接机制，接受政府的监管和指导，及时解决项目实施中的问题和困难，确保项目的合规运行。

④ 政府资源协调。通过与政府对接，积极争取政府在土地、资金、税收、人力资源等方面的支持，为项目的发展提供更多的资源保障。

三、协调工作的实施策略

① 建立协调团队。在煤化工项目管理方内部建立专门的协调团队，负责与政府进行交流、协调和合作，确保协调工作的专业性和有效性。

② 加强沟通与协调。及时主动地与政府相关部门建立沟通渠道，了解政府的政策和需求，平等交流，争取政府的理解和支持。

③ 充分准备资料。煤化工项目管理方在与政府对接时，要充分准备好项目的信息资料，以便更好地向政府部门介绍项目的情况和需求，尽快解决项目的问题和困难。

④ 诚信与合作。与政府对接时，煤化工项目管理方要保持诚信，尊重政府的权威和决策，积极配合政府的工作，确保合作的顺利进行。

四、协调工作的风险及应对措施

① 政策变化风险。政府相关政策和法规发生变化，可能给煤化工项目的建设和运营带来一定的影响，煤化工项目管理方要及时了解政府的政策动态，及时调整项目的方案和策略。

② 审批延误风险。煤化工项目在审批环节可能会出现审批延误的情况，导致项目建设周期的延长，项目管理方可以通过与政府相关部门的对接，积极协调解决审批问题，缩短审批时间。

③ 政府资源支持不足风险。政府在资源支持方面可能会存在不足，煤化工项目管理方可以通过与政府对接，积极争取政府的资源支持，缓解资源不足风险。

五、协调工作的效果评估

① 煤化工项目的审批效率。通过协调工作，审批时间是否得到了缩短，审批流程是否得到了简化，审批效率是否得到了提高。

② 政府政策支持。通过协调工作，政府是否对煤化工项目的发展提供了更多的政策支持，政策环境是否得到了改善，项目的发展是否得到了更好的保障。

③ 资源支持情况。通过协调工作，煤化工项目是否获得了政府在土地、资金、税收、人力资源等方面的支持，项目的发展是否得到了资源保障。

总之，与政府的协调工作对于煤化工项目的顺利实施和可持续发展至关重要，需要加强沟通与协调，充分准备资料，诚信合作，促进工程与政府的良好合作，以实现项目的审批效率提高，政府的政策支持得到加强，资源支持情况得到改善的目标。只有这样，才能为煤化工项目的顺利实施和可持续发展提供更多的保障。

第八章

工程招标及合同管理

第一节　工程招标的意义和基本要求

一、工程招标的意义

工程招标是以工程建设为主业的各潜在供方通过公开、有序竞争获得工程合同的一种形式。一个项目通常需要多个承包商等其他参建方共同完成。建设方通过不同种类、不同标段的工程招标，在众多竞标者中选取能使工程质量好、工期短、造价低且有一定信誉的投标人作为中标人。

与其他种类的建设项目一样，煤化工项目开展的招标活动，也分为投标、开标、评标、中标及签订工程合同几个步骤。中标人应当按照中标函的内容与招标人即建设方签订合同。凡合法进行的招标活动，均受法律保护。

从全社会层面上看，自工程建设领域实行招投标制度以来，极大促进了工程建设市场的竞争，促进了优胜劣汰局面的形成，从而普遍降低了工程造价、缩短了项目工期。

从具体供需方角度看，通过招投标，使彼此双方都能更好地做出选择。由于角色不同，供需双方必然存在利益冲突，建设单位单纯采用直接委托方式工程的供方，对彼此来说，都存在着较大的不确定性。而相比于另一方，建设方往往会承担更多的不良风险。而招投标则为供需双方在更大范围内的相互选择创造了条件，对建设单位来说，通过招标方式，实现了择优选择，从而为实现既定项目目标创造了基本条件。

二、对工程招标的基本要求

（1）禁止回避招标

在发改委于 2018 年发布的《必须招标的工程项目规定》中，详细列出了相应的工程，对此本应严格执行，但在有的项目上，建设方利益相关者为了获取非法利润，有意将本应属于一个标段的工程划小，从而达到避免招标的目的。除此，使用不合理的条件，如设置特定资格条件来排除潜在的投标人；或表面投标，实际上投标人串通围标则是常见的虚假招标手段。而这些都是法律所不允许的。

（2）坚持公开、公平、公正、诚信的原则

公开是指要公布具体的招投标流程如招投标、开标、评标结果等，同时，也要公布评分标准。公平是指每个投标人都能够公平地获取投标所需的各种信息，而对建设方这边不应公开的信息，则不应透露给任何其他一方，以此使投标广度、竞争力、透明度和公平性得到保证。公正原则要求所有投标人具有同等权利、同等义务和同等机会。

（3）国家依法对招标活动进行监督

招标监督包括社会监督、行政监督和司法监督，以行政监督为主。招投标行政监管是规范招投标活动、确保招投标合法合规进行的有效保障。

三、相关的法律法规和规章制度

与招投标相关的法律法规主要是《中华人民共和国招标投标法》、《中华人民共和国招标投标法实施条例》等。同时，在大型企业尤其是在大型央企内部，也都有严格完备的招标制度。而在大型煤化工建设项目上，也会制定出相应的项目规定。以国家能源集团神华榆林煤炭综合利用项目（一阶段工程）（以下以项目英文简称"SYCTC-1项目"代称）为例，国家能源集团在依照前述法律法规的前提下，制定了《国家能源集团采购管理规定》，在该煤化工项目上，项目部又制定了《商务管理规定》，进一步使项目招标工作规范化、标准化，也以此提高了采购效率和质量、降低了采购成本，防范了采购风险。

招标活动在符合相应法律法规方面，应特别注意以下三点：第一，招标项目应按照国家有关规定进行项目申报，并获得相关审批手续。招标人应具备实施招标项目所需的相应资金或资金来源，并应在招标文件中如实说明；第二，国务院发展计划部门确定的国家重点项目和省、自治区、直辖市人民政府确定的地方重点项目，不适宜公开招标的，要经国务院发展计划部门或者省、自治区、直辖市人民政府批准，可以进行邀请招标；第三，招标人有权选择自己的招标代理机构，委托其办理招标事宜。任何人不得为招标人以任何方式指定招标代理机构。投标人有编制投标文件和组织评标能力的，可以自行办理投标，任何人不得强迫其委托招标代理机构办理招标事宜。依法必须进行招标的项目，由其自行办理招标事宜，应当向有关行政监督部门备案。

第二节　构建煤化工项目工程合同体系

一、工程合同的分类

依照具体对象不同，项目建设中的经济合同可分为建设工程承包合同、加工承揽合同、货物运输合同、供用电合同、仓储保管合同、财产保险合同等诸多类型。而随着工程建设领域内的市场经济日趋成熟，合同种类也随之增加，如工程建设监理委托合同、项目管理合同等。

在此，我们可以把合同标的直接是工程建设活动内容的合同统称为工程合同，以上提及的工程承包合同、监理合同、项目管理合同均属此类。工程合同依照计价方式可分为单价合同、总价合同、成本加酬金合同等；依照施工内容可分为土建施工合同、设备安装合同；依照建设方是否是合同的一方当事人分为总包合同、分包合同。

大型煤化工项目涉及到的工程合同种类较多，以国家能源集团SYCTC-1项目为例，工程合同共签订177份，涵盖勘察、监理、技术服务（含涉外）、专利、专有技术、咨询及工程设计、施工承包、EPC、PMC、EPCM及其项下的施工等合同，如此多不同种类和数量的合同，合同管理的复杂性可见一斑，也正因此，在大型煤化工项目上，对合同签订和合同执行的管控力度明显强于一般大型建设项目。

二、工程合同的策划

在此，首先需要明确合同管理生命期与工程合同结构这两个概念。前者是指从合同策划开始至合同关闭为止的时间，合同管理于此期间可分为策划、招标采购、合同履行、合同关闭等过程。后者是指由各建设项目合同标的间的从属、并列关系构成的以建设方为中心的放射状为主，以 EPC 总包、施工承包、专业分包等合同构成的合同链条为辅的合同层次和合同关联形式。

就工程合同策划来说，首先要合同结构规划，设计合同体系、确定合同模式、明确合同条件；其次，依照界面管理原则，划定同类合同各自范围，确保无重无漏，以此构成了建设方工程采购的全部内容。

第三节　招标的策划与招标的流程

一、工程招标策划

（1）相关的前期文件

工程招标的前提是项目合法合规，前期中的手续类文件是其佐证依据，虽然招投标代理中心在受理招标业务时仍少有查看此类文件的，但它们却代表了招标的合法合规基础，前期中的技术类文件则是项目工程设计的基础，因此，它们是招标的技术基础。这些文件包括项目立项、投资决策文件，可行性研究报告，项目核准或备案文件及其他应在招标标的开始做前应完成的附属报告及相应的评估、批复或备案文件。

（2）项目融资计划

国务院关于调整固定资产投资项目资本金比例的通知规定，煤炭项目投资资本金比例为30％以上，化工项目投资资本金比例为20％以上。煤化工项目一般归为煤炭项目，因此资本充足率按30％计算。对于剩余的70％的投资，专业的金融中介会根据整体进度制定贷款计划。

（3）项目审核计划

项目审核是项目建设过程中的一个重要环节，它是对项目审批、项目管理、招投标和竣工决算合规性和合法性进行监控的主要手段。它可以分阶段和步骤审核。根据项目特点制定内部审计工作制度，制定年度内部审计工作计划，依此开展内部审计工作。

（4）项目风险管理计划

规划风险，包括风险分类、风险识别、风险排序、风险应对、风险跟踪，并在项目早期规划风险管理流程和计划。根据项目特点规划项目的风险管理系统。风险管理体系应分级管理、分级分解，按照项目建设方管理的组织架构履行职责。煤化工项目面临的主要风险是政策风险、技术风险和施工条件风险，其中的政策风险主要是指针对国家就煤制烯烃等类"传统"煤化工项目政策的制定和调整。需要明晰国家政策对煤化工项目的激励或限制条件。

二、工程招投标流程

① 启动招标工作。招标人可以委托招标代理机构，由招标代理机构进行招标，也可以自行招标，但相应程序较复杂。

② 招标机构协助招标人筹划招标过程。即招标进度、采购时间、采购技术要求、主要合同条款、投标人资格、采购质量要求等。

③ 编制招标公告和招标文件，招标机构发布招标公告，潜在投标人采购招标文件。

④ 潜在投标人研究招标文件，编制投标文件，在此期间，其对招标文件有任何疑义或发现任何问题，都可向招标组织提出，招标人据此做出澄清并向所有投标人发出澄清文件。必要时招标人召开答疑会，招标人据此形成招标文件补充材料发所有投标人。

⑤ 招标机构在开标前成立评标委员会，评标委员会对投标进行评标。评标委员会人员组成须符合《评标委员会和评标方法暂行规定》（国家计委 2001 年第 12 号令）、《评标专家和评标专家库管理暂行办法》（国家计委 2003 年第 29 号令）。

⑥ 招标机构组织投标人按招标文件规定的时间开标。在由招标机构指定的组织者公布开标纪律、确认投标当事人身份、确认投标密封状态之后开标，填写、签署开标记录，开标完成。个别地区和建设方要求采取网上评标，招标机构在招标文件中明确电子评标办法，由投标人按要求提交电子文件后，由评标委员会成员在开标现场进行电子化评标。

⑦ 评标。招标机构根据评标委员会提供的评标结果出具评标报告，招标人根据评标报告确定中标人。

⑧ 招标机构公示中标结果，同时向中标人发布中标通知。公示结束，招标人与中标人在规定时间内签订合同。

在发售招标文件之前，还可以增加资格预审环节。投标公告中增加了投标人资格要求，潜在投标人提交资格文件，经审查符合后，再将标书出售给投标人。

第四节　工程的非招标选择方式

非招标方式包括询价采购、单一来源采购、竞争性谈判、竞价采购和直接采购。询价采购，是指向不特定或符合资格条件的特定潜在供方发出询价采购文件，要求潜在供方一次报出不得更改价格的报价文件，以此确定供方；竞价采购，是指采购人制定并宣布初始报价基准和相应的报价规则，由参加竞价的供方按照报价规则进行报价，至约定的时点或达到满足某一条件时刻，终止报价，由采购人宣布采购成交；竞争性谈判，是指采购人与符合资格条件的各潜在供方就采购事宜进行谈判，择优确定供方；单一来源采购，是指符合本规定有关条件，从某一特定供方处采购物资、工程和服务类项目。

以 SYCTC-1 项目为例，根据国家能源集团规定，在不违背《中华人民共和国招标投标法》的前提下，符合下列条件之一的，也可采用非招标方式进行采购。

① 符合《不适宜招标服务类项目目录》相关规定的。

② 符合供方短名单相关规定，在供方短名单内采购的。

③ 通过公开招标方式获得的承揽类项目需要对外采购，且承揽合同有明确约定的，按约定采用相应采购方式。

就以上工程，如按《招标投标法实施条例》等法规而应事先经政府有关部门审批或认定的，由项目部在启动采购前完成办理。

就非招标方式的过程及要点，现以 SYCTC-1 项目为例说明，国家能源集团设立非招标采购代理机构，建设方与其签订委托合同，由前者实施非招标采购代理业务及相关工作，主要包括：

① 发布采购公告、组织评审/谈判、组建评审/谈判小组、公告采购结果、发布成交结果通知书等；

② 编制非招标采购文件范本，会同采购人编制采购文件，制定集中采购项目采购方案；

③ 组建非招标采购评审专家库并对其更新、维护；

④ 按种类、行业组织形成潜在供方名单并对其更新、维护；

⑤ 对评审/谈判过程进行监督管理，及时向物资监管部报告重大问题事项。

第五节　工程合同管理

一、煤化工项目的合同管理

合同管理是指对合同资信调查、意向接触、合同谈判、合同评审与审批、签订与履行、合同变更、解除、纠纷处理及统计归档等合同全生命周期管理，包括自合同策划开始经合同起草、缔结、合同执行、合同变更，直至合同关闭和后评价各环节的各项管理活动内容。

就建设方而言，合同管理的根本目的仍是确保项目目标得以顺利实现。具体说来，就是通过合同管理使项目合同结构合理，选定最适合的合同模式和最适合的承包商等供方。合同内容既能充分维护自己这方利益又能创造出合作共赢的局面。使自己这方积极、认真执行合同的同时且有效监督对方的执行合同，依据合同妥善处理索赔，及时办理合同变更，及时终止、关闭合同，进行有效的合同后评价，为后续合同管理和供方选定提供既富有现实信息、又具有丰富经验教训的建议。

鉴于煤化工项目招标与合同管理现状，目前需要应用先进的信息技术，加快招投标平台和合同管理信息平台建设，并使其进一步深入到管理的基层，并使平台能够收集各环节有用信息，以供优化合同内容、完善合同执行保障机制之用。

对煤化工项目来说，应对各类商务合同形式和相应内容进行不断归纳整理，使编制的合同文本更加标准规范，并就具体合同标的，选定与之相适的合同形式。在起草合同时，须严格遵循现行法律法规，明确执行标准以及与彼此权利义务相关联的项目实际情况，确定彼此的权利与义务，以适宜的形式形成适宜的合同内容。

为确保工程合同能切实发挥其应有的指导与约束作用并使合同中的不良风险降到可承受的范围。在拟定和审查合同时，要分析合同内容中的可控性与预见性，结合工程具体实施要求，对合同内容进一步优化及完善。

要对合同的执行予以足够力度的监管，以促使合同可以得到高效履行。无论是合同归口部门，还是合同执行部门，都要认识到合同管理工作的重要性，在各部门履行自身权责时都需要严格遵照合同规定，以此实现整体效益最大化。

　　在煤化工项目上，项目部内的费用控制与合同管理职能常被分别放在项目管理部和商务部中，但这两部分又关联紧密，合同是费用控制的重要依据，费用控制则是合同管理的目的之一，因此，两方面的管理人员必须紧密配合。为此，要构建起两者间畅通、宽阔又有层次性的沟通平台。

二、合同变更和索赔管理

　　工程合同变更与索赔管理是合同过程管理的重要组成部分。合同变更是指在没有改变工程功能及规模的情况下，合同当事人一方就合同标的范围、要求等合同内容提出更改，另一方予以同意，双方履行变更手续的过程。当然，就工程合同来说，常是由建设方直接提出和批准，少有承包商等另一方主动提出的，而除非会损失重大利益，否则，更少有拒不接受的。合同索赔可分为费用索赔与工期索赔两种类型。它是指合同当事方由于另一方未履行或没有正确履行合同义务出现了经济损失或工期延误情况，借助合同规定程序对对方提出费用或工期等方面的补偿。合同索赔既有承包商等供方向建设方提起的索赔要求，也有建设方向承包商等供方提起的索赔要求。其中后一种，我们也常称之为反索赔。

　　在煤化工项目上，对工期及费用影响较大的合同变更及索赔多是因为建设方在设计环节提出新要求或建设方未提供应提供的工程条件。无论是哪一方，在索赔事件发生后，受损一方相应业务的管理人员即要以合同条款，在合同约定的时间内、按合同约定的形式，向对方发出索赔意向通知书，以使自身利益得到切实保障。在索赔事件发生后，还需全面地收集、保存相应的佐证资料信息，以此确保索赔所依据的事实信息全面、准确，并最大限度地减少双方就索赔产生的分歧、争议。

　　就合同变更或索赔费用来说，在承包合同价中，综合单价已包括了各相应工程的成本及合理利润，变更金额以合同中的已有综合单价算得，如果在合同中没有适当的参考单价或费率，在相应情况下，一般也会在合同中约定如何计价。以某大型煤化工项目为例，在变更事项中包含专项条款，对变更价格的各种情况进行了约定，在 EPC 合同文件中更设立专门的章节明确工程变更合同价款调整依据。合同仍无对应内容，就由项目组、项目费控部门、项目商务部与承包人商定一个适宜的单价及费率。如果协商存在难解决的问题，则提交项目主任组专题审议。

　　在合同变更及索赔管理中，无论是变更文件，还是索赔文件，包括其中的支持性文件，其准确性、完整性都应达到其后审核、谈判、结算等后续工作所要求的程度。也无论是索赔方，还是被索赔方，都应坚持以事实为根据，做到妥当合理并有合同或法律依据。就变更、索赔文件拟稿人来说，还需要较深入、较全面地了解相应技术方案内容或事件的来龙去脉，以便能准确描述变更及索赔事件实际情况和缘由，并对其中的重点和难点做到心中有数。就变更和索赔调价或调工期的谈判或商谈，其他主要参加人也应如此，以此方能合情合理地维护己方正当利益或寻得双赢的解决方案。

三、合同保函管理

　　煤化工工程合同保函可分为工程投标保函、履约保函、预付款保函、工程质量保函等。需依照银行、担保公司规定的格式填报，由银行审查后才可以办理，当然，如建设方有其他明确要求，按建设方要求开具。在申请办理保函时，由财务部门报送保函业务申请表等文件。保函开出方式，工程建设项目主要用到的是直开和转开两类。直开是指担保银行为满足受益人要求开立保函，主要采用信函手段，转开是指保函由转开银行负责，在发生索赔时，由当地转开银行支付，然后向担保银行提出索赔。为切实保障项目保函管理水平，需要结合项目实际开展情况，选择适宜的保函开支方式。

第六节　项目 EPC 合同的履行与索赔

一、 EPC 合同的概念和特征

EPC 是在项目管理中，以总承包方为主，依照承包合同开展工程设计、采购、施工等工作，并就此对工程负责。EPC 模式更加强调了决策与设计环节在工程中的主导地位，利于决策的贯彻和基于成本的设计优化。同时，它也将设计、采购与施工紧密联系在一起，确保它们间的有效衔接和部分交叠，也便于基于整体进行项目管理以及后期责任追究。

EPC 模式在国际工程中已普遍采用，我们煤化工项目也越来越多地采用此种模式，这无疑有助于我国煤化工建设行业在海外的拓展。

1. EPC 合同概念

EPC 合同是一种包括项目设计、设备采购、施工、设备安装调试、工程移交全过程的合同。它最早被应用在发达国家私人建设方的工业及民用项目中。如果不考虑传统合同模式下建设方庞大的项目管理成本，EPC 合同价格高于传统合同模式价格。随着煤化工行业建设领域市场日趋完善和煤化工行业市场压力因一批批项目投产而逐步激化，建设方将对项目关注的重点转到了工程时间和质量方面，而 EPC 模式显然在这方面具有显著优势，因此也就极大促进了 EPC 合同在煤化工项目上被迅速大规模采用。

2. EPC 合同特征

在 EPC 合同模式下，快速跟进是其一个显著特点，也是其一个显著优势，在完成分项工程设计任务后，即可开展相应的施工作业。而工程设备、材料采购，此前已随着设计进程而同步实施，由此能最大限度缩短工期。这又在一定程度上节省了投资成本，并有益于控制投资风险，并使项目尽早投产、尽早获得经济收益。在履行 EPC 合同期间，还可以预控提前投产并有效控制因通货膨胀等因素的不利影响。借助 EPC 合同模式，在项目设计阶段初期便可更好地综合考量采购、施工以及时间、质量、成本间的关联和可能在彼此间出现的严重冲突，从而能更好地进行总体把控。

在项目建设过程中，建设方风险主要包括政治风险、社会风险、经济风险及外界风险。通过采用 EPC 合同，建设方可将更多的经济风险乃至外界风险转由承包商承担，而对于承包商而言，则要认识到伴着这高风险的也是高收益的机会，关键是如何做好风险管理。

采用 EPC 合同，建设方对相应工程的管控无需达到采用施工合同时的深度和广度。同时，在 EPC 合同中，承包商的义务也不只限于 E、P、C 各个单独方面，也有诸多整体性义务。采用 EPC 合同的项目，建设方仍可委托项目管理公司代表建设方管理项目既采用 PMC

管理模式，但其被赋予的权力较小。

二、 EPC 合同策划及承包商选择

在 EPC 项目中，建设方仍占据主导地位，仍可通过合同策划为在合同执行阶段管控承包商工程活动提供合同依据。EPC 工程合同策划主要目的就是确定有利于项目实施、有利于顺利实现项目目标的合同。合同条款应当在编制招标时形成，并在合同谈判后正式确定。与 EPC 合同策划关联的几个主要环节依次如下。

1. 确定 EPC 项目招标方式

EPC 工程招标主要有公开招标和邀请招标两种方式。两者的招标周期、招标费用、可参与竞争的承包商数量不同，需要结合煤化工项目实际建设要求，选择其中适宜的一种。就大型煤化工项目来说，因为属于能源基础设施，应采用公开招标方式，如因特定情况而采用邀请招标，需符合现行《招投标法实施条例》相应条件，并报相应行政监督部门认定。

2. 确立 EPC 项目招标主体

根据招标人身份不同，招标主体分为建设方自行招标和由建设方委托的招投标代理中心两种。有的大型集团内部自己就有招标代理机构，集团内各子分公司的招标均委托其进行。如 SYCTC-1 项目，此项目的全部招标工作均由建设方国能榆林化工有限公司委托给了集团内专业化招标代理机构国际工程公司。

3. 编制 EPC 招标文件

因 EPC 模式及煤化工项目自身特点，EPC 招标文件内容较庞杂，以 SYCTC-1 项目为例，一个装置 EPC 招标文件，就有 4 册 16 章。其中，第一册为投标须知和合同条款，第二册为工作服务范围和项目执行要求，第三册为项目技术信息，第四册为装置技术要求等内容。

4. 投标资格审查

就资格审查而言，EPC 招标也一样分预审和后审两种，无论哪种，都要事先设定好 EPC 投标人资格条件。预审，是先就潜在投标人所报资格文件进行审查，确认其中符合条件的，向其发售招标文件。后审，资格文件则作为投标文件的一部分，自然，开标后应先审查这部分文件。

5. 评标及 EPC 承包商选定

招标工作的质量直接决定了对 EPC 承包商选择的适合与否。通过评标所选定的承包商应具备足够的能力完成从项目设计、采购、施工到交付使用全过程的建设任务，其提供的投标报价、项目工期以及质量、安全管控措施也足以满足建设方要求，且足以承担应由其承担的风险。为此，在评标时，应当从对建设方要求的理解、类似工程业绩、财务状况、工程负荷情况、设计能力、采购及施工管理能力、投标报价及工期、质量、安全承诺和保证措施等多方面入手，对投标人进行综合评估。

基于以上情况，早在招标文件编制时，就要确保使用的评标办法和评分标准客观科学，招标文件编制小组可通过头脑风暴及层次分析等方法，确定最适宜的评标办法，并合理判

定各因素在评标标准中的权重占比，以使投标人的综合能力能够得到全面及精准的评估，以此确保能选择出满足项目要求的 EPC 承包商。

6. 合同谈判

在 EPC 合同谈判阶段，要抱着将认真、严格执行的态度细致解读合同文本内容，依据招标澄清文件等修正、补充在招评标过程中发现的不准确的或自相矛盾的以及遗漏之处。谈判前则要确立谈判目标，准备谈判文件，在谈判过程中，还需要确定工程款具体支付方式等招标时未定事项。

三、 EPC 合同的履行和管理

1. EPC 合同内容完善和签署

在此方面，主要工作是按合同谈判确定的内容完善合同，形成正式报审文本，经双方内部评审、会签程序后，双方正式签署。

2. 合同履行环节管理

在 EPC 合同生效后，合同管理人员需要对合同履行情况进行严格监管，并就此及时沟通与汇报，对存在问题且必须及时修改的合同内容及时提出变更申请。

在签订合同后，为确保合同内容能够得到充分落实，还应当做好合同交底，使合同执行涉及到的各部门、各岗位人员熟知熟悉相关条款，认识到有职责执行合同或监督执行合同相应条款，并对合同实施情况进行动态跟踪。在防止己方出现违约行为的同时，及时敦促对方履行合同义务、及时纠正对方违约行为。

3. 合同变更及索赔管理

此方面内容已在本章第五节的"合同变更和索赔"中详述，在此不再复述。但在此需注意的是，因为是 EPC 合同，除非因以下情况：即遇应由建设方为对方承担损失的不可抗力，建设方条件不满足，应由建设方承担其完整性、真实性或准确性责任的信息不完整、不真实或不准确，建设方要求的变化、不归承包商承担责任的基础设计的更改而导致承包商损失，否则，一般均不能成为承包商索赔的理由。

第七节　项目施工合同履行与索赔

建设项目施工合同管理是指从施工合同策划开始，经包括施工合同条款拟定，施工合同谈判、签订、执行、变更、履约、争议、终止、后评价等全过程的管理。

一、施工合同策划及施工总包商选择

施工合同策划的主要目的仍是确定有利于项目实施的合同，通过事前的认真研判，确定适宜的合同模式、标段划分和主要施工合同条款；在招标中通过澄清答疑补充、修正其内容，并在合同谈判时完善、在谈判结束后形成正式合同文本报各自公司审批。

因施工合同策划及施工总包商选择内容与 EPC 合同多有相同，在此不再另述，后者内容见本章第六节中的"EPC 合同策划及承包商选择"小节。

二、施工合同的履行和管理

（一）建设方对施工合同的履行

1. 行政手续办理

总体而言，除非对应事项的责任主体是施工总包商，否则，各类与施工相关的行政手续如土地使用证、建设用地规划许可证、工程规划许可证、施工许可证等都应由建设方负责办理，后者也有责任及时或尽早办理完毕，以为施工提供合法合规的条件。除此之外，应由施工单位办理的，如临时占路许可，夜间施工许可，排污、塔吊备案等，建设方应给予必要协助。

2. 建设方代表

变更建设方代表的，应提前 7 天书面通知承包方。建设方的代理人不履行合同规定的义务，致使合同不能顺利履行的，承包方可以要求建设方更换代理人或协调解决。

3. 提供施工场地

建设方应在开工前 7 天将施工现场交付给承包方，合同另有约定的除外。

4. 提供施工条件

建设方应为现场施工提供必要的施工条件，其主要有施工用水、电、道路、电信线路、场地等，施工总包商在给其施工区域内的临时设施由其自行负责，由建设方所提供线、路的接口和所提供场地的边界都应在合同中规定清楚。

5. 提供基本信息

施工现场移交前，建设方需将场地内各类地下物的种类、形状、位置、埋深等及现场所在地域的水文、气象、地质方面的信息提供给施工总包商，并就其可靠性、准确性和完整性负责。

6. 工程款支付和付款保证

承包方每月按约定日期提交工程资金支付计划，建设方据此安排资金使用计划。同时承包方在规定时间向建设方提交月进度报告，进度报告按施工工序分解计算得出。该进度报告在获得监理代表及建设方代表批准后，即可按此向建设方提出进度款申请，建设方审核通过，即应及时付款。

工程款支付前，承包方应向建设方开具正式增值税专用发票、付款申请报告以及满足付款支付条件的相关证明文件。如因承包方开具的增值税发票被税务机关或其他国家机关认定为不符合相关政策规定致使建设方被其补征税款、处以违约金、加收滞纳金的，承包方应承担赔偿责任。

作为工程款支付前提的履约担保，承包方应在建设方收到本合同中标通知书后的 28 天内或约定的其他时限内，向建设方提交由其事先确认的、银行出具的、无条件不可撤销的履约担保函。

7. 组织工程验收

建设方应及时组织进行单位工程验收、单项工程验收、项目各专项工程验收和竣工验收。

8. 现场施工合同安全管理

建设方应与施工总包商签订《职业健康安全环保管理协议》或其他类似协议，以明确彼此在这三个方面具体的权利和义务，当然，它一般都作为合同附属文件而成为合同的组成部分。

9. 索赔管理

履行合同是建设方和承包方共有的义务。合同款支付和建设工程施工也是履行合同义务的过程。从法律角度看，索赔是维护工程合同法律效力的一种体现。从索赔与合同本身的关系来看，法律规定了因合同当事人之一的疏忽而导致另一方受损需赔付或承担相应责任。合同是索赔的依据，无论是风险事件的发生，还是合同当事人未履行合同或违反合同条款，其相应责任的承担及赔付方式、赔偿额的计算方法等都应包含在合同中。

（二）承包方对施工合同的履行

1. 承包方应当依据合同履行的义务

办理应由其办理的行政手续，并将结果以书面形式提交建设方；采取有效的施工安全环保措施，确保工程人员、材料、设备和设施安全，同时，为自属人员办理工伤保险；按合同规定的工程内容及相应的进度、质量要求施工；除非事先征得同意，否则，不得损害或违约占用归建设方统一管理的或归其他承包商管理的临时设施、施工资源；工程款不得挪作他用。

2. 施工准备和开工

除合同条款另有约定外，施工总包商应按约定的开工时间积极准备，并按约定向监理方和建设方提交开工申请，经批准后开始施工。

因施工总包商或建设方原因，不能按时开工的，相应的一方承担延期责任，如责任在建设方，施工总包商有权就人员、机具的闲置向建设方提出索赔。因不可抗力不能按时开工的，依照工程建设不可抗力损失承担的一般性原则，如不可抗力是作用于项目现场或项目相关场所的，工期顺延，否则，建设方有权拒绝另一方提出的延期开工申请。

3. 施工中的检查和返工

施工总包商应按设计或合同要求执行的标准施工，并应随时接受建设方及其委托的监理等方的检查。如不合格，可以要求承包方拆除、返工，相应费用和时间损失由施工总包商承担。检查合格，后期才发现由施工总包商造成的质量问题，施工总包商仍有责任整改合格，并承担相应费用和时间损失。如同时也给建设方造成直接损失，后者有权向其提出索赔。一般情况下，建设方、监理方的检查不应延误施工进度，否则，就应根据检查结果确定责任，如合格，工期顺延，否则，由施工总包商无偿返工且不延期，除此之外，因其他非承包方原因造成的返工，也应由建设方承担。

第九章

项目计划管理和进度控制

第一节　煤化工项目的进度计划体系

现代煤化工工程项目由于技术复杂，历时较长，各项工作需要按照经过批准的计划、配置必要的资源并有步骤地协同开展。因此，项目的计划管理极其重要。依据项目进度计划管理的基本原理，结合工程的具体情况，运用先进的项目工程进度控制与管理技术，对项目的设计、采购、施工、调试直至投产所有影响工程建设进度的活动分层级做出计划安排，并进行连续的、全过程的监控、分析和预测，正确处理项目进度、费用、质量和 HSE 四大控制之间的对立统一关系，在实现项目质量、费用和 HSE 管理目标的同时，确保实现项目工期目标。现代煤化工项目进度计划体系一般实行四级计划管理，下级计划逐级上报审批，上级计划逐级下达实施，相互关联、循环保持一致，确保计划控制的有效性。

一、一级计划

一级计划，包括项目总体统筹计划、项目总体进度计划，它们供项目决策层、执行层使用。前者属管理性计划，是对项目进行管理的纲领性文件，后者属工程进度计划，是具有统筹性的进度计划。

1. 项目总体统筹计划

此计划在项目定义阶段由项目部组织、以项目部各职能部门为主、涉及到的公司部门参与编制而成，经项目部、公司审核批准后发布。

项目总体统筹计划以批准的可行性研究报告为依据编制，并可根据其后的总体设计或基础（初步）设计等文件进行修订、升版。它是按照项目总体策划的要求和原则，于项目总目标确定后，在坚持基本建设程序基础上，按照工程项目特点，应用项目管理方法，对整个项目建设期的管理做出整体规划和全面部署。它对投资及资金管理、商务管理、建设准备、工程设计、物资采购、现场管理、四大目标控制、档案管理、外事工作、工程审计、风险管理、生产准备、中间交接、性能考核、竣工验收等各项工作进行科学合理的统筹安排。

项目总体统筹计划是项目执行计划编制的重要依据，也是统筹和协调工程项目管理各阶段、各方面的重要依据。

2. 项目总进度计划

此计划是在项目实施初始阶段由项目部下的项目管理部编制，经项目部内部审核后，由项目主任批准发布。本计划中的各控制点直接决定了项目工期目标能否实现。计划内容是用网络图方式将项目的主要装置和单元分别按照设计、采购、施工等阶段表明其系统性的进度逻辑关联，以此协调各装置、各单元的进度关系，并约束各下级计划。

二、二级计划

二级计划，一般包括项目执行计划、项目设计详细计划、项目采购详细计划、项目施工详细计划、装置/单元主进度计划。项目执行计划是管理性计划，供项目执行层使用。项目设计详细计划、项目采购详细计划、项目施工详细计划、装置/单元主进度计划是工程进度计划，它们供项目决策层、执行层使用。

1. 项目执行计划

项目执行计划是各项目组或 EPC 承包商根据项目总体统筹计划的安排，结合该区域或装置的特点对项目目标或合同目标进一步分解形成的指导项目组或 EPC 承包商进行设计、采购、施工、安全、质量、造价、进度等的管理及安排各项活动所需资源的指导性文件。项目执行计划包括项目组执行计划、EPC 项目执行计划和施工执行计划。

（1）项目组执行计划

该计划由项目的项目组经理组织，项目组专业经理及其他关键岗位人员一同编制，原则上在所辖范围内的主要 EPC 总承包合同签订之后一个月内完成编制，报项目管理部审批。

编制该计划的目的，是明确项目组的组织机构、人员构成和岗位职责，明确项目组质量、HSE、工期、费用等工作目标，明确项目组内部工作界面、阐明项目组与外部间的管理界面，在符合项目规定的前提下，制定内部各项工作流程，明确各专业管理内容，明确项目组的会议制度，以此指导并规范项目组的工作，并作为就承包商项目执行计划与对方对接的依据。

（2）EPC 项目执行计划

该计划由 EPC 承包商项目经理组织编制，经其企业主管领导审批后，再经项目组审查，最后由项目管理部审批。该计划要明确承揽装置的工程范围、工程目标，分析工程的风险及相应的应对措施，确定各项管理的原则、方法和措施。此计划在开工会前完成初稿，在开工会上讨论，开工会结束后一个月定稿。在项目实施过程中，还应对计划执行情况和计划立足于其上的项目客观情况进行动态监控，必要时进行修订升版。

编制 EPC 项目执行计划，目的是 EPC 承包商更好地履行合同义务，执行建设方的各项项目管理规定，科学组织项目建设，实现其合同目标。

（3）施工执行计划

该计划由施工总包商项目经理组织编制，经其内部审批后报项目组审查、批准，项目管理部、施工管理部备案。现场开工前，施工执行计划应完成报审。施工组织设计在满足内容要求的前提下，也可作为施工执行计划。

2. 项目设计、采购、施工详细计划

项目设计、采购详细计划一般是由设计管理部、采购管理部在项目定义阶段编制的，早开工程现场施工计划由实施的项目组编制，大件吊装计划由施工管理部编制，以上计划均经项目主任批准发布。

项目设计详细计划应与项目建设的先后顺序和逻辑关系保持一致，并充分考虑由设计

条件决定的各主项设计间的先后顺序、设备厂商资料反馈和各级审查对设计进度的影响、采购和施工根据项目总计划而提出的进度要求以及三者计划间的衔接等各项因素。其内容至少应包括项目总体设计、工艺装置工艺包设计、各装置/单元基础设计的编制单位确定、设计工作开始、主要协调会的召开、主要的审查、设计工作完成、长周期设备保护伞协议请购技术文件编制等安排及编制说明。为保证计划严谨且妥当及后续执行时的管控，可要求设计单位配专职设计进度控制人员，并借助其单位的管理体系、管理经验和管理数据，做好对设计进度的管控。

项目采购详细计划包括建设方长周期采购计划、保护伞协议采购计划。建设方长周期采购计划的内容至少应包括采购清单确定和各设备请购技术文件提交（与设计详细计划一致）、请购文件完成、上网招标、采购合同签订、厂商资料提供、设备到场时间等安排及编制说明。保护伞协议采购计划的内容至少应包括协议采购包确定和各采购包请购技术协议提交（与设计详细计划一致）、请购文件完成、上网招标、采购协议签订时间等的安排及编制说明。

项目施工详细计划包括早开工程现场施工计划、大件吊装计划。早开工程现场施工计划的内容至少应包括施工单位选择、施工检测单位选择、施工图到场、材料到场、现场施工等安排及编制说明。大件吊装计划的内容至少应包括吊装清单确定、吊装方案确定、吊装单位选择、吊装机具进/退场、各大件设备吊装等的安排及编制说明。

3. 装置主进度计划

装置主进度计划用于对装置设计、采购、施工、试车进度进行管控，它必须满足一级计划的进度要求。在 EPC 承包商选定前，由项目组编制，经内部审核后，报项目管理部批准，在 EPC 承包商选定后，由其依据前一计划编制更详细的计划，经项目组审核后，报项目管理部批准。

装置主进度计划按装置或单元编制，内容包括编制说明、主进度横道图计划，它要能集中表示出设计、采购、施工、试车及预试车的关键控制点和关键活动，并要正确反映各阶段之间的接口关系，各专业之间、各项主要或重点工作之间的逻辑关系。

三、三级计划

三级计划，一般包括年度计划、装置/单元详细设计/采购/施工计划，主要供项目执行层使用。

1. 装置详细设计/采购/施工计划

通常情况下，工程合同签订后，承包商应在合同规定的期限内编制并提交装置/单元详细设计/采购/施工计划，经建设方项目组审核、批准后发布。

该计划以装置主进度计划为基础编制，反映承包商所承担装置/单元详细设计、采购、施工的总体安排，深度一般要达到项目工作分解结构（WBS）的第六级（工作项/分项工程），要能反映出整个工作范围，包括由分包商、供应商和其他第三方完成或提供的工程实体、服务及相应的里程碑，以此作为整个装置的进度跟踪、测量基线。

2. 年度计划

项目部的年度计划，由项目管理部根据情况在每年年底组织编制，项目相关部门、项目组参与编制，经项目管理部审核后，报项目主任批准发布。

承包商的年度计划，由各项目组在每年年底组织承包商编制，经项目组进度控制经理审核、项目经理批准，并报项目管理部备案。

年度计划按装置或单元编制，是装置主进度计划按年度进行的分解。

四、四级计划

四级计划，一般包括三月滚动计划、三周滚动计划、专项计划，主要供执行层、作业层使用。

1. 三月滚动计划

该计划是在三级计划基础上的进一步细化，是指导设计、采购、施工月度安排和编制三周滚动计划的依据。承包商的三月滚动计划由各承包商控制经理编制，经承包商项目经理批准，经项目组进度控制经理审核后，报项目组经理批准，并报项目管理部备案。

2. 三周滚动计划

该计划为作业计划，根据三月滚动计划编制，是用于工作安排和日程控制的工具，达到工序、具体任务的深度。承包商的三周滚动计划由各承包商控制经理编制，经承包商项目经理批准后，报送建设方项目组进度控制经理审核、项目经理批准。

3. 专项计划

单个项目组的专项计划，由负责的项目组根据具体情况组织编制、审批。涉及多个项目组的专项计划，由项目管理部牵头组织编制、会审。专项计划编制深度与三月滚动计划的编制深度相同。

第二节　项目进度监测体系

在项目执行阶段初期，项目部组织承包商按照项目 WBS 进行权重分解，并建立项目进度监测基准和进度监测体系。项目组通过进度监测体系掌握工程进度偏差情况，并以此分析偏差原因、制定纠偏措施或及时向承包商提出纠偏要求。下面阐述的是建立大型煤化工项目进度监测体系的主要过程和相应要点。

一、项目 WBS 编制

WBS（工作分解结构）编制是对项目范围做的一种逐级分解的层次化结构编码，它将工程项目工作内容逐级分解成较小的、较易控制的管理单元或工作包，以便于项目进度计划的细化和执行。

项目 WBS 层次一般划分为 7 级，项目为 WBS 的根结点，具体如图 9-1 所示：

第○级：项目，采用项目代码表示。

第一级（L1）：单项工程（装置/单元），用数字表示，此即是由设计给出的主项号。

第二级（L2）：工程实施阶段代码，用一位大写的英文字母表示，G—总体设计；D—工艺包设计；B—基础设计；E—详细设计；P—采购；C—施工；S—试车。

第三级（L3）：专业代码，用两个字母表示，由项目部结合惯例制定设计、采购、施工

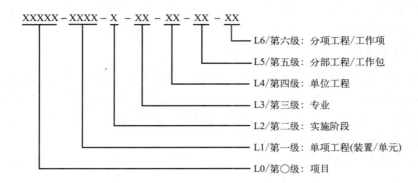

图 9-1　项目 WBS 层次

专业的具体代码及其对应关系。

第四级（L4）：单位工程代码，用两位数字表示（从 01～N，由承包商自行分解、定义，公用部分或本级没有内容的用"00"代表）。

第五级（L5）：分部工程（工作包）代码，用两位数字表示（从 01～N，由承包商自行分解、定义，公用部分或本级没有内容的用"00"代表）。

第六级（L6）：分项工程（工作项）代码，用两位数字表示（从 01～N，由承包商自行分解、定义，公用部分或本级没有内容的用"00"代表）。

各装置/单元的总体设计、工艺包设计、基础设计一般分解到阶段。详细设计、采购和试车一般不列单位工程、分部工程层次的工作分解。以上 WBS 代码是进行进度监测实行进度控制所用，与资料编码、分部分项工程划分无直接关系。

二、建立项目进度监测体系

项目进度监测体系一般采用赢得值原理，对 WB 中的各个装置/单元进行设计、采购、施工、试车进度监测。其主要步骤和要点如下。

1. WBS 权重分配及进度测量里程碑编制

在包括概算在内的基础设计完成的后 1～2 个月，项目管理部完成整个项目 WBS 中 L1 及 L2 层的权重分配及相应进度测量里程碑的编制，并报项目主任组批准，在装置/单元开工会前提供给承包商，作为承包商向下继续进行权重分配的依据。

承包商负责 WBS 中 L3～L6 层的权重分配及相应进度测量里程碑的编制。在装置/单元开工会时，承包商向建设方提交 WBS 及编码清单，经建设方批准后，作为今后计划编制及建立进度监测体系的依据。

2. 建立进度监测体系

一般在装置开工会后的两周至一个月内，承包商按照建设方的要求，建立所承担装置的进度监测体系（含 BCWS 和 BCWP），经项目组审核，报项目管理批准。

（1）设计进度监测

承包商编制详细设计文件交付计划，建立设计可交付物进度监测体系（包括设计可交付物工程量），各级 WBS 权重分配以人工时消耗为基础进行测算。设计进度的取得以设置的监测里程碑点实际进展和最终完成为标志。

承包商根据双方共同确认的设计进度监测方法进行设计进度数据收集、统计，形成相关进度报告，并报项目组审核、批准。

（2）采购进度监测

承包商编制设备和材料采购进度监测状态表，并加权汇总成整个采购的进展状态，建立采购进度监测体系。采购进度监测状态表由各专业采购包汇总而成，各级 WBS 权重分配由基础设计概算和采购服务工时消耗综合测算得出。设备包、材料包进度测量里程碑可以参照建设方提供的里程碑进行设置及细化。

承包商根据双方共同确认的采购进度监测方法进行采购进度数据收集、统计，形成相关进度报告，并报项目组审核、批准。

（3）施工进度监测

承包商应编制土建和安装进度监测状态表，并加权汇总成整个施工的进展状态，建立施工进度监测体系。土建和安装进度监测状态表由各专业工作包/工作项汇总而成，各级 WBS 权重分配由施工人工时消耗和基础设计概算综合测算得出。土建和安装各工作包/工作项进度测量里程碑综合考虑国家及行业劳动定额、工程具体特点及质量控制点等情况设置。施工进度的取得以达到质量要求的前提下，完成设计实物工程量为标志。

每月进度监测截止日，承包商就施工完成情况及相应工程量向监理、项目组申请核实、确认，并形成相关进度报告，报项目组审核、批准。

（4）试车进度监测

工程试车中的工作包或工作项测量里程碑的设置及其权重分配由承包商、项目组双方共同商定，试车进度监测状态表同样经承包商、项目组共商后由承包商编制。进度的取得以达到质量要求的前提下，完成试车工作为标志。

第三节　项目进度计划的制订与调整

项目各级进度计划，均采用自上而下方式编制。本节就项目主要进度计划阐述了相应的编制原则、编制要求及调整计划的条件。

一、项目总体统筹计划

本计划是指导项目各项管理工作的纲领性文件，它应严格按公司相应的管理办法编制。如果还无相应的管理办法，其内容大纲可由项目主任组拟制，并组织项目部各部门商讨后确定。其内容通常包括总论、建设总部署（含建设指导思想、项目管理模式、项目总目标、项目里程碑节点）、建设工作安排、四大目标控制、生产准备、竣工验收安排、工程审计、风险分析及对策等。

二、项目总进度计划

编制项目总进度计划，首要的是各项任务的时间安排都要立于严谨而系统的逻辑分析之上。各装置/单元预试车及公用工程的投用顺序应按照化工投料的次序合理安排，施工的组织安排应与长周期设备的采购周期、预试车及公用工程的投用先后相一致；一般设备采购应满足现场施工的要求，设计提交采购文件、施工图的进度应分别满足采购工作计划、现场施工计划的要求。这种分析主要有如下内容。

① 化工投料的逻辑关系，根据项目总体设计确定的工艺方案、工艺特点及生产规模，分析项目各装置、单元化工投料时间上的先后关联，并以此确定各装置开车次序。

② 公用工程与装置的逻辑关系，根据各装置开车次序，分析、确定项目各主要公用工程的投用顺序及投用时间。

③ 施工逻辑关系，要遵照"先地下、后地上，先外围、后主体，先公用工程、后工艺生产装置"的原则，合理布置施工总图，并按照施工组织设计、公用工程和工艺装置的投用顺序安排施工计划，主要按照地基及基础与地下管道施工、地上建筑物施工、重大设备安装、一般设备安装、配管及现场防腐、仪电安装调试、绝热施工进行安排，以优化资源分配，抓住关键路线。

④ 设计、采购与施工逻辑关系，设计出图进度要满足现场施工，总体上则是设计与施工深度交叉。设备材料采购方面，设计要及时提供采购所需技术文件，采购工作中设备制造先期确认图、最终确认图等资料及时反馈给设计，签订采购合同、制造、现场到货与施工计划彼此衔接。

根据以上逻辑关系和项目工期的目标及以往同类性质、规模项目的经验，确定出整个项目的关键线路及主要控制节点。

而项目工期目标，一般是利用类比法估算各装置/单元工程的设计、采购、施工、试车周期，再结合项目的具体实际情况来确定的。项目工期目标确定后，再采用倒推法，并经过综合优化而排定总进度计划。

项目总体进度计划是以时间为横轴，以工艺生产装置、辅助生产装置、公用工程、厂外工程等为纵轴，将里程碑点和进度线相结合、将里程碑图和甘特图相叠加的网络图。其主要里程碑点包括但不限于：工艺包设计开始/完成、基础设计开始/完成、工程合同发标/签订、详细设计开始/完成、详细设计关键节点完成、关键长周期设备采购订货/到场、土建工程开始/交安、关键建构筑物开工/主体完工/封闭/交安、关键路径设备吊装开始或完成、主要安装任务开始/完成、装置受/送电、主要公用工程投用、中间交接、联动试车完成、具备投料条件等。

三、项目执行计划

1. 项目组执行计划

该计划内容一般包括概述、项目组工作目标、项目组组织机构及岗位职责、项目组工作界面、合同及变更管理、进度管理、费用管理、设计管理、采购管理、施工管理、质量管理、HSE管理、沟通管理及文档控制、项目风险管理、收尾管理、项目总结、附件/表（含项目应执行的程序文件、管理规定一览表，项目组管理责任表）。具体内容如下。

概述：项目组工作范围、管理区域及管理模式，管理区域内的各承包商单位名称及合同类型，编制依据。

项目组工作目标：HSE方针与目标，质量方针与目标，进度控制目标，费用控制目标。

项目组组织机构及岗位职责：组织机构图，各岗位设置及工作职责，项目组管理责任表，项目人员名单。

项目组工作界面：项目组与主任组、部门、其他项目组间的界面关系，项目组与监理、承包商的界面关系，项目组内部各专业间以及专业内部的责任分工和工作流程，与其他区域的工程接口条件界面。

合同及变更管理：合同技术附件准备，合同技术部分谈判、合同小签及签署，合同执行与合同索赔、合同关闭，变更的提出和审批。

进度管理：项目计划的分级编制和审批，进度监测体系建立，项目计划的实施与跟踪，项目执行月报、周报的编制和审批，计划调整的条件和流程等，项目组总体进度安排。

费用管理：预付款、进度款、安全措施费、农民工工资保证金等款项的支付，签证、变更和索赔、尾款释放等。

质量管理：质量管理体系的建立和完善，质量管理主要方法、措施，质量问题处置，质量管理活动和质量的持续改进等。

设计管理：设计输入条件确认，统一规定的执行，设计界面协调，设计审查，设计变更，设计交底和图纸会审等。

采购管理：采购范围、项目组采购工作范围和职责，采购合同管理，保护伞协议、进口代理、清关、设备监造、供应商服务等协调，催交催运、到货验收及现场仓储管理等。

施工管理：施工组织设计、施工方案审查，区域内的施工总图管理、施工共用资源及场地协调，施工进度、质量、安全管理，监理管理等。

HSE 管理：项目组 HSE 职责，危险源辨识与安全活动策划，HSE 培训，检查、评比与奖惩等。

沟通管理及文档控制：项目组内部间，与项目部其他组织单元间，与承包商、供应商、监理等的沟通及协调，会议制度（会议种类、议题、时间、参会人等），各类文件的收发、过程资料的形成和收集、交工资料的整理归档。

项目风险管理：项目组风险管理组织机构及内部职责，风险识别和评估、应对措施的制定及执行等。

收尾管理：三查四定，各类专项验收，中间交接，试车配合，资产移交、归档文件移交。

项目总结：项目组工作总结，各承包商、监理项目工作总结。

2. EPC 项目执行计划

该计划的编制内容一般包括概述、总体实施方案、项目实施要点。具体内容如下。

概述：工程简介，工程范围，合同类型，项目特点。

总体实施方案：项目目标，项目建设总体安排，项目实施原则，项目实施组织和人力资源，项目阶段划分，项目工作分解结构，项目沟通与协调程序，项目分包计划。

工程实施要点：设计、采购、施工、试运行四阶段实施要点，合同管理，资源管理，质量控制，进度控制，费用控制，HSE 管理，沟通和协调管理，文档及信息管理，风险管理。

3. 施工执行计划

该计划的编制内容一般包括概述、施工总体安排、实施要点。具体内容如下。

概述：工程概况，合同范围，合同目标。

施工总体安排：施工组织机构，项目协调程序，分包计划或分包原则，项目总体施工计划等。

实施要点：施工组织，施工进度、质量、HSE、材料、文件管理。

四、装置主进度计划

装置/单元主进度计划包括编制说明、主进度横道图计划两部分。

编制说明至少包括编制目的、编制依据、主要实物工程量、进度总体安排（含工期、形象进度）、关键路径、主要控制点、计划实施的前提条件、主要问题和难点、计划实施保证措施及相关附属计划（人力、机具等资源投入计划）。

主进度横道图计划描述装置/单元所有关键里程碑和各阶段的汇总作业，计划编制深度应到项目WBS的第四级（单位工程），主要作业还应分解到第五级（分部工程或工作包），内容至少包括：计划里程碑和主要控制点、详细设计主要专业及其主要工作包进度、长周期设备采购里程碑点（至少包括设备请购、订单签订、现场交货等）、分类设备及大宗材料采购里程碑、施工各专业主要作业进度、试车及预试车进度、中间交接、装置/单元投料或具备投用条件。

五、项目年度计划

项目年度计划包括编制说明、进度横道图计划。

计划编制说明至少包括编制依据、年度建设总目标（形象进度、主要工程量、完成投资）、主要控制点、年度建设总体安排、重点及难点分析、计划实施保证措施及相关附属文件［含投资计划、工程量、人力（按工种）等资源投入计划、机具投入、设备材料到货计划等］。

项目部编制的进度横道图计划，计划编制深度也应达到项目WBS的第四级（单位工程），主要作业也应分解到第五级（分部工程或工作包）。当已知情况足够时，计划全部都应分解到项目WBS的第五级。

承包商编制的进度横道图计划，计划编制深度应达到装置/单元详细设计/采购/施工计划的编制深度，即分解到项目WBS的第六级（工作项/分项工程）。

六、三月滚动计划

三月滚动计划内容应至少包括本月计划执行情况（分装置按设计、采购、施工分别列出本月计划安排项数、实际完成项数、完成率）、下月计划重点、需要协调的问题、三月滚动计划表。

下月计划重点包括下月计划安排项数（分装置按设计、采购、施工分别列出）、下月主要工程量计划（分装置列出）、下月计划重点工作。三月滚动计划表按单元列出本月工作完成情况（含工作内容、计划完成日期、实际完成日期、完成情况及未完成原因）、下月工作计划和第二月工作计划。

七、三周滚动计划

三周滚动计划内容应至少包括里程碑完成情况、需要协调的问题、三周滚动计划表。

三周滚动计划表按单元列出本周工作完成情况（含工作内容、计划完成日期、实际完成日期、完成情况及未完成原因）、下周工作计划和第二周工作计划。

八、项目进度计划调整

原则上，经审批发布后的项目总进度计划及装置主进度计划不进行调整。当项目出现以下两种情况之一时，项目管理部应及时向项目主任组汇报，由主任组作出项目总进度计划调整的决定。

项目总进度计划调整的条件：①项目总进度滞后15%（含）以上；②根据项目实际进展判断，项目无法按期完成总进度目标。

装置主进度计划调整的条件：①装置主进度滞后10%（含）以上；②根据装置实际进展判断，装置无法按期完成目标。

计划的调整程序应参照上述这两类计划的编制与审批发布程序制定。

第四节　项目进度计划的执行和控制

在项目计划管理和进度控制过程中，项目进度计划的执行和控制是一个非常关键的环节。下面就项目进度计划如何执行和控制进行阐述和探讨。

一、进度控制组织机构

就大型煤化工项目来说，在项目进入执行阶段之前，项目部应适时搭建项目进度控制组织机构，配置进度计划管理方面的关键岗位人员。在项目执行阶段初期，项目部进度计划管理人员则应全部配置到位，同时搭建承包商、监理的进度控制组织机构并配足合格的进度计划管理人员。

项目主任组应有1名成员分管项目管理部，项目管理部应下设综合计划组，配置组长、计划工程师、统计工程师等岗位人员3~4人，各项目组均配置1名进度控制经理，各承包商应配置1名进度控制经理、若干计划工程师，如区域内工程复杂或主项较多、进度控制难度大，监理也应配置1名计划工程师，以协助建设方。

项目各管理部门、各项目组按照项目总体统筹计划，均衡推进各项控制目标的逐步实现，此方面的组织机构关系如图9-2所示，其中的监理因居于项目组和承包商之间而应起到协调作用。

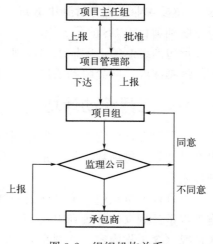

图9-2　组织机构关系

二、项目进度控制过程

就此方面来说，首先，在设定进度控制目标后，紧随着项目各级计划编制，建立起进度监测基准线。其次，在实施项目各级计划的同时，跟踪项目实际进度，并进行监测。最后，根据监测出的进度，提出纠偏措施，调整、修订近期的工作计划，并跟踪检查新工作计划的落实情况，持续改进、循环上述进度控制过程，直至完成项目建设目标，此过程详见图 9-3。

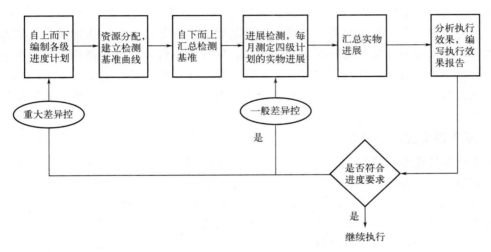

图 9-3 项目进度控制过程

为了能顺利实现进度控制目标，最好将项目前期阶段的报批报建、定义阶段的工艺技术选择及工艺包设计、总体设计、基础设计、长周期设备订货、保护伞协议招标、EPC 承包商招标、现场准备工作以及竣工验收阶段的工程结算，以及各类专项验收等各收尾工作纳入项目计划管理体系中，编制相应的专项计划，并进行跟踪、监测和纠偏，以实现对项目的全过程控制。

三、项目进度的跟踪与控制

在项目执行阶段，建立进度跟踪、预警及纠偏机制，定期召开项目进度协调会，及时解决项目推进过程中存在的问题，做到月初有计划，每周有检查，月底有总结，年底有评比、考核，以确保项目进度总体可控。

1. 设计进度跟踪与控制

设计进度的跟踪与控制，一是要跟踪检查各专业设计人力的投入是否满足计划要求，该人力计划在装置开工会上或在承包商项目执行计划中应有明确的要求或安排；二是跟踪检查设计条件互提计划的完成情况，包括各设计院间的条件互提、厂商提给设计院的条件及设计院内部专业间的条件互提等；三是跟踪检查关键设计审查完成情况，如 HAZOP，设计模型 30%、60% 及 90% 的审查等。通过对以上设计条件的持续跟踪检查，定期更新设计可交付物进度状态表，找出偏差，提出纠偏措施，并跟踪、检查其落实情况。

除以上内容外，还需结合采购、施工等各方面的要求，识别设计上的重点、难点及相应的进度风险等级，制定并落实应对措施。在采购、施工开始后，与之密切配合，紧密跟踪关键路径上的设计工作以及直接决定在关键路径上的采购、施工进度的设计工作，及时发现问题并快速解决。对这些关键线路上的及直接影响到关键路径上采购、施工进度的设计进度控制点，原则上是不可更改，如确无法按期完成，查明原因并按照相关程序报批后才能调整计划。

2. 采购进度跟踪与控制

采购进度的跟踪与控制，除对照计划跟踪检查采买、催交、检验、物流等环节的进度测量里程碑外，还要特别对以下环节进行跟踪检查：一是工艺设备订货资料（如压缩机、机泵、空冷器等）是否按时回返；二是工艺设备制造图（如反应器、塔器及属长周期采购设备的其他种类容器）是否按时提交给制造厂，以便主材订货和加工制造；三是配管和仪表设备订货资料是否按时返回，这决定了配管建模工作是否能及时完成。通过对以上内容进行持续跟踪检查，定期更新采购进度状态表，找出偏差，提出纠偏措施，并跟踪检查其落实情况。

3. 施工进度跟踪与控制

施工进度的跟踪与控制，一是要跟踪检查施工临建设施（包括预制场地、仓库、材料堆场、水电供应、办公室等）的建设和各工种施工人力、施工机具的投入是否满足施工组织设计或施工方案中的计划安排；二是跟踪检查施工各专业专项计划或作业计划是否满足项目总体计划的要求；三是跟踪检查施工图到场及设计交底、图纸会审完成情况是否满足施工计划要求；四是跟踪检查设备及材料到场情况是否满足施工计划要求。通过对以上内容进行持续跟踪检查，定期更新施工进度状态表，找出偏差，提出纠偏措施，并跟踪检查其落实情况。

四、与进度相关的协调会议

1. 项目月度协调会

在项目执行阶段，每月末召开一次，由项目管理部组织，项目执行主任主持，主任组成员、项目组经理、各部门经理、监理总监、承包商项目经理、应邀的承包商公司领导参加。会议听取项目执行情况汇报，协调解决存在的问题，制定纠偏措施，安排下月工作计划，并就承包商下月的管理提出工作要求。

2. 项目组月协调会

各项目组在每月下旬组织召开承包商、监理、供应商等主要参建方参加的月协调会，讨论工程月进展状况，分析存在的偏差和进度风险，制定纠偏和应对措施。

3. 项目周例会

在项目执行阶段，项目部每周召开周例会，由项目管理部组织，项目执行主任主持，主任组成员、项目组经理及各部门经理参加。会议听取项目组经理就工程进展及相应偏差的汇报，研究解决项目组提出的问题，制定落实措施，部署近期重要工作，提出有关工作要求。

4. 项目组周协调会

各项目组每周组织召开承包商、监理等主要参见方参加的周协调会，明确工程周进展状况，协调解决区域内的问题，明确需项目部层级解决的问题，并就工程进度本身及进度管理上存在的问题，提出相应要求。

5. 其他会议

根据项目进展实际情况，召开不同形式的专题会议，讨论、制定应急措施，解决实际问题。

五、进度控制的主要措施

1. 组织措施

① 明确分工和责任，随着计划由上至下的逐级编制，也同时将相应的管控责任逐级向下分解。

② 加强重点控制，此即将管控重点放在项目的关键线路、关键控制点以及那些直接决定其是否能按时完成的因素上，同时，紧密跟踪次关键线路和那些有较大风险变为关键线路上的其他任务，以做到有的放矢。

③ 加强事前预控，按照项目总体统筹计划的要求，积极做好设计、采购、施工、试车的各项准备工作，在对确切的现实信息进行认真分析的基础上，预测、预判下一步可能会出现和遇到的问题及困难，采取预控措施，以此保障后续工作的顺利进行。

④ 做好事中控制，及时跟踪检查项目进度，并及时准确计量已完工工程量，并以此进行动态管控。

⑤ 进行事后控制，认真做好偏差分析，妥当制定纠偏措施，在保证总工期的前提下，调整相应的施工计划及材料设备、机具、人员、资金供应计划等，在新的条件下做好新的协调和新的平衡。

2. 技术措施

采用先进合理的技术统筹安排计划，在保证质量、安全且所增成本可接受的前提下，采用可显著缩短时间的新的施工技术、施工工艺，或组织平行作业、流水作业或交叉作业、加大预制深度等，以此缩短施工周期。

3. 合同管理措施

履行合同约定，严格按照合同要求控制承包商实施进程，在合同中明确可以明确的各项进度责任和权利，在合同内设定明确的奖罚条款，以此促使承包商自动自觉地管控工程进度。

4. 信息管理措施

利用先进的计算机软件，通过计划进度与实际进度的动态比较，正确反映工程进度情况，对工程进行各项分析、判断、预测，以此及时提出进度预警。

第十章

项目投资控制

第一节　煤化工项目的投资构成

一、煤化工项目总投资和总概算

煤化工项目总投资是指项目从筹建到交付生产所需的包括增值税和全额流动资金在内的投资，包括建设投资、增值税、建设期资金筹措费、流动资金。

煤化工项目总概算是指项目从筹建到交付生产所需的包括增值税和铺底流动资金在内的投资，具体包括建设投资、增值税、建设期资金筹措费、铺底流动资金。

二、项目总概算的内容

(1) 建设工程总概算

包括建设投资、增值税、建设期资金筹措费、铺底流动资金。

(2) 建设投资

包括固定资产投资、无形资产投资、其他资产投资、预备费。

(3) 固定资产投资

包括工程费、固定资产其他费。

(4) 各工程费，以全厂性煤化工项目为例，按下列顺序填列对应的工程。

① 工艺生产装置。

② 公用工程。

供热工程：包括动力中心、热水站（换热站）、余热发电等

给排水工程：包括净水场、循环水场、给水及消防水泵站、污水处理场、酸碱站等。

供电工程：包括全厂总变电所、区域变电站等。

③ 辅助生产设施：包括中央控制室、中央化验室、火炬、检维修设施等。

④ 物流设施：包括卸贮煤设施、厂内输煤输渣系统、全厂罐区、综合仓库、化学品及危险品仓库、火车装车设施、汽车装卸设施等。

⑤ 全厂系统：包括总图运输、全厂外管系统、全厂地下管网系统、全厂供电及照明系统、全厂电信系统、全厂信息化系统等。

⑥ 基础设施：包括办公楼、综合楼、倒班宿舍、食堂、档案馆、汽车库、检维修中心、文体活动设施、消防及气防站、环保监测站等。

⑦ 厂外系统：包括厂外供水系统、厂外排水系统、厂外渣场、厂外铁路、厂外供电系统、厂外电信系统、厂外管网系统、厂外输煤系统等。

⑧ 其他工程费：即在特定条件下的费用，包括且不限于安全生产费、已完工程及设备保护费、建预制加工厂费、在有害环境中施工保健费、特殊地区施工增加费（高海拔地区、沙漠、戈壁滩和严寒地区等）、特殊工种技术培训费、特殊施工技术措施费、大型机具进出场费及安拆费（含地基处理费）、大型机具使用费（含大型设备卸车费）等。

（5）固定资产其他费

① 土地使用费。

② 工程建设管理费：建设方管理费和 PMC 管理费用。

③ 工程建设监理费。

④ 前期准备费。

⑤ 临时设施费。

⑥ 环境影响评价及验收费。

⑦ 安全预评价及验收费。

⑧ 职业病危害预评价及控制效果评价费。

⑨ 水土保持评价及验收费。

⑩ 地震安全性评价费。

⑪ 地质灾害危险性评价费。

⑫ 危险与可操作性分析及安全完整性评价费。

⑬ 节能评估费。

⑭ 可行性研究报告编制费。

⑮ 水资源论证报告编制费。

⑯ 工程勘察费。

⑰ 工程设计费。

⑱ 工程数字化交付费。

⑲ 进口设备、材料国内检验费。

⑳ 特种设备安全监督检验费。

㉑ 超限设备运输特殊措施费。

㉒ 设备采购技术服务费。

㉓ 设备材料监造费。

㉔ 工程保险费。

㉕ 研究试验费。

㉖ 联合试运转费。

㉗ 安全健康环境管理费。

㉘ 工程质量技术服务费。

㉙ 地方性收费。

（6）无形资产投资

① 土地使用权出让金及契税。

② 特许权使用费：国内专有技术、专利及商标使用费和国外专有技术、专利及商标使用费及从属费。

（7）其他资产投资

① 生产准备费：生产人员提前进厂费、生产人员培训费、办公家具及生产工器具购置费和管理人员办公费。

② 出国人员费用。

③ 外国工程人员来华费用。

④ 图纸资料翻译复制费。

（8）预备费

① 基本预备费：国内部分、国外部分。

② 价差预备费。

（9）增值费

① 工程费增值税。

② 固定资产其他费增值税。

③ 无形资产投资增值税。

④ 其他资产投资增值税。

⑤ 预备税增值税。

（10）建设期资金筹措费

（11）铺底流动资金

第二节　煤化工项目投资控制的内容和原则

一、投资控制的主要内容

在煤化工项目建设各阶段，通过优化和完善项目管理方案、工程设计方案、资源配置方案和施工技术方案，采取科学的方法和有效的措施，随时纠正项目建设过程中出现的投资偏差，以在不影响到其他项目目标顺利实现的同时，实现项目的费用目标。投资控制的基本内容如下。

（1）项目前期阶段投资控制的主要内容

① 审查项目建议书、初步可行性研究报告、可行性研究报告以及投资估算，并做出投资决策批复。

② 成立项目部后进行项目总体策划，建立包括投资费用方面在内的各项项目管理制度。

（2）设计阶段投资控制的主要内容

① 制定项目投资计划、三年滚动资金使用计划等类计划。

② 基础（初步）设计，审查工程设计概算编制统一规定、审查各主项基础（初步）设计概算、概算与估算对比及投资变化原因分析。

③ 施工图设计，审查施工图设计及预算、施工图会审、设计变更审查。

（3）**招标阶段投资控制的主要内容**

合同计价方式的选择、编制招标文件及报价格式、招标控制价的编制和审批、招投标清标管理。

（4）**施工阶段投资控制的主要内容**

依据批复的基础（初步）设计概算，确定下达各执行部门控制指标。

编制年度、季度和月度资金使用计划和投资计划，进行项目月度、年度和自开工累计投资统计和费用控制报告编制、投资差异分析。

工程计量与价款的审核和支付，现场签证、合同变更、设计变更的提出和审查、暂估价的确定。

（5）**竣工验收阶段投资控制的主要内容**

审核工程结算、进行工程结算审计和项目竣工决算。

二、投资控制的基本原则

在煤化工项目上，从投资决策到项目竣工验收的项目全过程其实也就是工程造价逐渐确定的过程，而为达到预期的质量、工期和费用控制目标，就必须从建设项目投资决策开始到项目竣工投产，对建设项目投资实行全过程、全方位的有效控制，而在保证建设项目各项功能及质量目标和工期目标得以实现的前提下，应合理编制费用控制计划，并采取切实有效的措施进行控制。这种全过程投资控制管理，如图 10-1 所示。

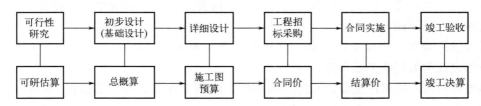

图 10-1 煤化工项目建设阶段与多次计价示意图

第三节 项目投资控制目标的建立和调整

煤化工项目投资控制是指要在批准的概/预算条件下确保项目保质按期完成，也就是在项目投资形成过程中，对项目所消耗的人力资源、物质资源和费用开支，进行指导、监督、调节和限制，及时纠正已发生的偏差，预控将发生的偏差，把各项费用控制在计划投资的范围之内，保证投资目标的实现。

按照建设项目程序，先后形成的可行性研究投资估算、基础（初步）设计概算、详细设计施工图预算、设备材料采购和工程施工合同价和结算价以及竣工决算等，这是一个由浅到深、由粗到细、用前者控制后者、用后者补充前者的建设项目投资控制目标系统，而经过审定的基础（初步）设计概算总投资则是整个项目投资控制的最高限额。

投资控制基准，在项目设计概算获批前，按可行性研究报告的投资估算建立，在项目设计概算获批后，按设计概算建立。

投资控制指标，由项目管理部按批准的设计概算编制，经项目部领导批准后下达给项目执行部门，作为执行部门控制的最高限额。

投资控制目标，由项目管理部组织制定，经项目领导批准后下达给项目执行部门。设计管理部按批准的投资控制目标，要求相关工程设计单位进行限额设计。自采的设备、材料费用控制目标一般取按批准的设计概算或投资估算中对应费用的90%；EPC招标、施工招标的费用控制目标一般取批准的设计概算扣除自采费用和已发生费用后的92%～95%；固定资产其他费等二三类费用取批准的设计概算中对应费用的95%进行控制。

根据下达的项目投资控制目标，在项目执行过程中，如出现重大的设计变更、工艺流程变化、新工艺技术的使用等，导致原投资控制目标不能满足项目实施的要求时，控制目标的执行部门提出调整申请，并附上相应依据，经项目管理部审查、项目相关领导批准后方能调整。

第四节　项目投资控制要点

一、项目投资控制的环节

煤化工项目的投资控制涵盖项目所有种类的费用，也贯穿了自项目立项开始至竣工验收的全过程，其包括的几个项目阶段及其投资控制关键项如下。

投资决策阶段：控制项目可行性研究的投资估算。

基础（初步）设计阶段：依据投资决策阶段批准的可行性研究报告，控制总体设计和基础（初步）设计概算。

详细设计阶段：依据审定的基础（初步）设计和批准的基础（初步）设计概算投资，控制详细设计和编制施工图预算。

招投标阶段：依据详细设计和施工图预算，组织工程招标和自采设备、材料招标，精确计算工程量和实物量，合理确定合同价。

建设项目施工阶段：监督合同执行，有效控制合同变更、设计变更、现场签证、暂估价等，监督和控制合同价款的支付。

竣工验收阶段：严格控制工程结算。

二、决策阶段的投资控制

建设项目投资决策阶段是投资控制的起点，各项技术经济决策对项目有重大影响，特别是项目建设规模、工艺技术产品方案和流程、主要设备选型、建设标准水平等的确定，直接关系到项目工程造价的高低及投资效果的好坏。这一阶段也是选择和决定投资方案的过程，是对拟建项目的必要性和可比性进行技术经济论证，对不同规模和方案进行技术经济比较选择、作出判断和决定的过程。正确决策是合理确定与控制投资的前提，决策的内容奠定了工程造价的基础，直接影响着后续各阶段工程造价的确定及对工程造价进行的管控是否科学合理。

1. 投资决策过程估算阶段划分

对于像大型煤化工项目这样动辄上百亿、数百亿的项目来说，投资决策过程一般分为投资机会研究或项目建议书阶段、初步可行性研究阶段、详细可行性研究阶段，相应的投资估算也分为三个阶段。不同阶段具备的条件和掌握的信息不同，投资估算的准确程度也随之不同，而每个阶段投资估算所起的作用也不同。但无论如何，随着阶段不断向前推进，所掌握的信息越来越丰富，项目也越来越清晰，投资估算随之也逐步准确，其所起的作用也越来越重要。

（1）投资机会研究或项目建议书阶段的投资估算

这一阶段主要是选择有利的投资机会，明确投资方向，提出概略的项目投资建议，并编制项目建议书。该阶段工作比较粗略，投资额的估计一般是通过与已建类似项目的对比得来的，因而投资估算的误差率一般在±30％左右。这一阶段的投资估算是作为领导部门审批项目建议书、初步选择投资项目的主要依据之一，对初步可行性研究及投资估算起指导作用。

（2）初步可行性研究阶段的投资估算

这一阶段主要是在投资机会研究结论的基础上，进一步明确项目的投资规模、原材料来源、工艺技术、厂址、组织机构和建设进度等情况，并进行经济效益评价，判断项目的可行性，作出初步投资评价。该阶段是介于项目建议书和详细可行性研究之间的中间阶段，投资估算的误差率一般要求控制在 20％左右。

（3）详细可行性研究阶段的投资估算

这一阶段也被称为最终可行性研究阶段，主要是进行全面、详细、深入的技术经济分析论证，评价、选择拟建项目的最佳投资方案，对项目的可行性提出结论性意见。这一阶段的研究应尽可能全面、翔实，投资估算的误差率应控制在±10％以内。这一阶段的投资估算是进行详尽经济评价、决定项目可行性、选择最佳投资方案的主要依据，也是编制设计文件、控制基础（初步）设计及概算的主要依据。

2. 估算编制的几项特别原则

在编制投资估算时，应坚持以下几项特别原则：

实事求是，从实际出发，掌握第一手资料。编制单位需要收集项目所在地的气象、水文、地质状况信息、水电路汽等市政公共资源信息、主要材料设备价格、大宗材料采购地信息以及已建类似项目资料，并对这些信息、资料的准确性、可靠性进行认真分析、辨识和判断。

尽量做到快而准。唯此才能在市场经济环境中，利用有限的经费和资源，使估算发挥其应有的作用。

充分利用先进的技术和手段，在资料收集、信息储存、处理、使用以及估算编制本身，都应逐步实现"计算机化"。

3. 投资估算审查办法

投资估算一般在内审通过后，再邀请行业内专家进行外部审查，审查通过后报上级机关审批。具体投资估算审查分静态投资、动态投资及铺底流动资金三部分。

（1）静态投资部分的估算审查办法

① 生产能力指数法。根据已建成项目的投资额或其设备的投资额，估算同类而不同生

产规模的项目投资或其设备投资。采用这种方法，计算简单，速度快，但要求类似工程的资料可靠，条件基本相同，否则误差就会增大。

②比例估算法。以拟建项目或装置的设备费为基数，根据已建成的同类项目或装置的建筑安装工程费和其他费用等占设备百分比，求出相应建筑安装及其他有关费用，其总和即为项目或装置的投资。采用这种方法，计算简单，速度快，但要求类似工程的资料可靠，条件基本相同，否则误差就会增大。

③指标估算法。投资估算指标的表示形式较多，可以用元/m、元/m^2、元/m^3、元/t、元/kV·A等单位表示。利用这些投资估算指标，乘以所需的长度、面积、体积、吨、容量等，就可以求出相应各单位工程的投资。以此汇总成某一单项工程的投资，再估算工程建设其他费，即可求得投资总额。指标估算法简便易行，但由于相关数据的确定性差，投资估算的精度较低。

（2）动态投资部分的估算审查

这部分投资主要指建设期资金筹措费，包括各类借款利息、债券利息、贷款评估费、国外借款手续费及承诺费、汇兑损益或融资费用，其算式如下：

建设期每年应计利息＝（年初本息累计＋当年借款额/2）×有效年利率

（3）铺底流动资金估算审查

铺底流动资金是指经营性建设项目为保证初期生产经营正常进行，按规定应列入建设项目总投资的铺底流动资金，其算式如下：

铺底流动资金＝建设项目流动资金×30％

决策阶段的投资估算是项目建设前期编制项目建议书和可行性研究报告的重要组成部分，是进行投资方案选择的重要依据之一，也是经济效果评价的基础。投资估算的准确与否直接影响到可行性研究工作的质量和经济评价的结果，因而对建设项目的决策及项目成败起着十分重要的作用。

三、设计阶段的投资控制

设计是项目建设的关键环节，它的质量优劣，直接决定了项目的使用功能、使用价值乃至投资的经济效益。设计阶段是建设项目由计划转为现实的具有决定性意义的阶段，影响工程造价最大的阶段则是自项目建设开始至基础（初步）设计结束的这一时间段，其影响程度约为75％～80％，而基础（初步）设计自然属于设计阶段。设计阶段的投资应控制在批准的可研投资估算范围内，这主要包括基础（初步）设计概算投资控制和施工图设计预算投资控制。

（一）基础（初步）设计概算投资控制

1. 主要工作和投资控制重点

在项目的工艺技术路线、产品方案确定后，以达到能够满足采购准备和施工准备程度的基础（初步）设计文件为依据编制的概算，比可研估算更加接近实际。作为投资控制的目标，批准的概算对项目实施过程中的预算和竣工决算具有硬性约束力。设计概算编制和审批阶段有以下几项工作：组织调研并收集概算编制的相关资料、策划并审查工程设计概算编制统一规定、各主项基础（初步）设计概算审查、在投资方面落实基础（初步）设计审查会议纪要、概算修改后的审查、基础（初步）设计概算与可研投资估算的投资对比以及投资变化原因分析、配合上级对总概算的终审、批复并根据批复的总概算、组织设计单位对各主项综合概算的调整。其中，审查工程设计概算编制统一规定、审查各主项基础（初步）设计概算、与可研投资估算对比并进行投资变化原因分析是此阶段投资控制的重点。

2. 编制和审查工程设计概算编制统一规定

大型煤化工项目是多装置（主项/单元）项目，也常是集工艺生产装置、公用工程、辅助生产工程、物流设施、全厂系统工程、基础设施、厂外系统工程于一体的综合性大型工厂类项目。因此，需要多家设计单位甚至是跨行业的设计单位共同参与设计工作。为了规范各个装置概算的编制，统一编制的原则、依据及计费参数，在同一项目中统一费用水平，保证概算文件的编制质量，一般在设计开工会后由总体院根据《项目工程设计概算统一规定管理办法》等相应的项目规定编制《工程设计概算编制统一规定》，项目部组织审查后发各装置院进行概算编制。

工程设计概算统一规定编制内容包括：适用范围，项目主项表及设计分工，概算编制原则和依据，概算编制期或其他形式的时间要求，概算费用的计算办法，概算编制分工，概算文件的组成及顺序，主体设计单位与装置设计单位资料交付，协调事项，电力、铁路等其他行业编制统一规定，编制概算的相关附表等。

《工程设计概算编制统一规定》是项目最翔实的概算编制说明，是对概算编制办法中的原则规定进一步具体化，是对投资估算费用策划的具体实施。它统一了计费依据和办法，统一了计费标准，包括总图、主要建构筑物和常用设备材料的价格，统一了各类表格格式，统一了概算文件的组成及顺序。

3. 各主项基础（初步）设计概算审查

基础（初步）设计审查分为内审和外审两个阶段进行。无论哪个阶段，落实基础（初步）设计审查会议纪要都是设计审查的一个重要环节，没有落实就等于没有审查，而各个专业的审查意见最终也都与投资关联。应根据经项目部确认的设计单位对审查意见的答复，逐条落实在投资上的变化。对没有具体、明确答复的，则认真核实后，与项目部设计管理人员乃至设计答复人和意见提出人沟通。按照概算统一规定要求的格式，填写《审查会纪要落实情况表》。当然，审查意见的具体、扎实是落实的基础，只有杜绝"价格偏高"之类的泛泛意见，才能避免设计单位"经落实，不高"这种落而不实的答复。

4. 与可研投资估算对比及投资变化原因分析

总概算编制完成后，项目部要组织设计单位与可研估算投资进行比较，并分析投资变化的原因。

由于承担可研和基础（初步）设计的单位往往不是同一家，因此，投资的对比比较容易做到，而投资变化的原因分析比较困难。这时候，参与项目全过程的项目部就应在各个设计阶段、各个设计单位间发挥桥梁和纽带的重要作用，并通过其工程技术部门组织对影响投资变化的设计原因进行分析、通过其工程造价部门对费用的变化进行分析和汇总。

（二）施工图设计预算投资控制

煤化工项目，也是以 EPC 合同模式为主，合同范围内的费用是包干的，因此，施工图预算不需要审查，只需审查施工图设计本身是否符合相应的要求。建设方在此方面管控的重点是在施工承包模式下对施工图设计及预算的审查。

1. 施工图设计审查

（1）审查方式

施工图审查方式分为一次性审查和分阶段性审查，具体方式根据项目的行业特点和规模（对应的装置或生产单元）确定。在煤化工项目上，一个装置或一完整的生产单元应采用分阶段审查方式，规模在其下的，可根据具体情况采用一次性或分阶段性审查。分阶段审查一般不宜超过三个阶段。

（2）审查的几个主要方面

① 技术性。选用的工程技术方案应先进合理，安全可靠，有成熟的工程应用经验；与基础（初步）设计保持一致。

② 符合性。符合有关国家、地方、行业法律法规、行业标准规范要求；符合建设方的工程技术标准、工程统一规定和管理文件的要求。

③ 经济性。设计经济合理，在符合技术要求、不对项目目标实现产生不利影响的前提下，应最大限度节省项目投资。

④ 一致性。装置/单元间，专业间的设计界面、设计条件保持一致或彼此衔接。

⑤ 深度和完整性。施工图内容完整，深度符合相应的标准或合同中明确的要求。

（3）审查重点

① 检查送审文件是否满足规定的内容和深度要求，以及是否满足相应的施工、采购、制造要求等，其中要注意的是，在后续施工和制造的预制深度也与此相关。

② 技术是否具有成熟的工程应用经验，所采用的各项工程技术是否符合良好的行业惯例；重大工程技术方案是否经过必要的论证和比选；检查设计文件中采用的计算方法和应用软件是否正确和适用。

③ 检查设计文件是否认真执行了有关建设法律法规、标准规范以及建设方的规定；是否符合政府部门已经审查批复的有关该项目安全、环保和职业卫生的要求；是否满足安全施工和安全、稳定、长周期生产运行的需要。

④ 检查设计外部输入条件及关键的内部输入条件的正确性。

2. 施工图设计预算审查

施工图预算是施工组织材料、机具、设备及劳动力供应的重要依据，而对其进行的审查是控制施工图设计不突破基础（初步）设计概算的重要措施。

（1）做好施工图预算审查前的准备工作

熟悉施工图纸，施工图是编制预算工程量的重要依据，必须全面熟悉了解；了解预算包括的范围、工程内容，理清预算是采用行业定额还是地方定额。

（2）**施工图预算审查的依据**

① 设计合同、设计任务书等。

② 批准的基础（初步）设计文件及概算。

③ 完整的施工图文件。

④ 设备、材料采用的信息价或市场价格。

⑤ 其他资料。

（3）**施工图预算审查的方法**

① 全面审核法。先根据施工图全面计算工程量，然后将计算的工程量与审查对象的工程量逐一进行对比，同时，根据预算定额逐项核实预算的单价。

② 对比审核法。这是一种用已建成工程的预算或基础（初步）设计概算对比审查拟建工程预算的一种方法。

③ 筛选审核法。这也是一种对比方法，通过归纳工程量、价格的基本指标筛选各部分工程，对不符合条件的进行详细审查。

④ 重点审核法。是抓住工程预算中的重点进行审核，主要是审查工程量较大或者造价较高的各种工程、补充定额以及各项费用等。

四、招标阶段的投资控制

招标阶段通过招标策划，确定采用恰当的合同承包模式，贯彻"降低成本，选择好承包商"原则，规避合同风险，并减少合同执行过程中产生纠纷的可能性。招标阶段的投资控制包括了合同计价方式的选择、招标文件的编制、招标控制价的编制、招投标清标管理。

（一）合同计价方式的选择

1. 合同计价方式分类

合同计价方式有综合单价、固定总价和成本加酬金，与之对应的是三类不同合同。

2. 单价、总价和成本加酬金合同对比

综合单价合同，工程量按照合同约定规则据实计算，对建设方而言，有利于风险合理分担，但易导致不平衡报价，而且，承包人也只会努力减少自身成本，没有动力节约投资。因此，这一方式适用于招标时设计深度不够以及工期较长、施工难度较大的项目。固定总价合同，其工程量和工作范围以合同标示的内容为准，超出此范围，以合同变更来计量和计价。对建设方而言，有利于控制变更、减少索赔和不平衡报价，管理成本较低，但不利于风险的合理分担。适用于设计、咨询及其他种类服务，物资采购，EPC 总承包和规模不大、工序相对成熟、工期较短、施工图纸完备的施工项目。成本加酬金合同应用较少，适用于紧急抢险、救灾以及施工技术特别复杂的建设工程。

3. 合同计价方式选择策略

① 如果在招标时，详细设计已完成，设计、咨询及其他种类服务，EPC 总承包和施工承包合同，采用固定总价方式计价。

② 如果在招标时，仅有方案设计或初步设计，施工承包合同应采用工程量清单、固定

综合单价、预估总价计价模式。此种情况下，清单项目要尽量完整全面、清晰准确。对于将来执行过程中可能会出现的不能覆盖情况，在合同中明确相应的取费标准和依据，对于政策性调整，则应在合同中设置相应的价格调整机制。

③ 专项验收，在符合法律法规的前提下，可考虑将其中一部分由承包人承担报验工作，费用包干使用。

④ "6S" 管理，细化、量化其要求，统一、明确承包商的 6S 管理责任和标准，费用综合考虑到分部分项工程价格中。

（二）招标文件的编制

招标文件是工程招标的核心，工程承包范围和内容、设计、施工、采购界面划分、发包人对承包人项目管理规定、项目进度计划、工程变更计价原则、报价文件格式及要求等，凡其中与程造价相关的条款，都是招标文件的重要组成部分，是招标阶段投资控制重点把控的部分，它也直接影响到项目的总投资。其中的报价格式主要分为 EPC 总承包合同报价格式和施工承包合同的工程量清单报价格式两类。

1. EPC 总承包合同报价文件内容及格式

报价说明：应明确报价的具体要求，报价表格没有单独体现又要承包人承担的费用要予明示。

报价表内容：

P0	价格分项汇总表
P1	设计费及项目管理费报价汇总表
P1-1	详细设计费报价表
P1-2	项目管理费价格表
P2	采购费用汇总表
P2-1	设备、材料采购费
P2-1-1	设备报价表（工艺设备、工艺管道）
P2-1-2	设备报价表（电气、自控、电信、暖通、消防等）
P2-1-3	材料报价表（电气、自控、电信、暖通、消防等）
P2-1-4	设备、材料报价表（消耗品等）
P2-2-1	联动试车、开车、性能测试及质保期内备品备件报价表
P2-2-2	特殊工具费
P3	建筑安装费报价汇总表
P3-1	特种设备安装检验试验、取证费
P3-2	配合系统吹扫和气密费
P3-3	临时设施费
P3-4	安全生产措施费
P3-5	现场服务费
P3-6	批准和许可报价表

2. 招标工程量清单的编制

工程量清单由具有相应资质的单位依据行政主管部门颁发的工程量计算规则、分部分项工程项目划分及计算单位的规定，根据施工图、项目现场情况和招标文件中的有关要求编制。

（1）工程量清单的作用

招标工程量清单作为投标文件的组成部分，其准确性和完整性应由招标人负责，它是清单计价的基础，是作为编制招标控制价、投标报价以及工程结算时调整工程。

（2）工程量清单的内容

工程量清单内容包括分部分项工程量清单、措施项目清单、其他项目清单和规费、税金项目清单，要求有完整的项目编码、项目名称、项目特征及工程内容、计量单位、工程数量，工程量按照中华人民共和国住房和城乡建设部的《建设工程工程量清单计价规范》（GB 50500—2013）的要求进行计算并列出。

（3）工程量清单编制注意事项

① 清单项目特征描述应与已完成施工图保持一致，并尽可能考虑后续施工图与基础（初步）设计相比可能有的变化，避免综合单价调整。

② 清单列项及说明要尽量严谨、明确，以降低造价的不确定性。

③ 工程量清单的设备、材料暂估价和专项暂列金额，由执行部门负责组织确定暂估价格。

④ 在招标工程范围内，措施项目清单由投标人充分考虑现场因素和施工方案后报价，实施时包干使用。

（4）工程量清单的审查

1）由技术部门负责组织对工程量清单进行技术审查，审查的主要内容如下。

① 从技术的角度审查工程量清单报价的总说明是否与建设方的项目策划一致；清单项目的设置、项目特征的描述、工程量计算规则、工程内容和措施项目是否符合设计文件的要求，划分是否合理。

② 各部分间的项目特征描述、工程量计算规则和工程内容是否存在重复交叉或漏项。

③ 设置暂估价的设备材料是否符合设计文件，是否与上述项目工程内容存在重复交叉或漏项。

④ 设置暂列金额的专项工程项目是否符合工程招标策略的要求，暂列金额是否合适。

2）工程造价方面审查内容

① 从商务角度审查工程量清单报价的总说明是否与建设方的项目策划一致。

② 清单项目的设置、项目编码、项目特征的描述、工程量计算和工程内容是否符合相应的工程量清单计算规则，是否符合项目的实际情况；

各部分间的项目特征描述，工程量计算规则和工程内容是否存在重复交叉或漏项。

③ 计量单位是否与工程量计算规则一致。

④ 从清单报价计价依据的角度审查各部分间的项目特征的描述，工程量计算规则和工程内容是否存在重复交叉或漏项。

⑤ 专项工程暂估价是否合理，是否接近实际。

3）物资采购方面审查内容

① 设备材料暂估价的审查，需要设置暂估价的设备材料项目是否符合工程招标及采购

策略的要求，暂估的单价是否接近实际。

② 对建设方负责的有关措施项目审查，对甲供设备材料自建设方仓库到现场指定地点的运输和保管等费用的审查。

4）施工方面审查的内容

① 清单项目的工程特征及工程内容是否符合项目实施策略的要求。

② 招标文件中明确的无损检测责任方。

③ 对有关措施项目审查，对照设计文件，是否满足可能采用的各施工方法或施工措施。

造价部门汇总审查意见，提交工程量清单编制单位进行修改，作为最终的招标文件报价格式。

（三）招标控制价的编制及审批

招标控制价是招标人根据国家或省级、行业建设主管部门颁发的有关计价依据和办法，以及拟定的招标文件，结合工程具体情况编制的招标工程的最高投标限价。它可以有效遏制围标串标行为，避免恶性哄抬报价带来的投资风险，使各投标人自主报价，公平竞争，确保投资控制在目标范围内。

招标控制价由建设方工程造价管理人员组织编制，经相关部门会审，项目主管领导批准后公布。如采用工程量清单招标的项目，在工程量和工程范围明确的条件下，可以委托有资质的第三方工程造价咨询单位负责编制，建设方审定并批准、发布。

1. 招标控制价的编制原则

① 原则上不得超过已经批准的同口径概算的95%。

② 招标控制价的编制必须满足招标要求。

③ 招标控制价应控制在同口径概算控制指标范围内，如超过批准的概算，应分析原因，并将其报项目领导讨论、决策、审批。

④ 招标控制价的公布时间一般不得晚于投标文件截止日期前15日。

2. 招标控制价的编制依据

编制依据主要有以下几方面。

① 由国家、行业和地方发布工程建设方面的规定、标准规范。

② 由国家、行业和地方建设主管部门颁发的计价定额、计价办法及相关配套计价文件。

③《建设工程工程量清单计价规范》（GB 50500）。

④ 工程招标文件，包括地质勘察报告以及相关设计文件、工程量清单和设备清单。

⑤ 澄清、补充文件，答疑文件。

⑥ 工程造价管理机构发布的工程造价信息及市场价格。

⑦ 招标文件明示的风险因素。

⑧ 其他相关资料。

3. 招标控制价编制的步骤及注意事项

编制的基本步骤有编制前准备、编制资料收集、确定招标控制价编制原则、编制招标控制价格、整理并形成招标控制价编制成果文件。

在编制时，应注意如下事项。

① 招标控制价应定位准确，正确反映当前的市场价格水平，不宜过高或过低。

② 得以编制形成招标控制价的信息及组成控制价的各项内容一定要与招标文件各项内容相一致。

③ 在风险费用上，应明确说明风险所包括的范围。

④ 安全文明施工费、规费和税金应按招标文件规定的不可竞争费率填报。

⑤ 措施项目清单应按招标文件要求全面考虑，确保无漏项。价格的计算，计取的范围、标准必须符合规定，并与常规的施工组织设计和工程上会用到的施工方法或措施相对应。

⑥ 暂列金额、暂估价应按招标给定价格计算。

⑦ 采用技术经济指标复核，与同类工程项目进行比较分析，如果出入不大可判定招标控制价基本正确，否则应复核相关项目，找到差异原因。

⑧ 将招标控制价与同口径概算进行对比，原则上不应超出同口径概算。

（四）招投标清标管理

为有效控制项目投资，强化对招标文件审查力度，有效识别投标文件的风险和漏洞，减少后期执行过程纠纷，招标开标后，组织专业人员细致分析投标文件技术、商务和报价，形成清标报告，供评标委员会评标时使用，并为后续的合同谈判提供支持。

1. 清标的原则

① 采用公开招标或邀请招标的工程项目，均应进行投标报价清标。

② 通过对投标文件进行基础性分析和整理，核查投标文件与招标文件的符合性，发现其中存在的问题并揭示合同双方可能面临的风险。

③ 应遵循回避、客观、独立、保密的原则，重在分析核查而非评价，清标报告是对所做分析核查情况的记录。

2. 清标工作的主要内容

（1）投标文件是否完全响应招标文件及澄清文件中的全部要求

① 投标文件中的商务部分是否与招标文件中规定的格式和内容一致，是否与招标文件商务通用和专用条款中所要求的全部工作范围和内容一致，其中的商务偏差表填写的内容是否符合招标文件要求。

② 投标函中工程名称和招标人名称是否正确、人民币大小写是否一致、与投标报价表的价格是否一致。

③ 投标文件中的投标保证金与工期是否符合招标文件的要求。

④ 投标文件的商务报价纸板与电子版是否一致。

（2）EPC总承包固定总价合同清标

① 开标一览表、报价表以及报价表中各分项报价的汇总价、总价之间是否存在算术错误。

② 对按照工时单价报价的设计、项目管理、采购服务和施工管理等，根据以往工程的

经验和掌握的市场信息对人工时量和人工时单价进行合理性分析。按照国家、行业有关的费用标准对各项总价进行合理性分析。

③ 对设备、材料报价表，以建设方组织审查后的基础（初步）设计文件及概算为依据，对设备、材料名称、规格、数量、价格进行对照分析，是否存在改换设备或材料，改变设计规格型号、数量或低于或超出市场平均价进行不平衡报价的情况，并按照招标文件规定的工作范围核对是否存在漏项。

④ 建设方已采购设备、材料运输费的报价是否符合招标文件中提供的设备采购到货地点，承包商采购设备运杂费、运输保险费的报价是否合理。

⑤ 联动试车、投料试车、开车、性能测试及质保期内备品备件的报价是否合理。另外，特殊工具参照备品备件的报价进行清标。

⑥ 施工安装费报价是否按招标文件要求分项报价，横向比较是否有漏项、报价严重偏离情况，施工机械台班和大型机具进出场费是否按照招标文件中和现场踏勘中明显显示的项目信息和定额的要求计算。

⑦ 临时设施的报价是否符合招标文件中提供的现场条件。

⑧ 安全健康环保费报价是否合理。

⑨ 现场服务费预计人工日是否按照计划工日和计划进度合理确定。

⑩ 按照以往项目的经验和对投标人报价的横向比较，审核"批准和许可报价表"中的项目是否齐全、报价是否合理。

（3）工程量清单招标、综合单价合同清标

1）开标一览表、各报价表以及报价表中各分项报价的汇总价、总价之间是否存在算术错误。

2）工程量清单报价的总说明是否按照招标文件要求编写，对招标文件要求投标人承诺的内容进行重点审核。

3）综合单价报价清标的步骤如下。

① 审核分部分项工程量计价表中的项目编码、项目特征及工程内容、计量单位、工程量、暂估价是否与招标文件保持一致。

② 确定基准价，可依据招标控制价、承包商报价的平均价以及不同种类的合同具体确定。

③ 确定各项综合单价基准价占基准价合计的权重，作为计算各项综合单价报价偏差率的基数。

④ 按照招标文件的规定找出投标人每一项综合单价报价与基准价的偏差，对超过约定幅度的偏差，计算偏差率。

⑤ 计算所有综合单价偏差率的合计，作为评价综合单价报价合理性的条件。

4）审核措施项目清单计价表的计算基础，对国家不允许降点的费用，如规费、安全文明施工措施费等，审核其是否按照规定计算。对措施费用合价包干的项目单价，与对应施工方案的可行性一并审查。

5）按照招标文件的规定，对总报价进行差错项、缺重项的修正。

（4）对其他形式合同价格的清标

① 审核投标报价的费用项目、计算依据、计算结果。

② 对投标文件中关于变更或其他种类原因发生的工时单价进行合理性分析。

（5）对投标人所采用的报价技巧，辩证地分析判断其合理性，对降点的费用，必须核实降点的措施及这些措施的可行性。

（6）投标总价与审核后的概算进行同范围比较，确认其是否控制在概算之内。

（7）根据清标发现的问题和招标策略编写澄清文件，同时避免对投标人可能有的暗示。澄清文件经清标小组讨论后成稿，经审批后发出。

（8）编制商务清标报告。

（9）清标工作负责人负责对评标委员会就清标报告提出的疑问进行解释。

3. 商务清标报告

商务清标报告包括以下内容。

（1）工程概况及开标情况。

（2）清标依据。招标文件规定的商务评标标准和评标方法及在评标过程中需要考虑的相关因素等。

（3）招标文件的一些相关要求。

（4）以下几方面的分析与整理

① 算术性错误的复核与整理。

② 不平衡报价的分析与整理。

③ 错项、漏项、多项的核查与整理。

④ 综合单价、取费标准合理性分析与整理。

⑤ 投标总价的合理性和全面性分析与整理。

（5）对投标人报价进行小结。

① 统计各项报价与基准价的偏差占各自总报价的比例。

② 统计算术性错误的费用占各自总报价的比例。

③ 统计各自属于错项、漏项、多项的费用占各自总报价的比例。

④ 统计上述各项占各自总报价的比例。

（6）存在的主要问题。

（7）提出的建议。

（8）相应的附表。

4. 清标结果的应用

（1）应用于项目的评标

① 清标结果经评标委员会核实确认后，作为商务评标的重要依据。

② 通过澄清、答疑解决清标报告中指出的问题，通过对"缺、重项""差错修正"、综合单价报价差异统计、各类问题占各自总报价比例，以此给评标专家提供清晰的商务报价情况。

③ 对重大缺漏项、重大报价差错、与评标基准价差异超出 5% 的综合单价报价，依据评标标准，给予分量足够的扣减分。

（2）应用于合同谈判

合同谈判时，对清标报告中已提出且不必在招投标时处理、解决的较小偏差进行确认，作必要的修正后用于合同文件。

（3）应用于执行合同

对清标报告中针对中标承包商的问题，已经通过合同签订解决的，按照合同执行。对未解决的，在合同执行期间，对承包商提出的与之相关要求，要保持足够的敏感性和警惕性，认真分析合理性，防止承包商索取不当利益。

五、施工阶段的投资控制

施工阶段的投资控制，是就合同执行中因各种原因可能出现的价款变动采取一系列控制手段，实现对工程费用的控制和调节。主要包括工程款的审核与支付、合同变更、现场签证、设计变更和暂估价五个方面内容。

（一）工程款的审核与支付

施工阶段是项目工程实体形成的阶段，在这个阶段，要合理而高效地审核支付工程款，以使工程款既得到正确、有效的控制，又能得到及时支付，以此最大限度保证项目顺利实施。

1. 合同付款审批方法

大型煤化工项目，单个合同金额都比较大，而合同模式也各不相同。为了既能简化审批程序，又能确保工程价款仍得到有效控制，在编制招标文件时，要根据不同的合同模式，确定不同的支付审批方法，并将其写入招标文件中。

EPC总承包合同，在合同签订时对投标价格进行支付分解，设计费和设备材料采购费按照既定的里程碑形象进度节点，将各子目的价格分解到各个节点上，汇总形成支付分解表；建筑安装工程费，按照费用权重加载到进度监测体系中，形成带费用权重的进度监测体系。算工程款时，依据实际已达到的设计、采购形象进度节点计算设计和采购产值。建筑安装工程，按照实际进度核实进度监测百分比，将其与建筑安装工程费相乘就是当月完成的建安工程产值。

固定单价的施工承包合同和临时设施合同，按照合同约定的计算方法计算工程量和确认产值。

可行性研究、咨询、专利技术、勘察、设计、监理等合同，费用一般按形象进度节点确认产值。

2. 合同付款资金计划

为了合理、及时筹措项目使用资金，合同执行部门按月对合同签订、工程进度及各项付款文件完备情况等方面进行分析，以确定下个月预期发生的合同费用，并于每月既定时间前将下个月资金使用计划汇总平衡后，报送财务部。

合同工程款的支付额，原则上不能超过批准的资金使用计划额度，如果需要支付的合同款项无资金使用计划，应追加或者调配资金计划，在资金调整相关流程审批完成后，才可支付相应的款项。

3. 合同付款审批程序

（1）预付款的审批与支付

预付款是建设方在开工前拨付给承包商用于工程准备阶段资金周转的流动资金，一般为合同总价的 10%，施工承包合同可以提高到 20%，最多不应超过合同总的 30%。

合同生效后，承包商在合同规定的时间提出工程合同付款申请，并附履约保函及预付款保函，建设方按合同约定的金额审批后支付。

从第一次进度款开始，按照合同约定的比例从应付给承包商的进度款中扣除预付款，直至全部扣除为止。

（2）**工程进度款的审批与支付**

承包人每月按照合同约定的审批程序，将工程合同付款申请及工程进度监测表、制造进度监测表、工程量确认表、费用计算表等请款文件及如出厂检验报告、发货装箱单、提货单、开箱检验报告等附属文件提交监理、发包人审核。后者审核每笔进度款时，按照合同规定扣减预付款、质保金、安全保证金等款项后支付。

（3）**工程结算尾款的审批与支付**

合同双方办理、确认工程结算，承包商根据合同相关约定适时向建设方提出工程费用结算尾款支付申请，并附签章齐全的工程中间交接证书、工程竣工资料移交清单、资产移交清单，建设方审核无误并完成内部审批后，支付工程结算尾款。

（4）**工程质量保证金的审批与支付**

在工程质保期内，如果出现属于承包商责任的质量问题，建设方及时通知承包商处理、解决。在质量保证期到期的二至三个月前，项目部或接替其后续工作的部门应就质量保证金支付征求生产部门意见。对于发生了应由承包商负责的质量问题，后者应说明其严重程度、对生产的影响及建设方因处理、解决问题发生的费用。执行部门据此计算质量保证金扣除金额。在质保期到期前三十天将扣除质保金的原因和金额通知承包商，并附相关佐证资料，双方确定最终支付的工程质量保证金，质保期结束，建设方按此支付。

4. 工程付款归集

为了能在项目建设过程中，做好与竣工决算和资产移交相关联的工作，合同签订后就应进行合同金额和概算费用分解，并进行对比分析。一个合同应对应一个概算明细，否则，就需要将合同分解到对应的概算项目上。合同签订后，建设方的财务、生产部门及项目部共同编制招标项目资产清单，合同款支付时，应将合同费用指定到对应的概算和资产清单中。

5. 工程款审批策略

在工程款审批上，需要在事前、事中、事后进行全过程、全方位的动态管控。

所采用进度监测体系，其中的分部、分项工作划分应科学合理且便于计量。

现场计量资料要做到真实可靠、有据可依，检查签字确认手续是否齐全、有效，实际工程质量是否合格，其他计量的要求是否也已满足。

工程款的支付申请，是否符合合同约定，有无多请款、重复请款问题，申请的工程款是否超结算价。

做好工程款审批的内部监督，杜绝在审批过程中出现失职、渎职行为，以避免造成不必要的损失。

建立合同支付台账，实时填写每一笔支付的工程款，并实时进行统计、分析。

（二）合同变更

合同变更主要针对固定总价合同，特别是其中的 EPC 总承包合同。它是在合同签订生效后，因合同标的、合同条件等发生变化而需要调整合同价格、工期或其他商务条件而形成的变更。合同变更前，要提出变更方案，变更方案应包括变更具体内容、提出变更的详细原因和依据。

1. 变更内容、原因和依据

① 从技术、质量、安全等角度分析该项变更对项目带来哪些正面和负面影响及影响程度。

② 从经济和项目运行角度分析该项变更对项目的投资成本、运行成本及运行本身的影响及影响程度。

③ 该项变更的具体实施方案。

④ 对合同价格、进度计划的影响程度，应包括详细变更工作量、完成所需的时间和费用以及对合同其他条款的影响。同时，以附件形式提供变更事项的详细描述，变更工程量和变更费用，工期变化的详细计算方法及计算书、技术文件等。

2. 合同变更管理控制策略

因为任何一个合同都难免会有变更，而它又可能对工程投资具有重要影响，为此，应从以下几个方面做好在合同变更上的投资控制。

① 充分认识到设计常是合同变更人为因素的主要源头，以此从设计阶段就做好相关管控工作。

② 在审批变更时，必须彻底弄清、严格审查提起合同变更的原因或缘由，并了解清楚是否为非变更不可，是否有其他替代方案等。合同变更的提出分为两种，第一种为有必要变更的，另一种为可变可不变的。在是否变更的问题上，多听取技术部门和专家的意见，对于像政策影响或发包人要求的设计功能变化或合同内容增减而应该变更的，要在充分论证的基础上，征集专家意见后集体决策，而对于像非强制性的工期变更等可变可不变的，一般坚持不变，否则，易使变更随意而导致费用增加。

③ EPC 合同变更的范围和内容应由设计管理部牵头负责确认，造价人员依据确认的范围计算工程量，价格按合同约定计取。

（三）现场签证

现场签证主要针对的是综合单价形式的施工承包合同，它是施工阶段影响工程价款结算的主要因素之一，正因此，对现场签证应进行规范化管理，坚持"先签证、后实施"的原则，避免管理不当影响投资控制。在涉及工程技术、工程经济、工程进度、隐蔽工程等方面，均会直接或间接地发生现场签证价款从而影响工程造价。

1. 现场签证主要内容

（1）工程技术

① 因非承包商原因导致施工条件变化而引起工程量的变化或施工措施的改变。

② 因非承包商原因导致技术方案变化而引起原有施工措施的改变。

③ 施工前障碍物的拆除、迁移或跨越障碍物所采取的施工措施。

④ 合同事先约定的于工程范围外增加的零星工作。

（2）工程经济

① 非承包商原因导致的停工、窝工、返工等造成的任何经济损失。

② 合同中约定的可调材差的材料价格差异。

③ 综合单价所包含特征描述以外的项目。

（3）工程进度

① 设计变更造成的工程延期。

② 非承包商原因造成工程实体的拆除或返工。

③ 非承包商原因导致的停工造成的工程延期。

（4）隐蔽工程

工程隐蔽后，因非承包商原因进行剥离检查且检查结果合格的。

（5）出现了应由建设方承担风险的不可预见因素

2. 现场签证管控策略

现场签证的管控在于确保签证理由正当、签证依据完整可靠、签证办理及时、签证审查有效，签证费用计算准确。

签证理由正当，即签证不得与法律法规明确规定的建设方或承包商应有的权利义务相背且要符合合同相关条款对签证的具体约定。

签证依据完整可靠，即签证应严格按项目规定执行相应流程、提供相应资料，合同约定不应增加的费用不得进行现场签证，对与合同无关工程不应采取签证。

现场签证办理及时，即要在合同约定的时间内及时办理，不应事后补签。

签证审查有效，即审查的主体合法，审批人的权限符合合同约定，做到分级把关，限额签证。

签证费用计算准确，即现场签证涉及的工程量和价格应严格按合同约定计量和计取。

（四）设计变更

设计变更是设计部门各专业对原设计文件做出的改变和修改，目的是使设计更能充分满足建设方的合理功能要求或满足工程施工的安全或可施性等需要。与投资控制相关的设计变更主要是针对综合单价的施工承包合同，对 EPC 合同的设计变更，要先依据合同界定变更产生的原因，如果是原合同要求标准提高等原因造成的，按合同变更处理。

1. 产生设备变更的原因

一般包括如下内容。

① 建设方要求或同意修改项目任务范围、修改技术参数、改变设计标准、改变建筑物的使用功能等。

② 工程勘察资料的不准确而引起的修改。

③ 设计工作本身的漏项或错误。

④ 对施工缺陷进行的技术修补加固等。

2. 设计变更管控策略

在此方面，要建立严格的设计变更审批制度，所有变更都须经建设方相应级别的审查批准后才算有效，以此防止任意提高标准，改变工程规模。

① 审查变更理由的充分性。设计变更无论由哪方提出，都应严格审查其理由的充分性，防止相关方利用变更增加合同额或减少自己应承担的风险和责任。

② 就设计变更方案对工程造价和进度的影响程度进行测算、比选，并将结果报相应上级，为就是否进行设计变更提供决策参考。

③ 按照设计变更管理权限分层管控、分级审批。

④ 对设计粗糙、设计错误造成的设计变更，追究设计人员的相关责任，以此减少后续同类变更。

（五）暂估价

暂估价是发包人在招标清单中给定的、用来支付必然发生但暂不能确定价格的工程设备、材料及专业工程的金额。它是在招标阶段即预见到肯定要发生，却因标准不明或需要由专业承包商完成而暂时无法确定具体价格时采用。暂估价应在当时所能估测的价格范围内确定，且暂估的内容应明确。暂估价包括工程设备、材料暂估价以及专业工程暂估价两类。

1. 专业工程暂估价

总承包商自己在就分包招标时，专业工程设计深度还往往还不够，需在选定专业承包商后由后者进行深化设计，以发挥其专业技能和专业施工经验优势。公开透明、合理地确定这类暂估价的最佳途径就是由总承包商和建设方共同组织招标。

2. 暂估价控制策略

暂估价是在招标阶段由发包人即建设方暂定的，在项目实施阶段还要经发承包双方确定工程设备、材料及专业工程的价格。

1）采用暂估价是招标阶段不得已的计取方式，计取暂估价的工程设备、材料及专业工程应慎重确定，符合下列条件的，方可采用暂估价格的方式。

① 招标阶段无法确切确定品牌、规格及型号且同类产品在品质、性能及价格等要素上存在较大差异，出于保证质量及使用效果考虑而需要对上述要素进行控制的工程设备、材料。

② 招标阶段的局部设计深度满足不了招标需要，需由专业单位对原图纸进行深化设计后，才能确定相应规格、型号和价格的工程设备、材料或专业工程。

③ 某些总承包商无法自行完成，只能通过分包的方式完成的分包工程。

2）由建设方确定的暂估价应以概算金额为依据，考虑市场价格波动因素，合理确定暂估价价格。

3）选择暂估价项的供应商或分包商方式。选择相应供应商或分包商的方式依然分必须招标和依法不需招标两种情况，依然有公开招标、邀请招标、竞争性谈判、单一来源采购、询价方式以及监管部门认定的其他方式。

依法必须招标的应采用公开招标方式，符合特定条件且经批准后，才可采用邀请招标方式，依法不需招标的则可以采用以上任一方式。

4）严格按照确定暂估价的审批程序确认暂估价的实际价格，做到确认完整规范，内容详细真实，签字齐全及时，确保签字有效，不留尾巴。

5）暂估价的调整应附带相关的规费和税金等其他费用。

六、竣工验收阶段的投资控制

工程结算是竣工验收阶段在投资控制方面的主要工作，它是发承包双方在合同规定的工作范围和工作内容全部完成，并经验收质量合格，确认达到使用或具备联动试车条件后，形成合同最终工程价格的过程。它有别于过程结算，后者是在项目执行过程中的结算。

（一）合同结算的程序

按照合同价款模式，可以分为固定总价合同的结算和单价合同的结算。

1. 固定总价合同结算

固定总价合同结算价款计算公式如下：

固定总价合同结算价款＝原合同价＋合同变更费用－未按合同工作内容完成费用
－工期延误等扣款

承包商在完成合同内所有任务、完成所有变更处理后，形成合同完工执行报告报建设方确认，然后开始办理工程结算。

2. 单价合同的结算

单价合同的结算价款计算公式如下：

单价合同的结算价款＝施工图合同价＋设计变更费用＋现场签证费用
－工期延误等扣款

在详细设计完成后的约定时限内，由承包商提出预算文件和施工蓝图，报建设方审核。由后者或其委托的造价咨询单位依据范围和合同结算条款，在收到预算文件的约定时限内完成初审和复审，形成施工图预算文件。委托承包商采购的设备、材料暂估的价格可暂不进施工图预算，在相应合同签订前，由建设方按项目规定审核并书面确认承包商提出的采购价，最终结算时计入结算价格。

设计变更和现场签证，一单一结，承包人提出预算文件，并附相应的工程任务单、任务验收、工程量核定文件，报建设方组织费用审核，后者在约定时限内完成费用初审和复审。

工程项目按合同要求完成并验收合格后，根据合同约定，由承包商提出工程项目结算书。对于以单项工程、单位工程为主体或工程量较大、施工周期较长的项目，承包人应在合同规定的中交或机械竣工后的时限内，提交此前的含所有本工程内容的结算书，供建设方预审。承包商在竣工验收合格后，将后期发生的补齐，一并作为增补结算上报。

建设方对最终结算文件归纳汇总，出具合同结算文件，承发包双方签字确认。

（二）合同结算的依据

① 国家有关法律法规及相关的司法解释和标准规范。

② 工程承包合同、专业分包合同以及补充合同，有关设备、材料采购合同。

③ 招投标文件，包括招标答疑文件及其组成内容。

④ 工程竣工图或施工图及图纸会审记录。

⑤ 合同变更、设计变更及现场签证审批文件。

⑥ 工程开工、竣工报告或停工、复工报告。

⑦ 工程中间交接证书及工程资料移交证明。

⑧ 承包商提交的工程预算书。

⑨ 经批准的施工组织设计、施工方案等影响工程造价的其他相关资料。

（三）合同结算控制策略

对于建设方来说，工程竣工结算审核是合理确定工程造价的必要程序和投资控制的重要手段，结算审核过程中要重点把控如下几方面。

① 结算送审资料是否及时、完整和真实。送审资料不及时，势必影响到结算工作的正常进行。送审资料不完整，设计如变更手续不全、缺少工程量确认、隐蔽工程现场验收无正式手续、变更的设备材料没有确定结算单价等，这些都使结算审核缺少了必要依据，从而在很大程度上影响竣工结算的准确性。送审资料不真实的情况主要发生在现场签证上，其中最易出现在隐蔽工程中，这或是因为当时没有认真核实或据实签认，或有些现场签证是在相应工程完工后补办的，从而再也无法查实。

② 重视计价依据的有效性，结算过程严格依据合同条款和现行标准。在实际结算过程中，经常出现结算采用的各种编制依据没有经授权机关批准或已因过时而无效的问题。

③ 建立量价分离和两级审核制度。施工图纸的完成情况由执行组织单元如项目部下的项目组负责核实，工程量由项目部下负有投资控制责任的项目管理部或第三方造价咨询单位计算。

④ 工程量的计算应符合工程量计算规则。避免有漏算、重算和错算，审核要抓住重点环节和重要部分，对其进行详细计算和核对。

⑤ 隐蔽工程均应有签章齐全的验收手续。

⑥ 定额子目缺项时，依据合同约定及分项工程的实施情况，参考类似子目的人、材、机消耗量情况作补充子目，并做到消耗量水平适中、价格合理。

⑦ 因返工等原因拆除且自身工程不能再利用但有剩余价值的设备、耐损材料（如钢材、电缆等），承包人应办理向建设方移交的手续，以作为相应结算的依据之一。

⑧ 工程结算中措施费用的计取要做到合理有据，符合合同要求或相关计价文件的规定。

第五节　管控项目投资偏差

投资偏差是在项目投资控制中，某一时点的实际值与计划值的差额。结果为"＋"表示投资超支，为"－"表示投资节约。

投资偏差分析的目的是要找出引起偏差的具体原因，从而采取有针对性的措施，减少或避免因同样原因导致不良偏差。如果没有偏差分析，或是肤浅地分析而找不出引起偏差的真正原因，不良偏差就可能继续扩大，乃至使面临投资失控的风险。因此，认真、客观地进行偏差分析是投资控制中的一个重要环节。当然，相较于投资节约，投资超支常是不良偏差，且也在项目实施过程中更普遍地存在，因此也就自然成为分析的主要对象。

一、建立健全相应的管控体系

在通常情况下，在压缩已超支费用的同时，不损害其他目标是十分困难的，因此，应建立并完善涵盖事前、事中和事后各过程的投资控制体系，并对项目投资进行动态管理，提前预测，及时在早期发现问题，具体做法如下。

在项目总体策划时，合理确定项目的投资控制目标，基础（初步）设计概算批复后，为具有相应控制责任的各项目组、各部门制定并下达相应的费用控制指标，作为后者执行合同的控制限额。

预测现金流量，制定项目投资计划，包括年度计划、季度计划、月度计划，计划的精度逐级提高。

① 项目开工准备阶段，依据可研估算和总进度计划，按年度编制三年流动投资计划和资金使用计划。

② 每年年初，按照年度工作进度计划编制全年的投资计划，精度要求细化到季度。

③ 每个季度初，按照季度工作进度计划编制本季度的投资计划，精度要求细化到每个月。

④ 第四季度，按照项目整体进度情况进行年度投资计划的调整。

采用表格法和赢得值法进行投资管控和分析。

① 进行概算费用分解和承包合同费用分解，将分解的费用归纳到单元费用报告和项目组或部门费用报告中，建立项目概算、控制指标、合同、批准变更、结算、投资计划、投资完成、费用支付台账。

② 要求各项目组/部门每月提交分别就设备采购合同费用和投资、材料采购合同费用和投资、承包合同费用和投资、项目组/部门责任范围的费用和投资提交统计报表以及单元费用报告，并采用表格法和赢得值法编制项目总费用报告、项目投资统计汇总表、项目投资完成情况月报表，以此建成项目月度总费用报告制度。

③ 监测投资完成情况的基本程序是，收集已完工程量和工程进度，按照合同中的计费程序核算当期投资完成，合并计算主项和项目的投资完成，编制投资完成报表，分析投资完成和概算、费用控制指标的差异，提出纠正措施。

二、投资偏差数据分析的方法

投资偏差分析有多种方法，常用的有表格法、横道图法和曲线法。在实际工作中，可选择其中的一、两种，必要时，也可以把这三种方法综合起来应用。

1. 表格法

表格法是最常用的一种方法，它将项目的费用名称和概算费用、控制指标、合同费用、批准变更的结算费用、概算与结算差异、投资计划、投资完成、投资差异等各费用数值以及费用偏差综合纳入一张表中，直接进行比较。由于各种偏差参数都在表格中一一列出，使管理者能够综合全面地了解并处理这些数据。它的优点一是灵活适用性强，可根据项目具体情况、数据来源、投资控制工作的要求等条件来设计表格，二是信息量大，可以充分反映各种偏差变量和指标。根据需要，投资偏差和进度偏差，局部偏差和累计偏差，绝对偏差和相对偏差以及偏差的原因都可以在表格中得到反映，能全面、深入浅出地了解项目投资的实际情况及动态情况，并及时采取针对性措施，加强对项目投资的控制。

2. 横道图法

用横道图法进行投资偏差分析，是用横道显示已完工作预算费用（BCWP）、计划工作预算费用（BCWS）和已完工作实际费用（ACWP）。这种方法是根据需要用不同的横道表示整个项目、装置、单元、单项工程、单位工程等，横道图的单位长度代表投资数额多少。投资偏差额用数字或横道表示，产生的投资偏差原因由投资控制人员经过分析后用文字填入。这种方法不适宜同时表示局部偏差和累计偏差，对这两种偏差要分别制表表示。它的优点是较为形象和直观，便于了解项目投资的概貌，缺点是它反映的信息量少，因而一般只供项目高层使用。

3. 赢得值法

赢得值法是通过测量和计算 BCWP、BCWS、ACWP 得到有关计划实施的费用和进度偏差，从而确定项目投资是否存在偏差的一种方法。它不仅用来进行投资控制，因为它同时通过货币指标度量项目进度，因而也达到评估和控制进度风险的目的。

三、投资偏差原因分析和偏差纠正

纠正偏差，首先就要准确分析投资偏差原因。煤化工项目的投资虽然有其独特性，但与石化项目一样，导致其投资偏差的原因大多相同。从建设方角度看，其也有如下五个方面：物价上涨（人工、材料、机械设备、利率汇率）、设计原因（设计错误、漏项、设计标准变化、图纸提供不及时等）、自身这方原因（需求变更、规划不当、组织不当、项目条件不落实、建设手续不全、协调不顺等）、施工原因（施工方案不当、工期拖延等）和客观原因（自然因素、社会因素、法律法规政策变化等）。其中的施工原因，只限于使项目整体受损或使其他承包商受损而使建设方不得不增加投资的情况下，其中的设计原因，如相应工程是 EPC 模式，亦是如此。

在分析投资偏差各具体原因的同时，还要分析每种原因发生的概率及对整体的影响程度。这种综合分析以对各项局部偏差的原因分析为基础，是通过相应的数据处理来实现的，因而前者的结论是否正确就显得尤为重要了。

在我们完成对投资偏差数据的分析，并找到了偏差的主要原因后，我们就可以有针对性地纠正偏差了，就此可以采取组织、经济、技术和合同措施中的一种或同时采用其中的多种措施。如寻找新的、更好更省的、效率更高的设计方案，改变实施过程，变更工程范围，索赔或重新选择承包商等。

最后，我们还要整理偏差原因、纠正措施及其实施效果，以吸取教训。如充分利用竣工决算资料，核算基础（初步）设计概算与竣工决算的误差比例；在工程技术人员协助下分析概算与决算投资变化的原因，找出各投资变化影响因素的影响占比；对比分析 EPC 项目和其他形式合同下变更的幅度，判断不同种类项目适应的合同形式，以此为后续项目改进提供依据。

第十一章

项目质量管理

第一节　建立煤化工项目质量管理体系

一、体系建立的基本思路

第一，以"建设方统揽，监理方监管，承包商管控"理念建立工程质量保证体系。

第二，质量管理体系要层级明确，大型煤化工项目通常有四级管理，每级都构成了整个项目质量管理体系所成系统中的子系统，建设方的质量管理位于最上层，监理居中，其下是 EPC 承包商，基层则是施工承包商的质量管理。除此之外，还有政府的质量监督，它虽在体系外，但却对其具有不容小觑的作用和影响。

第三，项目管理组织机构构成了体系的框架，前者通过各项目组织内合理的岗位设置，岗位明确的质量权责，满足岗位所需的人员数量、人员素质和业务能力以及妥当、严格且得到切实执行的项目管理制度使项目质量管理系统具备了健全的必要条件。

第四，全员质量意识水平是决定工程质量的基础，也是项目质量管理体系的基石，为此，要在项目上采取多种手段培育良好的项目质量文化，开展多种形式的质量教育，以此提高项目的全员质量意识。

第五，均衡管理质量、进度、费用，既不允许不顾质量盲目抢进度，也不允许不顾质量盲目省费用。

二、质量方针和质量目标

质量管理首要的是要确定质量方针和质量目标。作为建设方，在根据项目目的确立了项目质量方针后，既要贯彻落实到自身项目部内各层级、各方面的项目管理中，并通过合同关系使承包商、检测机构、监理、供应商等项目其他主要参建方也能够将其落实到各自的项目管理中。

与质量方针类似，在建设方树立起了质量目标后，还需将其转化成自身项目部内各部门、项目组的质量目标，并由后者通过合同将自身的质量目标转化成其他主要参加方的质量总目标，以此使各管理、责任主体能够主动为实现质量目标而进行质量上的管控或监管。

三、质量管理组织机构及职责

（一）形成质量管理组织

作为建设方，在此方面，首先应建立起一支经验能力足够且责任心强的精干而高效的项目管理团队；其次，要以科学、合理的方法优选其他各主要参建方；再次，各参建方按照四个层级（建设方、监理、EPC 承包商、施工承包商），分别建立起各自的质量管理体系，并融合成涵盖整个项目的质量管理体系，以此确保各阶段、各环节的各过程及各实体工程质量都能得到有效控制，第三方质量检测验证与项目建设进展同步，并形成足以证实、判定工程质量特性的证据；强化体系运行的作用，以过程方法和持续改进的方式增强各管理层的质量控制意识和能力。

（二）典型的建设方质量管理组织

大型煤化工项目，建设方质量管理组织随项目管理组织而一样地采取矩阵式管理模式，项目主任组是项目部的领导机构，下设各项目部门和多个项目组，并以"责、权、利"统一的原则确定各自相应的质量职权。

（三）质量职责

现以第二章第二节"煤化工项目典型组织机构图"为据，说明项目部内部质量职责。其中，设计、采购、施工三部门有一样的职责，既策划各自方面的质量管理，制定各自方面的相关项目规定经审批发布后实施或对监督其实施，对政府、行业、公司及上级发布且需把项目上执行的质量文件及时上传下达。派合格的专业人员进入项目组，并监督、指导、管理和考核其质量工作、组织各自方面的质量检查并就其及项目层级、公司及上级检查发现的问题整改予以监督、敦促和必要的见证，提交事故报告，按管理权限组织或参加质量事故调查，提出处理意见。

1. 项目主任

项目主任是项目质量的第一责任人，对项目质量负总责，具体职责如下。在项目上贯彻包括质量方面的各项法律法规和公司规章制度；全面领导和组织项目质量管理工作，建立项目质量方针、确定包括质量目标在内的各项目目标，组织建立项目质量管理体系，组织制定包括质量方面在内的各项项目管理规定；组织制定包括质量在内的项目总体统筹计划；保证与项目质量相关的各项资源投入；督促、检查项目质量工作，以此使各类质量事故隐患及时消除；及时、如实向政府和公司报告质量事故；组织形成项目质量管理工作考核机制，督促、检查、考核项目其他领导分管工作范围内的质量工作。

2. 分管质量副主任

分管质量副主任在质量方面协助项目主任，在项目最高层中负责具体质量工作，并以此对项目质量负责，具体职责如下：监督和检查项目质量管理体系的运行；监督、检查与质量相关的各项法律法规、规章制度、项目规定的落实、执行；建立有效机制，使质量隐患得到及时、有效的整改；处理或协助项目主任处理质量事故，组织内部及相关参建方分析原因，提出纠正措施和改进措施；主持召开全项目范围内的质量工作会议，安排或组织质量检查，质量的评比和考核及其他项目质量活动；组织制定项目质量监管策划，并组织实施；审核重要质量奖罚方案；及时向项目主任报告项目质量状况和质量管理总体情况。

3. 其他副主任

其他副主任按照各自分工抓好分管范围内的质量工作，对分管范围内的质量负直接领导责任；在分管范围内落实、执行与质量相关的各项法律法规、规章制度、项目规定；组织分管范围内的质量专项检查；负责落实分管范围内重大质量隐患整改的措施；适时主持召开分管范围内的质量会议，研究解决质量薄弱环节和重要质量问题；按照事故调查处理权限，组织或参与事故调查处理；及时向项目主任报告、向分管质量负责人通报分管范围内的质量状况和质量工作情况。

4. 安质环监管部

协助项目主任组监督项目质量管理体系的运行；就质量管理各方面制定相应项目规定，编制项目质量计划；组织对项目质量目标的分解，并对各部门、项目组实现质量目标情况进行监督检查；监督检查各部门和项目组的质量工作状况，对存在的典型或重大问题发出整改指令，组织分析各类典型质量问题和重大质量隐患；及时向项目主任组汇报项目各方面、各装置或单元质量管理状况及存在的问题，并提出改进建议；组织对各项目组、监理、承包商的质量工作进行考评和相应评选；按照职责权限，组织或参与质量事故的调查处理，对事故责任方或责任人员提出处理建议；检查各参建方质量管理体系运行情况及其质量行为，抽查工程关键部位、重要工序实体质量；组织项目定期质量检查及专项质量检查，形成并发布质量检查通报，组织其他各类质量活动；负责与政府质量监督人员的沟通协调；跟踪、督促公司或其他上级单位检查所发现的质量问题的整改等。

5. 项目管理部

负责组织对 EPC 和 EPCM 投标单位的资质、业绩审查，确保选择的参建方资质符合要求；确保工程进度安排满足质量保证要求，杜绝不合理压缩工期；确保工程投资满足工程质量的需要；将质量合格作为工程量确认、进度监测及工程款支付的首要前提；负责包括各类质量记录在内的项目档案管理；组织项目竣工验收。

6. 设计管理部

负责与设计相关的技术管理，负责设计输入条件管理；负责组织设计审查，确保设计文件满足采购和施工需要；配合项目组组织的设计交底，及时解决设计技术问题；在本职能范围内组织质量会议，针对设计管理、技术管理等方面的质量问题，制定防范措施，适时组织研究解决与设计相关的技术问题；就质量事故，必要时组织技术方面的鉴定。

7. 采购管理部

组织对制造厂家和供应商的资质审查，组织设备和材料驻场监造、出厂验收；就自采设备、材料，做好与质量相关的仓储管理，对承包商现场仓储管理进行检查、监督；组织自采购设备、材料的开箱检验；就自采设备材料，做好现场质量问题和不合格品的处理，配合做好设备安装、调试、试运转工作，及时组织协调厂商处理现场出现的质量问题，就承包商采购的设备材料，配合项目组在此方面监督管理；定期召开会议，针对采购管理存在的质量问题，制定防范措施，及时消除质量隐患；对供货商进行考核管理，并进行质量评审，从供货源头控制采购质量。

8. 施工管理部

审查监理、施工承包商、第三方检测单位的资质和业绩，组织对监理和施工承包商的考核；负责混凝土搅拌站、集中防腐场的质量监管；负责重大施工方案的审查把关；负责组织重大施工技术问题的处理；负责组织焊工等工种的进场考试；监管工程质量验收评定，检查、监督、支持、指导各项目组对施工质量的监管；定期召开会议，对分析典型或重大施工质量，制定纠正措施和改进措施。

9. 商务管理部

制定招投标管理、商务协调、合同管理等方面的项目管理规定，并予执行或监督其执行；组织编制包括各方面质量要求在内的招标文件，并将其纳入合同文件；按规定权限参与事故的调查和处理。

10. 项目行政办公室

根据策划和实际需求及时提供办公和生活设施，确保工作质量所需要的优质环境和设施；适时深入施工现场，记录有关工程质量的照片、录像等资料，开展工程质量方面的宣传报道；负责公司及上级质量检查、质量会议的会务准备等。

11. 项目组

对辖区范围内的工程质量负责，管理和监督监理和承包商的质量工作；在施工过程中，通过监理对承包商的质量管理进行监管，对工程实体进行质量控制，参加施工过程重要工序和实体的见证、验收。

制定质量执行计划；组织对总监、总代和承包商关键质量管理人员面试；组织对监理和承包商进行质量管理交底；对详细设计质量负责，组织设计交底和施工图审查；评估设计修改单的合理性及对工程质量的影响，并据此审批；参加设备开箱验收，监督检查承包商所购设备材料质量，并参加其中重要设备、材料的开箱验收、进场验收；审查承包商的项目执行计划、质量计划、施工组织设计等计划类文件；组织负责区域内的质量检查及专题会议；确定 A 级质量控制点质量，并参加其验收；组织单位工程验收、参与分部乃至分项工程验收；抽查施工质量记录、检试验台账、监理旁站记录、见证取样台账、监理工作日志等记录类文件；参加工程质量事故的调查、处理、上报；组织"三查四定"和联动试车，参与投料试车条件确认；组织工程中间交接、交工验收。

（四）监理及 EPC 承包商质量义务

1. 监理的主要质量义务

协助建设方审查 EPC 的分包方案，参加资格预审、招投标活动以及重要的技术谈判；与建设方一道确定 B 级质量控制点；审核、批准承包商质量计划、施工组织设计、检试验计划、施工方案等计划类文件；审查施工图纸，参加或受建设方委托组织图纸会审，参加设计交底；审查各级开工申请，确认各级开工条件；审查承包商现场质量管理体系，对其足以导致较大质量问题的薄弱环节提出整改要求，并监督其落实；参加材料、设备的进场验收、开箱验收，参加 B 级和 A 级质量控制点的验收；按旁站方案和平行检验计划进行施工过程旁站和质量检查；组织分项、分部工程验收，参加单位工程验收；对完成的工程量进行质量确认，作为付款依据；协助建设方组织"三查四定"和中间交接；协助建设方完成装置联动试车、投料试车。

2. EPC 承包商的主要质量义务

按照合同规定的中间交接内容要求全面完成合同任务，并确保实现考核指标；完成项目设计、采购、施工全过程的工程建设任务，接受和服从建设方的监督和管理；执行与质量相关的各项目规定和合同的相关质量条款；按建设方批准的分包计划进行分包，接受建设方对其招投活动的监督、质询和批准，各分包商报建设方审查、批准；按照合同规定向建设方提交与质量相关的各类计划、报告、记录等文件；接受质量监督站及建设方委托的监理公司、第三方检验单位对工程质量进行的监管和检测；负责对质量检查、"三查四定"、中间交接验收而提出的需整改问题进行整改；合同工程范围内组织实施系统清洗、吹扫、气密方案；编制项目的工艺手册，配合建设方进行项目的联动试车和投料试车；配合建设方完成竣工结算、竣工验收工作，提供资产交付清单等文件。

四、质量管理中的几个特定方面

（一）质量管理体系运行与维护

在项目质量管理体系建立后，项目各部门、各项目组负责对负责范围的体系执行状况和效果进行监视、测量与改进，安质环监管部负责对整个项目质量管理体系在运行的符合性、有效性进行监视和维护，并适时开展内部审核。

（二）项目开工条件的监督管理

1. 开工条件分级确认

项目现场开工条件确认：由项目组经理组织监理、承包商等主要参建方对开工条件进行确认，并在报项目施工部进行符合性确认后，项目主任组主管副主任批准执行。

单位工程开工条件确认：承包商自查并确认符合开工条件后，向监理报开工申请，后者复核、确认后报项目组，项目组经理组织就设计、采购、施工方面验证符合后批准，同时向安质环监管部备案，后者对开工条件进行监督检查。

专业性较强的单一工程开工条件确认：与单位工程相同，但如项目组不具备特定的审查能力，可在自身复核、确认后报施工管理部，由后者审查、确认后批准。

分部工程开工条件确认：除项目组由相应专业工程师验证符合性外，与单位工程相同。

2. 开工条件监督检查的内容

一是审批过程的合规性；二是承包商的质量保证体系是否满足开工后质量控制需要；三是其他条件，如人员是否满足合同要求，施工图是否已会审，即将使用的工程材料等是否已验收及复验合格，与质量相关的计划类文件是否已审批，用于施工过程的监视、测量设备、仪器是否已检定并在有效期内，施工作业特殊工种是否满足要求等。

（三）项目质量监督检查活动

1. 监督检查

作为建设方在项目上的管理机构，项目部应根据项目进展情况，按照事先策划适时组织开展有关检查活动，主要检查形式如下。

① 阶段性检查：根据项目进展的各个不同阶段特点，有针对性地进行重点检查，如项目开工条件确认检查、项目工程中交条件确认检查等。

② 季节性检查：就因季节特点而对工程质量有着特殊要求的施工进行检查，如冬季施

工、雨季施工质量检查等。

③ 专项性检查：就某项对质量具有决定作用的特定管理进行的专门检查，如对焊材管理的检查、对第三方检测机构的检查等；

④ 专业性检查：对不同时期不同重点专业进行的专门检查，如土建专业检查、管道专业检查等。

⑤ 综合性检查：对同一时期工程涉及的所有专业进行全面检查，如月度质量检查等。

2. 质量评比和考核

通过评选优秀质量单位、优秀质量班组、先进质量个人等，提高全员质量意识，夯实质量基础。

① 年度评比。对项目部门和项目组及内部员工、监理和承包商及其员工开展年度先进评选活动，对当年质量方面表现突出的单位和个人予以表彰和奖励。

② 定期评比。根据当月质量检查情况，对项目组、监理、承包商分别进行评比排序，对位居前列的单位予以表彰奖励。

③ 项目建设期的考核。在项目各装置、单元全部交工后，根据建设期的评比情况，对所有项目组、监理、承包商分别进行综合考核排名，从长名单中剔除位居末端的参建单位。

3. 宣传、交流与培训

由安质环监管部和综合部一道在进出场的主要门口、主要道路两侧设置质量宣传图牌、标语，承包商在各自区域的显著位置设置质量宣传图牌、标语等，在"全国质量月"期间，项目部组织各单位开展形式多样的质量宣传活动。

由安质环监管部组织开展"现场观摩""现场讲评""精品展示""首件样板展示"活动，以此使大家吸收、借鉴。

在培训方面，安质环监管部、设计管理部、采购管理部、施工管理部分别负责质量管理体系方面、设计、技术方面、采购方面、施工方面特定的专业内容培训和管理培训，其中相应的项目规定是培训的重点内容之一。

五、政府质量监督协调

根据《中华人民共和国建筑法》《建设工程质量管理条例》，政府对建设工程实行质量监督。

就大型煤化工项目来说，因其涉及到不同行业，因此，就需要向不止一个的质量监督机构进行质量监督申报。化工装置或单元需要委托煤化工或石油化工质量监督站，电力工程根据电力审批单位向电力总站或省级电力工程质量监督中心站申报，而厂前区建筑，还需要向当地工程质量监督站申报。

安质环监管部在每个合同工程开工前向相应质量监督机构办理申报手续。后者在项目开工前编写质量监督计划，并向各参建方进行质量监督交底。工程开工后，专业监督工程师按监督计划实施监督，工程完工，监督站（组）向建设方提交质量监督报告。

质量监督站按有关工程质量监督的法律法规和相应规定或标准核查总承包、监理、勘察、设计、施工、设备制造等单位的资质等级和业务范围，并监督各方质量行为的合规合法性。

特种设备安装前，承包商依据《中华人民共和国特种设备安全法》《特种设备安全监察条例》，办理特种设备安装告知和监检手续，并在安装过程中接收对其的监检，安质环监管部就此予以监督检查。

项目部在项目上建立特种设备管理组织机构，并明确相应责任。设计管理部应保证所设计的特种设备均符合设计许可要求，采购管理部应保证采购的特种设备均符合制造许可要求。如果由制造单位负责设计，同时还要满足设计许可要求，并负责进口特种设备的制造和安装告知、监检协调工作。项目组应保证施工单位的许可和现场安装告知、监检手续办理及安装过程符合监检要求，安质环监管部负责总体性的协调和监督。

第二节　项目质量策划

一、质量策划种类

将质量策划包含其中的文件主要有项目总体统筹计划、质量计划、项目组的项目执行计划、监理规划、监理细则、旁站计划、平行检验计划、EPC 项目执行计划、质量计划、施工组织设计、施工方案、检试验计划等。

项目总体统筹计划、质量计划、项目执行计划分别由项目部项目主任组、安质环监管部、项目组组织制定，前两种用于指导整个项目的质量管理。这三种则都用于指导项目组的质量管理。监理规划、监理细则、旁站计划、平行检验计划由监理制定并按此进行质量监管。EPC 项目执行计划、质量计划由 EPC 承包商制定并按此进行质量管控。后三种计划由施工承包商制定并按此进行质量管控。

二、质量策划内容

质量策划应根据项目或合同范围内的工程特点和客观情况，项目质量目标及应达到的各项性能指标，与项目相关的法律法规，需在项目上遵守执行的标准规范、设计文件、公司质量管理体系等编制。

第三节　项目过程质量管理

一、设计质量管理

（一）设计质量管理理念

严格把关设计输入条件，加强设计基础类条件的确认，并在基础设计及详细设计过程中跟踪监督；按照统一标准修编、简化工程统一规定；争取无重大、方案性及系统性设计变更；强化设计审查质量，落实审查质量责任制，深入开展设计模型审查、HAZOP 审查、PDMS 等各类设计审查，追踪和监督审查意见的落实、整改；竣工图由设计完成，设计变更均要按建设方规定审批、备案；重视制造厂与设计间的互提资料。

（二）设计输入管理

根据形成时间、适用范围不同，设计输入资料分为两大类。

一类是在项目前期阶段或定义阶段早期形成的，适用于项目各设计阶段的设计输入资料。主要包括项目可研报告及其批复文件，项目核准或备案批复，前期附属报告及其批复，建设方管理性输入资料，与有关单位签订的依托社会和周边企业、项目的相关协议，项目工程统一规定，项目设计基础。这类设计输入资料由设计管理部统一负责收集、整理或编制，除工程统一规定、设计基础外，其余的一般需在总体设计启动前组织完成内部评审，项目工程统一规定，经建设方审定后由总体院发布并维护。

一类是在项目定义阶段、执行阶段随着项目建设逐渐形成，适用于后续设计阶段的设计输入资料。此类设计输入资料主要包括各阶段设计合同、工艺包设计文件、总体设计文件、基础设计文件、岩土工程勘察报告、涉及设计重大问题的建设方重要会议纪要等。

无论是以上哪一类，总体设计阶段、基础设计阶段的设计输入资料一般都由设计管理部负责收集、整理，在设计开工会前提供给设计单位，在设计过程中形成的涉及设计重大问题的建设方会议，也由其将纪要及时提供给设计承包商。

详细设计阶段的设计输入资料一般由项目组负责收集、整理，设计管理部予以必要支持。对于采用EPC合同的主项，这些资料需作为EPC合同附件的一部分提供给承包商。对于采用E＋P＋C合同模式的主项，一般情况下基础设计、详细设计由同一家设计单位完成，在此情况下，除岩土工程勘察报告外，不需再向设计单位单独提供这些资料。

（三）设计审查管理

从建设方角度看，设计审查按照审查主体不同分为内部审查和外部审查，其中外部审查包括由建设方上级单位进行的审查和由政府或第三方进行的专项审查。

1. 内部审查

内部审查工作贯穿于项目各设计阶段的设计全过程，其中，总体设计审查、基础设计审查的责任主体是设计管理部组，详细设计审查工作的责任主体是项目组，但设计管理部提供必要的技术支持和人力支持。

（1）总体设计、基础设计审查

总体设计、基础设计审查分为过程审查、整体审查。过程审查是指为避免重大方案的改变而引起的设计返工和进度损失，项目部根据需要在设计过程中对重要设计方案、各专业技术方案等设计文件或中间成果进行的管控和审查，它可以采取实时审查或阶段性会议审查的形式。整体审查是指在总体设计或某个主项的基础设计全部完成后，对相关设计文件进行的全面审查，它一般采用集中会议审查形式。

总体设计、基础设计审查重点包括以下几方面内容。

完整性：检查送审文件是否满足规定的内容和深度要求、是否满足下一阶段的工作要求。

技术可行性和适用性：检查技术方案是否具有成熟的工程应用经验，重大技术方案是否经过必要的论证和比选；检查设计文件中所采用的各项工程技术是否符合良好的行业惯例，检查采用的计算方法和应用软件是否正确和适用；检查可操作性、可维护性及可施工性。

符合性：检查是否符合法律法规要求及适用的国家、地方及行业标准规范要求；检查是否符合项目工程统一规定要求。

一致性：检查厂内、厂外设计界面条件是否衔接一致；检查全厂系统与装置之间、装置与装置之间的设计界面条件是否一致；检查各专业设计界面是否协调一致。

经济性：检查设计是否经济合理，应在符合技术要求及满足项目目标的前提下，最大限度节省项目投资。

安全、环保和职业卫生：检查设计文件是否认真执行了此方面的法律法规、标准规范及建设方的规定，是否符合政府部门有关就该项目安全、环保和职业卫生方面已经审查批复的意见、要求，是否满足安全施工和安全、稳定、长周期生产运行的需要。

(2) 详细设计审查

大型煤化工项目，由于详细设计文件内容庞杂，而建设方设计管理人员又非常有限，因此一般情况下建设方在详细设计阶只对重点设计文件进行审查。通常是在详细设计开工会后，由设计单位提出细化到设计子项的各专业详细设计文件目录，建设方据此确定各专业需要审查的详细设计文件清单。

详细设计审查方式可分为一次性审查和分阶段审查，根据主项的特点和规模确定具体采用哪种方式。一般情况下，中小规模公用工程或辅助设施可采用一次性审查方式，工艺装置、动力中心及其他较大规模的公用工程或辅助设施采用分阶段审查方式。

分阶段审查又可采用实时性审查、集中会议审查两种形式。实时性审查是根据项目进度要求和实际设计进展情况，对设计单位提供的详细设计文件进行实时审查，并在规定时间期限内提出审查意见。集中会议审查是在项目设计进度关键节点，设计管理部组织相关专业人员以审查会形式对各子项、各专业设计文件进行审查。根据主项特点、设计进度计划安排和实际设计进展情况确定具体采用哪种形式或是否同时采用两种形式。

在总体设计、基础设计审查重点的基础上，详细设计阶段需增加以下几项审查重点。

对于采用 EPC 合同模式的主项，重点检查与基础设计、EPC 合同要求相比，详细设计是否存在降低设计标准的情况，并重点检查设计与项目工程统一规定的符合性。

对于非 EPC 合同模式的主项，在符合技术要求及满足项目目标的前提下，重点检查是否存在过度设计，以最大限度节省项目投资。

检查文件内容深度是否符合合同规定的内容深度标准、是否满足相应的采购、制造或预制及施工的要求等。

检查需在详细设计阶段落实的基础设计审查意见、HAZOP 建议措施等前序阶段遗留事项是否已在详细设计文件中落实。

(3) 审查意见处置

各专业审查意见提出后，设计管理部或项目组应要求设计单位及时对设计文件修改完善。如其中有设计单位不同意修改的，需由后者相应的设计人员给出合理解释，经审查人同意后可不予修改。

项目组的设计经理应对审查意见落实情况予以跟踪监督，并组织审查人员确认审查意见落实结果。

2. 外部审查

(1) 建设方上级单位审查

为了控制项目投资，并确保设计方案技术可行、经济合理，建设方上级单位一般会对项目总体设计文件、基础设计文件组织审查。在此情况下，建设方在完成内部审查并由设计单位修改完善后，再将设计文件报上级单位审查。

建设方上级单位审查通常以专家审查会的形式进行。一般情况下，总体设计阶段召开一次专家审查会对其进行审查。对基础设计，则由于不同主项完成时间跨度非常大，因此需分批次召开多次专家审查会，并在最后一次专家审查会上对项目基础设计总说明、六大基础设计专篇总说明进行审查。

专家审查会后，设计管理部组织设计单位按照审查意见对设计文件修改完善，并以书面形式对专家审查意见落实情况逐项说明并上报建设方上级单位。

(2) 政府或第三方专项审查

政府或第三方专项审查是指需按照法律法规、国家部委或地方政府要求，由政府主管部门或具备相应资质的第三方审查机构对基础设计、详细设计进行的专项审查。

对于现代煤化工项目，目前由政府或第三方进行的审查主要包括基础设计阶段安全设施设计专篇审查和详细设计阶段的消防设计审查、房屋建筑工程施工图审查、防雷装置设计审查。自行建设的人防工程还需进行人防工程施工图审查。此外，在基础设计阶段，就职业病防护设施设计，建设方需组织外部职业卫生方面的专家以专家评审会形式对其进行评审，并通常邀请项目所在地职业病防护主管部门参加、见证该专家评审会。

(四) 设计单位质量体系检查

现代煤化工项目的设计单位通常都是具备较高设计资质且综合实力较强的大型工程公司，均具有完善的设计质量管理体系，如其能良好运行，则项目设计质量便有了基本保证。为此，在项目各阶段设计过程中，应要求和监督设计单位严格按照其设计质量管理体系来管理设计策划、设计输入、设计接口、设计评审、设计验证、设计输出、设计变更，来控制设计文件的设计、校核、审核及会签等环节。

为确保设计单位内部质量管理体系充分发挥作用，建设方需定期或不定期地对其各项要求在本项目的执行、落实情况进行检查，对发现的问题要求设计单位及时采取改进措施，并"举一反三"防止类似问题在其他设计工作中出现，以此通过其自身体系的良好运行避免诸如上游专业条件变化没及时告知下游专业、专业间接口不清晰、设计与建设方规定不一致等常易出现的问题。

二、采购质量管理

1. 采购质量管理理念

以"名副其实"的原则严格控制合格供应商名单；主材原则上只能由 EPC 采购，仓储原则上也只能由 EPC 直接管理；严把材料进场验收、设备开箱验收关，确保每到必验，按规范进行的复验抽样符合率 100%；针对国产设备质量通病，有针对性地强化监造；持续提升对 MEV、MAV、MCV 保护伞协议的管理，确保全场一致性及优化集成；采取长周期设备执行责任向 EPC 转移的方法，以发挥 EPC 的管理优势。

2. 建立厂商名单

凡建设方自采的设备、材料，均通过公开招标方式优选供应商。

由 EPC 承包商采购的设备、材料，其供应商应在项目部制订的设备/材料短名单内，此类短名单分为"通用设备/材料合格供应商（短）名单"和"专用设备/材料合格供应商（短）名单"。

通用名单，由项目部通过公开招标的方式按照得分排名由高到低的顺序选取数家进入短名单，若在项目执行过程中出现不能满足项目需求的情况时，按照此排名从前至后补充其他供应商。

专用名单，是指就其对专利技术性能保证存在重大影响的关键设备而在技术许可合同中事先约定、由专利商推荐的供应商短名单，如果在该名单外引入新的供应商，则需要专利商批准。

3. 对 EPC 承包商采购的质量管理

在此方面主要体现在设备、材料分交表的确定，设备、材料短名单的确定，对中标人的审批，对现场仓储管理的监管，在相应进度款审批时的质量确认等方面或环节上。

现场仓库管理由 EPC 承包商负责，按照项目部要求建设符合仓储条件的仓储设施，并建立完整的出入库台账统计。原则上不允许 EPC 承包商将主材采购转让施工承包商负责。对 EPC 承包商未按规定实施监造或监造失职的，在项目部发出书面整改通知后整改无效，项目部将有权替 EPC 承包商派驻驻厂监造人员，费用由 EPC 承包商承担。

4. 采购质量控制

对采购质量的控制贯穿从原材料进厂、加工制造到产品出厂试验、到货验收和安装调试的各个环节。

在招标阶段，明确规定对潜在投标人在制造供货资质、业绩、能力和质量方面的要求，并将其纳入评标标准中。

在合同执行阶段，对重要设备、材料，或要求 EPC 承包商或由项目部自己委托监造单位按设备、材料重要等级进行驻厂监造和以巡检方式监造。监造单位以监造周报形式定期汇报制造过程中的质量状况和监造工作情况。

设备材料到货后，由采购方或负有采购执行责任的 EPC 承包商组织开箱验收，对在开箱检验或安装、调试中出现的质量问题，由项目组及时反馈给开箱验收组织方，由其处理，项目组将此方面情况同时向采购部通报。

三、施工质量管理

1. 施工质量管理理念

建设工程施工质量管理，应以"确定合适标准，实施过程控制，强化落实责任，检测验证质量"为原则，切实做到事前有策划、过程有控制、质量有验证、追溯有记录。做好施工质量策划，建立并维护好施工质量体系，制定有效的质量纠正和预防机制。

作为建设方，项目部应起到引导和指导、管理和检查、监控和督促、改进和提升整个项目施工质量工作的作用；监理应建立有效的质量监管机制，按照委托合同代表建设方监督施工过程、验收施工实体；承包商则应对所承担工程进行全方位的质量管理。

2. 施工准备阶段的质量管理

审批施工组织设计、施工技术方案、检试验计划、质量通病防治计划等；审查各类人员资格或能力、审查各分包单位施工资质；开展技能培训及考核；组织施工图纸会审、参加设计交底；策划并发布各专业三级质量控制点；监督检查施工设施，确保其与规划相符，监督检查施工机具、设备、检测仪器，确保实体完好、检定合格、存放良好，足以满足施工质量要求；确认施工开工条件。

就审查人员资格或能力，对需持证上岗的管理人员和作业人员，审查其任职资格；承包商与质量相关的重要岗位、总监、总代需经建设方面试鉴别，监理工程师有试用期；凡从事安装（包括钢结构）焊接人员需通过焊工进场考试，必要时，对其他特定技术工种进行技能考核；确认承包商土建质量检测取样员资格。

就施工设施，焊材库、焊材烘干室、仓库及料场、预制厂及构件预制平台、防腐场等场所和临时水电路等均在检查范围内，就施工机具、设备，除直接用于施工的机具外，也要对像焊材库的除湿机和焊材烘干箱、保温箱等非直接用于施工且也直接决定了施工质量的施工设备进行检查。而施工开始后，还需定期或专门对它们检查、核验，以确保其始终处于整体良好状态。

3. 施工阶段质量管理

组织或参加进场验收，依据标准和合同查验包装、标识、实物、质量证明书是否齐全，核验质量证明书所记参数特性是否与实物、请购技术文件、标准相符，检查外观质量，并按照设计及施工规范要求复验，做好检验状态标识，并确保能轻易核对实物，检查材料、设备存放、保管条件和领用手续，避免因标识不清、保管不当、领用、发放混乱而用错。

监督、检查施工技术交底，使承包商技术人员就主要、复杂工序的施工程序、方法、质量标准和自检、报检要求向每一位作业人员讲明讲透。

强化对质量通病和典型质量问题预防的监督检查，对特殊工序或过程进行重点监控；按质量控制程序和 A、B、C 三级控制点划分实对工序质量检查确认、报检、共检；实行首件样板的工序，按既定流程准备、实施、验收，验收通过才能正式施工。

每月召开质量例会，掌握施工质量管理情况和工程实体质量状况，制定、落实质量计划，制定、落实纠正预防措施。组织质量管理体系检查和专业检查、阶段性质量大检查，积极配合上级及外部的质量检查，对存在的问题彻底整改。

4. 收尾、交工验收阶段质量管理

监督检查工程交工前的"三查四定"工作；检查系统试压、气密、吹扫和单机试运等项工作条件，监督检查管道拆卸过程中组成件、螺栓、螺母等合金材料的标识、保管情况；及时完成工程质量评定，督促检查施工过程资料及时归档。

5. 重要施工质量管理措施

① 建立一次报验合格率考核制度，促进质量责任有效落实。加强对监理工程师质量工作状况的检查和考核，加强对监理的管理和授权，充分发挥监理作用。

② 推行首件样板工程活动，强化质量管理的"事前"控制，各承包商在土建、静设备

安装、动设备安装、管道焊接、电气设备安装、保温绝热等专业施工前，确定需要做首件样板的工序，在完成首件样板且经各方验收批准后再推广实施。

③ 建立施工质量通病防治机制，施工质量通病是指常发生且不易或难杜绝的不符合要求的过程、行为及由此造成的具有质量问题特征的施工实体。工程开工前，由承包商组织专业技术人员和作业班组长，按分部、分项工程特性识别会发生的施工质量通病，制定预防措施和确定执行责任人，形成方案报监理和项目组备案，在相应施工开始后，由承包商实施，由监理、项目组按此监管。

④ 推行施工质量标准化。在大型煤化工项目上，建立集中商品混凝土供应站，确保项目所用混凝土质量；采用工厂化集中防腐方式，保证项目防腐工程质量；集中建立标准化阀门试压站，为全项目阀门试压提供资源和质量保证；推广模块化施工，大型钢结构和设备采用一体化集中吊装模式；大型塔器的吊装要保证"穿衣戴帽塔起灯亮管线通"，以保证安装质量和绝热施工质量；明确交安条件、明确管道预制场地和现场无土化安装要求，现场硬化后再进行工艺管道的组装和安装。

⑤ 建立健全A、B、C三级质量控制点制度，合理划定质量控制点，确保对影响施工质量的主要施工过程及实体质量本身，通过层级控制及时鉴别质量状况，避免不合格品流入下步工序，并采取措施及时消除质量隐患。

⑥ 引入第三方检测单位与施工同时进场，及时统计、分析并通报检试验结果。

⑦ 建立试压包管理制度，在管道试压前，对管道组成件报验及复验、标识、焊接、热处理、支吊架安装、阀门试压及安装、对施工实体无损检测等各工序质量及技术文件进行全面梳理排查，确保管道工程质量无隐患。

⑧ 建立成品保护标准，保护工程实体不受损害。管道吹扫时，就阀门、仪表、螺栓的拆除、标识、打包及回装执行确认制；动土作业采取电气、管道、土建等专业会签许可制；对设备采取防护棚，地砖采取石棉板，基础采取木板包角、螺栓套管、钢筋包覆等防护措施；采取综合措施加强保温防护层的成品保护。

⑨ 施工气象监测，在气象条件影响施工质量的时段，承包商设专人进行气象监测和记录，并结合气象信息提前采取预防措施。

⑩ 强化工程款审批的质量管理职能，分部分项工程不验收、已完工程的归档资料不形成就不支付相应工程款。

第四节 质量检查

一、质量检查方法

1. 全项目月度检查

此类检查由安质环监管部组织，检查结束，由其发布检查通报，并监督检查整改及复查情况。一般在每月月末，组织施工管理部、项目组及监理有关人员组成检查组，对各承包商或连同监理乃至项目组、项目部门的质量管理和现场实体质量进行检查、考核。

2. 周检查

此类检查一般由项目组确定检查时间，由项目组或监理负责组织，两方专业技术及质量管理人员参加，检查结束，召开会议通报检查情况；其后，承包商整改，监理、项目组复查、验证整改结果。

3. 专项检查

在此所说的专项检查包括了此前在本章第一节中所述的季节性、专项性检查以及部分阶段性、专业性检查。

此类检查，安质环监管部在项目部层级以及项目组、监理和承包商在各自范围内都可组织实施。专项质量检查根据项目进展情况、针对装置特点（如气化装置重点针对气化炉、炉外管、氧气管道等，MTO装置重点针对MTO反应器、反应器外管、高压管道等）以及质量趋势、季节气候特点、法定节假日、专项验收等进行。主要检查相应的专项活动及专项质量控制情况，包括过程形成的质量资料和现场实体质量。

4. 日常巡回检查

安质环监管部、施工管理部等部门按照职责分工，对项目现场实施日常巡回检查；项目组的项目经理、施工经理、专业工程师等岗位人员按照职责分工，对项目现场实施日常巡回检查；监理、承包商的管理人员，应定时对管辖区域的项目现场实施日常巡回检查。

二、质量检查内容

质量检查的内容主要有这几个方面：被检单位技术管理与质量保证体系的运转情况；抵达现场的设备、材料质量情况；施工过程的质量控制情况；工程实体的质量情况；各类与施工技术、质量相关的文件资料。而从检查的具体对象来说，又可分为质量行为、实体质量和工程资料三个方面。

1. 质量行为方面

检查对方（即被检单位）执行有关法律法规、工程质量方面的项目规定情况及其质量管理体系的建立运行情况；检查其分包单位的资质、其质量管理人员和特种作业人员的资格；检查在采购、设计、施工、检验方面的管理；检查材料、设备质量及其验收、复验情况；通过检查技术质量管理文件，检查对方的质量管理行为和质量控制情况；抽查施工作业人员对施工技术要求的了解程度；检查现场标识管理，隐蔽工程验收，工序交接，质量控制点验收的程序、组织、紧急放行，不合格品的处置等。

2. 实体质量方面

依据相应的工程标准规范和设计文件，按专业对工程实体安装质量进行了检查和实测实量，就各专业具有专业特点检查项举例如下。

① 土建专业，如土建原材料进场检验试验、钢筋工程、模板工程、各建筑物混凝土外观质量、二次结构砌筑质量等。

② 动设备专业，如安装水平度等安装质量及单机试车情况，重点检查离心泵、压缩机、风机、带式运输机驱动装置及其他大型的重要动设备等。

③ 静设备专业，如卧式设备的水平度、立式设备的垂直度、现场组焊设备的材料质量、几何尺寸、无损检测、水压试验、盛水试验等。

④ 工艺管道专业，如管道组成件外观、材质及其他质量特性，管道焊缝外观质量，焊缝热处理，焊缝无损检测，无应力配管，支吊架安装质量，阀门试压，管道压力试验等。

⑤ 电气专业，应检查原来进场检验试验、高低压开关柜及变压器的安装、电缆桥架及电缆敷设、装置区动力配管、照明配管及照明灯具的安装，现场电气设备的接线和接地连接质量情况，防爆电气设备的安装和接线质量等。

⑥ 仪表专业，应检查仪表材料进场检验试验、仪表材料设备规格型号、现场仪表设备安装、DCS设备安装、仪表槽盒和电缆敷设、机柜间接地接入点、仪表设计选型、仪表调试等。

⑦ 无损检测专业，应根据压力等级定期或不定期地对现场设备、管道焊缝进行相应比例的抽检，并对重要的焊缝进行无损检测复位。

3. 工程资料方面

对施工组织设计、施工方案、监理规划、细则等计划类文件，对单位、人员的资质、测量仪器检定、机具合格证等施工资源符合性的证明文件，对进场材料、设备验收、复验以及施工过程记录、验收记录等记录类文件以及检测报告等进行检查。

就各专业具有专业特点检查项举例如下。

① 土建专业，如钢筋等原材料送检记录及试验报告、隐蔽工程记录和建筑工程分部分项验收记录等。

② 动设备专业，如设备开箱验收记录、设备基础交接记录、机器安装检验记录、垫铁隐蔽记录和二次灌浆记录等。

③ 静设备专业，如设备基础交接记录、设备安装检验记录、垫铁隐蔽记录、现场组焊设备组焊记录、焊缝检测报告等。

④ 工艺管道专业，如材质复验报告、焊接记录、焊后热处理报告及曲线记录、硬度检测报告、无损检测报告、隐蔽工程记录、阀门现场压力试验记录、管道试压记录等。

⑤ 电气专业，如电气试验设备仪器检定报告、电气设备安装记录、接地隐蔽记录、电气各类检试验记录等。

⑥ 仪表专业，如仪表设备安装记录、接地隐蔽记录、仪表各类检试验记录等。

⑦ 无损检测专业，如检测工艺卡、检测原始记录、检测回执等。

第五节 质量事故管理

一、质量事故的分类、调查和处理

工程质量事故，是指由于建设、勘察、设计、施工、监理等单位违反工程质量有关法律法规和工程建设标准，使工程产生结构安全、重要使用功能等方面的质量缺陷，造成人身伤亡或者重大经济损失的事故。它既可按造成损失严重程度分，又可按其产生的原因分。

1. 按事故造成损失程度分级

按住房和城乡建设部于2010年发布的《关于做好房屋建筑和市政基础设施工程质量事故报告和调查处理工作的通知》（建质〔2010〕111号），质量事故分为如下四级。

（1）特别重大事故

是指造成30人以上死亡，或者100人以上重伤，或者1亿元以上直接经济损失的事故。

（2）重大事故

是指造成 10 人以上 30 人以下死亡，或者 50 人以上 100 人以下重伤，或者 5000 万元以上 1 亿元以下直接经济损失的事故。

（3）较大事故

是指造成 3 人以上 10 人以下死亡，或者 10 人以上 50 人以下重伤，或者 1000 万元以上 5000 万元以下直接经济损失的事故。

（4）一般事故

是指造成 3 人以下死亡，或者 10 人以下重伤，或者 100 万元以上 1000 万元以下直接经济损失的事故。

2. 按质量事故产生的原因分类

（1）技术原因引发的事故

指由于设计、施工在技术上的失误造成的质量事故。

（2）管理原因引发的事故

指因管理上的不完善或失误引发的质量事故。

（3）社会经济原因引发的事故

指由于经济因素或社会弊端、不正之风在工程建设中产生的错误行为而造成的质量事故。

因住房和城乡建设部是在国家层面确定的事故等级，建设方常会根据自身情况确定内部质量事故级别，它当然要比前者严格得多。

对质量事故的调查和处理，要坚持"四不放过"原则，查清事故经过、原因和损失，判明事故性质，严肃责任追究，总结事故教训，落实整改措施。

由政府主导调查和处理的质量事故，建设方及其他各相关方有义务积极配合政府，其他由建设方自我划定的质量事故，建设方要在企业内部确定事故调查、处理的权限和对应责任，在相应发生事故后，按照事故等级根据相应的权限进行调查、处理。

二、预防质量事故的几项主要措施

要防止工程质量事故，除了采取强化质量意识、加强工程质量监管、加大处罚力度外，还需要进一步杜绝以下六类事情。

1. 违法发包或指定分包

由具备资质的施工承包商承担施工任务，既是《建筑法》的明确规定，也是保证工程质量的关键。但实际上，建设方往往违法发包或指定分包商，这又常使不具备资质的单位实际承担施工任务，这违反法律，也为工程质量事故播下了种子。

2. 任意缩短工期

为了使项目尽早投产，建设方往往违背客观规律，使确定的工期不切实际；或在合同签订和施工阶段，任意压缩工期。在这种情况下，施工承包商不得不打破正常的施工工序，相应的质量管理或质量监管又跟不上，致使质量失控，或为了保证工期干脆降低质量标准，监理迫于建设方的压力也只能放任不管，最终导致工程质量事故的发生。

3. 严重拖欠工程款

如果严重拖欠工程款，施工承包商就可能无足够的垫资能力，从而无法按期支付材料费和人工工资，自然就难以采购到合格的材料和选择合格的施工队伍，进而不得已采购劣质材料和选择不合格施工队伍，由此为工程质量留下重大隐患。

4. 收受贿赂等腐败行为

收受贿赂等腐败行为与工程质量事故形影相随。建设方有关人员收受贿赂后，必然对不具备资质的单位承接工程、使用不合格的材料、降低工程质量标准等视而不见，其对工程质量的危害不言而喻。

5. 委托不合格的勘察、设计等单位

工程质量事故的发生，不一定是施工单位的原因。如果建设方委托了不合格的勘察、设计等单位，勘察设计文件就难以保证质量，这也就极大增加了导致工程质量事故的风险。

6. 违反工程建设基本程序

违反工程建设基本程序，如图纸未经审查就用于施工、不提供完整准确的地下管线资料、未经竣工验收就交付使用等行为，危害极大。因为这些程序对保证工程质量具有重要的意义，违反这些程序，就意味着为工程质量事故埋下了隐患。

第十二章

项目技术和设计管理

第一节 煤化工项目设计管理的机构设置和职责划分

一、设计管理组织机构设置

（一）设计管理组织机构设置原则

由于大型现代煤化工项目具有投资规模大、建设周期长、装置多、工艺流程长、专业技术性强等特点，因此其项目管理组织机构多采用矩阵制组织结构，如第二章图 2-1 所示。近年来也有部分项目采用职能制组织结构，但无论采用哪一种，大型现代煤化工项目均会设置负责牵头设计管理的职能部门。在不同项目中，该职能部门的名称可能会有所不同，如技术管理部、设计管理部等，但其所负责的设计管理职责和工作内容基本一致。本节将以设计管理部作为设计管理职能部门的名称，对矩阵制组织机构中的设计管理组织机构设置原则和设计管理职责划分原则进行介绍。

设计管理部主要职责和工作内容为编制、维护和监督执行项目设计管理程序文件和工程统一规定，确定项目执行的标准和规范，牵头项目设计管理工作，负责项目全厂性和系统性协调管理，为（以下简称为"设计经理"）项目组提供技术支持和设计工作。设计管理部一般设置部门经理、区域设计经理、专业负责人（专业工程师）等岗位；对于设计协调工作量大、项目管理人员来源复杂的项目，可设置部门副经理的岗位；典型的设计管理部组织机构见图 12-1。

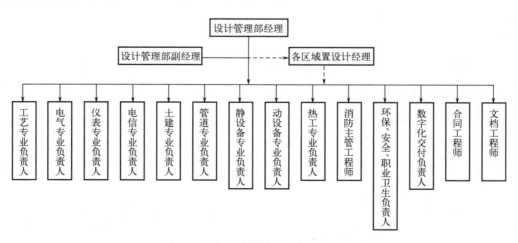

图 12-1 典型的设计管理部组织机构

设计经理在设计管理部经理、项目组经理双重领导下，全面负责所管理装置各阶段的设计管理和组织协调工作。设计经理岗位的设置需综合考虑项目装置组成情况、项目组设置等因素综合确定，一般情况下针对每个项目组设置一名设计经理。当某个项目组负责管理的装置数量多、专业跨度大时，可设置两名设计经理，或设置一名设计经理和一名设计副经理。

项目前期阶段、总体设计和基础设计阶段，各设计经理由设计管理部统一管理；项目详细设计阶段，设计经理隶属项目组管理，业务上由设计管理部指导、支持和监督。由于煤化工项目建设周期长、装置组成多的特点，不同装置基础设计、详细设计存在同时交叉进行的情况，因此设计经理一般同时开展某个装置的基础设计管理工作和其他装置详细设计管理工作。

专业负责人负责编制、维护和监督执行本专业工程统一规定，确定本专业执行的标准规范，处理本专业重大技术问题，并为项目组提供技术支持。对于土建、管道、仪表、电气等主要专业，项目组需配备专业工程师，具体负责本项目组内的专业技术管理和设计管理；对于暖通、电信等辅助专业，可由设计管理部专业负责人兼作项目组专业工程师，代表项目组开展相应工作。

（二）主要设计管理人员典型岗位职责

1. 设计管理部经理

设计管理部经理全面主持设计管理部的工作，其典型岗位职责包括以下内容。

负责组织编制维护项目设计管理程序文件、工程统一规定、设计基础和设计标准规范清单。

负责组织开展项目前期、总体设计阶段工艺包设计，基础设计阶段的设计组织、协调与管理工作，指导、监督和协调项目组开展详细设计阶段的设计协调和管理。

负责组织项目设计拿总协调管理，做好全厂总体性和系统性设计的协调和管理工作，做好全厂系统与装置间界面、各装置间界面协调管理。

负责组织自采的长周期设备及设备材料保护伞协议或框架协议的采购技术文件编制工作。

负责组织开展重要技术方案的研究比选、重要技术问题处置工作。

2. 设计经理

设计经理全面负责所负责区域的工艺包设计，基础设计阶段、详细设计阶段的设计管理和设计组织协调，其典型岗位职责包括以下内容。

项目定义阶段，负责管理所负责区域的专利商、总体设计单位、基础设计单位，并负责相关的设计管理及设计组织协调。

项目执行阶段，全面负责所负责区域的详细设计进度管理、质量管理、设计变更管理等，组织协调项目组详细设计单位（包括 EPC 承包商，以下除非特别说明都是如此）开展详细设计工作。

审核各设计单位提交的项目设计进度计划，跟踪、检查设计进度执行情况。

审查所负责区域设计输入是否符合合同规定的相关要求，监督设计单位严格执行建设方工程技术统一规定，检查设计单位质量体系文件的执行和运行的有效性。

组织开展所负责区域的设计审查，组织开展所负责区域相关技术方案的研究比选、处理技术问题。

协调管理所负责区域与全厂系统、其他区域间的界区接口设计条件。

3. 专业负责人

专业负责人是项目部内部所负责专业技术管理的组织者和第一责任人，其典型岗位职责包括以下内容。

负责项目工程统一规定本专业部分的编制、维护和解释工作，编制并及时更新维护本专业项目需执行的设计标准规范清单，并及时更新维护，编制、维护项目设计基础中本专业相关内容。

负责项目工程设计界面分工并协调本专业部分的编制和解释工作，组织协调各设计单位对接所负责专业的设计接口条件，对本专业全厂系统与装置之间、装置与装置之间设计界面、设计接口条件进行管理和维护；

组织编制并审核本专业的自采长周期设备、保护伞协议或框架协议的采购技术文件，主持相关技术协议谈判。

组织讨论确定本专业技术方案，处理本专业重大技术问题和重大设计变更，从技术角度管理、指导和支持各专业工程师、各项目组。

二、设计管理职责划分

项目前期阶段，尤其是项目立项、可研阶段，一般先不组建项目管理组织机构，或在项目通过备案或核准后再组建，此前由项目前期工作小组负责项目事项，它也统一负责包括项目立项文件、可研报告及相关前期附属报告编制的相关管理工作。如在项目前期阶段，已建立了项目建设组织机构，则由设计管理部负责项目前期附属报告编制管理工作。而为保证项目设计管理、技术管理的延续性和系统性，项目前期工作小组的主要技术管理人员将转为设计管理部的专职或兼职人员。

在采用矩阵制组织结构的现代大型煤化工项目上，项目定义阶段即详细设计之前和执行阶段的设计管理主体分别为设计管理部、项目组。项目定义阶段，设计管理部负责总体设计、工艺包（专有技术）设计、基础设计的设计管理主体为设计管理部，并负责编制项目设计管理程序文件、工程统一规定、设计基础等项目设计管理制度性或基础性文件。项目执行阶段，各区域设计管理主体为各项目组。

设计管理部作为项目设计管理的职能部门，同时也是项目定义阶段设计管理的主责部门，其典型职责主要包括以下内容。

负责编制维护项目设计管理程序文件、工程统一规定、设计基础、设计标准规范清单等项目设计管理制度性或基础性文件，并负责项目执行过程中的具体应用和相关解释。

负责项目前期附属报告，总体设计，工艺包（专有技术）设计，基础设计的组织、协调与管理工作，包括设计单位的选择，以及设计进度管理、质量管理等各项管理工作。

负责在项目执行阶段对项目组的设计管理工作予以支持、指导、协调和监督。

负责项目各阶段设计拿总协调管理，包括全厂总体性和系统性设计的协调管理、全厂系统与装置间界面、各装置间界面协调管理。

负责组织项目前期附属报告、总体设计、基础设计的各级审查和报批工作，统筹并指导、监督项目组就各装置详细设计开展由政府或第三方进行的专项审查。

负责项目岩土工程勘察的组织与管理工作。

负责组织与管理长周期设备、设备材料保护伞协议或框架协议采购技术文件的编制。

负责组织开展项目各装置 HAZOP 分析、SIL 分析，协助和督促项目组组织开展 HAZOP 建议措施的落实和 SIL 验算工作。

负责制定数字化交付标准和实施方案，指导和监督项目组组织承包商开展数字化交付工作。

负责在项目前期阶段、项目定义阶段落实项目安全、环保、职业卫生、消防"三同时"相关要求，指导和监督项目组在项目执行阶段落实"三同时"相关设计要求。

负责组织研究确定重要技术方案，组织处置项目重大技术问题，审查或上报重大设计变更。

项目组作为项目执行阶段设计管理的内部责任主体，其设计管理典型职责主要包括以下内容：

负责选择、管理和协调装置详细设计单位；

负责详细设计阶段设计进度、设计质量、设计界面等所有方面的设计管理；

负责在详细设计阶段组织落实安全、环保、职业卫生、消防"三同时"要求；

负责在项目统筹安排下，就详细设计组织开展由政府或第三方进行专项审查；

负责组织 SIL 验算工作，组织在详细设计阶段落实 HAZOP 分析建议措施；

负责组织详细设计单位开展设计服务和技术服务工作，处理采购阶段、施工阶段和试车阶段暴露的设计问题和技术问题；

负责设计变更管理，对于重大设计变更，按程序提报设计管理部；

负责数字化交付、竣工图编制的组织协调和管理工作；

负责处置技术问题，对于重要技术问题，按程序提报设计管理部。

第二节 工程勘察管理

对于现代煤化工项目来说，需进行的工程勘察一般包括岩土工程勘察和水文地质勘察、地形测绘。其中的水文地质勘察主要用于编制地下水环境影响评价报告，一般只有厂址环境水文地质条件复杂、缺少可利用资料且生态环境部门或环评单位有特殊要求的项目才做。因此本节重点讲另两类勘察。

一、岩土工程勘察

（一）岩土工程勘察主要工作内容

岩土工程勘察是根据建设工程的要求，查明、分析、评价建设场地的地质环境特征和岩土工程条件，编制勘察文件的活动。根据勘察工作深度和目的不同，岩土工程勘察可分为可行性研究勘察、初步勘察、详细勘察三个阶段。

可行性研究勘察是指为了满足项目厂址方案选择、可行性研究的需要而进行的岩土工程勘察。其主要任务是分析场地的稳定性和适宜性，明确选择场地方位或应避开的地段，根据拟建项目特点进行选址方案比较、明确最佳厂址方案。

在项目厂址选择或可行性研究阶段，应优先搜集拟选厂址所在区域或邻近区域既有岩土勘察类资料，如厂址选择咨询单位或可研报告编制单位确认这些资料能满足其要求，则可不再进行此类勘察，否则，则需在厂址选择或可行性研究工作早期阶段组织开展此类勘察。

初步勘察是指为了满足基础设计阶段地基基础及地下设施设计、可能的场地平整及全厂地基预处理设计和施工方面的需要而进行的岩土工程勘察。其主要任务是评价拟建场地的稳定性，为确定和优化总平面布置、主要建构筑物地基基础方案提供建议，为不良地质作用的防治方案提供依据，提供地基岩土的承载力和变形参数范围值，初步评价地下水对工程建设的影响。

初步勘察一般在可研报告获得批准后、基础设计启动前完成，具体时间安排需综合考虑项目基础设计、场平及地基处理进度要求确定。原则上，初步勘察资料的搜集或者岩土工程勘察工作由建设方负责，基础设计单位负责对所搜集勘察资料的确认，或提出勘察技术要求与钻孔布置建议图，并对勘察报告提出意见。但在一般情况下，由项目拿总设计单位提出包括勘察布孔图、勘察技术要求在内的初步勘察任务书，由建设方委托具有资质的勘察单位开展初步勘察工作，并由项目拿总设计单位对勘察报告进行审查确认。

详细勘察是指为了满足详细设计阶段地基基础及地下设施设计、施工方面的需要而进行的岩土工程勘察。详细勘察的主要任务是按单体建构筑物或建构筑群提出详细的岩土工程资料和设计、施工所需的岩土参数，对建筑地基做出岩土工程评价，并对地基类型、基础形式、地基处理、基坑支护、工程降水和不良地质的防治等提出建议。

详细勘察需根据项目各装置基础设计实际进度情况和详细设计、地基处理、桩基及基础施工进度计划安排分区域、分批次开展。

对于采用EPC合同模式的，为了确保EPC承包商选定后可以立即开展详细设计工作，一般由建设方在基础设计阶段选择一家详细设计勘察单位，并分区域、分批次地组织开展相应的详细勘察。当装置基础设计阶段的建构筑和主要设备布置位置、建构筑和主要设备荷载、建构筑物柱网布置等基本确定后，可由基础设计单位提出包括勘察布孔图、勘察技术要求在内的装置详细勘察任务书。在EPC承包商招标时，将经基础设计单位审查确认的详细设计勘察报告作为EPC招标文件附件，并明确由EPC承包商负责后续必要的补充勘察。

对于采用E＋P＋C合同模式的，如基础设计、详细设计由不同设计单位负责，且选定详细设计单位的时间比较早，可由详细设计单位提出详细勘察任务书，并对勘察报告进行审查确认。如选定详细设计单位的时间比较晚，或基础设计、详细设计由同一家设计单位负责，可由基础设计单位在基础设计阶段提出详细勘察任务书，并对勘察报告进行审查确认。详细设计单位选定后如提出需要补充勘察，则由详细设计单位编制补充勘察技术要求，由建设方组织开展补充勘察。

由于可行性研究勘察、初步勘察、详细勘察的时间跨度比较大、前期难以准确预估勘察工程量等原因，一般以三个勘察合同的形式分别进行委托。但如果建设方内部对签约合同价款与实际合同结算金额间的差额无严格要求，也可以一个勘察合同的形式委托勘察单位负责整个项目的初步勘察和详细勘察工作。

（二）岩土工程勘察管理职责划分原则

岩土工程勘察主要工作量体现在现场勘探、测试和室内土工试验阶段，其中的现场勘探、土工试验管理内容、管理重点等与施工管理相类似，由于设计管理人员大多缺少现场管理经验或相应能力，一般由施工管理部作为勘察合同的执行部门，负责组织和管理勘察单位开展现场勘探、原位测试、室内土工试验、勘察报告编制及归档等工作。设计管理部负责编制勘察招标文件中的勘察技术要求、组织设计单位编制勘察任务书、审查确认勘察报告，并按相关规定将勘察报告提交第三方审图机构审查。

二、地形测绘

由于项目可行性研究、基础设计对地形图要求的比例不同，因此地形测绘一般分为两阶段，分别在项目可行性研究阶段和基础设计阶段完成。对厂址基本确定且项目获批可能性较大的项目，也可在可行性研究阶段按照基础设计地形图要求的比例一次性完成地形测绘工作。

可行性研究阶段地形测绘应满足厂址选择、环境影响评价工作等需要。用于厂址选择的地形图一般为（1∶5000）～（1∶10000），应涵盖所有与选址有关的设施，如厂外的渣场、煤矿、铁路、公路、厂外栈桥、供电线路、管线等。用于环境影响评价的地形图一般为（1∶25000）～（1∶100000），至少覆盖环境评价的区域范围。可行性研究阶段的地形图资料优先向当地测绘部门购买获得，所购资料应确保已按有关规定及时更新，测绘时间之后区域没有发生自然灾害或者基础设施的变化，能真实反映项目所在区域的实际情况，否则，应另行专门委托具备资质的测绘单位进行测绘。

基础设计的地形图需满足总图基础设计、场平施工图设计和施工方面的需要。本阶段完成的地形图应同时满足基础设计、详细设计及竣工验收工作需要，比例一般为（1∶500）～（1∶1000）。

通常，由建设方分别委托具备测绘资质的测绘单位开展可行性研究阶段地形测绘、基础设计阶段地形测绘工作。对于由专业设计咨询单位负责厂外公路、厂外铁路、厂外栈桥等厂外工程专项可行性研究、基础设计的项目，相关厂外工程的地形测绘工作可纳入相应可行性研究、基础设计合同，由相应专业设计咨询单位负责完成。

第三节　设计阶段划分及各阶段主要工作

一、设计阶段划分

目前，我国大部分行业的基本建设项目设计工作都分为初步设计、施工图设计两个阶段。其中，初步设计阶段的成果文件主要作为编制施工图设计的输入文件，并用于建设方内外部审批；施工图设计阶段的成品文件主要用于设备材料采购、非标准设备制作和工程施工，对于民用建筑项目，在初步设计之前还需开展方案设计，其成果文件用于办理项目报批报建手续。

20世纪80年代之后，我国陆续引进了多个采用国外先进技术的大型石油化工项目，但传统的初步设计在设计内容和深度方面均无法满足大型石油化工项目的管理要求，其留下的不确定性对项目的进度和投资影响较大，给施工图设计带来较多的重复返工。为此，石油化工行业参照国际常规做法，将大型石油化工项目的设计工作划分为工艺包设计、总体设计、基础设计、详细工程设计四个阶段。由于现代煤化工项目特点与大型石油化工项目非常类似，因此其设计工作一般也据此划分为工艺包设计、总体设计、基础设计、详细设计四个阶段。

工艺包设计、总体设计、基础设计、详细设计四个阶段设计合理交叉，形成的文件构成了一个整体。工艺设计包作为技术载体确保技术来源和技术的可靠性，总体设计提供项目全厂性、系统性设计方案，基础设计提供专业技术方案并实现工程化，详细工程设计则用于工程建设实施。

二、工艺包设计阶段

工艺包设计阶段是有编制工艺包需求的工艺装置或特殊公用工程所特有的设计阶段。从大型煤化工项目整体角度来看，并没有一个专门的工艺包设计阶段，而是在项目总体设计阶段平行开展工艺装置工艺包设计。

工艺包设计一般由提供生产工艺专利技术或专有技术的专利商负责完成，工艺设计包作为该阶段设计成果，是相应装置基础设计的设计输入。工艺设计包一般包括以下主要内容：设计基础；工艺说明；物料平衡；原料、催化剂、化学品、公用工程及能量消耗；界区条件表；安全、环保、职业卫生说明；分析化验项目表；工艺管道及仪表流程图；建议的设备布置图及说明；工艺设备表、工艺设备说明及数据表；仪表索引表、主要仪表数据表、联锁说明；特殊管道材料等级规定、特殊管道索引表、特殊管道附件数据表；主要安全泄放设施数据表；有关专利文件目录；有关专利或专有手册。此外，还可根据项目具体情况确定是否需要专利商编制工艺手册、分析化验手册。

三、总体设计阶段

总体设计的主要目的是在可行性研究基础上进一步优化石油化工大型建设项目的工厂总平面布置，优化公用工程系统和辅助设施的设计方案，提高投资效益，以从总体设计角度保证项目总定员、总进度和总投资目标的实现，并确保项目满足安全、环保和职业卫生的要求。

总体设计文件应根据批复的项目申请报告或可研报告编制。它一般是在工艺生产技术路线已经基本确定、项目获得核准（或备案）批复或可行性研究获批之后开始，在各工艺包或等同工艺包设计文件完成后交付。

总体设计须完成"一定""二平衡""三统一""四协调"和"五确定"的工作。一定是定设计主项和分工；二平衡是全厂物料平衡、全厂燃料和能量平衡；三统一包括统一设计原则（工厂设计水平、工厂管理体制、信息管理水平、公用工程设置，节能减排、环保、安全和职业卫生等原则），统一技术标准和适用法规要求，统一设计基础（如气象条件、地质条件、公用工程设计参数、原材料和辅助材）；四协调包括协调设计内容、深度和工程有关规定，协调环境保护、安全设施、职业卫生、节能减排和消防设计方案，协调公用工程、辅助生产设施设计规模，协调行政生活设施；五确定包括确定总工艺流程、确定总平面布置、确定总定员、确定总投资、确定总进度。

四、基础设计阶段

基础设计主要目的是确保项目建设落实总体设计"一定""二平衡""三统一""四协调"和"五确定"的内容，确定项目专业技术方案和实现工程化，满足建设方内外部审批要求，为提高工程质量、控制工程投资、确保建设进度提供条件。其设计文件深度应满足建设方内外部审查、长周期设备和保护伞协议或框架协议采购、EPC 承包商招标、工程物资采购准备和施工准备的要求，并满足作为详细设计依据的要求。

基础设计文件按照编制对象分为设计主项和项目整体两个层次。项目范围内的工艺装置、公用设施、辅助设施、厂外工程等所有设计主项，均需作为独立的编制对象编制基础设计文件，即设计主项基础设计文件。设计主项基础设计应明确设计主项范围内的总平面布置、各专业技术原则、技术要求、设计方案和主要工程量，主要界区接点条件、工程概算、工程进度的初步安排以及存在的问题和建议。设计主项基础设计文件由文字说明、表格、图纸组成，对于工艺装置和主要公用工程，还需编制安全设施设计专篇、环境保护设施专篇、职业卫生专篇、节能专篇、消防设计专篇、抗震设防专篇等六大基础设计专篇。

在设计主项基础设计文件编制完成的基础上，还需以项目整体为对象编制总体性基础设计文件。总体性基础设计文件一般由项目基础设计总说明、六大专篇总说明等文件组成。

项目基础设计总说明由文字说明、图纸、表格组成，一般包括以下主要内容：项目组成；项目建设规模及产品方案；项目原料、燃料供应情况；全厂总工艺流程；全厂总平面布置；主要公用工程、辅助设施与厂外工程设计方案；全厂系统管廊、全厂给排水系统、全厂供电系统、全厂自动化控制系统、全厂电信系统、全厂信息化系统等各类全厂性系统方案；全厂物料平衡、全厂蒸汽平衡、全厂水平衡、全厂典型元素平衡等各类全厂性平衡；全厂管理体制和总定员；项目安全、环保、职业卫生、节能、消防设计情况；项目主要技术经济指标；项目总概算；对总体设计的重大修改。

六大基础专篇总说明由文字说明、图纸、表格组成，从项目整体角度对项目安全、环保、职业卫生、节能、消防、抗震的设计内容和设计情况进行说明，并对未单独编制相应专篇的公用工程和辅助设施的安全、环保、职业卫生、节能、消防、抗震设计情况进行详细说明。

五、详细设计阶段

详细设计的目的是按照确定的技术方案和原则，绘制设计图纸，编制安装要求、主要设备技术要求、设备材料表，明确检验和验收标准，以满足工程物资采购、设备制造与安装、材料预制与安装、装置投料与试车的要求。

详细设计文件一般以设计主项为对象编制，是在基础设计的基础上进行补充、修改和完善，由文表类文件、图纸两类文件组成。不同专业的设计文件组成差别较大，但一般均包括文件目录、说明书、设备表、材料表等文表类文件和各类平面布置图、安装图等图纸类文件。除静设备专业外，详细设计阶段各专业计算书一般仅作为设计单位设计、校审使用的内部资料，不作为详细设计文件的组成内容。

详细设计文件设计内容应充分表达各专业设计意图，实现专业间的统一、一致，其深度需满足通用材料采购、设备订货和制造、工程施工及装置投产运行的要求。

在此阶段，设计单位在编制详细设计文件的同时，另一项重要工作是编制设备材料采购技术文件、参与主要设备材料技术协议谈判。

第四节　煤化工项目设计管理的几个主要方面

一、设计界面管理

设计界面管理贯穿项目定义阶段、执行阶段全过程，一般由设计管理部在项目定义阶段初期编制《设计界面分工及协调原则》，对全厂系统与装置之间，装置与装置之间的管廊、道路和人行道、地上及地下管道、仪表工程、电气工程、电信工程、输煤设施等设施、专业及专项工程的设计界面分工原则予以明确，并作为项目设计界面管理与协调的基础性文件，它也是作为承包商招标文件之一而成为界定各承包商工程范围的重要依据。

一般情况下，由设计管理部安排专人负责相关专业设计界面管理和协调工作，项目拿总设计单位负责全厂系统与各装置之间设计界面日常管理和协调工作，区域设计经理具体负责所辖主项的设计界面管理和协调工作。必要时，详细设计阶段可指定区域拿总单位，由区域拿总单位负责该区域内的装置与装置之间的界面设计条件管理和协调工作。

设计管理部在组织、督促拿总设计单位进行设计界面管理的同时，可不定期对拿总设计单位工作情况进行检查，对拿总设计单位设计界面管理相关文件进行审查，以确保对全厂系统与各装置之间的设计界面得到有效的协调管理。在项目各个设计阶段，设计管理部需组织召开拿总设计单位和各装置院的设计界面协调会议，及时对接全厂系统与装置之间、装置与装置之间设计条件，并有计划、分阶段地对各设计院进行界面检查与协调，积极落实和解决设计院之间涉及设计界面的相关问题。

二、设计技术管理

1. 工程统一规定

由于现代煤化工项目装置多、所涉及工程种类多，致使设计单位数量多，设计单位资质、业绩差别大，建设方通常会制定项目工程技术统一规定，以明确各专业基本设计原则和技术标准，并统一各装置建设标准。

项目工程统一规定通常由建设方或由拿总设计单位按建设方要求编制。项目工程统一规定一般需在总体设计阶段编制完成并发布实施。为了减少 EPC 合同变更，一般在 EPC 承包商招标之前"冻结"工程统一规定内容。

原则上，工程统一规定不应照搬国家、行业标准规范，而应在其基础上，结合自身以往项目经验、项目实际情况制定有针对性的标准和要求，达到为项目建设明确标准、统一标准、制定标准的目的。同时也要注意，工程统一规定不应过度提高技术标准和技术要求，以免由于质量过剩造成无效投资。

国家、行业标准规范中按执行要求严格程度有一些带有"宜"、"可"的条款，为避免由于不同设计单位对此类条款执行情况不同造成设计标准不一致，工程统一规定需根据项目具体情况将部分此类条款明确为"应"。

不同的国家、行业标准规范就同一个事项会出现要求不一致的问题，而不同设计单位根据设计习惯可能会选择执行不同的标准规范，就此，工程统一规定需在满足国家强制性标准要求的前提下，统一技术标准或技术要求。

对于标准规范未囊括而建设方认为有必要明确的技术标准和技术要求，需在工程统一规定中制定具体的标准和要求，作为项目标准要求各设计单位统一执行。

2. 技术问题处置

与设计相关的工程技术问题，通常根据重要程度、影响范围被划分为不同等级后实施分级管理，一般可划分为一般技术问题、重大技术问题、特别重大技术问题三个等级。

可在项目组范围内解决或确定，仅会对单个装置或仅对已施工工程、已订货制造设备材料产生局部影响，但不致引起进度不可逆延误的技术问题，可划为一般技术问题。可能对单个装置工程设计的系统性方案造成影响，可能引起单个装置主要施工方案的重大修改，可能对已施工工程或已订货制造设备材料产生较大影响，对非关键路径建设进度造成不可逆延误的技术问题可划为重大技术问题。可能对多装置工程、多专业工程系统性方案造成影响，可能引起多装置主要施工方案的重大修改，可能对若干已施工装置或已订货制造设备产生重大影响，对关键路径建设进度造成不可逆延误的技术问题可划为特别重大技术问题。

项目定义阶段和执行阶段的技术问题分别由设计管理部、项目组进行识别和分级。对于一般技术问题，由设计经理组织相关单位研究确定技术方案并实施。对于重大或特别重大技术问题，由设计管理部经理组织设计管理部相关专业负责人、相关项目组和职能部门进行研究比选，必要时可邀请外部专家组织专家论证研究，形成包括技术、投资、进度等各方面内容（宜为两个或两个以上的推荐方案），报建设方相关决策机构决策。对于特别重大技术问题，根据不同企业的管理要求，可能还需报建设方上级单位决策。

三、设计"三同时"管理

建设项目"三同时"通常指建设项目安全设施、职业病防护设施、环保设施、消防设施必须与主体工程同时设计、同时施工、同时投入生产和使用。

项目前期阶段，建设方组织编制环境影响报告书/表、安全预评价报告、职业病危害预评价报告。其中，环境影响报告书报生态环境部门审查批准，安全预评价报告报应急管理部门审查批准；职业病危害预评价报告由建设方自行组织专家评审，通常会邀请职业病防治主管部门参加专家评审。

基础设计阶段，各设计单位根据相关法律法规和标准规范、环境影响报告书/表及批复文件、安全预评价报告及批复文件、职业病危害预评价报告开展基础设计，并形成安全设施设计（安全设施设计专篇）、职业病防护设施设计（职业卫生专篇）、环境保护专篇、消防设计专篇等设计文件。其中，安全设施设计报应急管理部门审查批准；职业病防护设施设计由建设方自行组织专家评审，通常会邀请职业病防治主管部门参加专家评审。消防设计专篇，建设方可在此阶段组织项目消防设计专家研讨会暨审查会，通常邀请业内专家、地方消防设计审查主管部门组成专家组，避免详细设计阶段消防设计审查提出消防设计系统性、方案性调整的审查意见。

详细设计阶段，各设计单位需在各专业详细设计文件中严格落实环境影响报告书/表及环评批复、安全预评价报告及安评批复、安全设施设计及批复文件、职业病危害预评价报告、职业病防护设施设计、环境保护专篇、消防设计专篇的各项要求。现代煤化工项目属于建设生产、储存、装卸易燃易爆危险物品工厂的特殊建设工程，建设方需将详细设计文件报消防设计审查主管部门进行消防设计审查。由于现代煤化工项目建设周期长、装置组成多，建设方通常根据各装置详细设计进度，分批次向消防设计审查主管部门报审。

项目建设过程中，由于种种原因常常会在项目前期阶段基础上进行一些调整、变动，相关调整、变动发生后，需及时辨别、判定是否构成环境影响评价、安全预评价、职业病危害预评价重大变动或变更，如构成重大变动或变更，就需及时组织开展相关变更工作。

四、设计变更管理

设计变更一般指对已出版的详细设计文件进行的修改、完善、优化，包括设计变更单、设计文件升版两种变更方式。设计变更单除对设计更改的内容进行说明外，还需描述设计变更原因，变更内容是否已完成施工，变更可能对投资或合同价格造成影响，变更可能对进度造成的影响等内容。当设计变更内容较多，或采用设计变更单形式不易表达变更内容时，设计单位可以设计文件升版的方式进行设计变更。

根据造成变更的原因不同，可将设计变更分为设计原因变更和非设计原因变更。造成设计变更的设计原因主要包括：原设计存在错误、矛盾、漏项或不完善的情况；原设计其他专业发生设计调整所致；政府或第三方专项审查意见。造成设计变更的非设计原因变更主要包括：国家法规或标准规范发生改变；全厂系统或其他装置的设计条件发生调整；设计单位负责的设计范围、内容发生改变；工程采购或到货设备、材料安装方式与原设计不符；工程安装材料代用建议；根据施工承包商提供的技术核定建议采取设计调整措施；建设方的改进建议。

设计变更一般需遵循以下几项原则：设计变更应有利于项目长期、安全、稳定运行和便于操作及维护，避免锦上添花；对于重大设计变更，要按照"先批准、后变更，先设计、后实施"的原则，严格按照"提议、批准、设计、实施"的程序进行；对于采用 EPC 合同模式的主项，设计单位发出的设计变更原则上不得降低质量标准，不得违反合同约定的质量要求；对于采用 E＋P＋C 合同模式的主项，设计单位应按照合同约定的质量要求，不得擅自提高质量标准。

重大设计变更需按照相关程序通过建设方及其上级单位的各级审批后，再实施变更设计。一般情况下，以下几类设计变更属于重大设计变更：对基础设计批复已确定的建设规模、技术标准、工艺方案等进行重大调整的；一次增加投资在一定数额以上的（或累计达到项目投资概算一定比例）的设计变更；在批准的基础设计及概算范围外新增建设内容的设计变更。

对于采用不同合同模式的主项，建设方设计变更过程管理的重点也有所区别。如采用 EPC 合同模式，项目组一般只重点管理可能改变原设计工程质量标准的设计变更、可能造成合同变更的设计变更，对于其他变更了解、备案即可。若设计变更引起或导致 EPC 合同工作范围、工作内容、工作标准发生变化，在合同费用、工程进度等方面可能引起合同变更的，项目组应及时按项目合同变更规定履行合同变更审批手续。如采用 E＋P＋C 合同模式，项目组一般需参照详细设计审查的原则和审查的重点审查设计变更，并会签设计变更文件。

五、设计交底及设计现场技术服务

1. 设计交底

设计交底包括基础设计交底和详细设计交底，其中详细设计交底是建设方设计交底管理的重点。基础设计交底指基础设计单位在建设方选定详细设计单位后，就其负责的相关主项基础设计向后者进行技术交底，就其对基础设计阶段相关计算、调研等提出的资料需求予以支持，并在必要时对有关基础设计文件进行完善或补充。

详细设计交底指由设计人员向施工承包商、监理等介绍说明详细设计文件组成内容、设计意图、施工验收应遵循的规范以及施工过程中需重点关注事项，并解答施工单位提出的问题，以帮助对方加深对详细设计文件的理解、掌握关键工程部位的质量要求。详细设计交底一般以设计交底会的形式开展，项目组、监理、EPC 承包商、施工承包商相关技术人员参加。采用 E+P+C 合同模式的主项，交底由项目组组织，采用 EPC 合同模式的主项，交底由 EPC 承包商组织。

与大型石油化工项目一样，大型煤化工项目各主项的详细设计多也是按专业、分类、分版次完成且是分批次交付的，因此在不影响施工工作情况下，每个主项一般需分专业、分阶段组织开展多次详细设计交底。项目组设计经理就此需加强过程追踪管理，以持续确认设计交底工作的进展及完成状况。当然，对于设计内容较简单、涉及专业较少的主项，在具备条件时也可组织一次会议对所有专业详细设计文件进行设计交底。

设计交底人员必须是承担本项目设计工作的设计人员，必须熟悉相关的设计文件和设计采用标准规范。详细设计交底时，设计交底人员应向建设方专业工程师、监理工程师及施工单位技术人员介绍所负责专业的设计范围、设计意图、设计文件的组成和查询方法、主要工程量、工程特点、执行的标准规范、与外界的交叉及衔接、内部专业的交叉及衔接、需要通过设计图纸升版补充的内容、设计遗留问题或待现场解决问题的说明、对施工的特殊要求等事项。

详细设计交底需在现场施工前进行，可单独组织开展，也可与施工图纸会审合并开展。为保证交底和会审效果，会前项目组、监理、EPC 承包商、施工承包商相关技术人员应针对以下方面，提前熟悉设计文件，并形成问题清单：设计文件是否齐全并表达清晰，是否存在矛盾、错误或遗漏；采用的标准、规范是否充分和明确；设计内容深度能否满足施工需要；是否存在施工难题或新技术、新材料的应用，是否需要采取特别质量控制或安全措施。在施工图会审后，对于各方参加人员提出并需设计解决的问题，在设计逐条处理或答复后，由组织单位据此形成"图纸会审纪要"，经所有参会方会签后发布。

2. 设计现场技术服务

设计现场技术服务主要指设计人员在项目现场为施工提供技术支持、解决现场发现的设计问题和技术问题、现场处理设计变更、配合开车及试生产、配合项目验收等各类技术服务。

对于采用 EPC 合同模式的，设计现场技术服务属于 EPC 承包商内部工作。EPC 承包商根据项目现场实际需求，合理安排其相关专业设计人员阶段性派驻现场进行施工、调试、试运的技术支持或技术指导，及时解决施工、调试、试运过程中发现的各类设计问题。

对于采用E＋P＋C合同模式的项目，由详细设计单位按照合同要求为建设方提供相关设计现场技术服务。因此，建设方需在详细设计合同中明确现场技术服务的内容、人员要求、期限等各项要求，重点是对设计现场服务人员的专业、数量、工作经验提出具体要求。

对于现场施工周期较长、建设内容较复杂的项目，需要详细设计单位在施工阶段派遣一名设计总代表常驻项目现场。设计总代表作为设计现场技术服务的牵头人，与建设方设计经理对口联系，并根据现场需要或建设方要求协调安排专业设计代表到场提供现场技术服务。

六、专利商选择及管理要点

在项目可研报告编制过程中，可研编制单位一般会结合以往项目经验，与建设方研究共同确定项目的产品方案、工艺路线、工艺技术类别，并根据项目的特点，结合可能选用的各专利技术的设计基础，推荐拟作为可研报告编制基础的专利技术清单。

可研报告编制完成后，即可开展部分专利技术选择的准备工作，并待可研批复后正式启动专利技术的选择工作。待进一步确定了各个装置的规模和输入、输出条件后，就具备了专利技术招标技术文件的编制基础。

在编制专利技术招标技术文件之前，通常需要与潜在专利商进行技术交流。交流前编制交流提纲，交流后编制交流技术总结，并编制初步的专利技术比选报告，为编制招标文件提供依据。编制专利技术招标技术文件的依据通常包括：可研报告、设计基础、项目进度计划、招标技术文件的常用模板、合同技术附件的常用模板、工艺包的深度要求、项目经验等。

专利技术招标通常采用两阶段招标的形式，即各潜在专利商先提交技术标书，建设方与各投标人就其技术标书进行技术澄清（这也被称为"技术谈判"），双方基本达成一致意见后投标人再提交带投标报价的商务标书。

在第一阶段，建设方在收到技术标书后，一般需用一周的时间对其熟悉、分析和评估，并整理出技术澄清主要问题清单，为技术澄清做好准备工作。在技术澄清前，还要确定建设方、基础设计单位参加技术澄清的各专业人员和其中的主谈人。技术澄清需根据澄清情况组织二至三轮，每轮都应形成谈判会议纪要，并由专利商根据澄清情况调整技术标书。当建设方分别与各潜在专利商对技术澄清达成一致意见后，就分别与各潜在专利商同时完成小签工作，以作为第二阶段报价的基础。技术谈判的难点和重点包括：工艺包交付物的深度要求、工艺包编制的进度要求、主要技术经济指标、性能保证指标、环保指标、专有设备的清单、专有设备供应商的清单、长周期设备清单及供应商清单、设计联络与设计审查的工作安排、专利商现场技术服务事项等。

招标选定专利商并签署专利技术合同后，应及时组织召开专利技术合同开工会议。为便于基础设计单位与专利商充分沟通，会议通常在基础设计单位召开。专利技术合同开工会上，设计管理部、基础设计单位、专利商需进一步对合同设计基础、平面布置、相关方案、工艺包交付物、工艺包设计进度安排、长周期设备询价技术文件编制等讨论对接。

专利商开展工艺包设计过程中，建设方、基础设计单位需要及时与专利商进行技术沟通，并按照项目情况和专利技术合同约定召开工艺包设计联络会议、工艺包设计审查会议，共同商量讨论寻找解决方案，修改完善工艺包。设计联络会、设计审查会议前，相应的设计经理应组织做好工艺包设计文件的预审查工作，并提前将审查意见提交给专利商，以便提高审查会议的效率和质量。

基础设计单位根据工艺包编制基础设计文件，一般情况下，设计单位收到初版工艺包后即可开始基础设计，以加快基础设计的设计进度。而在详细设计过程中，仍需与专利商沟通，以解决详细设计过程中发现与工艺包相关的问题。如由不同设计单位分别进行详细设计、基础设计，详细设计启动后，设计经理需及时建立起相应的沟通渠道，以利于详细设计阶段的设计沟通与协调工作。对于专利技术合同中约定需专利商审查或评价的各类技术文件，设计经理需及时提交给专利商征求专利意见，并根据合同约定及时通知专利商参加相关审查会议。

项目组设计经理需根据合同的约定，提前通知专利商来项目现场进行技术服务，如机械竣工检查、操作人员培训、开车技术指导等。装置运行平稳后，与专利商协商性能考核的时间，并讨论性能考核方案。建设方需对性能考核结果进行分析，编制性能考核报告。如装置未达到性能考核指标，则需要依据合同与专利商协商解决办法。

七、项目数字化交付管理要点

1. 数字化交付基本情况

数字化交付是指以工厂对象（构成工厂的各类具有可独立识别编号的工程实体）为核心，对项目建设阶段产生的静态信息进行数字化创建直至移交的工作过程。为了满足建设方数字化工厂建设的需要，近年来现代煤化工项目多已实施数字化交付。

项目数字化交付以满足建设方的数字化工厂建设要求，服务建设方在工程建设期和生产运维期的各项智能化应用为主要目标。现代煤化工项目数字化交付内容可以《石油化工工程数字化交付标准》（GB/T 51296）中的内容作为基本要求，并根据项目具体情况确定适用于具体项目的数字化交付内容深度和交付方式。

数字化交付范围涵盖设计、采购、施工、试生产等各阶段的项目建设全过程。数字化交付内容一般包括三维模型、智能P&ID、数据（工厂对象属性）、资料文档等内容，同时，也包括工厂对象与数据、资料文档、三维模型等不同信息间的关联关系。数字化交付最终形成的交付信息应与竣工资料、建成的实体工厂保持一致。

2. 数字化交付各方工作职责

为保证项目数字化交付的顺利实施，建设方需建立数字化交付的管理体系，编制各类规范要求和编码规则，建立数字化交付接收平台，组织各参建方开展交付工作，监控交付的质量和进度，并接收、审核、确认和验收交付内容。

由于数字化交付工作专业性较强，建设方常会选择一家具备工程设计资质且有数字化交付业绩的工程公司作为项目数字化交付服务单位，协助建设方开展数字化交付的管理。数字化交付服务单位的服务范围一般包括以下内容：

① 协助建设方对项目数字化交付工作进行详细策划，并编制项目数字化交付规定；

② 协助建设方搭建数字化交付所需的数据接收平台，对建设方相关人员以及参建单位开展平台应用培训；

③ 根据建设方要求，按照项目确定的设计软件使用要求，编制统一基础种子文件及使

用规范；在参建单位提出对种子文件修改调整时，协助建设方审核确认；

④ 协助建设方开展交付内容的收集、整理、检验、关联等工作；

⑤ 协助建设方开展数字化交付过程中的管理协调，协助建设方监控数字化交付的质量和进度以及对交付内容的接收、审核和确认。

对于采用 EPC 合同模式的，由 EPC 承包商负责其合同范围内工程的全部数字化交付工作。对于采用 E＋P＋C 合同模式的，则常由设计单位负责确定其设计范围内包含的工厂对象的类型和数量，按照交付规定、编码规则确定工厂对象标识码，提供相应设计文件和模型，并负责数据、文档的集成关联，这也包括其他参建方提供的数据、文档，并向建设方进行数字化交付，其他参建方按照相关合同约定对其工作范围内的数据、文档进行收集、整理，并提交给设计单位。

3. 数字化交付进度控制、质量管理

数字化交付工作的进度计划应与项目建设进度计划相匹配，不应出现前者提前或滞后于后者的情况。数字化交付服务单位需以项目建设进度计划为基础，编制数字化交付工作进度计划，经建设方审核后发布，各参建方遵照执行，并按时提交交付物。数字化交付服务单位也根据此计划开展工作，保证数字化交付平台可有效支持各参建方的数字化交付工作，并按此计划检查监督各参建方的数字化交付工作进度。

建设方、数字化交付服务单位对各参建方的交付内容审核确认时，应重点关注以下方面。

① 合规性：交付内容是否满足建设方发布的相关规定和标准要求，包含编码、命名、分类、数据格式、模型深度等。

② 完整性：对比已交付内容与项目交付规定的内容，基于项目工厂对象检查模型属性、关联文档资料的完整性。

③ 一致性：交付模型与交付图纸的一致性，交付模型与实体工厂的一致性。

④ 数据质量：工厂对象属性数据及关联文件关联关系的准确性。

设计质量管理和设计进度已在此前的"项目计划管理和进度控制"和"项目质量管理"两章中做了详尽论述，在此不再赘述。

第十三章

项目采购管理

物资采购管理是煤化工项目管理的重要组成部分，与项目建设全过程有着密切的联系，采购管理的好坏与煤化工项目的经济效益密切相关。在市场竞争日益加剧的形势下，项目采购工作尤为重要，离开了物资采购管理工作，项目正常运转和企业的长久生存就会成为无稽之谈。项目所需物资类别品种多、技术性强、涉及面广、工作量大，同时，对其质量、价格和使用进度都有着严格的要求，具有较大的风险性，稍有失误，不仅会影响工程的质量、进度和成本，甚至会导致项目亏损。因此，提高对采购管理工作重要性的认识，强化采购管理，对煤化工项目建设的顺利实施有着重要的意义。物资采购工作一般包含以下几个基本程序：物资市场调查和成本分析、编制采购计划及采购进度计划、初选合格供货厂商、采购方式的确定、合同供应厂商的确定、供需双方的合同条款洽谈、签订订货合同、催交、检验和运输、现场交接及供应商的管理。本章项目物资管理的内容贯穿从项目定义、项目执行、项目收尾，直至操作运行的各个阶段。综合项目全生命周期管理的高度和供应链管理理念的广度，结合项目物资管理重点，从项目物资管理实务和项目采购管理技术展开论述，旨在为读者提供有参考性的工程项目物资管理实践。

业主（包括投资主体、项目建设发起人、运营方或者和项目拥有者等）层级的项目物资管理，不仅要关注具体项目（Project）和事项（Activity），更要对大项目（Program）层面上的物资管理工作进行统筹、规划、监管和实施，无论这些工作的执行主体是总承包商、设计单位、施工单位、监理单位还是其他任何一家分包单位，只要这些主体是受业主委托并作为参与项目建设的关系人，那么业主就有权力和责任对所有这些关系人实施管理。因此，项目物资管理的前瞻性策划就显得尤为重要。

第一节　项目定义阶段物资管理

项目定义阶段的物资管理内容主要指在预可研阶段、可研阶段、专利技术选择阶段和基础设计阶段，为达到业主在大项目层面上制订的进度、费用、质量、安全的总体目标而开展的各项物资管理策划和活动，并与各项目管理单元高度协同，构成项目管理的有机整体。

根据物资管理专业属性，定义阶段的物资管理策略的核心内容主要包括以下方面。

1. 采购组织机构

定义阶段需要制定项目采购组织机构，这要充分考虑到项目在不同阶段的工作内容和特点，按照矩阵式管理的要求，从项目主任组、项目职能部门和装置项目组多个维度设置相应的物资管理工作岗位，并且根据项目处于不同的阶段进行人员的动态增减，以最大限度提高人员利用效率，降低项目管理成本。

项目物资管理中的关键岗位通常包括项目采购主管领导、项目采购管理部门负责人、保护伞协议及大宗材料框架协议采买工程师、装置项目采购（协调）经理等。

2. 体系与制度建设

在项目定义阶段完成项目管理体系与制度的编制具有重大意义。这些管理体系与制度将成为项目执行阶段物资管理活动开展的基础。项目物资管理体系与制度存在于所有基建项目中，体现了业主的管理思路和企业内部合规性管理的要求。资金来源和业主管理要求的不同只会影响物资管理体系构成与制度要求的具体内容，但是体系与制度的主要内容不会缺失。

典型的项目管理体系与制度清单至少应包括以下方面：

① 项目采购管理办法；
② 项目采购文档管理规定；
③ 项目采购计划编制规定；
④ 项目采购合格供应商管理规定；
⑤ 项目采购包划分管理规定；
⑥ 项目采购技术资料管理规定；
⑦ 项目采购质量证明文件管理规定；
⑧ 项目采购催交、检验规定；
⑨ 项目采购物流管理规定；
⑩ 项目仓储管理规定；
⑪ 项目采购剩余物资处理规定；
⑫ 项目紧急采购管理规定。

3. 合格供应商管理

为提高项目建设内在质量、实现本质安全，绝大多数业主均需要制订大项目层面的供应商准入门槛，而实现供应商准入控制的最好途径就是制订合格供应商名单制度。

合格供应商名单编制的依据因企业性质有所不同，既可以基于业主过往项目供货商的名单并根据供应商的实际绩效进行修订，也可以结合项目自身特点通过资格预审招标方式，制定大项目层面上的合格供应商名单。

合格供应商名单从适用范围来说分为通用名单和专用名单。通用名单是指适用于大项目中所有装置的设备和材料的供应商名单，例如：电缆、管道材料、钢板、容器、塔器和换热器等等；专用名单是指仅适用于某一装置的特殊类别的设备或材料的供应商名单，例如：特定工艺技术的反应器、催化剂、特殊工况下的仪表、特殊工艺要求的成套设备（例如挤压造粒机）等。

为兼顾竞争性和产能可获得性的要求，通用合格供货商名单一般设置 5~8 家，但是最多不建议超过 10 家。

由于具有较高的技术要求，需要满足苛刻的操作工况，可能对某一特定工艺技术性能考核造成重大影响，故对某一特定工艺装置的专用合格供应商名单的编制依据主要来源于专利技术提供商（技术许可方）提供的"强制的供货商名单（Mandatory Vendor List）"和"推荐的供货商名单（Recommended Vendor List）"。一般来说，"强制名单"不可更改，但是可以作为业主在技术选择阶段的评标要素，"推荐名单"存在变更的可能性，但是实际采购前需要经过专利商的确认和批准。某种程度上讲，项目专用合格供应商名单所对应的供货产品称之为有限来源（Limited Source）设备和材料。这种有限来源设备和材料的供应商可以是1~2家，一般不会超过3家，所以针对这类设备材料的采购方式一般采用独家谈判、竞争性谈判或邀请招标，为保证商务价格的竞争性，对于单一来源方式供货的设备材料通常在技术选择阶段就要求专利商提供与技术许可商务价格一并锁定的设备材料供货价格及调整原则。

合格供应商名单的编制工作应在EPC承包商招标前完成，以便从各投标人获得真实的、有针对性的竞标价格。此外，由于供应商名单使用期限通常在6~18个月不等，故业主应在项目执行阶段编制合格供应商动态增补流程，以适应所有项目EPC承包商对市场资源的需求。

4. 进口设备/材料清单的编制

在技术选择完成后，专利商在开展工艺包编制的过程中，应按照业主要求提供某一特定工艺装置的进口设备/材料清单的编制，也就是我们常说的设备分交表（On-shore/Off-shore Split）。通过对大项目层面中的所有装置的进口设备/材料清单的汇总，一方面为计算用汇额度、针对进口关税和增值税预估做准备，另一方面为在执行阶段的进口设备/材料的采购策略提供依据。

5. 长周期设备

为最大限度缩短项目建设周期，在项目工艺包编制阶段，业主需要对每个装置中设备制造交付周期可能超过所在装置的计划总承包建设周期的这部分设备加以识别和汇总，并形成长周期设备（Long Lead Equipment）清单。通常来说，这部分长周期设备清单的交货周期一般在8~14个月不等，最终长周期设备的范围还是要针对不同装置的实际特点进行确定。

业主通常会在EPC承包商确定前的基础设计阶段就开展长周期设备的采购工作。长周期设备可以包括进口设备，也可以包括单一来源或有限来源设备，针对不同的设备可获得性的特点，业主按照其采购制度的要求开展采购工作并及时签订采购合同，以获得最大的工期赢得值，保证装置EPC总承包合同工期的按时完成。

为充分发挥EPC总承包商的协调作用，保证装置按进度交付，规避业主商务风险，所有的长周期设备采购合同将在EPC总承包合同签订生效后，转移至所对应的EPC总承包商的合同工作范围中。通常情况下，总承包合同条款中应明确约定"在长周期设备采购合同转移给总承包商后，长周期设备采购合同项下除付款以外的所有买方责任均转移至总承包商"。

6. 物流管理

项目选址所在地的自然条件对设备选型的要求迥然，其中最重要的制约因素就是公路路政运输部门对最大尺寸物件运输尺寸的运输限界。在沿海地区项目现场可以一次性通过海运直接将上千吨重的撬块设备整体就位，而在西北内陆地区单件最大物件的准运重量仅有200吨左右，在运输设备尺寸方面要求更加苛刻。按照国家标准定义，运输限界在公路运输中对于不可分割的整体货物，其外形尺寸超过《超限运输车辆行驶公路管理规定》：①车货总高度从地面算起4.2m以上；②车货总长18m以上；③车货总宽度2.5m以上；

满足其中一项即为超限运输。所以，在项目定义阶段通常聘请专业化的物流团队对项目地点至主要港口及供货商车间所在地运输道路路线进行实地勘察，重点为桥梁、收费站和隧道情况，确定大件（超限）设备的运输路线、运输距离及运输限界（含包装）。

在项目定义阶段，制订运输限界一方面可以为专利商工艺包设计提供输入条件，便于合理开展设备尺寸选型工作；另一方面通过收集各装置超限设备信息，汇总整理出大项目层面上的超限设备清单，据此开展超限设备物流策划。

根据运输限界的刚性束缚条件，超限设备又可以分为三类：可整体运输的设备、不可整体运输但是通过分段运输现场组焊（焊）的设备和散件或者原材料运抵现场并在现场开展制造的设备。对于前两类设备，需要聘用有资质的大件物流运输公司开展运输工作，同时按照国家运管部门要求办理大件运输许可并接受路政部门的监管。对物流商的选择和管理将纳入定义阶段物流策划的内容。

一般来说，大件（超限）设备的运输责任纳入 EPC 承包商或者制造商的工作范围，业主只履行监管义务。但是视具体项目特点，在业主物流管理人力充足的条件下，为有效控制大件（超限）设备的运输风险，业主也可以选择一家物流商并签订大件运输框架协议，由其负责项目大件（超限）设备的内陆运输。

7. 现场组焊条件和组焊设施的规划

除正常预留给各装置施工安装期的临时用地外，业主要仔细规划现场组焊和制造场地。根据业主、承包商和供货商的工作范围划分，这些场地和设施可以是未经处理的露天场地，也可以是可以作为永久设施的具备较完善功能的组焊车间。当采用组焊车间设计方案时，应满足现场组焊设备的制造条件，包括车间大小、厂房高低、行车起重重量、水电气风等公用工程条件、探伤及热处理条件和车间至现场道路短途倒运条件。大件组焊设施规划将作为概算编制、全厂总图及详细设计的输入条件。

8. 保护伞协议

为满足全厂统一性要求，降低全厂操作、维护和维修费用，实现全厂批量采购折扣，通常业主在项目定义阶段依据各装置基础设计工程量，将部分电气、仪表和电信设备/材料进行工程量汇总并先行进行招标，由业主以固定单价、预估总价的方式与卖方签订保护伞协议。

这些保护伞协议将作为各装置 EPC 招标文件的关键附件，要求潜在投标人在项目执行阶段与保护伞协议中约定的供货商或集成商，按照保护伞协议中约定的技术规格和协议单价开展采购工作。各潜在投标人在充分了解保护伞协议的相关条款后开展投标报价工作。在选定装置 EPC 承包商后，EPC 总承包合同中将以固定总价的方式对保护伞协议覆盖的供货范围进行明确约定。

通常，保护伞协议可以包括仪表保护伞协议（MAV）、电气保护伞协议（MEV）和电信保护伞协议（MCV）。

MAV：DCS/SIS、智能变送器、可燃及有毒气体检测器。

MEV：变压器、中压柜、低压柜、UPS、EPS、直流电源、防爆灯具、电气综合保护及自动化系统。

MCV（电信）：安防系统、通信系统、火灾自动报警系统。

为减少保护伞协议在项目（详细设计）执行阶段的商务变更，保护伞协议在项目（基础设计）定义阶段的技术规格书应尽量完善和详细。原则上，保护伞协议应确保在 EPC 招标之前签订完成；如保护伞协议确实无法满足 EPC 承包商招标进度时，则可在 EPC 总承包招标及合同中以实报实销（单价待定，数量以投标数量为准）方式加以约定并执行。

9. 大宗材料框架协议

除保护伞协议外，为保证供货质量，针对市场可获得性高、价格竞争充分、项目使用量大的大宗材料，例如：电缆、桥架、钢结构、管道材料等，业主也可以通过带量采购，在一定的资质门槛要求下，通过招标方式，与供应商签订固定单价、预估总价形式的大宗材料框架协议。这些框架协议可以由业主执行也可以要求项目所有 EPC 供货商参照执行。最终结算是以在框架协议执行阶段中的实盘订单方式实现。

考虑到大宗材料销售价格受市场初级原材料价格波动影响敏感度高、供货量大和框架协议执行周期长的特点，建议对于同种大宗材料，业主框架协议宜选择 2~3 家框架协议供货商，同时配以框架协议价格调价原则，按照约定的挂钩原材料标的官方牌价的变化，根据调价条款计算价格上浮或下调后的当期结算订单价格。例如：碳钢钢管的调价影响标的为钢坯，不锈钢钢管的调价影响标的为镍价，电缆的调价影响标的为铜价。此外，大宗材料框架协议应做到规格全覆盖，并合理预估数量，同时对合同有效期和回购条款的生效条件进行约定，以增强框架协议的可操作性，同时减少不可预期的库存对建设成本的不利影响。

10. 催交和检验

在项目定义阶段，设备催交和检验主要围绕大项目层级上的策划工作展开，策划主要内容可以包括：

① 第三方监检服务商的调研，确定业主层面第三方检验服务商的工作范围确定及选择。一般来说，第三方监检服务商的选择进度应与长周期设备采购合同签订进度相匹配，建议在长周期设备采购合同签订前 1 个月内完成第三方监检服务合同的签署；

② 与属地质量技术监督局特检院（锅检所）针对项目进口压力容器开展压力容器监检服务委托协议的接洽工作，定义阶段主要是确定委托协议的文本及取费标准；

③ 与属地海关检验检疫部门开展进口货物属地商检委托事宜，定义阶段主要是确定委托协议的文本、委托单位及取费标准；

④ 制订执行阶段催交、检验等级划分，制订催交检验计划及大纲的模板等工作。

11. 进口设备清关和减免税管理策划

定义阶段的清关管理策划主要是根据进口设备材料清单的汇总结果，提前与外贸代理机构适时开展进口委托代理协议的谈判工作，进口委托代理的工作范围可以包括外贸代理及外贸合同结算、清关服务和进口环节各项税费的垫付、目的港至项目地点的内陆运输，甚至可以包括海关属地商检委托事宜。在定义阶段要确定同时适用于业主和 EPC 总承包商在执行阶段的协议文本，该协议内容也将作为 EPC 总包商选择所需招标文件之附件内容。

此外，根据引进设备材料的属性，对照国家最新的鼓励类项目名单和当期国家出台的税收减免政策，梳理和发现满足进口关税、增值税减免条件的进口设备材料，及早启动针对合同名称和供货范围的采购策划、在项目报批和执行阶段减免税申报所需的书面材料目录和清单、减免税对项目成本核算的相关性专题研究等。

12. 备品备件

按照使用阶段和用途，备品备件（Spare Parts）可以分为"安装、试车和开车备品备件"（简称：安装开车备件）、"设备质保期内备品备件"（简称：质保期备件）和"设备质保期满后的一定期限内（通常为两年）正常操作备品备件"（简称：两年备件）。

安装开车备件和质保期备件通常是由制造商根据合同要求推荐提供的，所有备件价格已包含在设备采购合同价格中，对于这部分备件通常也称作"随机备件"。

两年备件采购费用一般不包括在项目基建期建设成本中。为获取价格的折让，通常两年备件是在设备采购过程中，由供货商推荐，明确备件品类规格和一定时间内锁定的报价，由业主决策最终的两年备件采购范围。这部分采购价格将单独列支。

在定义阶段对于备品备件（含专用工具）的采购主要是围绕采购策略的制订，按照不同类别的设备材料制订相应的备件品类和数量的要求，并作为 EPC 承包商招标文件的附件之一。

13. 仓储管理

项目定义阶段的仓储管理是指对仓库中的货物进行全面、科学、高效的管理的过程，其包括：确定业主采购范围内的设备材料进场验收、检验、入库和发放程序、仓储设施的规划、项目建设期仓储设施管理团队的组织结构的规划、对 EPC 总承包商的仓储管理基本要求等。一方面确定业主采购范围内的设备材料进场接收、检验、入库和发放程序，仓储设施的规划，项目建设期仓储设施管理团队的组织结构的规划，对 EPC 总承包商的仓储管理基本要求。

第二节　项目执行阶段物资管理

项目执行阶段的物资管理工作，一方面要按照既有的定义阶段对物资管理各方面的项目采购策划分阶段、有节奏地具体落实和实施，另一方面根据项目在执行阶段的特点及变化对物资管理工作进行过程中的优化。

项目执行阶段物资管理的目标是实现对项目物资供应从供应商寻源到设备材料现场检验合格并成功安装调试的全过程的动态管控，管理重点对象是供应商和 EPC 承包商。

1. 采购计划

采购计划是煤化工项目采购管理的起点，是指在项目初期，根据项目需求制定详细的采购时间表和预算。采购计划的主要内容包括采购需求分析、采购时间安排和预算控制。通过采购需求分析，可以明确项目所需物资和服务的种类、规格、数量和质量要求。采购时间安排则是根据项目进度计划，确定各项物资和服务的采购时间节点。预算控制则是为了确保采购支出在项目预算范围内，通过合理的成本估算和控制措施，避免超支。

2. 供应商选择

供应商选择是煤化工项目采购管理中的关键环节之一，直接影响到采购物资和服务的质量和成本。供应商选择的主要步骤包括供应商资格审查、招标与评标、供应商评估与选择。在供应商资格审查环节，需要对潜在供应商的资质、信誉、生产能力和财务状况进行详细调查。招标与评标环节通过公开招标或邀请招标的方式，选择最优供应商。供应商评估与选择环节则需要综合考虑供应商的报价、供货能力、质量保证体系和售后服务等因素，选择最合适的供应商。

业主在执行阶段对供应商管理的重点主要是对名单内的供应商实施动态管控，对于执行阶段发生质量问题的供应商及时发出处理意见，对于某一单一供应商在项目上的工作负荷过大时及时在大项目层面发出预警，对于重点供应商在业主层面上定期开展高层催交协调工作，对于新增供应商开展考察审核工作。

3. 合同管理

合同管理是煤化工项目采购管理的重要组成部分，是指在采购合同签订后，对合同履行全过程进行监督和控制。合同管理的主要内容包括合同签订、合同执行、合同变更和合同结算。合同签订环节需要明确合同各方的权利和义务，合同执行环节则需要对供应商的交货时间、质量和数量进行监督，确保合同的顺利履行。合同变更环节则需要对合同执行过程中发生的变更进行及时调整和处理，合同结算环节则是对合同执行结果进行总结和评价，确保合同的最终完成。

4. 物资控制

物资控制是指在煤化工项目采购管理过程中，通过科学的库存管理和物资供应链控制，确保物资的及时供应和合理使用。物资控制的主要内容包括库存管理、物资验收和物资分配。库存管理是指对采购物资进行科学的库存控制，确保物资的合理储备和及时供应。物资验收是指对采购物资进行质量和数量的验收，确保物资符合合同要求。物资分配是指根据项目需求，将采购物资合理分配到各个施工环节，确保物资的合理使用。

5. 风险管理

风险管理是指在煤化工项目采购管理过程中，通过识别、评估和控制采购风险，以降低风险对项目的影响。风险管理的主要内容包括风险识别、风险评估、风险控制和风险监控。风险识别是指对采购过程中可能出现的风险进行识别和分析，包括供应商违约、物资质量问题和市场价格波动等。风险评估是对识别出的风险进行评估，确定其发生的概率和影响程度。风险控制是指对评估出的风险采取相应的控制措施，如签订风险防范条款、选择备用供应商等。风险监控是指对风险控制措施的执行情况进行跟踪和监控，确保风险得到有效控制。

6. 信息管理

信息管理是指在煤化工项目采购管理过程中，通过科学的信息管理系统，对采购信息进行收集、整理、存储和传递。信息管理的主要内容包括采购信息收集、采购信息整理、采购信息存储和采购信息传递。采购信息收集是指对采购需求、市场信息、供应商信息和合同信息等进行收集和整理。采购信息整理是指对收集到的信息进行分类和整理，形成完整的采购信息库。采购信息存储是指对整理后的信息进行科学存储，确保信息的安全和可追溯性。采购信息传递是指通过科学的信息传递系统，将采购信息及时传递到相关部门和人员，确保信息的及时共享和有效利用。

7. 绩效管理

绩效管理是指在煤化工项目采购管理过程中，通过科学的绩效考核体系，对采购人员和供应商的绩效进行考核和评价。绩效管理的主要内容包括绩效考核指标制定、绩效考核实施和绩效考核评价。绩效考核指标制定是指根据采购目标和要求，制定科学的绩效考核指标，如采购成本、采购时间、采购质量等。绩效考核实施是指根据制定的绩效考核指标，对采购人员和供应商的绩效进行考核和评价。绩效考核评价是指对考核结果进行总结和评价，形成绩效考核报告，并对绩效优秀的人员和供应商进行奖励，对绩效较差的人员和供应商进行改进。

8. 法律法规

法律法规是煤化工项目采购管理的重要依据，是指在采购过程中，必须遵守相关的法律法规和政策规定。法律法规的主要内容包括采购合同法律法规、供应商选择法律法规和采购执行法律法规。采购合同法律法规是指在签订采购合同时，必须遵守相关的合同法律法规，确保合同的合法性和有效性。供应商选择法律法规是指在选择供应商时，必须遵守相关的招标投标法律法规，确保供应商选择的公平性和透明性。采购执行法律法规是指在采购执行过程中，必须遵守相关的质量、安全和环保法律法规，确保采购物资和服务的合法性和合规性。

9. 成本控制

成本控制是煤化工项目采购管理的重要目标，是指通过科学的成本控制措施，降低采购成本，提高项目经济效益。成本控制的主要内容包括成本预算、成本分析和成本控制措施。成本预算是指在项目初期，根据项目需求和市场情况，制定科学的采购成本预算。成本分析是指在采购过程中，通过对采购成本的分析和比较，找出成本控制的关键点和薄弱环节。成本控制措施是指通过优化采购流程、选择优质供应商和加强合同管理等措施，降低采购成本，提高项目经济效益。

10. 质量管理

质量管理是煤化工项目采购管理的重要组成部分，是指通过科学的质量管理措施，确保采购物资和服务的质量，保证项目的顺利进行。质量管理的主要内容包括质量标准制定、质量检查和质量控制。质量标准制定是指根据项目需求和行业标准，制定科学的采购物资和服务质量标准。质量检查是指在采购物资和服务到货后，对其质量进行检查和验收，确保其符合质量标准。质量控制是指通过对供应商的质量保证体系进行审核和监督，确保其能够提供符合质量标准的物资和服务。

第三节 项目收尾及运营阶段物资管理

项目收尾阶段对 EPC 总承包商的物资管理主要包括：供应商后评价、剩余材料移交、备品备件及专用工具移交、交工文件（图纸、随机资料，操作维修安装手册、合格证、检验实验报告）的编制、项目资产清册编制与移交及合同变更相关联的设备材料认价支持尾项工作等。

对于大型基建项目，中交试车成功后，就完成了从基建期向生产期的转移，在这一过程中，也同时完成了基建团队的撤场和运营团队的全面接手。

为保证运营期装置运行的稳定性，基建团队在项目物资管理的服务工作将向运营期作有效的延伸，主要体现在以下几方面。

（1）两年备件采购

尤其对于进口设备和材料，对于运营期 2 年正常操作备件的采购往往随主合同进行一定数量的采购，因为随主机订货的备件往往可以得到批量采购的折扣。

（2）原始供应商的信息管理

项目基建期完成后，基建物资采购团队应提供业主关键设备材料供货商的有效联络方式，保证业主在运行期针对质量问题处理、备件订货和技改技措中得到原始供货商必要的技术支持。

（3）对供应商的动态管控

开展对在役设备和材料的质量跟踪，并与相应供应商保持有效的沟通，并实现对供应商信息及服务的动态管理。

第四节　物资采购统计方法及报表

科学的数据与列表统计，实现项目建设过程中的物资管理进度监测，及时地发现项目物资管理中存在的问题并提出预警，以周或月为单位阶段性地反馈物资管理状态，为项目物资管理决策提供依据，进而提升项目物资管理绩效水平。

应用于大型基建项目物资管理常规的清单及统计报表包括：

① 进口设备清单；

② 超限设备清单；

③ 现场制作（组焊）设备清单；

④ 进口设备减免税清单（如果有）；

⑤ 采购状态表（合同台账）；

⑥ 采购权重监测表（纳入项目进度监测的内容）；

⑦ 采购催交检验状态表；

⑧ 供货商后评价评审表；

⑨ 设备材料出入库收支存报表；

⑩ 材料控制平衡利库表。

第十四章
项目施工管理

大型现代煤化工项目的施工是项目全周期建设的重要阶段，施工阶段从现场场平开始，持续到装置机械完工及项目中间交接，其具有工期长、土建施工和设备安装复杂、工程量巨大、参建单位和人员众多等特点，从而导致了大型现代煤化工项目施工管理内容多、管理界面交叉、管理工作量大，需要在项目施工管理上全方位精心策划，认真组织，准确实施，项目施工工作才能在保证安全、保证质量的前提下按工期要求完成施工任务，实现高标准中交。

第一节　施工管理的组织机构及职责

大型现代煤化工项目一般采用矩阵式项目管理模式，在项目管理上设置职能部门负责职能管理，项目部设置施工管理部负责全项目的施工管理工作。项目装置、单元具体实施及施工管理时设置项目组专门进行管理，项目组的施工经理和施工专业工程师由项目部施工管理部负责派出。

一、项目施工管理部机构设置

项目施工管理部下设综合管理组、技术质量组、工程管理组三个小组，见表 14-1。

综合管理组：负责项目施工管理部的合同、档案、征地、总图等综合管理工作。

技术质量组：由各专业工程师组成，负责项目施工过程中的技术质量管理工作。派驻项目组的专业工程师由施工部统一调配，技术质量组在业务上统一管理，工作由派驻项目组的项目经理、施工经理安排。

工程管理组：由施工经理和安全工程师组成，负责项目施工过程中的施工管理工作。施工现场安全工程师、专业工程师在施工经理领导下工作，安全工程师在业务上也接受安质环部的业务指导，专业工程师业务上接受施工管理部的业务指导。

项目按具体功能、装置划分了多个项目组，项目施工管理部按项目组的需要配齐施工经理及各专业工程师。

表 14-1　项目施工管理部组织机构表

序号	岗位名称	姓名	到岗时间	备注
1	项目施工部经理			
2	项目施工部副经理			
综合管理组				
1	综合管理组组长			部门副经理兼
2	计划统计与资料管理			部门文控

序号	岗位名称	姓名	到岗时间	备注
3	总图及平面管理			
4	现场调度及文明施工管理			
5	零星工程施工管理			施工部合同管理
6	施工资源协调管理			框架协议单位
7	施工资源管理			施工用水、用电等
8	监理、施工承包商管理			

技术质量组

1	施工技术管理组长			
2	土建专业工程师 1			
3	动设备专业工程师 1			
4	静设备专业工程师 1			
5	管道专业工程师 1			
6	电气专业工程师 1			
7	仪表专业工程师 1			
8	弱电工程师 1			全厂弱电
9	弱电工程师 2			全厂弱电
10	焊接专业工程师			
11	无损检测专业工程师			检测管理
12	吊装专业工程师			含起重设备管理

工程管理组

1	施工管理组组长			部门经理兼
2	项目组施工经理			
3	项目组土建工程师			
4	项目组静设备工程师			
5	项目组动设备工程师			派驻项目组
6	项目组管道工程师			
7	项目组电气工程师			
8	项目组仪表工程师			
9	项目组安全工程师			

二、项目施工管理部职责

① 负责编制施工管理策划。

② 负责制定施工管理程序。

③ 负责现场三通一平的策划、实施、管理。

④ 负责现场施工平面规划及管理。

⑤ 负责项目施工承包商、监理、检测单位的管理。

⑥ 负责建设、管理施工临时设施。

⑦ 负责全厂施工总平面管理及文明施工管理。

⑧ 负责策划施工框架协议并选定、管理框架协议单位。

⑨ 负责策划大型设备吊装并组织实施。

⑩ 负责项目施工短名单的策划和管理。

⑪ 负责监督、指导和支持项目组的施工管理工作。

⑫ 负责定期组织对现场质量、安全、文明施工的检查。

⑬ 参与重大安全、质量事故的处理。

⑭ 负责定期组织对施工承包商、监理和检测单位的检查和评比。

⑮ 负责处理施工废料。

⑯ 负责施工档案施工技术部分的管理。

⑰ 负责对项目施工管理人员的考核。

⑱ 负责项目水土保持管理和水土保持的专项验收。

⑲ 负责项目环境监理的引入及管理。

第二节　煤化工项目施工管理策划

一、施工管理策划的意义和作用

大型现代煤化工项目的施工管理策划是项目总体策划的重要组成部分。大型煤化工项目施工管理界面多、工序交叉多，如何充分利用先进技术及管理经验，做好项目施工管理策划，进而推动项目施工管理实现质的飞跃，是大型煤化工项目建设研究的新课题。施工管理策划的好坏也在一定程度上决定了项目管理的优劣，进而影响到项目的成败。

施工管理策划要根据项目的定义和定位来规划项目施工管理的管理内容及管理方式，其需要精细而整体性的策划，从而能以全过程的施工组织管理形式，整合项目技术资源和管理资源，实现高水平施工管理，从施工方面保证项目目标的顺利实现。

二、施工管理策划的主要内容

作为项目策划的重要组成部分，施工管理策划需要考虑的因素很多，其涵盖的内容主要包括：

① 施工临设，包括全场施工平面布置、承包商生活区建设、总包办公区、预制场地、临时水电路等；

② 框架协议单位的引进，包括商品混凝土集中供应、建筑垃圾集中销毁、集中防腐、防雷检测、消防检测等；

③ 项目总承包及施工标段划分土建、安装短名单的招标引入；

④ 项目整体大件运输和吊装等；

⑤ 项目施工风险评估；

⑥ 施工管理人员配备；

⑦ 施工总进度计划及节点控制；

⑧ 施工质量控制；

⑨ 与设计、采购的管理界面以及各项目组间施工管理界面划定原则；

⑩ 成本管理等诸多层面。

作为开展施工管理工作、完成施工任务主线的施工总进度计划应满足实现项目总进度计划的要求，一般由施工管理部和项目管理部共同制定。项目工程质量决定了投产后是否能安稳长满优运行，因此施工质量也是施工管理策划的重点，施工质量控制计划一般由施工管理部单独或会同质量管理部门编制。

三、建立施工管理体系

施工管理体系分为施工技术、施工质量、施工综合管理三类。其中施工技术类主要有施工标准、施工组织方案和施工技术、施工交工资料、冬季施工、工程测量、吊装作业等方面的管理；施工质量类主要有单位工程划分、质量控制点等级划分、首件样板工程、焊工考核、管道安装内部清洁、管件材料追溯、混凝土供应、集中防腐、无损检测、施工质量检查、验收等方面；施工综合管理类主要有对承包商开工报告审批、监理、施工专业分包和劳务分包、临建设施建设和维护、现场文明施工、施工现场施工资源使用及收费、施工框架协议、工程进度款建设方代付、农民工工资保证金使用、零星工程实施、项目施工短名单、施工承包商考核及后评价等方面的管理。以上这些施工管理体系的建设，不仅可以预防不合格产品或服务的发生，规范承包商施工管理，减少自身施工管理失误、提高管理效率，又有利于项目建设的标准化，提升管理质量，打造精品工程。

因其中的施工质量类以及其他施工质量管理内容，已在质量管理一章中有详尽论述，在此不再赘述。

第三节 施工准备

施工准备的重点是施工总平面布置，而要做好施工准备工作，重点是做好项目三通一平，资源准备和开工条件确认这三方面工作。

一、三通一平

根据国家相关政策，大型煤化工项目建设用地，不得占用农用地，可以利用劣地的，不得占用好地。投产后，生产运行多是处于高温高压、易燃易爆、有毒有害的工况下，因此项目选址一般远离城镇。相对来说，交通和公用设施条件有限，项目施工可依托的社会资源也有限，为此，在项目启动前，就需要建设方以整个工程为对象，正确处理项目施工期所需各项设施和永久性工程间的空间关系，以此统筹布置项目施工总平面，并对施工道路，临时水、电线路，仓库，临时建筑等做出合理规划，并在项目正式施工前，确保施工现场达到水通、电通、道路通和场地平整等条件。

大型煤化工项目现场工作，首先是场地平整，进行施工总平面规划。规划时要根据各装置布局规划施工道路，尽可能考虑永临结合方式。主干道先完成基层铺设，考虑到后期施工活动可能对部分道路造成破坏，对这些路段在基层上铺设混凝土沥青临时面层，具备条件后再施工面层，其他路段在基层完成且确认路面不会被后续其他施工活动破坏的情况下再施工面层。其次在临时水电方面，根据各装置规模并结合同类项目建设经验，需要对施工用水、承包商生活区用水、施工用电、承包商生活区用电、预制场地用电等做好统筹考虑，预估出用水量和用电量，与园区或政府相应主管部门对接水电暖通信等接口条件，并根据项目施工总平面布置，在全场铺设用于整个施工期的水电气暖通信等一级临时管网，此项任务一般由建设方委托专业化的施工队伍完成。

二、资源准备

在项目整个建设期，建设方向承包商提供的施工资源，一般是有偿使用的，它们包括水费、电费、采暖费、厂外临时用地的森林植被恢复费或复垦费、生活和施工垃圾集中外运及处置费、放射源集中存放保管费等。项目施工管理部在承包商招标前，负责策划、确定收费内容及收费标准，经项目部核定后，纳入招标文件和承包合同中。

为了确保施工质量，并形成规模效应，建设方一般会将项目商品混凝土、材料防腐、无损检测和土建检测以短名单方式引入。针对这类施工资源，为减少供需矛盾，满足施工需求，由施工管理部负责组织这些资源的策划、引入以及建站的协调管理，并在建站后负责监督其生产、供应及供需间的协调管理。

为了协调大型设备到货安装时间，确保项目一体化统筹考虑大件吊装，同时加强项目起重吊装作业的管理、杜绝起重吊装作业事故发生，对项目工件重量大于 100 吨或安装高度大于 60 米的塔类设备和塔式构架以及必须使用 250 吨以上（含）吊车吊装的设备，按照重大吊装作业进行管理。

三、开工条件确认

为规范各工程的开工准备及对开工报告申请的审批，应有相对统一的开工条件。

1. 单项工程开工条件

① 工程建设承包合同、监理合同已生效。

② 与政府部门的相关手续已办理完毕。

③ 承包商已建立现场项目组织机构并确定各岗位职责，主要管理、技术和文控人员已进场。

④ 施工组织设计和拟开工工程的施工方案已审批通过。

⑤ 就单项工程已制定装置/单元主进度计划。

⑥ 已完成以下各项临设：

a. 建设场地范围按照文明工地标准进行了围护；

b. 在界区围挡主门外侧或其他适宜位置按标准设置了"五牌一图"；

c. 就场地平面，按施工组织设计和文明工地标准设置了各类功能区，包括办公区、材料预制区、机具停放区、仓储设施、首届样板间、气瓶库、焊材库、阀门试压站、废料存放区、垃圾站、厕卫设施及道路等；

d. 现场的"三通一平"已完成，各种管线、电缆埋地部分，地面上设了醒目的标识，并绘图备忘；

e. 近期开工所需的周转性材料准备齐全；

f. 施工区域厕卫设施已建成；

g. 承包商生活基地建设完成，已建成的各种配套设施足以满足员工生活所需。

⑦ 拟开工工程的施工图设计交底、图纸会审已完成，并已形成图纸会审纪要。

⑧ 拟开工工程主要材料、设备已落实，设备材料到货进度计划满足工程连续施工。

⑨ 工程测量、放线、定位等工作已完成并经过复测验证。

⑩ 特殊工种和有关管理人员的资格证书已审批通过。

⑪ 拟开工工程近期施工所需的主要施工机具、作业人员已到场或准备就绪。

⑫ 拟开工工程单位、分部、分项工程已划分。

⑬ 拟开工工程三级质量控制点已制定并发布。

⑭ 拟开工工程需委托第三方进行的检测已落实。

⑮ 拟开工工程的质量记录、评定应用格式文本已确定并备好。

⑯ 已具备施工文件保管条件并指定相应责任人。

2. 其他单位工程开工条件

单项工程开工，对应的是首个单位工程开工，其他单位工程随后陆续开工，这些单位工程开工应具备的条件如下：

① 单项工程开工报审已批准；

② 负责单位工程的现场管理、技术人员已到场；

③ 单位工程或首个开工的分部工程施工图设计交底、图纸会审已完成，并已形成图纸会审纪要；

④ 主要工程材料、设备到货进度计划已落实；

⑤ 单位工程进度计划已制订；

⑥ 相应的施工方案已审批通过；

⑦ 相应的特殊工种及管理人员的资格证书已审批通过；

⑧ 相应的主要施工机具、人员已到场或准备就绪；

⑨ 相应的分部、分项工程已划分；

⑩ 相应的三级质量控制点已制定并发布；

⑪ 需委托第三方进行的检测已落实；

⑫ 相应的质量记录、评定应用格式文本已确定并备好。

单项工程具备开工条件后，由承包商负责编制单项工程"开工报告"和"单项工程开工报审表"，并在预期开工前 5 个工作日或约定的其他时限内提交监理，经后者审核、确认后，报项目组和施工管理部审批。施工管理部据此动态形成"单项工程开工进展状况统计"。单位工程具备开工条件后，由承包商负责编制单位工程"开工报告"和"单位工程开工报审表"，并在预期开工前 4 个工作日或约定的其他时限内提交监理，监理审核、确认后，报项目组审批。项目组据此动态形成"单位工程开工进展状况统计"，并报施工管理部和质量部、安全部备案。独立发包的单位工程在项目组审批后，还需报施工管理部批准。

第四节　施工技术管理

大型现代煤化工项目的工艺复杂，施工组织、实施难度大，施工技术管理涉及的专业众多，施工技术管理是项目施工安全管理、质量控制、进度控制的基础。

一、项目技术管理的组织机构

大型现代煤化工项目在项目部层面上要设立项目技术委员会，以处理、解决项目设计、采购、施工中出现的重大技术问题。在施工技术管理上，施工管理部是施工技术的主管部门，在部门组织机构中设立技术质量组，负责项目的组织设计、重大施工方案的审批，负责危大、重大、重点施工方案的专家论证工作；负责项目新材料、新技术、新工艺推广与应用，施工部技术质量组按专业设立技术岗位，规范、处理项目施工管理中出现的技术质量问题。在项目组层面，项目组是建设工程施工的技术管理主体，负责组织和管理施工技术的应用，在施工中出现施工技术问题时要报施工管理部协调处理。

二、施工技术管理的主要内容

1. 开工报告审批管理

建设项目的单项工程或单位工程具备开工所要求的施工技术条件后，承包商应办理工程开工审批手续。建设工程开工前，承包商必须编制施工组织设计和施工技术方案，经项目组和项目施工管理部审核、审批后方可施工。

2. 标准规范管理

大型现代煤化工建设项目的标准规范的使用，土建工程一般使用国家标准，安装工程使用中石化的施工标准规范，项目中有动力、发电系统时使用电力规范。统一标准规范的使用能保证施工技术管理的一致性，有利于施工技术管理。

工程施工过程中标准规范发生修订，或有替代情况时，应报施工管理部批准后使用。

3. 施工技术文件、资料管理

项目施工现场的施工技术文件和资料，应实施接收、登记、标识、保管和发放管理，以确保工程施工技术文件和资料始终处于有效受控状态。现场技术文件和资料管理，大型煤化工项目一般要编制《项目文件控制管理办法》和相应程序文件的要求。在项目执行中实施。

4. 图纸会审、设计交底与技术培训管理

设计交底、图纸会审是项目施工技术管理的重要工作内容，是施工单位按设计要求施工的保证环节，建设工程施工前，EPC承包工程的图纸会审和设计交底，由EPC承包商负责组织；E＋P＋C承包项目的图纸会审和设计交底，由监理单位负责组织。

设计交底和图纸会审，应按单项工程分技术专业分类组织，设计交底与图纸会审可合并同时进行。施工图纸会审应在参加会审人员熟悉图纸和设计文件、充分进行自审后进行。施工图纸会审和设计交底提出需设计修改的问题与建议，应以文件方式向设计单位提出，由设计单位负责处理。工程设计交底期间设计单位无法立即答复的问题，应形成纪要明确

设计单位须予以书面答复的时限。

5. 新材料、新技术、新工艺应用管理

建设工程新材料、新技术的应用建议，应经设计单位和建设单位审定在建设工程项目施工中实施。

单项、单位工程开工前和专项工程施工或新材料、新技术、新工艺实施前，承包商应依据工程施工需要组织实施相关技术培训；项目组应对承包商的技术培训实施监督和检查。

6. 施工组织设计和施工技术方案

大型现代煤化工项目按施工技术管理要求编制施工组织设计和施工方案，编制的基本原则是：单项工程应编制施工组织设计，单位工程和较复杂的分部、分项工程及特别重要的施工工序，应编制施工技术方案，单位工程施工技术方案未涉及的分部、分项工程和较重要施工工序，应编制施工技术措施。

施工组织设计编制由 EPC 承包商/承包商负责组织编制，施工组织设计的基本内容主要有：编制说明，工程概况，施工进度、费用、质量和 HSE 控制的目标，施工组织机构，施工管理体系，三级质量控制点划分，施工进度控制计划，施工劳动力计划和持证上岗管理情况，主要施工机械的进出场计划，施工用水、用电计划，施工道路及运输规划，施工总平面布置及工程施工的法规和规范、标准，主要工程施工方法等。

施工技术方案的编制由施工承包商负责编制；施工技术方案分为重大施工技术方案和一般性施工技术方案。

大型现代煤化工项目的重大施工方案是要有：深基坑（开挖深度超过 5 米）开挖与支护；大体积混凝土浇筑；高耸建筑（构筑）物施工；大型厂房（跨度在 20 米以上）施工；超高脚手架（高度 24 米以上）搭拆；大型设备运输与吊装（长度超过 30 米、吊装重量在80 吨以上的设备）；大型机组安装与调试；特殊泵安装与调试；大型设备框架施工；特殊异种钢和复合钢材料的焊接施工；受限空间作业和存在较大危险性作业施工；球罐组对安装、试压及整体热处理；1 万立方米及以上立式储罐安装和储罐充水试验；重要设备内件安装、填料装填；大中型工业炉和锅炉的安装、筑炉、烘炉和煮炉；重要设备、管道的防腐衬里施工；高压、高温合金管道的预制和安装；厚壁设备或管道、特殊材料管道、特殊异种钢及复合材料的焊接及热处理；设备、管道系统试压、吹扫、脱脂、系统化学清洗、系统气密；重要电气设备（系统）的安装、调试和电气系统试验（包括变电所受电和送电）；仪表联校、控制室受电、系统调试、DCS 调试；重要设备的单机试车等。

施工技术方案的基本内容（但不限于以下内容）：编制说明；工程概况；工程主要实物量；施工组织；主要施工机具计划；主要施工周转材料计划；施工平面布置；施工方法和工艺措施；施工质量保证措施；施工 HSE 保证措施；施工进度计划；施工过程技术资料和工程竣工技术资料管理；有害和危险性因素的辨识与应急措施等内容。

7. 施工技术管理总结

施工管理过程中，专业工程师应建立相关施工技术管理记录，以便为工程施工技术管理总结提供依据。

项目施工完成后，施工管理部要组织专业工程师编制施工管理总结，总结施工管理的经验和教训，提出今后工程施工技术管理的改进意见和建议。

第五节　施工总图管理

大型煤化工项目往往具有规模大、工期长、结构复杂等特点，在施工过程中有时会受外界条件和人为因素的干扰，而一个好的施工总图策划和管理，则会显著增强抵御这些干扰的韧性，同时，它通过对各类公共施工资源科学、合理地配置，为顺利施工创造良好条件。

一、临时水电管理

临时供水管理，包括施工用水和生活用水。项目部与园区水务公司签署供水协议，并建设到承包商生活区和各装置红线外附近的一级供水管网，甩头处设水表以计量用。从甩头处到装置区内的二级供水管网由承包商接入和管理。为了避免施工中挖断管线，一级管网一般在各装置红线外布置，并在过路区域增设套管。设计施工用水管线和生活区用水管线时，应考虑施工高峰期用水量以及装置区设备和管线试压用水需求，在以后施工高峰期，项目部还要就用水调峰与园区水务公司沟通对接。

临时用电管理，包括装置区用电和生活用电。项目部与园区供电公司签署供电协议，并建设装置区、承包商生活区、预制场地的一级供电网。为保证项目施工期的用电安全，具备条件的应设置双点供电，设置联络开关。装置区和承包生活区及预制场地的箱变数量和大小，根据各装置及场地大小并参照同类项目规模、工期要求等进行预估。一级供电网络的路由尽可能设置在项目围墙外，采用架空线路敷设，施工变压器尽可能布置在装置红线外，难以满足用电要求时，也要放在装置预留地上或者不影响后续施工的区域。施工用电线路设计完成后，项目部还要与总图设计院对接，并签字确认，确保不影响后续施工。基于安全用电考虑，一级配电箱统一就近设在变压器附近，避免挖断箱变和一级配电箱变间的电缆。一级配电箱的出线电缆及用电维护由承包商负责，但接入方案和路由需经施工管理部总图主管审批，并将相关图纸纳入施工总图日常管理中，以有效避免后期因土方开挖挖断电缆。

一级供电网和箱变、一级供水管网的日常巡检和维护由施工管理部负责，凡出装置区红线外动土施工的，需办理动土作业票报施工管理部审批，并由后者对地下管线、电缆现场交底。用水、用电，由施工管理部按月抄表计量后，下发缴费通知单，各承包商按此缴费。

二、大件运输与吊装管理

大型煤化工项目的大件运输和吊装管理主要针对的是单件吊装重量大于 100 吨或安装高度大于 60 米的塔类设备和塔式构架、必须使用 250 吨以上（含）吊车吊装以及工件运输高度、宽度、长度等超限的设备，对于该类设备和工件的运输按照大件运输考虑，吊装作业按照重大吊装作业进行管理。

就运输来说，项目部要重点做好的是大件运输的最后一公里。在设备采购招标时，要在招标文件里明确设备运输最后一公里内的责任界面。从项目大门到装置区红线外的运输路由一般由项目施工管理部统筹考虑，进入装置区内部的运输路由则由总包商或者设备供应商负责。大件设备往往超高、超宽，且一些设备限于采购招标时间、制造周期、设备摆放或吊装设备进场等因素制约，往往对进场时间要求严格，这就需要做好系统管廊、道路、大门、围墙、部分区域地下管线等的施工预留，具体哪些位置需要预留，需利用软件模拟运输路径后确定。同时，也要根据设备到场和运输时间明确预留时间。该项工作由施工管理部牵头，各项目组参与并确认，以此真正做到项目的一体化管理。

大件吊装作业属危险作业，作业环境复杂、技术难度大、安全风险高，必须由各参建方共同把关，严格管理，方能做到万无一失。起重吊装作业前，吊装单位应详细勘察现场，按照工程特点及作业环境编制吊装方案并经 EPC 承包商报监理、项目组审批后，报施工管理部批准。需专家论证的方案，由承包商按规定组织论证。吊装方案应包括：工程概况、现场环境及措施、受力计算、工机具及索具的选用、地耐力及道路的要求、构件和设备摆放位置图及吊装平立面布置图、吊装过程中的各种安全风险点及预控措施等。吊装作业前，按批准的吊装方案对作业人员进行方案交底及安全技术交底，其中的重大吊装，监理、建设方管理人员需要参加。

对于实行一体化吊装承包模式的大型煤化工项目，统一由吊装公司编制大型设备吊装施工组织设计，包括主要设备的吊装方案及大型设备吊装计划、大型吊车的进出场安排。施工组织设计由建设方组织专家审查会，审查出的问题必须在吊装实施前整改完毕。大型吊装作业前，由建设方组织，监理、吊装单位、EPC 承包商和施工承包商参加，进行联合检查，对吊装条件进行确认。

三、道路管理

施工所用道路主要分为厂外道路、厂内道路和装置内道路。大型煤化工项目施工，安装高峰期厂内吊车多达百辆，许多施工作业要占用厂区公共道路，基于此，占路施工需要统一管理，临时占用公共道路和大件运输等占路单位需提前一天到施工管理部办理作业票，施工管理部审批后实施。施工管理统一发布占路信息，保证全项目施工的道路通畅。

装置内道路，如由多家总包商同时使用，则由项目组统一协调。

四、承包商生活区及预制场地管理

承包商生活区和预制场的建设，采取统一规划，统一标准。它们的公共区域一级道路和照明、通水通电、卫生间等由施工管理部负责，后者引入物业公司运营承包商生活区商业街及承包商生活区其他公共区域的卫生清理。非公共区域，由项目部对生活区和预制场进行统一规划，承包商自行建设和运行维护。各承包商生活区要相对独立，预制场地则要封闭式管理。项目部定期组织对承包商生活区临时用电、防火、安全、卫生进行检查，并定期统计承包商生活区人员，做到对每个区域、每栋房屋情况了如指掌。

预制场地和库房按照集中布局原则进行规划，各总包商按给其分配的区域向施工管理部报批预制场地和库房平面布置。施工管理部根据项目进展情况，总体调配公共区域用地资源，高效周转临时堆放和预制场地。同时，将设备组焊等短期用地安排在还未施工的停车场区域，以便能及时腾出，在已完成道路的两侧和中间绿化带等区域，安排错峰施工，同时高效利用各类预留用地，以此解决预制场和材料堆场用地紧张问题。

临时建筑一般是建易拆难，施工管理部在进行项目策划时就要考虑如何做到该拆就拆。

在项目施工高峰期过后或进入施工收尾期，就要每月对承包商生活区人员摸底一次，具备条件一栋，拆除一栋，以此有序推进生活区拆除。

第六节　框架协议单位的管理

前文已述，现代煤化工项目基本是投资巨大的工业项目，所需要社会资源也非常庞大，为保证施工资源能及时有效地为项目提供支持与服务，项目一般通过招标的形式引入施工的框架协议单位，施工的框架协议单位主要有：混凝土搅拌站，集中防腐厂，土建试验室，阀门试压站等。

项目建设前期，建设方通过对框架协议单位的招标产生项目的框架协议单位，项目施工策划时一般在临时用地规划框架单位的建站区域，中标单位自建只能用于本项目的站、室，框架单位招标时产生协议单位的价格，如不同型号混凝土的单价，混凝土泵送的价格，集中防腐的喷沙除锈，油漆的单价，土建试验的单价，不同型号的阀门的试压费等。这些单价在招标 EPC 承包商或施工承包商时写入招标文件，承包商参照这些单价组成投标报价。

建设方引入框架协议单位可以更好地调配施工资源，如在混凝土施工的高峰期可能通过施工管理调配混凝土优先供应关键线路上的装置，从而有效地控制项目的施工进度。引入框架协议单位也能更好地控制混凝土、防腐、阀门试压的质量保证项目施工质量受控。

项目施工管理对框架协议单位的管理是非常重要的。重点管理内容如下。

① 搅拌站、集中防腐厂、土建试验室等建站要按国家的标准要求建设，站内试验设备要满足计量、检验要求。建站完成后要通过项目施工管理部、安全部、质量部的验收合格后，在项目内部运营。

② 搅拌站、集中防腐厂、阀门试压站等的建设及日常运行要符合项目的环保要求，站内要设置防尘设施，生产、试验的废水不能随意排放，不能出现环保事件。

③ 商品混凝土、防腐管线、试压合格的阀门、试验报告等要按要求提供质量合格的证明文件，证明文件要符合标准，满足交工资料的要求。

④ 不同牌号的混凝土在生产前要完成配合试验并经试验室检验合格。

⑤ 施工管理部设置混凝土搅拌站、集中防腐厂的管理岗位，负责技术、质量、安全环保及生产供应的协调管理，同时在站内安排驻站监理以更好地保证混凝土、集中防腐的质量。

⑥ 阀门试压时要求装置监理在试验站旁站见证阀门的试压过程，试压不合格的不能安装。

⑦ 框架协议单位要编写工作周报，报施工管理部，周报中要填写周完成的工程量，下周的工作计划，需要解决的问题等。施工管理部根据情况及时处理相应的问题。

⑧ 为更合理安排框协议单位的生产，满足项目的整个施工进度要求，施工管理部要求各施工单位通过项目组报混凝土、集中防腐、阀门试压的周计划，施工部根据需求计划协调生产，满足进度、质量要求；

⑨ 项目冬季施工时，施工管理部及时发布冬季施工通知，混凝土搅拌站等框架单位要按要求做好冬季施工的措施，保证质量。

第七节　文明施工管理

随着社会的进步及环保意识的明显增强，项目建设对文明施工的要求日益严格。而在项目各方面的管理中，安全文明施工难度较高，它既具有动态性，又具有长期性，对施工高峰期能达到上万施工作业人员的大型煤化工项目来说，更是如此。抓好现场文明施工，既是改善现场环境的一项重要内容，也是安全施工、精心施工的保障，并体现了项目的综合管理能力。

现场文明施工与现场施工活动是紧密相连的，为此，抓文明施工要做到"三个到位"，一是组织领导到位，即项目经理亲自抓，现场各级配合抓；二是制度措施到位，即建立相应的组织管理机构，结合项目现场实际制定文明施工标准和含有奖罚措施的管理规定，细化考核标准和工作目标，以定期和不定期相结合的方式进行检查，考核严格，奖罚严明；三是设专人督查现场的文明施工，每周一查，并形成文明施工通报。对现场的文明施工，也要做到随检查、随点评、随奖惩。

同时做好现场文明施工管理工作，可以尝试依托小型无人机等设备，每周多次对各装置进展和文明施工状态进行动态航拍，并保存好视频材料的分析和对比，有效提升项目安全文明施工管理水平等。

第八节　第三方检测管理

一、第三方检测的范围

根据煤化工项目建设特点，为有效保证检测质量，应对工程质量实施第三方检测。

1. 项目第三方检测策略

① 承包商委托检测，由承包商（指 EPC 承包商）委托第三方检测单位对现场的材料设备、工程实体质量和施工过程质量，按标准规范、设计和项目规定进行检验。

② 建设方委托检测，由建设方直接委托第三方检测单位进行的检验。

依据住建部公布并于 2023 年 3 月 1 日开始实施的《建筑和市政工程施工质量控制通用规范》（GB 55032—2022）规定，"非建设方委托的检测机构出具的检测报告不得作为工程质量验收的依据"，据此，就煤化工项目的建筑工程来说，凡按施工规范由检测机构做的检测，这个检测机构必须与建设方具有合同关系。

除了以上这类检测外，建设方基于对承包商委托检测抽样和检测质量的监督及利用检测手段了解、检查现场的材料、设备、工程实体质量的目的，建设方也常直接委托第三方进行抽检、复验和底片复评等。如果由此发现承包商和检测单位质量检测严重失控或违反职业道德及诚信原则，项目组/施工管理部将视其影响程度对责任主体及监理的失职行为予以处罚，并记录在案。

③ 大型煤化工项目，即使是承包商委托检测，也多是由建设方通过框架招标方式引入的，而无论建设方以框架协议方式，或是以直接委托方式引入，检测单位一般都在项目现场设检测站或类似机构，以便能及时检测、及时出检测结果。

2. 第三方检测内容

（1）土建工程检测

土建检测单位在现场设检测实验室。对需取样检测的，执行监理见证取样送检制度，有的项目甚至会把抽样的权力赋予监理，以此保证取样的随机性和代表性。

（2）桩基检测

桩基检测计划由承包商编制，监理审批后，报建设方备案。桩基检测单位按照标准规范及检测计划检测，监理乃至建设方专业工程师监督检测过程、见证检测数据，并审查检测报告，确认其真实性和准确性。

（3）安装工程检测

安装工程检测的种类主要包括 RT 检测、理化检测、超声检测、磁粉检测、渗透检测、涡流检测等。其质量控制按委托、检测、复审、抽检 4 个环节进行。作为主管部门的施工管理部就此应规定各个环节的管理职责和执行程序，并推动实行。

以安装施工最常见且最重要的焊接检测来说，由施工承包商依规范、设计要求和监理所点焊口填写焊缝检测委托单，经 EPC 承包商、监理确认签字后送检测单位，后者在检测前于现场核对焊口，并办理作业票。检测结果出来后，检测单位及时向各方通报，焊缝返修由其现场交底，扩探焊口仍由监理工程师点口并做好记录。

（4）建设方抽检、复验

建设方项目组、施工管理部、质量部、监理均可委托检测单位抽检、复验，施工管理部应制定相应规定以规范此类活动，充分发挥其"威慑"和做客观评定依据的作用。

（5）检查监督

建设方项目组、施工管理部、监理对各检测单位进行日常监督、检查，并组织专项检查，对不符合规定的检测行为及检测报告，及时提出整改要求。

项目上建立检测周报和月报制度，由各检测单位每周和每月按各承包商和装置或区域统计各类检测结果，为现场的质量控制提供依据。

（6）第三方检验协调管理

施工管理部负责协调承包商作业区域的检测或公共区域的检测，协调检验作业时间及作业条件，并配合安全部发布射线作业通知、监督或安排安全防护工作。

二、选择和管理第三方检测单位

1. 第三方检测单位选择原则

① 承包商第三方检测单位：具有对材料、设备、施工质量独立实施检测的资质，与承包商无任何利益关系的社会检测单位。

② 建设方第三方检测单位：与承包商无任何利益关系，具有相应资质的检测单位。代表建设方对材料、设备和施工质量进行检测。

2. 对第三方检测单位的管理

① 对于采用 EPC 合同模式的项目，第三方检测单位必须由 EPC 承包商委托，可以建

设方再另委托一家检测单位（第四方检测单位），作为对第三方检测的复测和复验、抽检。

在此情况下，第三方检测工作分两个层次，第一层由承包商委托检验，第二层为建设方或监理在前者合格的基础上再委托抽样检测。项目的第三方检测工作和质量责任，以第一层次的检验为主。因为承包商是项目质量管理的第一责任人，第二层次的检验是不解除承包商的任何质量责任。第一层次检验委托需经监理乃至建设方审核确认；第二层次检验由监理或建设方开委托单。对第二层次抽检中发生不合格的材料、设备、不合格施工实体，其检测费以及直至处理合格所发生的费用、扩检费、二次检测费等均由责任方支付。

② 对于采用 E＋P＋C 合同模式的项目，由建设方委托第三方检测单位。

③ 检测作业的安全技术、劳动保护、环境保护按国家现行规定和项目的 QHSE 规定执行，特别要做好辐射安全方面的各项工作，杜绝造成人身伤害。

④ 检测单位资质与检测人员资格审查

由承包商委托的第三方检测单位进场前，应提供营业执照、国家市场监督管理总局（或其他行政部门）颁发的单位检试验资质证书、检试验人员资格证书、放射性作业许可证、放射性人员操作证等相关资质及设备仪器计量鉴定合格证书等合格证类文件，经监理审批通过，报建设方备案。

从事检测的人员必须持有国家相关部门颁发、与其从事检测项目、级别相适应且在有效期内的资格证书，从事底片评定的人员必须具有 RT Ⅱ级以上有效资质；射线探伤人员必须持有卫生防疫部门颁发的、在有效期内的《放射工作人员证》证书。

⑤ 对于承包商委托的检测单位，由承包商和监理共同负责对其资质、人员资格、检测工艺、检测设备、检测质量保证体系等进行管理与审查，施工管理部监督检查；对于建设方委托的检测单位，由监理和施工管理部共同负责相应的管理与审查。

⑥ 检测流程

a. 承包商第三方检测流程

（a）承包商及时按照施工规范和设计要求的检测方法、比例等提出检测委托，并提供相关检测需要的资料。

（b）监理对待检实体的检测位置、数量进行确认，审批施工承包商提供的检测资料和委托单，也可由监理就抽样检测进行抽样。

（c）检测单位现场了解、检查检测条件。

（d）检测单位按照检测委托，按照检测标准和批准的工艺据实进行检测，形成并发布检测报告。

b. 建设方第三方检测流程。由建设方按施工规范、设计要求进行的检测，流程与承包商第三方检测流程相近，但检测委托必须由建设方专业工程师审核其内容并签认。由建设方基于验证目的进行的抽检，其流程如下：

（a）项目组/监理/项目部门根据抽检计划或方案及现场材料、设备、施工实体质量状况，提出抽检委托，委托由施工管理部相应负责人批准；

（b）建设方第三方检测单位按照检测标准和抽检程序实施抽检，形成并发布抽检结果。

⑦ 射线探伤底片复评

为了减少射线底片错评、漏评现象，提高焊缝缺陷的检出率，保证漏检缺陷得到及时消除，保证受检焊缝的内在质量；及时掌握分项工程和承包商第三方检测单位质量管理状况，有助于建设方对工程质量及承包商第三方检测单位的管理，由建设方第三方检测单位对承包商的第三方检测单位的射线探伤底片进行100％复评。

⑧ 检测相关资料。按施工规范和设计要求进行的检测和由建设方或监理进行的抽检，检测委托和检测报告分别由承包商和建设方相应委托部门、监理妥善保管。项目结束，两类检测报告分别作为交工技术文件及项目部门、监理档案资料整理归档后，交付建设方档案管理部门。

⑨ 争议。如果承包商、监理、建设方、检测单位就检测结果存在分歧，应共同评定相关试验的证据，也可以委托第四方检测单位重新进行必要的试验和检验。

第九节　监理管理

一、监理的业务内容

建设监理是建设方为实现其投资目标，委托专门的监理机构，代表其对项目建设过程进行监督管理。其目的在于提高工程建设的投资效益和社会效益。监理对建设监理的活动是针对一个具体的工程项目展开的，是微观性质的建设工程监督管理，它对建设工程参与者的行为进行监控、督导和评价，使建设行为符合国家法律、法规，制止建设行为的随意性和盲目性，确保建设行为的合法性、科学性、合理性和经济性，使工程质量、进度、投资按计划实现。从事建设监理活动遵循"守法、诚信、公正、科学"的准则。

监理应根据监理合同、工程建设合同、监理规划、监理实施细则、设计文件、建设方管理规定及其他项目文件、国家和行业有关法律法规及标准规范，开展独立的监理工作。监理依照有关法律法规、规范标准、设计文件，履行工程实施阶段的健康、安全和环境控制、质量控制、进度控制、投资控制、现场组织协调、合同管理以及交工技术文件和监理资料管理，防止、纠正任何造成建设方损失的不符合行为及结果，同时接受建设方的监督管理。

与其他行业一样，煤化工项目建设方委托监理主要以施工阶段为主。在大型煤化工项目上，监理通常要协助建设方项目组进行工程管理和协调等工作。

二、煤化工项目监理的工作内容

《建设工程监理规范》明确了监理工作内容，根据此规范，结合煤化工项目惯常做法，监理主要工作内容如下：

① 审查承包商各项目施工准备工作，审核开工报告申请、下达开工通知书；
督促承建单位建立健全施工管理制度和质量、安全管理体系，并检查其实施、运行；

② 审查承建单位提交的施工组织设计、施工方案（技术措施）、检验试验计划，参加或受建设方委托组织图纸会审，审查设计变更，组织技术专题论证，配合建设方审查设计文件；

③ 检查承建单位的人员资质、机具设备和检测检定工具仪器的有效性；

④ 审核和确认承建单位提出的分包工程及选择的分包单位；

⑤ 检查工程使用的原材料、半成品、成品、构配件和设备的质量；

⑥ 采取旁站、巡视和平行检验等形式对施工过程实施监理，抽查工程施工质量；对发现的问题下发监理通知单或联系单，并跟踪落实整改情况；

⑦ 见证对原材料等进场检试验及施工过程和实体检试验的取样、监督其送样，审核检测委托，确认检验、试验报告的符合性；

⑧ 监督承建单位按技术标准和设计文件施工，控制工程质量，重要工程要督促承建单位实施预控措施；

⑨ 对隐蔽工程及 A 级、B 级质量控制点检查验收；

⑩ 审查承建单位的进度计划并监督执行，分阶段进行进度控制，通过进度对比分析，提出调整意见；

⑪ 审核确认承建单位上报的工程量、签署付款凭证；

⑫ 审核工程变更工程量，处理合同纠纷和索赔事宜；

⑬ 审核承建单位的 HSE 计划和 HSE 措施文件、特种作业人员资格等文件，督促、检查安全生产、文明施工；进行现场协调管理、停工和复工管理等；参与或配合工程质量、安全事故的调查、处理；

⑭ 组织分项、分部工程验收、参加单位工程验收，组织交工预验收，并对工程施工质量提出评估意见；

以上所述监理内容或有所不及，无论如何，监理在施工阶段都是围绕着"四控制""两管理"和"一协调"这七个方面开展监理工作。

三、监理的选择

建设方根据《中华人民共和国招标投标法》等相关法律法规通过招标，按照公正、公平、科学、择优的原则，选定监理。建设方在招标前，应根据项目情况明确监理的范围、任务和责任，提出资格条件和业绩要求、监理费用的计取方法及支付条件，并确定评标方法和标准，拟定建设监理委托合同文本。

对于大型煤化工项目，建设方选择监理的原则如下：应具有与项目相应的资质等级、在其营业执照经营范围内；具有类似监理业绩；具有良好的社会信誉，无不良诉讼记录；经营状况和财务状况良好；监理大纲符合和满足招标文件中的监理范围及在任务和责任方面提出的要求；足以能在项目现场建立完善的质量、安全保证体系；总监理工程师具有相应资质和监理业绩及良好的组织协调能力；专业监理工程师、监理员、文控人员，必须专业配套齐全、年龄结构、知识结构合理，并具有良好的职业道德，能够满足本项目监理工作需要；为现场配备必要的工程测量和检测工具、设备；在信息处理和信息管理方面实现电子化、网络化；监理酬金合理，特别应注意拒绝明显低于成本报价的投标人。

四、对监理的管理与评价

建设方对监理的管理要求如下。

1. 监理人员资质要求

所有现场监理人员均要符合 GB 50319《建设工程监理规范》中相应的资质规定，即总监为监理注册，总代为监理注册或中级以上、三年及以上工程实践经验且经监理业务培训；专业监理工程师，监理注册或中级以上、两年及以上工程实践经验且经监理业务培训。

2. 监理进场、人员配备、派遣、撤场

监理于监理合同签订后的十天内或建设方提出的其他时间将项目监理机构的组织形式、人员构成及总监任命书提交相应的项目组。监理进场前，根据最新进度计划制定并上报人员派遣总计划。监理过程中，提前报监理人员月计划，经项目组批准后实施，计划需满足监理合同要求。预期到场人员与合同约定名单不一致或合同未约定，需提供派遣人员的简历和资格证或职称证原件，经项目组审查并书面同意后，方可进场，监理人员须在相应的施工准备阶段到达现场。

除非建设方提出，否则，监理人员更换，须向项目组提书面申请并附替代人员简历和资格证或资格证原件，经审查同意并报项目施工管理部备案后方可更换。总监调整，监理单位应经项目组报施工管理部确认后，报项目主任组批准。任何监理人员更换必须在建设现场完成交接工作，工作交接不得对监理工作造成影响，不重复计算考勤。

若监理人员因业务水平低、能力不够、质量意识及服务态度差等原因不能胜任工作，项目组应以书面方式通知监理限期更换，并抄报施工管理部。若项目组提出更换总监，则应书面报施工管理部审查并报项目主任组批准。

撤场应根据监理合同和工程建设需要有序进行，由各业主项目组确定监理的撤场时间，并报项目施工管理部备案。

3. 人员面试和试用考核

总监、总代上岗前需通过建设方面试，其他人员进行试用期考核。

面试总监、总代前先审核简历、资格证等资料，审核通过后再面试，面试主要测评应试人员岗位所需的专业知识、业务能力和管理经验等。

建设方对专业监理工程师设置 2～4 周的试用期，试用期结束后进行考核，考核不合格，监理需及时更换。考核主要有责任心，工作能力，预防、发现及解决问题的成效等方面。

4. 请假与考勤制度

现场监理人员的短期离场，均不得影响监理业务的正常开展，所有从事监理工作的监理人员离开现场时，均应事前向项目组请假。

各专业监理工程师或监理员短期离开建设现场，须经项目组审批同意，总监、总代不得同时离开现场，总监或总代短期离开现场，须报项目组和施工管理部批准同意。

监理机构的月考勤表应经项目组经理或其授权代表签字确认后方作为监理费付款的依据之一。

5. 监理文件

监理向建设方报送的监理文件有监理规划、监理实施细则、旁站方案、平行检验计划、监理月报。建设方一般会审批监理规划、旁站方案，有的建设方对其他计划类监理文件（即细则、平行检验计划等）也会审批。除此之外，在施工过程中，建设方也可能根据工作需要要求监理上报其他文件。

6. 监理考评

在大型煤化工项目上，为促进监理有效履行合同、增强监理管控力度，强化事前预防、事中控制、事后验证，由施工管理部对监理每月考核、每季度组织考评。考评主体为项目组，施工管理部，质量部，安全部及行使政府职责的质量、安全监督机构。考评内容主要有组织机构，人员配备，工作能力，管理体系及预防、发现、解决问题的效果等方面，季度考评结果按时发布，对于连续三次考评排序末位的监理，建设方视具体情况采取通报批评、警告、延付费用或经济处罚、更换不称职监理人员直至更换总监理工程师等措施促使其改进，必要时解除或终止合同。

第十五章

项目 HSE 管理

第一节 建立煤化工项目 HSE 管理体系

一、煤化工项目 HSE 管理体系

（一）煤化工项目 HSE 管理时代背景

安全发展、绿色发展是新时期的新内涵和社会进步的新要求，工程建设领域本就是全高危区、事故频发地，因此，在新时期，更应大力强化在这领域的安全管理。现代煤化工项目是国家能源战略安全的保障，动辄投资上百亿乃至数百亿的大型煤化工项目如雨后春笋般涌现，它涉及建筑、化工、电力等众多行业，具有工程量大、施工周期短、施工工艺复杂、交叉作业多、资源投入大、施工队伍多等特点。现代煤化工工程多采用以 EPC 模式为主的承包方式，设计、采购、施工深度交叉，能有效降低投资、提高质量和加快进度。新的工程领域、新的管理模式、新的组织形式、新的工艺技术，就不可避免带来了新的安全风险，面临着新的困难和挑战。基于以上情况，创建有别于其他建设行业的现代煤化工 HSE 管理体系就势在必行。

（二）煤化工项目 HSE 管理状态分析

近些年来，随着经济转型和建设领域环境的变化，施工企业人才流失严重，作业人员多以农民工为主，职业技能培训机制缺失，安全技术管理能力和安全职业技能不足问题较为突出。具体表现在安全管理水平低、安全风险控制不力、作业人员安全意识淡薄、风险识别能力弱、违章作业多等方面，这也是安全事故频发的主要原因。

煤化工领域多由煤炭行业背景的企业投资，对承包商的管理主要依靠合同管理为主，缺乏像中石油、中石化等企业那样的行政管理手段。而一些建设方的招标体系不完善，为了规避触规风险，多以取最低价为原则。以低价中标的 EPC 承包商在进行施工分包时，又常简单粗暴取最低报价者，并设置了施工承包商不得提请变更等霸王条款，这就导致了施工承包商恶意竞争，低于成本价中标，在施工时，偷工减料、冒险作业也就在所难免。虽然有的建设方或 EPC 承包商采用综合评标的方式，但是由于整个不良竞争业态业已形成，加之投标人员、评标人员安全意识、素养各不相同，因此，仍不能有效解决安全技术方案可靠性和安全投入先天不足的状况。

大型煤化工项目具有规模化、集约化特点，往往会出现多条重要路径，工程承包模式多采用 EPC 的方式。因此，各 EPC 之间，装置与系统之间，设计、采购、施工各专业之间，各工序之间必然深度交叉，基本上不能形成传统的流水作业，在这纷繁复杂的交叉作业中保证项目建设安全必然面临更多困难。

施工机具和设施的不可靠，也是大型煤化工安全管理不可忽略的问题。当前社会专业化分工初步形成，承包商使用的机具和设施多为租赁，但社会信用及评价机制尚不成熟，这就让一些劣质产品混入市场。如当前市场上的扣件式脚手架多有不达标的，塔吊类起重设备管理也往往存在不规范现象，假冒伪劣配电设施在市场上更是遍地都是。

（三）建立项目 HSE 管理体系

1. 以建设方为核心建立一体化的 HSE 管理体系

煤化工项目投资巨大，涉及行业门类较多，涉及单位工程和单项工程众多，一个投资过百亿的项目通常会有十余家 EPC 承包商和数十家施工承包商参与工程建设，参建人数月累计达十余万人次。为此，就需要以建设方为核心，建立一个统一协同的、将所有参建人员都纳入其中的，包括设计、采购、施工、现场服务及试生产全过程的 HSE 管理体系。

2. 项目 HSE 管理体系建设要求

项目 HSE 管理体系应依照《环境管理体系要求及使用指南》（GB/T 24001）、《职业健康安全管理体系　要求及使用指南》（GB/T 45001—2020）标准，并结合项目特点和具体情况以及相关法律、法规要求建立，形成的管理手册及文件化程序经项目最高管理者批准后实施。项目最高管理者组织和领导全项目的 HSE 管理活动，保证项目 HSE 管理体系的适宜性、充分性、有效性和持续改进。

应按以下各项建立项目 HSE 管理体系：识别项目 HSE 风险及在 HSE 管理方面应遵循的相关要求；确定项目的 HSE 目标；确定 HSE 管理体系所需的过程；确定各 HSE 管理过程的流程、顺序及相互之间的链接、关联、支持和制约作用；确定各 HSE 管理过程的准则和方法，以确保其有效运行和控制；确保获得必要的和足够的资源、培训和信息，以支持、监视各 HSE 管理过程的运行和结果；通过各管理层次监视、测量和分析各 HSE 管理过程的适用性与充分性；采取必要的措施，以实现所策划的结果和持续改进不充分、不适用的 HSE 管理过程；策划项目的 HSE 管理组织结构和职责，策划 HSE 管理体系文件结构层次。

（1）HSE 管理体系中的 PDCA 循环

项目 HSE 管理体系的建设、运行应以 PDCA 循环方式实现持续改进，具体如下。

策划（P）：建立所需要的目标和过程，确定实现结果所需的资源，识别风险和机遇，并制定对策。

实施（D）：实施所策划的 HSE 管理过程。

检查（C）：根据安全生产方针和目标、法律法规及其他要求，对 HSE 管理过程进行监测和测量，并报告结果。

改进（A）：必要时，采取措施提高绩效，总结成功经验，条件成熟，就标准化、制度化；汲取失败教训，以引起重视并加以避免。

由改进（A）转到策划（P），以此循环往复，每次的遗留问题和仍有待提高之处由下一个 PDCA 循环解决。

（2）HSE 管理体系中的 HSE 风险管理

HSE 风险评估的作用是帮助项目在 HSE 危险源与 HSE 环境因素辨识的基础上，借助可量化的技术，明确安全管理的重点。

第一步：制定 HSE 风险控制标准和措施。

研究和制定相应的风险控制标准和风险控制措施，防止 HSE 危险源和 HSE 环境因素转变成为隐患。制定风险控制标准可以明确管理的依据，制定管理措施可以明确管理的途径。

第二步：执行 HSE 风险控制标准和措施。

在项目建设过程中贯彻落实 HSE 风险控制措施，将风险切实降低和保持在控制标准范围内，确保 HSE 危险源与环境因素的风险处于受控状态，从而达到防止隐患产生的目的。这一步骤是把安全管理的重心从隐患排查治理转移到风险预防预控的关键环节。

为了使 HSE 风险控制标准和措施得到切实落实，项目应在组织上、制度上、技术上、资金上和安全文化上形成相应的保障机制。

第三步：危险源与环境因素监测监控。

采取适当的监测技术和手段，对工作场所内的危险源与环境因素进行监视和测量，跟踪危险源与环境因素随时间的状态变化，确保管控措施始终有效，危险源与环境因素始终在受控状态。

第四步：判定风险是否可承受。

将监测结果对照风险控制标准，分析和判定危险源与环境因素的风险状态是否可承受，找出已经处于异常和紧急状态的风险。

第五步：风险预警和隐患治理

对发现的隐患启动预警，及时通知到暴露人员和责任单位，重新返回到第三步开始执行。由责任单位采取隐患治理行动，进行消警，将危险源与环境因素的状态恢复到正常。

（3）领导和承诺

项目领导应对建立、实施、保持和持续改进项目 HSE 管理体系提供强有力的领导并作出明确的承诺。

项目最高管理者应带头遵守法律法规和公司及项目在 HSE 方面的制度、规定，在决策项目事项、安排项目活动时，健康、安全与环境应是其首先要保证的因素，及时组织辨识危害因素并把风险控制在合理并尽可能低的程度，提供体系运行所需要的资源，与员工和相关方就 HSE 方面问题进行协商和沟通，把 HSE 方面的业绩考核与项目人员任用考核相结合。

项目最高管理者应作出建立、实施并持续改进本质安全管理体系有效性的承诺。在项目内部传达满足法律法规以及项目 HSE 管理要求的重要性；贯彻执行项目职业健康、安全与环境方针，建立项目 HSE 目标并监督项目各层次上落实目标责任；制订管理评审准则并实施，确保为项目 HSE 管理体系建立、实施、保持和改进，提供包括人力、专项技能、基础设施和财力等必要的资源。

（4）HSE 文化

项目应培育和维护 HSE 文化，以夯实项目管理体系的基础。要使全体项目成员树立正确、先进的 HSE 管理理念；使项目成员都参与到或将其都纳入到健康、安全与环境管理体系的建立和运行中来；建立有效的激励机制；建立畅通的沟通渠道并及时获知及反馈员工对有关事务的意见和建议；促进项目成员在项目 HSE 管理中相互协助、紧密配合；持续修订完善项目的技术、管理标准体系并积累技术、管理经验，并将体现于其中 HSE 管理意识和原则融入适宜的文化载体中。

（5）HSE 管理文件

HSE 文件是 HSE 管理体系运行的依据，起到沟通和统一行动的作用。项目执行运行过程对 HSE 文件的编制、审批、发放、修改、使用、标识、作废、销毁等方面进行控制。

二、项目 HSE 方针及目标

（一）项目 HSE 方针

1. HSE 方针的建立

项目 HSE 方针应依据国家安全生产方针"安全第一，预防为主，综合治理"的要求，结合公司 HSE 方针及项目自身特点和实际情况制定，它是项目 HSE 风险预控管理的宗旨和方向。

HSE 方针语言要简洁，易于被项目成员理解且能付诸实施。安质环监管部负责组织项目 HSE 方针草案的征集、筛选、统计、分析和论证，报项目安委会或相应的安全生产管理机构讨论通过，经项目最高管理者批准发布，为项目 HSE 管理体系的建立和实施明确方向，并以指导制定项目 HSE 目标和管理方案。

2. HSE 方针内容

项目 HSE 方针应包含以下内容：项目 HSE 管理的价值观和总体行为规范的理念；对持续改进 HSE 绩效的承诺；遵守适用安全生产法律法规及其他要求的承诺；为制定和评审 HSE 风险预控管理目标提供框架和指导。

3. HSE 方针管理

项目 HSE 方针应按以下所述进行管理：建立、实施和保持有关文件对安全生产方针实施管理；最高管理者负责批准 HSE 方针，每年进行方针的评审，并保证方针得以贯彻执行；将 HSE 方针传达到项目所有成员，使他们意识到他们的安全环保责任和义务；HSE 方针能够被相关方所获取；当项目发生重大变化时，应就 HSE 方针组织评审，以确保其相关和适宜。

项目最高管理者要在决策、行动和部署安排中就贯彻 HSE 方针做出有形表率。

项目各参建方负责 HSE 方针在各自项目组织内的贯彻和落实，并依据 HSE 方针制定 HSE 目标及 HSE 管理方案。

（二）项目 HSE 目标

1. HSE 目标制定

项目最高管理者依据项目 HSE 方针，组织制定项目的 HSE 目标。

除 HSE 方针外，制定 HSE 目标时基于危险有害因素和环境因素辨识及风险评价结果，基于项目的内外部状况及公司在 HSE 方面的期望和要求，同规模且同性质项目的 HSE 目标和其实现情况等。

2. 目标指标执行

项目部按 HSE 目标确定用于衡量 HSE 绩效的指标参数，每年年初项目部以 HSE 责任书的方式，把 HSE 目标和指标分解给各项目组和项目部门。并按此进行年度或者季度考核。

3. HSE 管理方案

项目部通过制定和实施 HSE 管理方案，确保实现项目的 HSE 目标。制定的 HSE 管理方案应确定以下内容：工作内容，需要的资源，职责和权限，如何将方案整合到项目的管理活动过程，相应活动或工作的时间安排，如何评价结果。

三、项目 HSE 管理组织机构及职责

（一） HSE 管理组织机构

"组织一体化"的煤化工项目 HSE 管理组织形式是较为先进的管理形式，它有利于参建各方统一协调、统一标准、统一部署、统一决策。项目部建立包括自身及监理、EPC 总承包商和施工承包商在内的安全生产责任体系，并在法律法规所规定权利义务的基础上，在合同中进一步约定各方安全生产的权责利，各方按此建立纵向到底、横向到边的安全生产责任体系。各参加方均应设置安委会或安全生产领导小组，研究解决重大问题、研究确定重大安全方案及安全资源供给等问题。

在大型煤化工项目上，就建设方来说，矩阵式的安全生产管理机构是最为有效的一种管理形式，按照分区域设置项目组和分职能设置部门的原则，按照"一岗双责、业务保安、属地管理"和"管生产必须管安全，管业务必须管安全，管经营必须管安全"的要求，层层签订安全生产责任书，逐级落实安全生产责任，明确从项目最高管理者到项目基层员工岗位安全职责和工作安全绩效指标和考核标准，建立健全涵盖全员、全过程、全方位的安全生产责任体系。各职能部门为项目组配置专业经理和专业工程师，专业经理和专业工程师在项目经理领导下负责本专业的业务保安工作，各业务部门负责指导、支持、服务和监督工作，安质环监管部负责综合安全监管工作。

（二）项目部 HSE 职责

从建设工程领域典型事故案例分析可以发现，没有一起事故不是因为安全生产责任落实不到位产生的，具体表现在只重视进度与效益，忽视安全生产，甚至有的建设方认为施工安全不是我的事，是承包商的事，项目早投产一天，要多赚几百万甚至上千万，承包商死几个人算什么。因此建立健全以建设方为主导的安全生产责任体系是大型煤化工工程安全管理的根本。下面就煤化工项目建设方项目部内 HSE 责任阐述如下。

1. 安委会主要职责

贯彻执行国家在安职环防（建议仍称为"HSE"，下同）方面的方针政策、法律法规、规范标准。督促项目《安职环防责任制》和安职环防管理规定的贯彻落实。组织召开安全生产委员会会议，研究和解决项目安职环防工作中的重大问题。审定项目的安职环防工作

策划及年度工作计划。批准重大危险源与重要环境因素管理方案，监督措施落实。批准项目的综合和专项应急救援预案，协调项目上的安全生产、环境污染、职业卫生、重大火灾事故及重大自然灾害的应急救援。审定项目安职环防先进集体、单位和先进个人，决定表彰事宜。监督项目审查安职环防费用的使用情况。安职环防方面的其他重大事项。

2. 项目领导层主要职责

项目主要负责人对项目的安职环防工作全面负责。统筹管理项目的安职环防工作，保障项目 HSE 方针的贯彻和 HSE 目标的实现。建立项目安职环防生产组织机构，贯彻落实安职环防责任制。批准项目安职环防管理体系文件。保证人、财、物资源投入，确保项目安职环防管理体系有效运行。组织建立项目的安职环防制度，批准项目安职环防管理体系文件，并组织贯彻落实。审批重大危险源清单及管理方案，监督管控措施落实情况。领导项目安职环防设施"三同时"工作，使其符合有关法律法规和标准规范要求。审批项目的综合和专项应急救援预案，组织项目应急救援预案的演练，负责事故的应急救援指挥工作。按照规定的权限组织或参加事故调查，按要求提出处理意见，及时提交事故报告。审批项目部安职环防专项费用。主持召开项目安委会会议，研究和解决项目安职环防管理问题。

主管安职环防工作的项目领导对项目的安职环防工作负综合管理领导责任。统筹协调、综合管理、监督检查、组织完善项目的安职环防管理工作。监督检查《项目安职环防责任制》的落实，组织完善项目的安职环防工作规章制度，审核项目安职环防管理体系文件。监督和检查项目安职环防管理体系的运行，督促各类事故隐患的整改和措施落实，检查各项规章制度的贯彻和落实。监督项目危险源辨识工作，审核重大危险源清单、项目部重大管理方案、应急预案。组织月度和专项安职环防检查，对检查出的缺陷、隐患和问题，监督整改和纠正。当项目发生事故时，按照规定的权限组织或参加现场救援、事故调查，配合政府等管理部门开展事故调查，按照"四不放过"的原则组织事故的处理，提出对事故责任单位或责任人的处理建议，组织编写事故报告。组织项目安职环防管理工作的评比和考核，决定对项目各部门、项目组、监理、承包商的奖惩。组织制定项目的安职环防工作计划，并组织实施。适时组织安职环防工作专题会议，研究解决管理中存在的安全问题等。

其他项目领导对主管范围内的安职环防工作负直接管理领导责任。负责完善主管范围内的安职环防规章制度，并对执行情况进行监督检查。组织主管范围内的重大风险评价及管理方案制定工作。组织或参与项目重大安全技术方案审查。在各自分管工作的范围内，负责监督安职环防"三同时"的落实工作。组织主管业务范围内的安职环防工作的专项检查，监督隐患整改。在就项目业务工作进行计划、布置、检查、总结、评比时，同时计划、布置、检查、总结、评比安职环防工作。适时主持召开主管范围内的安职环防工作会议，研究和解决工作中存在的问题。按照事故调查处理权限，组织或参与事故调查处理。及时向项目主要负责人汇报、向安职环防项目主管领导通报主管范围内的安职环防工作情况。

3. 项目部门安职环防职责

(1) 安质环监管部主要职责

负责编制安职环防工作策划，并监督、落实实施情况。组织编制项目安职环防管理体系文件，监督检查各部门、项目组的贯彻执行情况。定期研究分析项目各类隐患和重大危险源，及时向项目主任组汇报项目安职环防现状及存在的问题，提出改进工作的建议。定期或不定期组织安职环防管理工作的检查，监督、检查各部门、项目组的安职环防管理工作，监督安全隐患的排查和整改情况。制定项目安职环防考核办法，定期对各部门、项目组、监理、承包商的工作进行考核，提报表彰奖励安职环防先进单位、先进集体和先进个人的建议。开展项目安职环防工作的宣传和教育培训工作，组织进入项目现场所有人员的入场培训教育工作，定期组织对项目各部门人员安职环防知识的普及教育培训工作。监督项目安全措施的制定、审核和落实工作。监督承包商安全费用的使用情况。监督检查单项工程及承包商进场开复工条件和报告的确认情况。监督项目重大危险源与重要环境因素的辨识、管理方案的编制及措施的落实情况，并建立重大危险源档案。定期组织安职环防管理的专题会议。参加安职环防事故的调查和处理，提出对事故相关单位和人员的处理建议，并向项目通报事故处理情况。编制项目的应急预案，监督、指导承包商的应急演练工作，适时组织项目的应急演练和应急预案的完善工作，参加项目事故的应急救援工作。

(2) 项目管理部主要职责

科学统筹及协调项目总体进度，确保其符合安职环防要求。落实安职环防"三同时"工作进度，保证安职环防设施与主体工程同步。落实项目安全费用概算，确保项目安全资金投入满足安全管理需求。选派合格的项目组经理、计划控制经理和费控经理，并对派出人员的安职环防工作进行监督、管理、指导和考核，对因其工作不到位造成的损失负业务保安的管理责任。将安职环防工作作为 EPC 承包商考核或评比的主要内容之一。

(3) 商务管理部门职责

签订承包合同的同时，组织签署安全管理协议。在编制招标文件时，将有关安职环防的法律法规、规范标准、管理规定、安全健康环保管理协议等列入合同文件主要内容。在编制招标文件和合同文本时，规定承包商必须按照项目安全费用管理要求计提安全费用，不得削减。负责工程的保险工作，在发生事故后及时与保险公司联系赔偿事宜。检查落实承包商的工程和人员保险投保情况。对派往项目组的商务经理监督、管理、指导和考核其安职环防工作。

(4) 设计管理部门主要职责

监督检查设计单位贯彻落实国家安职环防工作的方针政策、法律法规、规范标准情况。监督设计单位在设计文件中落实安职环预评价及安职环防设计专篇的评审及批复意见，协调消防报审工作，及时向有关部门报告工作进展情况。监督检查项目组开展的设计审查工作，组织对设计的可施工性、可维修性、可操作性的审核，负责安职环防设施与主体工程同步设计。负责工艺方案变更、设计变更带来的新的可施工性、可维修性、可操作性风险控制。对派往项目组的设计经理、专业工程师的安职环防工作进行监督、管理、指导和考核，对因其相应工作不到位造成的损失负监督管理责任。

(5) 施工管理部主要职责

审查承包商的施工组织设计和重大施工方案，并监督其实施情况。审查单项工程及入场承包商开工（复工）的条件。批准承包商的施工用电组织设计（方案），并监督项目组检查承包商执行实施情况。批准道路占用和公用区域的土方开挖作业许可。监督检查施工过程的安全管理和文明施工管理工作。协调和确定建筑垃圾的处置。负责项目现场危险品、节能降耗、污染物排放等环境运行控制。负责大件吊装施工组织统筹及管理工作。参与安全事故的调查和处理。监督安职环防设施的施工质量，满足"三同时"的规定。参加项目应急救援工作，协调和调配应急救援所需的工程机械和人员。对派往项目组的施工经理、专业工程师监督、管理、指导和考核其安职环防工作进行，对因其工作不到位造成的损失负业务保安管理责任。

(6) 采购管理部门主要职责

监督和管理采购过程中的安职环防工作。负责项目库房的安全管理工作，监督承包商库房的安全管理工作。负责监督制造商、代理商、服务商的现场安全管理工作，检查驻场监造的安全管理工作。负责监督、协调和管理建设方自采部分供应方在现场安职环防工作。

负责大件组焊厂房、组焊区域安职环防管理工作。负责采购设备和材料质量问题的调查和处理。对派往项目组采购经理监督、管理、指导和考核其安职环防工作进行，对因其工作不到位造成的损失负业务保安管理责任。

(7) 综合管理部门主要职责

负责项目部的办公、车辆、食宿、体检等的管理工作。负责有关安职环防外来文件的接收、识别、转发和归档，以及公司内部文件的标识、发放和归档。管理项目部的车辆和司机，定期组织对司机进行交通安全的教育，对项目部车辆发生的交通事故负主要管理责任。管理项目部自管职工食堂、宿舍、办公区域的安职环防工作，定期组织隐患自查，并及时整改。负责行政办公区域危害因素识别、环境因素识别、风险评价和风险控制的管理和监督。负责办公区域的消防安全、组织员工职业健康体检和办公区节能降耗、污染物排放管理。定期组织或检查餐饮人员的健康体检工作，预防食物中毒、传染病等事件的发生。参加项目应急演练和救援工作，协调和调配应急救援所需的车辆和后勤保障等工作。对因部门成员的安职环防工作不到位造成的损失负管理责任。

(8) 财务部主要职责

负责管理项目的安职环防专项资金。在安排项目工程款时，优先考虑安职环防的费用。负责本部门员工的安职环防工作。

(9) 项目各部门负责人的主要职责

贯彻执行国家安职环防工作的方针政策、法律法规、规范标准，落实安职环防责任制和项目安职环防管理规定。是本部门安职环防工作的第一负责人，对本部门职责范围内的安职环工作全面负责，组织制定并分解本部门安职环防目标、指标，组织编制及签订本部门员工安职环防目标责任书。完善与本部门职责相关的安职环防工作规章制度，并对执行情况全面负责。按要求对本部门的各项安职环防隐患进行整改，并接受相关部门的检查。组织协调对本部门的员工进行有关安职环防的教育培训工作。对本部门及员工发生的事故，负主要管理责任，按权限规定参加本部门发生事故的调查。对本部门派往项目组工作的员工进行业务指导，并对其安全管理工作情况进行监督和考核。定期组织本部门的安职环防会议，不断改进和提高管理水平。

(10) 项目各部门其他人员的主要职责

签订安职环防目标责任书并履行岗位安职环防职责。参加安全教育培训。遵守安全操作规程及安全规章制度。正确使用劳动保护用品和安全设施，进入现场要做到"三不伤害"。制止违章作业和冒险作业，发现隐患及时报告项目经理或 HSE 管理人员。参与事故的紧急救援工作。

4. 项目组安职环防职责

（1）项目组职责

全面管理项目组属地范围的安职环防工作。贯彻落实安职环防责任制及项目安职环防管理规定。监督、检查和管理监理、承包商、第三方检测单位运行的职环防体系情况，监督、检查和考核监理、承包商、第三方检测单位的安职环防管理情况。负责制造商、代理商、服务商等供应方及相关方在现场的安职环防管理工作。审查监理规划、承包商的项目执行计划、HSE 策划、施工组织设计、施工方案和安全技术措施，并监督检查实施情况。组织详细设计审查和图纸会审，确保详细设计满足安职环防的要求。落实建设项目安职环防设施的同时设计、同时施工以及具备同时投入生产和使用的条件，使其符合法律法规和规范标准的要求。审批承包商工程用设备和材料的入厂及出厂。定期组织和参加安职环防检查，对隐患督促整改，对查出的缺陷和问题要督促进行处置、纠正。组织管理区域危险源与环境因素的辨识，制定管理方案，落实管控措施。监督检查承包商开展的应急演练情况。及时报告事故并协助承包商对安职环防事故进行救援，参与事故的调查和处理。

（2）项目组经理主要职责

项目组经理是项目组的第一责任人，对项目组的安职环防工作全面负责。项目组经理也是项目组各项职责的第一负责人。除此之外，还有如下具体职责：对项目组成员的安职环防工作进行检查和考核；组织对本项目组进行有关安职环防知识的培训和教育；按月组织风险辨识活动，组织重大危险源和重要环境因素的评价和管理措施的制定，并负责检查落实工作；定期组织会议研究项目组安职环防工作，不断改进和提高管理水平。

（3）施工经理主要职责

对项目组区域内施工过程的安职环防工作全面负责。在安排项目施工开工时，优先保证安职环防工作具备条件。在组织施工时，保证项目的安职环防设施与装置的施工进度同步，并同时具备投用条件。在安排布置和检查施工进度时，必须同时安排布置和检查安职环防工作。参加项目组的危险源和环境因素的辨识和安职环防检查，落实隐患整改的措施，并负责整改情况的检查。组织施工方案的审查，检查其安职环防措施的落实。检查、制止和纠正现场的安职环防工作不符合要求的现象。负责文明施工的管理工作。审查承包商施工设备和周转材料的进出厂，审查工程废料、垃圾的出厂。参与紧急救援和事故的调查处理工作，落实事故整改的措施，对施工过程发生的安职环防事故承担内部管理责任。

（4）安全经理主要职责

负责项目组区域内的安职环防的监督检查、管理和协调工作，接受安质环监管部的指导和监督。监督检查监理、承包商、第三方检测单位，严格贯彻执行国家、行业、地方政府的有关健康、安全、环境的方针政策、法律法规、标准规范和项目安职环防责任制和 HSE 管理规定。监督检查监理和承包商运行本质安全管理体系情况，参加对监理、承包商的安全管理工作及其管理人员的考核。审查监理和承包商的本质安全计划、安全管理制度、危险源与环境因素的辨识清单及管控措施或管理方案，参加施工组织设计、施工方案的审查，并监督其安全措施执行情况，督促、监督承包商的应急演练工作。定期组织项目组的安全周例会和现场检查，随时对现场进行巡检和监督。对违章现象或发现的隐患，发出整改通知单，必要时按项目规定给予经济处罚，对严重违规的承包商，可提出停工整改或清除出现场的建议，对严重违章的个人有权直接清除出现场。审查承包商进场人员资质，按规定审查批准承包商有关作业许可证。参加脚手架、高处作业、安全防护、深基坑等安全设施的检查和验收。审批承包商的安职环防措施费用。参与安职环防事故的调查。

（5）计划控制经理主要职责

在安排工程进度时，优先考虑安职环防工作，落实好"三同时"工作。及时制止和纠正对现场的安职环防工作不符合要求的现象。

（6）费用控制经理主要职责

负责审查承包商安职环防费用提取情况及使用审核工作。及时制止和纠正现场的安职环防工作不符合要求的现象。

（7）设计经理主要职责

监督设计单位在设计工作中，落实国家有关安职环防的法律法规、标准规范及项目管理要求的贯彻执行情况。依据批准的安全、环境保护、职业病防治、消防设计专篇，检查、监督设计单位在详细设计文件中的落实。监督或组织设计的可施工性、可维修性、可操作性的审查。按规定要求参与事故的调查和处理。及时制止和纠正现场的安职环防工作不符合要求的现象。

（8）采购经理主要职责

监督和管理采购过程中的安职环防工作。监督供应商在项目现场的安职环防工作。监督承包商的库房管理。及时制止和纠正现场的安职环防工作不符合要求的现象。

（9）商务经理主要职责

监督监理、承包商对合同中有关安职环防内容的执行情况。在发生事故后，及时收集理赔材料，及时与保险公司联系赔偿事宜。配合部门检查落实承包商的工程和人员保险投保情况。

（10）专业工程师的主要职责

对本专业的安职环防工作，负业务保安的管理责任。组织或参加本专业风险辨识工作。审查承包商的施工方案和安全技术措施，并检查落实情况。对开工前，本专业的安职环防条件检查、确认，确保其符合要求。对本专业的作业人员和区域内本专业的安职环防工作监督、检查、管理，保证符合规定的要求。对违章现象或隐患发出整改通知单，必要时按项目规定予以经济处罚，对严重违规的承包商可提出停工整改或清除出现场的建议，对严重违章的个人有权直接清除出现场。监督、检查、落实本专业安职环防设施的"三同时"进展情况。验证本专业与质量有关的特殊工种人员资质和质量检测仪器、设备的校准证明及有效期。参加本专业的隐患排查治理工作，对项目组及上级检查出的隐患负责落实整改措施，并监督、检查整改情况。参与事故的紧急救援工作，参与本专业相关的事故调查和处理，监督检查整改措施的落实情况。严格做好工程质量的控制工作，确保建设工程的本质安全。

（三）监理 HSE 职责

监理要履行法律法规中的各项监理责任和监理义务，在此基础上，项目部可就其项目上的 HSE 工作提出如下具体的要求及相应的职责。

建立健全安职环防管理体系及安职环防管理制度。编制专业 HSE 监理实施细则和重大危险源专项监理细则，并报项目组审查。全面监督承包商的安职环防工作，定期向项目组报告安职环防工作情况。监督、检查、落实承包商的开工（复工）条件，确保满足安职环防的管理要求。审查承包商的施工方案和安全技术措施，并监督实施情况。适时组织隐患排查治理工作，监督检查承包商的隐患整改工作。跟踪、监督、检查承包商的重大隐患和重要环境因素的管理措施制定，并掌握实施情况。对违章现象或隐患发出整改通知单，必要时按项目规定予以经济处罚，对严重违规的承包商向项目组提出停工整改或清除出现场的建议，对严重违章的个人有权直接清除出现场。监督检查承包商安职环防设施的施工进度，保证具备与生产设施同时投用条件。参与主要单机试车方案的审查。参与、配合事故的紧急救援工作，按规定要求参与事故调查和处理，监督检查整改措施的落实情况。监督承包商的培训教育工作，审查特种作业人员的资质。做好员工的安职环防培训教育工作，保证员工不受到伤害。严格做好工程质量的控制工作，确保建设工程的本质安全。

（四） EPC 单位 HSE 职责

与监理一样，EPC 承包商也要履行法律法规中的各项监理责任和监理义务，在此基础上，项目部可就其项目上的 HSE 工作提出如下具体的要求及相应的职责。

贯彻执行项目的安职环防管理规定，对合同范围及属地范围的安职环防工作全面负责。建立健全安职环防管理体系和管理制度。在设计工作中严格贯彻执行国家安职环防的法律法规、标准规范及行业的管理要求和建设方的管理规定。依据批准的安职环防设计专篇，在详细设计过程中与之保持一致，负责消防设计的报审和配合施工验收工作，确保安职环防设施同时设计、同时施工，具备同时使用条件。编制或审批项目 HSE 计划、施工 HSE 策划、施工组织设计、施工方案、安全技术措施等，经审批后严格执行或监督施工承包商实施。组织设计交底、图纸会审，充分做好开工前的准备工作。严格把好施工承包商的资质审查、合同签订关，做好进场人员的管理，认真审查特种作业人员的资质，重视工程车辆车况的验收和维护保养。组织危险危害因素和环境因素辨识、评价及管控措施的制定，及时组织隐患排查治理工作，对各级组织检查提出的隐患认真落实整改措施。编制应急救援预案，适时组织演练；组织事故的紧急救援工作，积极配合事故的调查和处理，落实事故处理的"四不放过"原则，及时提交事故报告。做好项目人员的培训教育工作，监督施工承包商组织的三级培训和日常 HSE 教育，保证所有人员掌握基本的安职环防知识和安全操作技能。严格做好工程质量的控制工作，确保建设工程的本质安全。

（五）施工单位 HSE 职责

与 EPC 单位一样，施工承包商也要履行法律法规中的各项监理责任和监理义务，在此基础上，项目部可就其项目上的 HSE 工作提出如下具体的要求及相应的职责。

贯彻执行项目的安职环防管理规定，对施工过程的安职环防工作全面负责。建立健全安职环防管理体系和管理制度。编制项目施工 HSE 计划，并报 EPC 承包商、监理和项目组审查。编制施工组织设计、施工技术方案、安全技术措施和单机试车方案，并认真落实各项措施，充分做好开工前的准备工作。组织编制危险性较大工程的安全专项技术方案，并按规定组织好专家论证工作。做好图纸会审工作，严格按照设计图纸和施工规范标准施工。做好进场人员的管理，确保特种作业人员具有相应的资质，重视施工用设备、工程车辆的验收。严格按照设计图纸，保证安职环防设施与工程总体施工进度同步。认真编制危险危害因素和环境因素辨识清单和管控措施，及时组织隐患排查治理工作，对各级组织检查提出的隐患认真落实整改措施。编制应急救援预案，适时组织演练；组织事故的紧急救援工作，积极配合事故的调查和处理，落实事故处理的"四不放过"原则，及时提交事故报告。做好人员进场的三级培训和日常的 HSE 教育工作，督促、检查班组每天的安全快会（班前会）、作业队每周的安全例会，做好施工方案的安全技术交底，保证所有人员掌握基本的安职环防知识和安全操作技能或安全防护经验。严格做好工程质量的控制工作，确保建设工程的本质安全。

第二节　对承包商的 HSE 管理

为保证项目 HSE 目标的实现，建设方应严把准入关，择优选择施工承包商。就此，对各种潜在供方组织开展安全能力评价，并形成项目合格施工承包商短名单是一种有效措施。而在选择承包商时，在其资质符合必要规定的前提下，将资质、关键岗位标准作业流程、安全管理机构和人员资质、安全业绩等作为评标时安全方面的主要评分项，以此从源头控制承包商风险。建设方还要思考在 EPC 模式下，如何保护施工承包商的合理利益。对此，建设方可以在 EPC 总包合同中约定：施工承包商招标应采用综合评标法，商务价格应采用打靶法，不得多轮价格谈判，必须采用工程量清单法报价，EPC 的施工分包招标方案报建设方审查，建设方参与评标活动，中标通知书发出前报建设方审查等等。择优选定承包商后，还要严把承包商入场关，核查承包商企业资质、人员资质状况及项目组织机构，严防承包商挂靠、假借资质投标，或有资质吊销、资质过期等不符合行为。除此之外，建设方还应建立施工机具、设备准入制度，所有施工机具、设备应获得经授权的责任人检查确认，并粘贴合格标识后方可使用。

一、对承包商准入的 HSE 管理

（一）合格承包商管理

1. 合格施工承包商短名单

通过"潜在施工承包商资格预审调查问卷"等形式，预先了解国内专业从事工程施工单位的能力、业绩、资质及资源等情况，组织有关职能部门对反馈的信息资料评审，形成"潜在施工承包商资格预审报告"。在此基础上，对于需要确认事项或非知名也未合作过项目的不熟悉施工单位，应进一步到其公司进行全面或局部的第二方审核。对于通过资格预审的潜在施工承包商，录入"资格审查及后评价合格施工单位名录"中，并以动态管理方式予以维护。

施工承包商资格审核应遵守"公正、客观、负责"原则。预审人员对潜在施工承包商提供的文件资料负有保密责任，不得对其他潜在承包商或竞争对手泄露。预审人员不得在预审期间擅自与潜在施工承包商沟通，不得擅自泄露预审评价结果。

对潜在施工承包商进行资料预审或在其公司考察时，应就以下相应内容核实近三年的实际状况：营业执照、注册资金、授信额度；业务功能、范围、企业资质；人力、施工机械设备资源状况；企业以及承接项目的组织机构；施工分包管理策略、制度和流程；项目施工管理的方法；财务、纳税状况；质量及 HSE 管理体系运行状况及第三方审核结论；旨在满足顾客要求的质量及 HSE 方针、目标；质量及 HSE 体系管理规程文件目录；承接建设工程业绩及合同履约状况。

2. 合格施工承包商类别

根据大型煤化工建设项目特性，应按照不同类别建立合格施工承包商资源名录，这些类别一般应包括：

① 综合性施工承包商；

② 建筑工程承包商；

③ 市政工程承包商；

④ 石油化工工程承包商；

⑤ 防腐绝热工程施工承包商；

⑥ 消防工程施工承包商；

⑦ 筑炉衬里工程施工承包商；

⑧ 大件吊装工程承包商；

⑨ 电力工程施工承包商；

⑩ 铁路工程施工承包商。

3. 合格施工单位名录维护

应对"合格施工单位名录"实行动态管理，以保持在合格名录中的施工单位均为优势资源。当单项工程试车完成并进入交付阶段后，及时组织对各施工承包商、分包商开展后评价工作，为其是否能够继续保持合格性提供确认依据。后评价重在反映施工单位的工程承包/分包合同执行、目标（安全、质量、进度）实现及技术与管理方面的能力和投入情况。EPC 承包工程完工后，项目组负责组织 EPC 承包商、监理，对各施工承包商、施工分包商的合同执行情况进行后评价。

后评价结论确认可继续作为合格承包商资源的，将评价结果及时录入在"资格审查及后评价合格施工单位名录"中。反之，则录入在"后评价不合格施工单位名录"中，原录入在"资格审查及后评价合格施工单位名录"中的信息也随之转到"后评价不合格施工单位名录"中。

4. 星级评定

在编制、审批施工招标短名单时，优先推荐"星级施工承包商"，并在招标文件条款和技术标评标办法中，根据"星级施工承包商"的级别给予适当的优惠或加分考虑。每个项目建成后，组织对整个项目建设期施工承包商进行考评。对评出的"优秀施工承包商"除了授予奖牌或证书之外，将被命名为星级施工承包商，获得一次"优秀施工承包商"称号的即为"一星级施工承包商",最多可至"五星级施工承包商"。施工单位发生过"较大"及以上生产安全责任事故的,自发生事故之日起,3 年之内没有资格进入合格施工单位名录。已进入合格施工单位名录的施工单位,在承建项目期间发生死亡生产安全责任事故的,自发生事故之日起,纳入"后评价不合格施工单位名录"。后评价不合格的施工单位,纳入"后评价不合格施工单位名录"。

评定星级的施工单位在承建项目期间,如发生生产安全责任事故或质量事故,以及因施工承包商自身原因拖欠农民工工资引起纠纷事件,并对项目建设造成影响的,根据事故/事件的严重程度,将降低"星级施工承包商"级别,直至取消"星级施工承包商"称号。

(二)招投标阶段 HSE 管理

建设方在拟定招标条件、评标定标、签订合同与协议的过程中,应有安全专业人员参加,以确保安全方面的准入条件符合规定要求。

建设方在招标文件中,应针对拟招标工程项目的投标单位安全资质及业绩进行明确要求,保证项目关键管理人员的资格、素质及数量满足安全管理要求。

建设方应将项目安全管理责任、安全方面的规划或策划、实施计划、重要施工作业管控方案等作为投标文件的内容,纳入评标范围。

建设方在招标文件及合同文件中,应明确总包商、分包商的资质、业绩等准入条件以及安全协议、项目主要安全管理要求等。

工程招标应采用综合评标法,优先选用安全管理水平高、诚信履约情况好的优秀承包商。

(三)承包商安全费用管理

1. 安全费用定义

安全费用是指企业按照规定标准提取在成本中列支,专门用于完善和改进企业或者项目安全生产条件的资金。

2. 相关法规对安全生产费用的要求

在《安全生产法》中,规定"生产经营单位应当具备的安全生产条件所必需的资金投入,由生产经营单位的决策机构、主要负责人或者个人经营的投资人予以保证,并对由于安全生产所必需的资金投入不足导致的后果承担责任"。

在《建设工程安全生产管理条例》中,规定"建设方在编制工程概算时,应当确定建设工程安全作业环境及安全施工措施所需费用"。"施工单位对列入建设工程概算的安全作业环境及安全施工措施所需费用,应当用于施工安全防护用具及设施的采购和更新、安全施工措施的落实、安全生产条件的改善,不得挪作他用"。

在《企业安全生产费用提取和使用管理办法》中规定建设工程施工企业以建筑安装工程造价为计提依据,各建设工程类别安全费用提取标准如下:

① 矿山工程为 2.5%;

② 房屋建筑工程、水利水电工程、电力工程、铁路工程、城市轨道交通工程为 2.0%;

③ 市政公用工程、冶炼工程、机电安装工程、化工石油工程、港口与航道工程、公路

工程、通信工程为 1.5%。

3. EPC 总承包模式下安全施工费管理

(1) HSE 费用计提对策

把 EPC 安全费用分解为 EPC 总承包 HSE 管理费和施工安全施工费两部分。施工单位安全施工费为按照法规标准规定提取的用于施工单位现场安全施工的费用。EPC 总承包 HSE 管理费为 EPC 单位根据本企业安全管理要求及建设方安全管理要求自主报价的费用，用于现场 HSE 管理的费用，由 EPC 总承包独立使用的费用。安全费用应与文明施工、环境保护及保安等费用分别计提，EPC 总承包 HSE 管理费与安全施工费分别计提。在建设方招标时，就安全费用报价，可以规定以下两种方式中的一种。

一是由建设方根据工程概算统一计提安全施工费用，并列入标外管理，此部分费用必须根据分包策划按比例全额支付施工分包商。EPC 总承包商根据有关要求进行 EPC 总承包单位 HSE 管理费报价，当 EPC 总承包商认为安全施工费不足时，可以补报安全施工费，此部分补充与 HSE 管理费一并纳入标内竞争。

二是由 EPC 总承包商进行安全费用报价。EPC 根据建安工程造价报出安全施工费，此部分费用必须根据分包策划按比例全额支付施工分包商。同时 EPC 总承包商根据有关要求进行 EPC 总承包单位 HSE 管理费用报价，纳入标内竞争。

(2) HSE 费用管理

EPC 总承包商在进行施工招标前，应首先根据标段划分进行安全施工费用分解，并在招标文件中列出安全措施项目清单。

应制定统一的安全评标办法，安全管理人员全程参与。安全费用未单独报价和标外管理按废标处理；费用不清楚、报价混乱的按废标处理；未进行清单报价的按废标处理；费用不足的，可以通过澄清从利润中提取，并进行扣分。

建设方和 EPC 总承包商在招标前应加大与施工承包商交流、澄清深度，让施工承包商在报价之前清楚了解招标文件中安全方面的管理要求和报价要求，并在施工准备阶段，加大对承包商入场交底、培训力度，提升承包商在安全费用管理、提取、支付等方面的能力。

建设方参与或监督由 EPC 总承包商进行的施工招标过程，保证施工承包商安全费用计提到位。

施工单位应当确保安全防护、文明施工措施费专款专用，在财务管理中单独列出安全防护、文明施工措施项目费用清单备查。

（四）项目风险

应针对所承揽工程的特点、工序安排及施工方法，识别项目较大及以上风险，制定并实施针对性的控制措施，确保项目安全无事故。

与石油化工项目类似，煤化工项目典型的安全风险包括：高处坠落、物体打击、坍塌、机械伤害、起重伤害、中毒、火灾、爆炸、窒息、触电等。

如项目现场与生产装置紧邻，而且存在交叉作业的可能，火灾、爆炸及窒息等风险较大，同时也存在影响工厂稳定运行的安全风险，作业前应充分识别这些风险，制定并实施风险管控措施，以此既确保项目安全施工，又确保生产安全运行。

二、对现场开工的 HSE 管理

（一）入厂基本要求

① 建设方应对监理总监、安全监理工程师，承包商项目经理、执行经理、设计经理、安全及技术管理等人员进行安全生产管理知识和能力面试，对不满足工程建设安全要求的，有权拒绝上岗，确保其具备有效履职的知识和能力。

② 为确保安全施工，建设方应向承包商提供施工作业现场及毗邻区域内各种地上、地下管线资料，气象和水文观测资料及影响范围内的建筑物、构筑物、地下工程等有关资料。

③ 建设方应对各参建方现场各级管理人员和作业人员分别进行入场安全教育培训，完成安全教育培训工作，并在培训考试合格后，方给其办理入场证。总承包商、分包商和班组必须严格执行三级安全培训。

④ 建设方检验承包商入场作业的机具设备，所有机具设备都需经监理检查合格，并报建设方备案，方可办理准入手续。

⑤ 承包商完成各项开工安全条件准备，由监理、项目组核验开工条件，确认符合要求批准开工后，方可开工建设。

⑥ 承包商应将作业现场的办公、生活区与作业区分开设置，并保持安全距离。办公、生活区的选址应当符合安全、卫生、消防、环保的要求，职工的膳食、饮水、休息场所等应当符合卫生安全标准。

⑦ 承包商安全管理人员数量的最低配置应满足法规及合同要求。

⑧ 由承包商引入的工程现场外来参观学习、检查工作等公务活动人员，承包商对其进行项目安全须知告知并由其签字后，再持卡进入现场。

⑨ 承包商应依法依规交纳农民工权益保障金，并按期发放作业人员工资。

⑩ 承包商应为本项目人员进行安全健康体检，办理工伤社会保险和意外伤害险。

⑪ 建设方、监理、承包商应为项目人员提供、配备符合国家标准要求的合格的劳动防护、保护用品和用具，满足其从事工程项目工作的安全要求。

（二）进场告知

在大型煤化工项目中，应实行承包商进场告知制度，以便让众多参建承包商了解建设方在进场方面的各项要求，从而便于管理交底、培训、面试、开工许可等后续进场工作安排。

（三）开工报告

为了确保工程开工合法合规、满足安职环防要求，单项、单位工程开工需到安质环监管部备案。

（四）承包商开工条件确认

为了确保单项、单位工程开工条件达到规定要求，由监理和项目组对承包商的开工条件进行确认，确认符合条件后，方批准开工。

三、对施工过程的 HSE 监管

（一）过程管理基本要求

① 建设方应建立监理和承包商的人员信息、教育培训、现场安全检查、事故事件、考核评价等安全信息管理系统。

② 建设方、监理、承包商应建立项目安全风险辨识、评价管理机制，健全项目重大安全风险（高危作业）项目清单及管控措施，指导各级管理人员实施项目重大安全风险（高危作业）管控。

③ 承包商应建立项目应急管理体系，编制综合和专项应急预案，针对项目应急事项准备应急专项物资并实施储备管理，及时组织桌面、实战等应急演练工作。实行 EPC 总承包的，由 EPC 总承包商组织施工承包商开展应急管理工作。

④ 建设方、监理、承包商应建立业务保安工作机制，明确各级管理人员业务保安责任，进行业务保安考核。

⑤ 建设方应就项目安全生产费用的申请、支付有明确的规定，确保承包商安全生产费用投入到位。当承包商不投入或投入不到位时，建设方有权先给承包商拨付安全生产费用，然后再在承包商的工程款中予以扣除。

⑥ 承包商应当按照法律、法规和工程建设强制性标准进行设计，防止因设计不合理导致生产安全事故发生。应当考虑施工安全操作和防护需要，对涉及施工安全的重点部位和环节在设计文件中注明，并就如何做到安全施工提出措施建议。采用新结构、新材料、新工艺的或特殊结构的建设工程，应当在设计文件中就如何保障施工作业人员安全提出措施建议。

⑦ 建设方、监理、承包商项目负责人、专业工程师、安全管理人员要加强日常巡检，确保项目安全管理处于受控状态。

⑧ 承包商应开展班组安全建设活动，召开周一安全例会、班前安全会，开展班前风险辨识评估，在班组设置兼职安全员，宣贯岗位标准作业流程，建立以班组长为核心的班组安全管理机制。

⑨ 承包商应每季检查一次本单位项目使用的机械设备，张贴季度安全标签，满足机械设备运行安全要求。

⑩ 承包商对有可能发生高处坠落、物体打击、车辆伤害、机械伤害、起重伤害、淹溺、坍塌、火灾、爆炸、触电、中毒、窒息、烧烫伤等种类的重大风险作业（高危作业），应落实专项施工安全技术措施。

⑪ 承包商应对超过一定规模的危大工程施工方案组织专家论证，落实施工安全防护措施，办理安全作业许可票证，安排现场监护。

⑫ 建设方负责审批项目公共区域的动土作业，监理、承包商负责审批对应区域红线内的动土作业，落实并检查确认安全保证措施后，方可开挖动土。

⑬ 建设方负责审批主变电箱临时用电的接送电工作，承包商负责二级配电箱、三级开关箱的接送电工作，配置专职专业电工，实施日常巡检，确保施工临时用电安全。

⑭ 脚手架经承包商自检合格，由建设方、监理验收通过后，方可使用，脚手架实行

"红、黄、绿牌"日常管理和维护。未经验收合格的脚手架严禁攀爬作业。

⑮ 重大起重吊装作业前，在承包商自检符合条件的基础上，建设方、监理检查人员和措施要到位，各方在吊装前检查记录上签字，其后承包商签署吊装令，方可开始吊装。

⑯ 建设方、监理、承包商分级签署高处作业、动火作业、受限空间作业、射线作业等作业许可，各级签署人员应到作业现场进行安全措施确认。未经作业现场安全确认，严禁签署作业许可证。

⑰ 不同承包商之间的交叉作业安全协议由建设方和监理负责协调、签署，同一承包商内部的交叉作业由其自主协调、签署安全协议。

⑱ 承包商实施爆破作业，爆破单位须具有爆破作业许可证，人员应持有安全作业证，危险物品要管控到位，符合以上条件后，方可实施爆破作业，并接受建设方、监理的监督检查。

⑲ 要在项目关键或显著位置设置项目总平面布置图，封闭工程项目区域，实施门禁管理。承包商应在各自区域出入口设置施工总平面布置图等图牌，封闭作业区域，明确责任区负责人。

⑳ 承包商负责作业场所职业健康管理工作，告知职业病危害、进行健康体检、提供防护装备、制定管控措施，减少或避免职业危害，并接受建设方、监理监督检查。

㉑ 建设方负责协调落实施工垃圾填埋场，承包商负责扬尘、噪声、施工污水、危化品、生活污水、燃烧废气、固体废弃物等环境保护管理工作。严禁随意倾倒施工垃圾、施工废物及危化品，并接受建设方、监理监督检查。

㉒ 建设方负责项目公共区域内的交通管理、治安保卫工作。承包商负责各自区域场内的交通管理、治安保卫工作，管控项目现场交通和治安秩序，确保不发生交通事故和治安事件，并接受建设方、监理监督检查。

㉓ 建设方、承包商应建立健全项目消防安全组织机构，落实项目消防责任，管控、协调、实施各自区域的消防安全管理工作。配备消防器材，满足现场消防处置要求。

㉔ 建设方应在项目公共区域、承包商应在各自区域内设置安全标志，警示工作场所或周围环境的危险状况，指导作业人员采取合理行为预防危险，避免事故发生。

㉕ 建设方、监理、承包商的安全管理资料应及时建档保存，为安全管理绩效提供鉴证资料。

㉖ 建设方、监理、承包商应建立安全检查与改进、考核与奖惩机制，采取动态、定期检查相结合的方式，组织开展现场安全隐患自查自纠，及时整改问题、消除隐患。

㉗ 建设方通过项目现场视频监控系统，通过人脸识别、精准定位等电子信息化、智能化等措施，采集并及时传递风险信息。

㉘ 建设方、监理、承包商在采用新工艺、新技术、新材料、新设备时，应采取有效的安全管理和防护措施，必要时对从业人员进行专门的安全生产教育和培训，经考核合格后，方可上岗作业。

（二）作业许可

1. 作业许可种类

与石油化工项目类似，煤化工项目作业许可也主要包括动土作业、动火作业、高处作业、临时用电作业、受限空间作业、射线作业、起重作业、脚手架作业、占道作业、格栅板作业、夜间加班作业等。

2. 作业准备

承包商应组织危险源辨识，进行风险评估，制定并落实风险控制措施，必要时，应就此编制安全管理方案和应急预案。

3. 作业许可申请

承包商提出作业申请，填写作业许可证。作业风险较高时，应提供如下相关资料：作业内容说明、相关附图，如结构示意图、平面布置示意图等、风险评估、风险控制措施、安全作业方案、相关安全培训或会议记录。

作业申请人应是作业现场负责人，作业申请人应参与作业许可所涵盖的全部工作，否则作业许可证不予批准。

4. 作业许可审批

在已投入生产运行区域的所有作业，必须按照生产规定的作业许可的票证和程序实施审批。新建项目，可参考以下内容实行分级批准。

普通动火作业、一级高处作业、钢格板拆除作业、一般起重吊装作业、非负荷计算脚手架验收等作业，由承包商负责批准；二、三级动火作业和二、三、四级高处作业、受限空间作业、大型设备吊装作业、负荷计算脚手架验收、装置/单元内动土、临时用电作业、道路占道等作业，由相应区域的项目组负责批准；动土作业、在未划入项目组或项目组不再负责的区域内动土、公用临设及需一级供电网络配合停送电的临时用电作业、公用道路占道作业由施工管理部门批准；射线作业、特级高处作业、一级和特殊动火作业由项目安全监管部门批准。

5. 作业许可实施

作业负责人必须就风险控制措施、安全技术方案和应急预案向所有参与作业的人员进行交底。监护人员应核实作业许可证各项内容，确认各项安全措施已落实。作业人员应严格遵守操作规程，在监护人在场的情况下，方可实施作业。

监护人不在作业现场，作业人员有权停止作业，任何人对此无权干涉。监护人员负责对作业现场进行全方位的监护，当作业风险出现时，应立即发出停止作业的指令，并报告有关领导。

6. 限时和延期与重办

作业负责人、作业人员、监护人应严格执行作业许可证规定的有效时间。超时作业将被视为事故隐患行为。

当作业预计不能按规定时间完成时，作业负责人应提前按规定程序办理延期手续。无延期手续将被视为事故隐患行为。

当作业区域、作业环境、作业关键设备、作业人员、监护人员发生变化时，应停止作业并重新办理作业许可证。

7. 取消与关闭

当发生下列任何一种情况时，承包商都有责任立即终止作业，取消作业许可，并立即告知批准人作业许可被取消的原因：作业条件、作业环境发生变化；作业区域、作业内容发生改变；实际作业与作业许可发生重大偏离；发现重大安全事故隐患。

一份作业许可证，只能是一项工作任务，有时，一项工作任务会涵盖多个作业点。在此情况下，任何一个作业点发生重大变化或事故，此作业许可批准的所有作业都被取消许可，其他所有作业活动都应立即停止。

取消作业应由申请人和批准人在作业许可证上签字确认。作业许可一旦被取消，作业许可证即为废止，如需重新作业，申请人应按规定重新申请、批准。

作业活动结束后，监护人必须检查作业区域是否存在隐患或新风险，经确认无问题后，监护人在作业许可上签字，即为关闭。

四、对承包商的 HSE 考核

（一）承包商考核基本要求

建设方应对监理、承包商进行定期考核，并通报考核评价结果。在合同期结束或项目竣工后，出具考核评价意见书。

建设方应当将动态考核、定期考核、合同期考核或项目考核结果记录入档，并建立促使监理、承包商诚信履约的管理机制。在 SYCTC-1 项目上，承包商凡发生以下情况，即被列入"黑名单"，3 年内不准承担国能集团煤化工项目：被地方政府行政监督部门记录不良行为的，或因拖欠民工工资发生纠纷的，或被政府有关主管部门通报的；履约期间发生死亡安全事故、重大环保事件，出现重大质量问题，给建设方造成较大经济损失或不良社会影响的；在 HSE 方面存在其他严重非法、违法行为及其他造成恶劣社会影响的情况。

（二）承包商考核方法

1. 日常考核

对承包商提出的书面隐患整改通知单、停工整改通知单、要求清退的人员或车辆以及承包商人员打架斗殴、不遵守保安管理制度等情况，都将作为承包商进行日常考核的依据，根据情节轻重在月度的检查评比分值中扣分。

2. 每周考核

项目组与监理每周一同组织对相应承包商和施工现场进行安全检查，采取百分制对 EPC 总承包商和施工承包商打分考核。

3. 月度考核

项目部每月组织一次现场的大检查或专项检查，采取百分制对 EPC 总承包商和施工承包商打分考核，得分在某个分值以上或排名在第几位前的单位有资格参加月度安全优胜单位的评比，对于发生事故或治安案件（事件）或存在重大隐患的单位，则取消优胜单位的评比资格。

4. 年度考核

在月度检查评比的基础上，结合承包商平时的表现，项目部每年度对所有承建单位进行一次综合打分评定，综合评分在某个分值以上或排名在第几位前的有资格参与年度先进单位的评比，在此基础上分别评出项目上的年度先进 EPC 承包商、施工承包商。在年度内发生重伤及以上人员伤亡、一般火灾事故或特种设备一般事故的取消其评比资格。

5. 完工考核

在每一个项目结束之后，将对所有承包商的安全管理情况进行考核，考核的主要依据是在项目建设期组织的日常考核、每周考核、月度考核、年度考核。

第三节　项目 HSE 动态风险管理

一、项目 HSE 动态风险管控的意义和要点

在煤化工项目上，因为工序流程、作业人员、作业地点、采用的施工方法都在不断变化中，HSE 风险动态随时随地都在变化。而在交叉作业时，更是错综复杂、千变万化，为此，就需要开展多层次的项目动态风险管控。

为做好 HSE 动态风险管控，项目开工前，要开展全项目风险辨识工作，建立风险管理手册，并把重大风险清单纳入招标文件，要求承包商制定针对性的安全方案。单位工程开工前，由承包商进行风险再辨识，并据此编制安全管理策划、施工安全技术方案和安全专项措施。项目开工后，每月由项目负责人就下月施工内容组织开展危险源辨识活动，每周由施工负责人就下周施工内容组织开展危险源辨识活动，各施工班组每日召开班前会，就当日作业活动开展安全风险辨识活动，并进行安全喊话。

为做好 HSE 动态风险管控，还要落实重大风险管控措施。在大型煤化工项目上，因生产单元多、工程量大，风险等级高低不同，为此，就要以"分级管理、分线负责"为管理原则，以此有效提高绩效管理水平。对于有可能造成群死群伤的重大风险，必须编制专项方案，升级管理。对风险较大的工程，需要编制安全施工技术方案，在监理审批后，由项目组进一步审查把关。对于危险性较大工程，需要编制专项方案，建设方施工管理部介入管控。对于超过一定规模的危险性较大工程，编制的专项方案要组织专家论证，项目部分管领导应介入管理。

为做好 HSE 动态风险管控，对于执行许可证制度的各类作业，还要针对具体作业条件对每一类作业进行风险分级，并对批准权限进行规定。

二、项目 HSE 动态风险辨识

（一）术语与定义

（1）有毒有害物质

是指能通过化学或物理、生物等方式作用而危害人的健康、使人的机体发生暂时或永久性病变导致疾病，甚至死亡的所有物质的总称。

（2）危险有害因素

这一术语中的危险是指突发性和瞬间作用，这一术语中的有害主要是指在一定时间范围内的积累作用。危险有害因素这一术语本身则是指能对人造成伤亡或影响健康导致疾病、

能对物造成突发性损坏或慢性损坏的因素。

（3）危险源

是指可能导致人员伤亡或疾病、财产损失、工作环境破坏或这些情况组合的根源或状态。

（4）危险化学品重大危险源

是指长期或者临时生产、加工、使用或者储存危险物品，且危险物品的数量等于或者超过临界量的单元。

（5）建设项目重大危险源（简称重大危险源）

是指在项目建设过程中可能导致人员群死群伤及重大财产损失或造成严重不良社会影响的活动。

（6）环境因素

是指一个组织的活动、产品或服务中能与环境发生相互作用的要素。包括过去、现在已对环境造成影响以及可能对将来造成影响的要素。重要环境因素是指组织的活动、产品或服务中存在的某些环境因素已造成或可能造成重大影响的环境因素。

（7）危险源与环境因素辨识

是指识别危险源与环境因素的存在并确定其特性的过程。

（8）危险源与环境因素评价

是指评估危险源与环境因素的风险大小并确定风险是否可容许的过程。

（二）风险辨识要求

（1）危险源与环境因素辨识范围

辨识危险源与环境因素的范围覆盖项目建设、生活、服务活动的各个方面。其中包括：
① 常规活动如正常施工和非常规活动如故障检修等；
② 作业场所及办公区、生活区内所有人员的活动；
③ 作业场所内所有设施、产品和材料。

（2）危险源辨识时态及状态

① 三种时态：过去（以前曾经发生过）、现在（目前依然存在）、将来（潜在的，有可能出现）。
② 三种状态：正常、异常（检修、停机、停电等）、紧急（事故、自然灾害等）。

（3）危险源辨识因素

① 物的不安全状态（包括设备、材料、施工机械、机具等）。
② 人的不安全行为（包括不安全动作，未按法规、标准及制度、方案的安全要求去做的行为等）。
③ 管理的缺陷（包括技术措施不当、施工方案不当、管理不到位等）。
④ 作业环境的缺陷（包括作业场所的安全防护措施不合理、防护装置、用品缺少等）。

（4）环境因素辨识内容

① 水体污染，如生活污水、施工污水、因有毒有害物质排放造成的水污染等。

② 大气污染，如有毒有害气体、粉尘排放等。

③ 土地污染，如油品、化学品泄漏等。

④ 固体废弃物污染，如施工垃圾、生活垃圾、含油废物、废弃的有毒有害固态物质等。

⑤ 能源使用和能量释放污染，如烟尘、热、辐射、噪声、振动等。

⑥ 因对自然资源的开采、使用造成的自然环境破坏等情况。

（5）危险源与环境因素辨识应收集的信息

① 相关法律、法规。

② 以往事故、事件的记录。

③ 安全检查、体系审核发现的问题及审核结果。

④ 管理评审的情况。

⑤ 环境因素的监测报告。

⑥ 员工及相关方的意见。

（三）风险评价方法

1. 危险源评价方法

危险源评价的方法一般有：检查表法（SCL）、预先危险分析法（PHA）、事件树分析法（ETA）、故障树分析法（FTA）、工作任务分析法、对照分析法、类比分析法、矩阵分析法、LEC评价法、工作危险性分析法（JHA）等。下面对其中在建设项目上普遍使用的LEC评价法、工作危险性分析法（JHA）进行简要描述。

（1）LEC评价法

LEC评价法是一种操作简单而又较具系统性的危险性评价方法。它综合考虑各个环节发生事故的可能性、人员暴露在这些环境的频率以及一旦发生事故所产生后果的严重性等三方面因素，半定量地计算每一种危险源所带来的风险。

（2）工作危险性分析法（JHA）

JHA是将某项工作的全过程所存在的危险逐一列出，对危险发生的严重性和可能性作出评估并计算其风险值；然后根据风险值提出控制风险的方法，最后可列出经过风险控制后的剩余危险。此方法通常被施工单位用在办理作业许可证前的危险分析上。

2. 环境因素评价方法

（1）是非判断法

符合下列情况可直接判断为重要环境因素：违法或超标；紧急状态；已列入《国家危险废物名录》的固体废弃物；作为节能降耗对象的重点环境因素。

（2）综合打分法

当项目用"是非判断法"无法判定是否是重要环境因素时，就应采用综合打分法实施判定。

（四）动态风险辨识

项目各管理层根据项目不同建设阶段及现场状态，适时组织开展相应类别的动态风险辨识活动。承包商应对已确认的危险源与环境因素在作业场所的显要位置予以公示，公示的内容包括：危险源内容、可能导致的事故和伤害、主要控制措施，并在存在重大危险源与重要环境因素的位置设置醒目的安全警示标志和责任人。

三、项目 HSE 动态风险控制

1. 控制原则

首先考虑"消除风险"，其次考虑"降低风险"，将"个体防护"作为最后手段。

2. 风险动态控制

项目部各管理层级按照动态风险辨识成果，采取动态的分级控制方式对风险进行管理。

当遇上重大风险变更或法律法规及上级要求升级控制而现有制度及措施又不足以控制或是目标指标升级这些情况时，应制定管理方案。

在监督检查中，发现重大事故隐患，责令相关单位立即停工整改，并根据需要制定隐患治理方案，在重大事故隐患排除后，方可恢复作业。

危险源和环境因素的控制措施一旦失败，应及时启动应急预案，使事故损失降低到尽可能小的程度。

第四节　项目安全技术方案管理

一、安全技术方案管理的意义

此意义在于运用工程技术手段消除物的不安全因素，通过有组织、有计划地采取科学可行的施工工艺和方法措施，使施工作业及施工条件在本质安全上有了足够的保障。

1. 安全技术方案

这里说的安全技术方案指在施工组织设计、施工方案、专项安全施工方案中为了有效控制危险源和环境因素，防止伤亡事故和职业伤害，防治环境污染而制定的安全技术和管理措施内容。

2. 施工组织设计

是指以单项工程为对象进行编制，用以在技术、经济、组织、协调和控制等方面指导施工管理活动的综合性文件。

3. 施工方案

是指以单位工程或分部分项工程为对象进行编制，用以指导其施工全过程，并重点考虑施工方法、资源投入、安全质量控制、文明施工、环境保护等控制措施的具体操作性文件。

4. 专项安全技术方案

是指施工单位在编制施工组织设计的基础上，针对危险性较大的分部分项工程单独编制的安全技术措施文件。

二、安全技术方案管理

1. 安全技术方案编制原则

在危险源与环境因素辨识评价的基础上，以"安全可靠、经济合理、技术可行、科学先进"为原则制定和编制方案，要注重安全技术措施的适用性和可操作性，要充分考虑施工方法、作业环境、劳动组织、人员素质、施工机具等情况，控制措施要与危险源与环境因素辨识结果相吻合。单项工程应编制施工组织设计，如单个合同工程范围小于单项工程，则按合同范围编制；单位工程和较复杂的分部、分项工程及特别重要的施工工序，应编制施工安全技术方案；单位工程施工技术方案未涉及的分部、分项工程和较重要施工工序，应编制施工安全技术措施。

2. 安全技术方案编制依据

① 经确认在职业健康与安全和环境方面适用的法律法规。

② 在煤化工项目上适用的石油化工、建筑、电力、市政等工程类别的施工安全技术标准规范、操作规程。

③ 建设方本安管理体系文件及在 HSE 方面的项目规定。

④ 施工图纸及相关信息资料（事故信息、先进方法等）。

3. 安全技术方案控制管理

① 项目在现场开工前，都必须编制施工组织设计、临时用电组织设计及相应的施工方案和专项安全技术方案。

② 安全技术方案由承包商按规定要求组织编制并经内部审查后，报监理审批，监理审批后再经项目组施工管理安全工程师、施工经理、项目组经理审查后实施。

③ 专项安全技术方案应与施工方案同步完成编制、审查、会签程序，批准后应在施工前由承包商技术人员向全体作业人员进行交底，没有进行安全技术措施交底的工程项目不得施工。

④ 经批准的专项安全技术方案是可成为法律依据的文件，承包商必须认真贯彻执行，如因技术、设备、作业环境发生变化需要变更时，应按规定履行变更审批程序，并重新进行交底。

4. 安全技术方案内容

安全技术方案有如下内容。

① 工程项目名称、编制单位、编制人、审核人、批准人及编制时间。

② 编制依据。

③ 施工方法。

④ 安全技术措施（附危险源辨识）。

⑤ 环境保护措施（附环境因素辨识）。

⑥ 应急救援措施。

⑦ 劳动力计划包括专职安全管理人员、特种作业人员等。

⑧ 必要的设计计算书和施工平面图。

5. 安全技术方案编制要求

① 消除潜在危害的措施。在设计策划阶段，就要考虑到操作技术、工艺设备和原材料的安全性，比如用不燃或难燃材料代替易燃材料，用无毒或低毒材料代替有毒有害材料，对危险性大的作业，通过妥当设计，使之可以采用机械化作业等。

② 限制或降低能量、危害物质意外释放的措施，比如采取措施降低作业环境中有毒有害气体、粉尘排放浓度，使之达到标准规定的限值等。

③ 联锁措施。当危险出现时，通过某些单元相互作用自动调节，切断电源，关闭系统以保证安全操作，如起重机械的超高、超载、行程限位装置等。

④ 隔离防护措施。设置屏障，避免人与施害物相互接触，如施工现场防护棚、挡火墙，传动机械防护装置，安全网以及规定安全距离等。

⑤ 设置薄弱环节的措施。在设备上安装薄弱元件，当危险达到一定的极限时，薄弱环节首先被破坏，将能量释放，以保安全，如安全阀、爆破膜、保险丝、漏电保护器等。

⑥ 坚固加强措施。增加安全系数，保证设施、结构的强度，如脚手架剪刀撑、连墙件、土方施工护壁支撑、设备的维护保养等。

⑦ 警示措施。包括警示牌、信号装置，如安全色、安全标志牌、警示灯、报警仪等。

⑧ 个人防护措施，如工作服、安全帽、安全带、安全鞋、防护眼镜、防护面罩、防毒面具等。

⑨ 时间与距离措施，如规定操作时间、安全距离等。

⑩ 应急救护措施。

⑪ 教育培训、作业许可证、监督检查、劳动组合、工序安排、健康检查等管理措施。

6. 安全技术方案实施与检查

① 承包单位技术负责人以及专业技术人员、安全管理人员对安全技术方案的实施进行检查，发现问题及时提出整改要求。

② 项目组、监理应对未编制安全技术方案或未进行方案交底而擅自施工的，应责令停工作业，并按相关文件严肃处理。

③ 安全技术方案的编制、审批、交底、实施、检查实行责任追究制度，各级审查人员要从时间的及时性、内容的完善性、措施的可行性等方面严格把关。

④ 安全技术方案中的各种安全防护设施、防护装置、防护用品均应列入专项安全费用计划，与工程材料同时采购，承包商项目经理要对安全技术方案实施所需的资金予以保证，并对安全技术方案的实施效果全面负责。

三、对专项施工方案的要求

1. 须单独编制专项安全技术方案的工程

根据住建部建办质〔2018〕31 号《危险性较大的分部分项工程安全管理规定》有关问题的通知，以下工程需要编制专项安全技术方案。

（1）深基坑支护、降水工程

开挖深度超过 3m（含 3m）或虽未超过 3m 但地质条件和周边环境复杂的基坑（槽）支护、降水工程。

（2）土方开挖工程

开挖深度超过 3m（含 3m）的基坑（槽）的土方开挖工程。

（3）模板工程及支撑体系

① 各类工具式模板工程：包括大模板、滑模、爬模、飞模等工程。

② 混凝土模板支撑工程：搭设高度 5m 及以上；搭设跨度 10m 及以上；施工总负荷 $10kN/m^2$ 及以上；集中线荷载 15kN/m 及以上；高度大于支撑水平投影宽度且相对独立无联系构件的混凝土模板支撑工程。

③ 承重支撑体系：用于钢结构安装等满堂支撑体系。

（4）起重吊装及安装拆卸工程

① 采用非常规起重设备、方法，且单件起吊重量在 10kN 及以上的起重吊装工程。

② 采用起重机械进行安装的工程。

③ 起重机械设备自身的安装、拆除。

（5）脚手架工程

① 搭设高度 24m 及以上的落地式钢管脚手架工程。

② 附着式整体和分片提升脚手架工程。

③ 悬挑式脚手架工程。

④ 吊篮脚手架工程。

⑤ 自制卸料平台、移动操作平台工程。

⑥ 新型及异型脚手架工程。

（6）拆除、爆破工程

① 建筑物、构筑物拆除工程。

② 采用爆破拆除的工程。

（7）其他工程

① 建筑幕墙安装工程。

② 钢结构、网架和索膜结构安装工程。

③ 人工挖扩孔桩工程。

④ 地下暗挖、顶管及水下作业工程。

⑤ 预应力工程。

⑥ 采用新技术、新工艺、新材料、新设备及尚无相关技术标准的危险性较大的分部分项工程。

2. 须专家论证的专项安全技术方案

根据住建部建办质〔2018〕31 号《危险性较大的分部分项工程安全管理规定》有关问题的通知，以下工程的专项安全技术方案需要承包商组织专家论证。

（1）深基坑工程

① 开挖深度超过 5m（含 5m）的基坑（槽）的土方开挖、支护、降水工程。

② 开挖深度虽未超过 5m，但地质条件、周围环境和地下管线复杂，或影响毗邻建筑

（构筑）物安全的基坑（槽）的土方开挖、支护、降水工程。

（2）模板工程及支撑体系

① 工具式模板工程：包括滑模、爬模、飞模工程。

② 混凝土模板支撑工程：搭设高度 8m 及以上；搭设跨度 18m 及以上；施工总荷载 $10kN/m^2$ 及以上；集中线荷载 20kN/m 及以上。

③ 承重支撑体系：用于钢结构安装等满堂支撑体系，承受单点集中荷载 700kg 以上。的水平混凝土构件模板支撑系统和钢结构、空间网架结构安装使用的承重支撑系统。

（3）起重吊装及安装拆卸工程

① 采用非常规起重设备、方法，且单件起吊重量在 100kN 及以上的起重吊装工程。

② 起重量 300kN 及以上的起重设备安装工程；高度 200m 及以上内爬起重设备的拆除工程。

（4）脚手架工程

① 搭设高度 50m 及以上的落地式钢管脚手架工程。

② 提升高度 150m 及以上附着式整体和分片提升脚手架工程。

③ 架设高度 20m 及以上悬挑式脚手架工程。

（5）拆除、爆破工程

① 采用爆破拆除的工程。

② 码头、桥梁、高架、烟囱、水塔或拆除中容易引起有毒有害气（液）体或粉尘扩散、易燃易爆事故发生的特殊建、构筑物的拆除工程。

③ 可能影响行人、交通、电力设施、通信设施或其他建、构筑物安全的拆除工程。

④ 文物保护建筑、优秀历史建筑或历史文化风貌区控制范围的拆除工程。

（6）其他工程

① 施工高度 50m 及以上的建筑幕墙安装工程。

② 跨度大于 36m 及以上的钢结构安装工程；跨度大于 60m 及以上的网架和索膜结构安装工程。

③ 开挖深度超过 16m 的人工挖扩孔桩工程。

④ 地下暗挖、顶管工程、水下作业工程。

⑤ 采用新技术、新工艺、新材料、新设备及尚无相关技术标准的危险性较大的分部分项工程。

3. 专项方案管理

（1）编制审批

① 施工单位应当在危大工程施工前组织工程技术人员编制专项施工方案。实行施工总承包的，专项施工方案由施工总承包单位组织编制。危大工程实行分包的，专项施工方案可由相关专业分包单位组织编制。

② 专项施工方案由施工单位技术负责人审核签字、加盖单位公章，并由总监理工程师审查签字、加盖执业印章后方可实施。危大工程实行分包并由分包单位编制专项施工方案的，专项施工方案由总承包单位技术负责人及分包单位技术负责人共同审核签字并加盖单

位公章。

③ 对于超过一定规模的危大工程，施工单位组织召开专家论证会对专项施工方案进行论证。实行施工总承包的，由施工总承包单位组织召开专家论证会。专家论证前专项施工方案应通过施工单位审核和总监理工程师审查。

④ 专家论证会后，形成论证报告，对专项施工方案提出通过、修改后通过或者不通过的一致意见。专家对论证报告负责并签字确认。

专项施工方案经论证需修改后通过的，施工单位应当根据论证报告修改完善后，重新履行审批手续。专项施工方案经论证不通过的，施工单位修改后应当按照本规定的要求重新组织专家论证。

（2）专家论证

① 专家论证参加人员：专家；建设方项目负责人；有关勘察、设计单位项目技术负责人及相关人员；总承包单位和分包单位技术负责人或授权委派的专业技术人员、项目负责人、项目技术负责人、专项施工方案编制人员、项目专职安全生产管理人员及相关人员；项目总监理工程师及专业监理工程师。

② 专家论证内容：专项施工方案内容是否完整、可行；专项施工方案计算书和验算依据、施工图是否符合有关标准规范；专项施工方案是否满足现场实际情况，并能够确保施工安全。

③ 专项施工方案修改要求：超过一定规模的危大工程专项施工方案经专家论证后结论为"通过"的，施工单位可参考专家意见自行修改完善；结论为"修改后通过"的，专家意见要明确具体修改内容，施工单位应当按照专家意见进行修改，并履行有关审核和审查手续后方可实施，修改情况应及时告知专家。

④ 关于验收人员。就危大工程专项方案中的安全措施、安全设施，按照规定需要验收的，验收人员应当包括：总承包单位和分包单位技术负责人或授权委派的专业技术人员，项目负责人，项目技术负责人，专项施工方案编制人员，项目专职安全生产管理人员及相关人员；项目总监理工程师及专业监理工程师；有关勘察、设计和监测单位项目技术负责人。

（3）对危大工程实施监理

① 施工承包商、监理都应当建立危大工程安全管理档案。

② 监理应当结合危大工程专项施工方案编制监理实施细则，并对危大工程施工实施专项巡视检查。

③ 监理发现施工单位未按照专项施工方案施工的，应当要求其进行整改；情节严重的，应当要求其暂停施工，并及时报告建设方。施工单位拒不整改或者不停止施工的，监理应当及时报告建设方和工程所在地住房城乡建设主管部门。

④ 对于按照规定需要验收的危大工程，验收合格后，经施工单位项目技术负责人及总监理工程师签字确认，方可进入下一道工序。

⑤ 监理应当将监理实施细则、专项施工方案审查、专项巡视检查、验收及整改等相关资料纳入档案管理。

第五节 项目装置性防护管理

一、装置性防护的意义

1. 承包商管理

当前工程建设领域市场恶性竞争依然风行，承包商安全管理水平始终没有质的飞跃。成套煤化工项目规模大、投资大，少则百亿元，多则数百亿元，甚至上千亿元。它们涉及行业和专业门类多，工程量大、大型设备多、装置布局紧凑，设定的工期又相对较短。相较于传统的工业项目，其安全风险更大，正因此，常会发生更多的工程安全事故。

通过总结多个大型煤制油化工项目的安全管理经验，并借鉴化工厂安全仪表、安全阀、防爆设备、劳动防护等安全屏障的理念，科学辨识梳理不同装置单元风险，采取更加可靠的、标准的且有针对性的安全防护手段，我们创建了装置性防护措施标准，并通过不断地实践和持续改进，高效地落实了施工活动本质安全条件，有效地降低了煤化工项目建设过程中系统性高危风险，防范化解了农民工安全防范意识不强、安全执业技能不足、没有能力主张和维护安全权利的风险，保护了作业人员生命健康安全，有效地促进了项目安全生产管理水平。

2. 用装置性防护规避系统性风险

除了群死群伤风险外，由于交叉作业和承包商安全执业能力低、违章作业造成的人身伤害事故也屡见不鲜。为降低系统性高危风险，落实施工活动本质安全条件，确保交叉作业及操作过程出现意外时人员不受伤害，保护作业人员生命安全，推行装置性防护标准化是确保施工活动本质安全的有效措施。防护标准化，就是建立防护设施标准，并通过宣贯执行，确保在意外时作业人员不受伤害。防砸棚、生命线、安全网、防护栏杆等科学系统的设置，均是在出现意外时，确保作业人员生命安全的有效措施。而它们如何在错综复杂的建设过程中设置及在不断累积、变化的工程实体过程中持续保持完好，是项目实行装置性防护的难点。

二、装置性防护的要求

装置性防护措施要按照工序需要分区块考虑，满足整体防护需要和局部调整防护的需要。

下面就典型的大型煤化工项目防护要求进行简要叙述。

1. 系统管廊施工装置性防护措施

① 每 100 米设置一处上下斜梯，斜梯应尽可能为标准化工具式，以便提前预制。

② 管廊按照单层、双层和多层形式分类设置纵向水平安全通道。单层、双层布置的管廊必须设置至少一条水平安全通道；三层以上布置的管廊至少在首层和顶层设置两条水平安全通道（电缆敷设作业层必须设置正式或临时安全通道），层间应设置跃层通道，通道数量应满足人员通行需求。

③ 管廊结构安装及上部安装作业期间，要在地面危险区域设置防护围栏。

④ 作业层网格化设置生命线，覆盖全部施工作业面。

⑤ 管廊主要结构安装后及时挂设安全平网，管廊安全平网应布置在首层纵横梁下面，宽度不得小于管廊宽度，必要时按照安全需要增加宽度。多层布置的管廊应适当增设安全平网。局部平网遇施工拆除时，在施工完成后及时恢复。

⑥ 装置主管廊下部满铺防砸棚，系统管廊、装置支管廊与地面道路和施工人员临时通道交叉处设置防砸棚。

2. 锅炉钢结构施工、炉体及辅助工程施工装置性防护措施

① 钢结构吊装前按沿主梁和一级次梁上部全部布设生命线设置标准的生命线耳环（相对标高为主次梁上部 1.1～1.2m 的钢柱上设置），实现框架施工生命线设置的标准化。

② 锅炉框架每层均进行水平防护，交叉作业采取硬防护措施，外围按照有关要求设置水平挑网。

③ 地面坠落半径范围内，采用围挡隔离出禁区、预制成品司索起吊区、通行区等，安全通道设置防护棚。要设计出锅炉安装塔吊吊运物件空中行走轨迹，重物行走轨迹地面投影与通行道路交叉处，划定人员禁止停留警示标识。

3. 大型结构装置性防护措施

① 输煤栈桥等模块化结构吊装前，其后续作业使用的节点作业平台、生命线、安全网、临边孔洞防护在地面设置，吊装就位后立即完善防护措施达到合格状态。

② 钢结构框架在地面设置防护栏杆，分层设置水平安全网，主次梁设置网格化生命线，正式通道安装之前设置临时安全通道。

4. 屋面、脚手架、建构筑物装置性防护措施

① 动力汽轮机厂房、空分压缩机厂房、仓库等大型轻钢屋顶施工，在屋架主梁下弦满挂安全平网、上弦设置网格化生命线。

② 双排脚手架、满堂红脚手架都分层设置水平安全网，作业层设置水平安全网。

③ 建构筑物周围设置硬围挡，进出口及作业面必须设置安全通道，临边设置标准化防护。

④ 建构筑物沿外垂直面分层设置水平挑网，挑网端部设置防护栏杆，满挂密目安全网。

5. 结构楼层或平台周边防护

① 防护栏杆在构造上应牢固，阻挡人员在可能状态下的下跌和防止物料的坠落，同时具备一定的耐久性。

② 防护栏杆上杆离地高度规定为 1.2m，下杆离地高度规定为 0.6m，立杆间距 2m。

③ 当临边的外侧下方临近人员流动场所，除设置必要的栏杆外，还要满挂密目安全网或以其他可靠的安全措施作全封闭防护并在栏杆下边加严密固定的挡脚板，高度不低于 0.18m。

6. 安全通道防护

① 分层施工的楼梯口和梯段边，安装临时护栏，顶层楼梯口应随工程结构进度安装正式防护栏杆。

② 防护栏杆自上而下用安全立网封闭，或在栏杆下边设置严密固定的高度不低于 180mm 的挡脚板，防护栏杆和挡脚板涂刷警示颜色。

③ 作业人员从规定的通道上下，不得在架体上或结构上进行攀登，也不得任意利用吊车臂架等施工设备进行攀登。

7. 施工电梯、物料提升机楼层转料平台防护

① 井架与施工用电梯和脚手架等与建筑物通道的两侧边，设防护栏杆，地面通道上部应装设安全防护棚。双笼井架通道中间，应予分隔封闭。

② 各种垂直运输接料平台，除两侧设防护栏杆外，平台口还应设置安全门或活动防护栏杆。

8. 洞口防护

① 楼板、屋面和平台等水平面 25～50cm 的孔口，设置稳固的盖板，盖板应能防止挪动移位，盖板面涂刷警示漆，并进行编号管理。

② 边长在 50cm 以上的洞口，除作临边防护外，还需满铺安全网。

9. 防护棚

建筑物的出入口搭设防护棚，防护棚搭设长度按建筑物高度的坠落半径设置，搭设宽度与出入通道口宽度一致，棚顶满铺不小于 50mm 厚的木板，并将非出入口和通道两侧封严。在通道口防护棚门架和顶部，设置相应的警示标示牌。

10. 厂房屋面板防护

① 库房、厂房的房梁下满挂安全网，作业面搭设钢跳板、安全护栏和通道。

② 库房、厂房的房梁上加设安全绳，保证纵横向作业均得到安全防护，安全绳栓其上的立柱高度不低于 1.2m，且要牢固足以承受人员坠落时的冲力。

③ 库房、厂房墙面板安装必须拉设安全绳，高度 1.2m，保证作业面均能系挂安全带，同时要搭设人员上下通道。

11. 装置内建筑物的周边防护

在设置的防护栏杆处设安全防护通道；设置交叉作业防穿越栏杆。

三、装置性防护的过程管理

1. 装置性防护管理要求

装置性防护实施无缝交接，推行安全措施拆除许可措施或执行拆除审批制，以有效防范单位和个人擅自拆除格栅板、安全通道、作业平台、生命线、安全网等安全设施，避免造成后续作业安全防护缺失，确保安全设施的完整和有效性。

2. 建立并推行安全标准化

通过合同约定来明示项目安全标准化管理要求、在招投标前和进场时向各潜在投标人和承包商宣贯"现场安全管理标准"和"装置性防护标准"，并通过开展标准化开工条件确认、安全标准化样板工程活动，使现场达到装置性防护标准。

通常单项工程均要设置脚手架、配电系统、加工场等标准化样板工程，长期保留，作为新开工程、新班组的样板。

3. 采取措施，确保承包商安全投入

承包商安全投入不足，就无法做好装置性防护。目前国内安全费用普遍采用承包商按照定额报价方式确定，按照财政部发布的《企业安全生产费用提取和使用管理办法》（财资〔2022〕136号），以建筑安装工程造价为基数，房屋建筑工程按3％提取、化工石油工程按2％提取。

因定额和报价偏低等问题，工程建设领域内安全费用普遍不足。为此，建设方可根据安全标准化要求，提高安全施工费用标准，单独计算安全施工费用，并列入招标文件进行标外管理，以此解决安全费用不足问题。当然，在项目施工阶段，监理、建设方要认真审核确认承包商安全费用计提及使用情况。

4. 不同班组、专业或工序间装置性防护设施的共用或互用

就单个承包商而言，有时无法识别风险，而且也没有主观意识和义务为下道工序创造安全条件，此时总承包的有效协调就显得格外重要，如为了防止单位和个人擅自拆除格栅板、生命线、安全网、通道、平台等安全设施而造成装置性防护设施缺失，就应由总承包商在土建、安装、防腐等各专业队伍间建立并监督安全设施握手交接制。

第六节　项目安全培训管理

安全培训工作，是安全工作首要之事。近年来，国家越来越重视安全生产工作，但安全生产形势仍然严峻，每年因安全生产造成的死亡率近13万人，事故造成的经济损失更是惊人。那么，是何种原因造成这样的结果呢？一个重要的原因就是从业人员没有接受专业的安全技能培训，甚至都没有完成三级安全培训，就上岗作业，这导致从业人员整体的安全素质比较薄弱，对安全生产知识、理念等还没有一个正确、完整的认识，因此，加强和规范安全培训工作刻不容缓。通过规范和全面的安全培训，使作业人员掌握足够的安全技能，具备足够的安全意识，并使他们的知识、技能和态度获得明显提高与改善，这样就能实现作业中的正确操作，避免蛮干，减少违章，预防事故。

就工程建设项目来说，安全培训通常分为新员工入职安全教育培训、员工安全管理教育培训、员工进入项目现场安全教育培训、承包商人员进入项目现场安全教育培训、新员工入职安全教育培训、项目现场专项安全教育培训五类，根据教育培训对象的不同，选择相应的培训类别，与这五类对应的培训内容如下。

1. 新员工入职安全教育培训

① 安全管理基本知识。
② 适用的安全方面的法律法规和其他要求及公司管理体系文件。
③ 在建项目的工程概况、安全管理特点和要求。
④ 与自身工作相关的岗位职责、应急响应和救援措施及防护用品的使用等。

2. 员工安全管理教育培训

① 安全管理基本知识。
② 适用的安全方面的管理法律法规和其他要求及公司管理体系文件。
③ 应急响应和救援措施与典型事故案例等。

3. 员工进入项目现场安全教育培训

① 项目安全管理的基本要求和应执行的安全管理文件。

② 项目工程概况和特点以及在安全管理方面的特殊规定及要求。

③ 项目安全管理注意事项。

④ 与自身工作相关的岗位职责及管理要求。

⑤ 典型事故案例等。

4. 承包商人员进入项目现场安全教育培训

① 国家相关的法律法规及项目安全管理规定。

② 施工现场主要危害因素及注意事项。

③ 劳动保护用品使用的特殊要求。

④ 职业卫生、特种作业等重要活动的安全要求和措施。

⑤ 典型事故案例等。

5. 项目现场专项教育培训

根据现场安全管理出现的主要问题或隐患，确定一个专项培训内容，并适时组织培训。

① 专项培训涉及的国家法律法规、标准规范。

② 相关的项目作业文件。

③ 专项作业活动主要危险源及管理措施。

④ 特殊劳动保护用品使用的特殊要求。

⑤ 典型事故案例等。

6. 入场安全教育培训内容

(1) 一级安全教育培训的主要内容

① 国家相关的法律法规及项目安全管理规定。

② 施工现场主要危害因素及注意事项。

③ 劳动保护用品使用的特殊要求。

④ 职业卫生、特种作业等重要活动的安全要求和措施。

⑤ 典型事故案例等。

(2) 二级安全教育培训的主要内容

① EPC（M）承包商的安全管理制度。

② 劳动保护用品使用的基本要求。

③ 特种作业等活动的安全技术要求和措施。

④ 典型事故案例等。

(3) 三级安全教育培训的主要内容

① 施工承包商安全管理制度。

② 劳动保护用品使用要求。

③ 特种作业等活动的安全技术要求和措施。

④ 施工安全技术方案、应急预案、事故案例等。

进行项目安全教育培训，有如下的管理要求，它们多基于工程建设项目的固有特点。

① 所有入场作业人员都必须先接受施工承包商的入场三级安全教育培训，再携带其教育培训资料，到 EPC（M）承包商处接受入场二级教育培训，方可参加由项目安质环监管部组织的入场一级教育培训；

② 安质环监管部负责与接受入场一级教育培训人员签订"个人安全承诺书"或"外商服务人员进入项目现场安全须知卡"，并保存好相关记录文件。

③ 对临时来访入场人员，由接待单位持临时来访人员签字的"临时来访入场人员项目安全知悉卡"，到项目安全部门办理临时卡手续，方可允许进入现场。

④ 参建单位安全教育培训管理要求。

a. 施工作业班组必须认真执行每日班前例会制度，在布置施工任务的同时，必须对作业的危险源和防范措施对作业人员予以明示。

b. 必须按《项目安全宣传与警示管理规定》要求，在工程建设区域明显处设置安全标语、警示标志、宣传栏、宣传图板等，对作业人员进行安全宣传教育。

c. 应组织员工进行紧急救护和应急预案的培训，并按规定组织应急预案演练，使员工掌握急救和逃生的知识和技能。

d. 任何一方发生事故后，都应按照"四不放过"的原则，对员工进行事故现场安全教育，吸取事故教训，防止类似事故的再次发生。

e. 在进行安全检查时，发现人员违章，立即实施安全违章再教育。

第七节　对项目人员不安全行为的管理

不安全行为，是指可能导致超出人们接受界限的后果或可能导致不良影响的行为。它是人们固守旧有的不良作业传统和工作习惯、违反制度和规程的长期的反复发生的作业行为，包括有意识的不安全行为和无意识的不安全行为两种。

一、对不安全行为的管控措施

1. 从基础性管理入手

① 加强基础管理，提高安全管理的执行力，强化各级领导和业务部门人员的监管职能，强化教育培训，改善作业环境，消除设备设施缺陷，教育员工自我约束，营造良好的安全氛围，这些都是实现安全建设的基础。

② 调动项目部、项目组主动管理不安全行为的积极性，从源头上减少和杜绝不安全行为的发生。

③ 将不安全行为纳入对项目部、项目组和个人的绩效考核中，根据已发生的不安全行为的风险等级，对应扣分数和罚款，同时，通过其他奖罚措施调动管理人员主动抓安全工作的积极性。以此由"被动管理"向"主动管理"转变。

④ 建立、实施全员风险抵押制度和承包商安全保证金制度。风险抵押和安全保证金考核指标除与事故、重大安全隐患挂钩外，重点要将不安全行为纳入抵押和保证考核指标。

⑤ 根据现场可能发生不安全行为的作业工序、时间段，做好建设方人员、监理人员、承包商管理人员的重点盯防管控。对作业区域存在的重大危险源，编制管理方案，设监护

人和安全管理人员，盯防不安全行为。

⑥ 对不安全行为的处罚处理执行连带责任。项目作业人员发生 A 类的不安全行为，除按规定对责任人给予处罚外，同时对承包商的专业工程师、施工经理以及监理人员给予连带处罚。

⑦ 项目部、项目组合理安排各项项目建设工作，防止因为抢时间、赶进度而发生不安全行为。

⑧ 加强交接班管理，项目组做好监督管理工作，杜绝承包商急于早下班而手忙脚乱，无序操作导致不安全行为发生。

⑨ 每天开始作业前、每项作业开始前，承包商作业班组进行有针对性的危险源辨识和风险交底后，方可开始作业。

⑩ 项目组督促承包商积极推行标准化作业流程，严格按程序作业。

⑪ 对隐患、不安全行为的查处，不仅仅是安全管理部门的责任，因此，通过完善细化针对不安全行为的管理制度，落实各级管理人员查处不安全行为的责任。

⑫ 各级管理人员以身作则，杜绝违章生产、违章指挥，以"榜样"激励作业人员不违章作业。

2. 加强教育培训，不断提高员工安全意识

① 适度加大对员工的安全行为培训，有针对性地加大培训力度，提高员工和参建人员的安全意识和业务技能。

② 拓宽培训渠道，创新培训手段。在完成入场安全教育培训后，再针对不安全行为频次高的，举办一些不安全行为人员培训班和高危群体培训班。

③ 积极督促承包商改善作业环境，不断改进作业现场条件，确保在扬尘、噪声、施工污水、危化品、生活污水、燃烧废气、固体废弃物处置等方面都能得到有效控制。

④ 提高设备设施完好率和可靠性，一是限定入场作业的设备设施的年限，提高安全可靠度；二是持续开展设备设施作业运行安全检查，实现设备设施本质安全。

⑤ 各参建方之间、各参建方内部各管理层加强配合，共同消除管理漏洞，杜绝不安全行为的发生。

⑥ 项目部及监理时时检查承包商和参建人员的上岗资质证件，并留心他们的业务技能和安全意识，确保都能配备完好有效的安全防护用品和工器具。

3. 开展多种活动，正向激励，营造良好安全氛围

① 对发生不安全行为的人员，积极采取教育培训、谈心引导、座谈会等形式，纠正其头脑中对安全的错误倾向性认识，对发生 A 类不安全行为的人员，由其单位项目分管领导亲自进行转化帮教。

② 鼓励参建人员积极参与事故案例的学习宣讲，以身边的事故或未遂事故为切入点，通过自己讲解，能更好地加深记忆，便于深刻吸取事故教训。

③ 通过季度检查和抽查，召开会议通报发现的不安全行为，深刻剖析不安全行为发生的原因。

④ 积极落实周检、月检制度，定期召开各类不安全行为讲评会，主动暴露建设中的不安全行为和未遂事故，制订控制不安全行为的措施并认真执行。

⑤ 为了最大限度地营造安全舆论氛围，积极开展安全工时等各类奖励活动。

⑥ 督促承包商强化后勤保障工作，使参建人员能够休息好，在食堂能够吃到卫生和可口的饭菜。

⑦ 督促承包商及时掌握参建人员的思想动态，关心生活，解决困难，使作业人员思想注意力集中，一心一意做好本职工作，避免员工带情绪上岗而发生不安全行为。

⑧ 开展形式多样的安全文化活动，形成良好安全氛围。

二、不安全行为矫正方法

1. 对个人不安全行为的矫正

（1）有意的不安全行为

① 对于有意做出不安全行为的人员，由安质环监管部或施工管理部、项目组安全工程师发出"不安全行为人员停工培训通知单"，进行不少于一天的强制培训。

② 培训内容包括实施思想认识教育，解决思想认识问题；对自己的不安全行为后果进行自我剖析，写出书面检查，深刻反省自己所犯错误的严重性；国家安全方面的法律、法规，项目安全管理规定等；本岗位危害因素辨识；相关事故案例；关于不安全行为对国家集体、个人造成后果的有关材料。

（2）无意识的不安全行为

① 加强规程、措施培训和教育，提高自身安全意识和自保能力，经过不安全行为矫正，不重复发生者可不追究或不处分。

② 培训内容包括安全生产相关知识和安全法律法规；本岗位危害因素辨识；岗位职责、岗位操作规程、作业规程；有关事故案例等；安全态度和安全思想教育。

（3）不安全行为常态化培训

① 不安全行为人员培训班，由安质环监管部或项目组和承包商联合举办。

② 安质环监管部或项目组制定培训目标和计划，提出培训要求，参与对不安全行为人座谈交流。

③ 承包商负责受训人员的工作协调安排，负责受训人员培训前的思想教育工作及培训后的引导和作业行为跟踪。

2. 对违章指挥的矫正

我们可以将违章指挥分为三类，由轻到重依次为 C 类、B 类、A 类。相应地，由轻到重地予以经济处罚：

① C 类违章指挥矫正，重点是承包商各级管理者（包括班组长）在不具备生产或设备运行、环境条件差的情况下，强令人员作业或强行要求启动设备的行为；

② B 类违章指挥矫正，重点是承包商各级管理者（包括班组长）在不具备生产或设备运行、环境条件差或可能造成伤害的情况下，强令人员作业或强行要求启动设备的行为；

③ A 类违章指挥矫正，重点是承包商各级管理者（包括班组长）明知作业现场存在隐患、环境或设备对人身可能造成伤害的情况下，强制指挥员工进入现场作业行为。

3. 不安全行为矫正管理

① 对于不安全行为人员的培训，按培训内容认真组织实施，严禁敷衍了事，严格考勤

制度。

② 培训结束后进行闭卷考试，培训考试成绩不得低于 80 分，考试不及格给予一次补考机会，补考不及格清除出场。

③ 对一年内重复发生 2 次有意不安全行为的人员，在加倍罚款处理的基础上清除出场。

第八节 项目机具设备安全管理

在大型煤化工项目施工现场上，常会同时有大量的施工机械和机具设备在使用，且其种类繁多。它们都是由人操作的，它们在运行时也都离人不远，如果其带病运行，就会带来很大的安全风险，乃至导致机械伤害等事故发生。对此，在入场时，就要把好关，使进入项目现场的所有机具设备满足安全、环保的要求，而在它们进场后，还要对其使用过程进行规范管理，以此避免机械伤害等事故发生。

一、施工机具设备种类

施工机具设备，在此是指进入项目建设现场的各类客运车辆、运输车辆、工程车辆、工程设备及其他设备的总称。其中客运车辆，并非真正意义上的施工机具设备，但基于安全需要而要对它们进行同样的管理，因此，也将它们纳入施工机具设备中。

① 客运车辆。包括轿车、皮卡车、面包车、越野车、客车等。

② 运输车辆。包括货车、半挂车、拖车、自卸车、翻斗车、洒水车、抽粪车、垃圾车等。

③ 工程车辆。包括汽车吊、履带吊、轮胎吊、叉车、装载机、压路机、推土机、挖掘机、拖拉机、摊铺机、砼泵车、砼罐车等。

④ 临时车辆。一次性向场内送货或向外运货的运输车辆。

⑤ 工程设备。煤化工项目上常有的有卷扬机、升降机、桩机、龙门吊、塔吊、施工升降电梯、物料提升机、电动葫芦、电焊机、卷板机、剪板机、内燃发动机、空压机、钢筋加工机械、圆盘切割机、木工加工机械等。

⑥ 其他设备。包括除上述机具设备以外的原值超过 2000 元且使用期限一年以上的设备（含办公设备）以及集装箱工具房等。

⑦ 手持电动工具。用手握持或悬挂进行操作的电动工具，其分为Ⅰ、Ⅱ、Ⅲ类工具。

二、使用要求和管理职责

1. 机具设备的使用条件及相应的监督检查

① 在用机具设备应达到完好的标准：

a. 零部件、附属装置完整、齐全；

b. 清洁、润滑、防腐状况良好；

c. 各部传动系统间隙调整合理；

d. 各部连接紧固；

e. 安全装置齐全有效；

f. 机械性能稳定可靠；

g. 设备标识齐全、明显、有效，现场在用工程设备必须有明显的标识和编号，即"合格标识牌""待修标识牌"等。

② 工程设备（如电焊机、空压机、卷扬机、砼搅拌机等）必须搭设安全防护棚，做到防雨、防砸，摆放整齐，防止意外损坏。

③ 机具设备的定期检查

所有工程设备在投入使用之前，必须经各承包商的 HSE 管理人员检验合格，并粘贴相应色标后方可使用。

④ 在使用过程中，每季度由承包商组织一次复查，对检查合格的工程设备按季度用不同的颜色标签予以标识，并建立检查台账。

在指定的颜色代码更换日期的前后 7 天内，更换所有工程设备的颜色代码；在这段时间内，两种相近时间段的颜色代码都是有效的；在这段时间之后，所有未经检查的设备视为不良设备，停止使用。

项目组和监理不定期对机具设备状况进行抽查，当发现不合格机具设备时将予以标识，该设备禁止使用。经过维修后合格的工程和其他设备，在使用前承包商书面通知项目组检查验收。

安质环监管部门一般每半年对已办证的客运车辆、运输车辆、工程车辆进行一次复查，并予以标识。

2. 机具设备安全管理职责

① 安质环监管部门负责各类车辆进厂前的证件资料审核和检查，办理进厂证；负责每半年一次的车辆检查并贴标标识；负责临时车辆进厂的检查；负责监督检查除车辆以外的其他施工机具设备进出场的放行工作。

② 项目组负责审查施工机具设备的完好性和进出场资料的有效性；负责监督检查承包商机具设备的定期检验及日常管理和使用情况，督促承包商对机具设备实施季检和贴色标；对退场施工机具设备及时进行标识。

③ 监理负责对承包商入场施工机械设备和机具等进行百分之百检查，建立施工机具设备台账，使用前进行检查验收，并在验收合格标识牌上签字确认；监理每月开展机具设备专项检查，并保存检查记录。

④ 承包商配备专职设备设施管理人员负责检查确认施工机具设备的完好性和进出场资料的有效性；负责按既定要求将本单位施工机具设备录入"承包商物品进出厂证"或安全信息化系统中，向项目组报审和批准；负责本单位所使用施工机具设备满足安全、环保的要求，明确或确定专人对其进行日常管理，负责定期检查并保存检查记录，建立各类使用管理台账。

三、机具设备的安全使用

1. 操作人员的持证上岗

主要施工机具设备，必须定人、定机、定岗，操作人员持证上岗，大型机具设备实行机长负责制。

① 机长的职责：指导、检查机组人员对设备正确使用、保养和维修；有权禁止非机组

人员操作设备；有权拒绝违反操作规程的指令，并可越级反映情况。

② 设备操作人员的职责是：严格遵守操作规程和保养规程，保证设备完好和安全运行；对于严重超保失修或有不安全因素的设备，有权拒绝操作；负责填写设备运转记录。

机长也好，设备的具体操作人员也好，都应达到"四懂"（懂原理、懂构造、懂性能、懂用途）、"三会"（会操作、会保养、会排除故障）。

凡是从事特种设备操作的人员必须持有效证件上岗，如厂内机动车辆、起重机械等。

承包商应建立机具设备操作人员登记台账，对机具设备操作人员的年龄、考核成绩及取证时间等情况进行登记备案。

2. 手持电动工具安全使用要求

1）作业前进行检查，确保符合下列要求。

① 外壳、手柄不出现裂缝、破损。

② 电缆软线及插头等完好无损，开关动作正常，保护接零连接正确牢固可靠。

③ 各部防护罩齐全牢固电气保护装置可靠。

2）机具使用时，要符合下列要求。

① 机具起动后，应空载运转，应检查并确认机具联动灵活无阻。作业时，加力应平稳，不得用力过猛。

② 不得超载使用。作业中，应注意音响及温升，发现异常应立即停机检查。在作业时间过长。机具温升超过 60℃时，应停机，自然冷却后再行作业。

③ 作业中，不得用手触摸刃具、模具和砂轮，发现其有磨钝破损情况时，应立即停机修整或更换，然后再继续进行作业。

④ 机具转动时，不得撒手不管。

⑤ 使用冲击电钻或电锤时，严禁用木杠加压。作业孔径在 25mm 以上时，应有稳固的作业平台，周围应设护栏。

⑥ 使用射钉枪时，严禁用手掌推压钉管和将枪口对准人。

⑦ 空气湿度小于 75% 的一般场所，可选用Ⅰ类或Ⅱ类手持式电动工具，其金属外壳与 PE 线的连接点不得少于 2 个；除外壳为塑料的Ⅱ类工具外，相关开关箱中漏电保护器的额定漏电动作电流不应大于 15mA，额定漏电动作时间不应大于 0.1s，其负荷线插头应具备专用的保护触头；所用插座和插头在结构上应保持一致，避免导电触头和保护触头混用。

⑧ 在空气湿度大于 75% 的一般场所或在金属构架上进行作业，选用Ⅱ类或由安全隔离变压器供电的Ⅲ类工具，严禁使用Ⅰ类手持式电动工具。外壳为金属的Ⅱ类手持式电动工具使用时，其金属外壳与 PE 线的连接点不得少于 2 个，相关开关箱中漏电保护器的额定漏电动作电流不应大于 15mA，额定漏电动作时间不应大于 0.1s，其负荷线插头应具备专用的保护触头；所用插座和插头在结构上应保持一致，避免导电触头和保护触头混用；其开关箱和控制箱应设置在作业场所外面。

⑨ 在狭窄场所如锅炉、金属容器、金属管道内等作业，必须选用由安全隔离变压器供电的Ⅲ类手持式电动工具，其开关箱和安全隔离变压器均应设置在作业场所外，并连接 PE 线。漏电保护器应采用防溅型产品，其额定漏电动作电流不应大于 15mA，额定漏电动作时间不应大于 0.1s。操作过程中，应有人在外面监护。

⑩ 手持电动工具自带的软电缆不允许任意拆除或接长，插头不得任意拆除更换。

⑪ 使用前检查工具外壳，手柄，接零（地），导线和插头，开关，电气保护装置和机械防护装置以及工具转动部分等是否正常。

⑫ 使用电动工具时不许用手提着导线或工具的转动部分，使用过程中要防止导线被绞住、受潮、受热或碰损。

⑬ 严禁将导线线芯直接插入插座或挂在开关上使用。

3. 其他机具设备的安全使用要点

① 各类车辆必须保证其安全制动设施可靠。

② 机具设备应布局合理、基础坚固、所在场地平整、排水良好，安全操作规程必须上墙张贴。

③ 电动设备应有绝缘防护措施，严防漏电。

④ 机具设备不允许带病运转和超负荷作业。

⑤ 机具设备的噪声、排污等方面达到环保要求，避免滴油、漏油现象发生。

⑥ 机具设备的旋转部分有安全防护罩等防止意外伤害设施。

⑦ 大型机具设备在试运和使用前，由设备管理人员将有关技术文件的内容、机械性能及安全操作规程等向操作人员和其他相关人员进行交底，操作人员经过必要的培训并掌握操作技术后，方准上机操作。

⑧ 操作人员应体检合格，无妨碍作业的疾病和生理缺陷，规定需要持证上岗的，要经过专业培训考核合格，取得相应的操作证或驾驶证后，方可持证上岗。

⑨ 在工作中，操作人员和配合作业人员，按规定穿戴劳动保护用品，长发要束紧不得外露，高处作业时必须系安全带。

⑩ 机械按照出厂使用说明书规定的技术性能、承载能力和使用条件，正确操作合理使用，严禁超载作业或任意扩大使用范围。

⑪ 机械上的各种安全防护装置及监测、指示、仪表、报警等自动报警、信号装置应完好齐全，有缺损时及时修复，安全防护装置不完整或已失效的机械不得使用。

⑫ 变配电所、乙炔站、氧气站、空气压缩机房、发电机、锅炉房等易于发生危险的场所，在危险区域边界处设置围栏和警告标志，非工作人员未经批准不得入内。挖掘机、起重机、打桩机等大型机械作业区域，设立警告标志，并采取其他现场安全措施。

⑬ 在机械产生对人体有害的气体、液体、尘埃、渣滓、放射性射线、振动、噪声等场所，必须配置相应的安全保护设备和三废处理装置；在隧道、沉井基础施工中，采取措施使有害物限制在规定的限度内。

⑭ 严禁带电作业或采用预约停送电时间的方式，进行电气检修。检修前，必须先切断电源，并在电源开关上挂"禁止合闸，有人工作"的警告牌。警告牌的挂、取应有专人负责。

⑮ 发生人身触电时，立即切断电源，然后再对触电者作紧急救护。严禁在未切断电源之前，与触电者直接接触。

⑯ 每台电动机械应有各自专用的开关箱，实行一机一闸制，开关箱要设在机械设备附近。各种电动机械的电源线，严禁直接绑扎在金属架上。

⑰ 卷扬机卷筒上的钢丝绳要排列整齐，当重叠或斜绕时，应停机重新排列，严禁在转

动中手拉脚踩钢丝绳。

⑱ 机械运行中，严禁接触转动部位和进行检修。在修理（焊、铆等）工作装置时，要使其降到最低位置，并应在悬空部位垫上垫木。

⑲ 挖掘机、装载机在行驶或作业中，除驾驶室外，任何地方均严禁乘坐或站立人员。

⑳ 配合挖装机械装料时，自卸汽车就位后要拉紧手制动器，在铲斗需越过驾驶室时，驾驶室内严禁有人。自卸汽车卸料后，要及时使车厢复位，复位后方可起步，不得在车厢倾斜情况下行驶，严禁在车厢内载人。

㉑ 油罐车工作人员不得穿有铁钉的鞋，严禁在油罐附近吸烟，并严禁火种。

㉒ 机动翻斗车严禁料斗内载人，料斗不得在卸料工况下行驶或进行平地作业。

㉓ 推土机行驶前，检查是否有人站在履带或刀板支架上，确认无人且机械四周无障碍物后，方可开动。

㉔ 拖式铲运机作业中，严禁任何人上下机械、传递物件或在铲斗内拖把、机架上坐立。

㉕ 蛙式夯实机作业时，要一人扶夯，一人传递电缆线，且必须戴绝缘手套、穿绝缘鞋。递线人员要跟随夯机后或两侧调顺电缆线，不得扭结或缠绕，且不得张拉过紧，而应保持有 3～4m 的余量。

㉖ 人货两用电梯的施工升降机，由取得建设行政主管部门颁发的拆装资质证书的专业队安装和拆卸，并由经过专业培训、取得操作证的专业人员进行操作和维修。

㉗ 施工升降机安装后，由承包商技术负责人组织对基础和附壁支架以及升降机架设安装质量等进行全面检查，并按规定程序进行包括坠落试验在内的技术试验，试验合格且签批后，方可投入运行。

㉘ 打桩机作业区内要无高压线路，作业区设标志或围栏，非工作人员不得进入，桩锤在施打过程中，操作人员在距离桩锤中心 5m 以外监视。严禁吊桩、吊锤与回转或行走等动作同时进行。在打桩机吊有桩和锤的情况下，操作人员不得离开岗位。

㉙ 强夯机械的夯锤下落后，在吊钩尚未降至夯锤吊环附近前，操作人员不得提前下坑挂钩。从坑中提锤时，严禁挂钩人员站在锤上随锤提升。

㉚ 潜水泵放入水中或提出水面时，先切断电源，严禁拉拽电缆或出水管。

㉛ 混凝土搅拌机作业中，当料斗升起时，严禁任何人在料斗下停留或通过。当需要在料斗下检修或清理料坑时，要将料斗提升后用铁链拴牢或插入销锁住。

㉜ 插入式振动器电缆线要满足操作所需的长度，电缆线上不得堆压物品或让车辆挤压，严禁用电缆线拖拉或吊挂振动器。

㉝ 钢筋冷拉机冷拉场地，在两端地锚外侧设置警戒区，并安装防护栏及警告标志，无关人员不得在此停留，操作人员在作业时必须离开钢筋 2m 以外。

㉞ 室内装饰装修使用高压无气喷涂机时，如使用喷涂燃点在 21℃ 以下的易燃涂料时，必须接好地线，地线的一端接电动机零线位置，另一端接在涂料桶或被喷的金属物体上。喷涂机不得与被喷物在同一房间里，且周围严禁有明火。

㉟ 当需施焊受压容器、密封容器、油桶管道、沾有可燃气体和溶液的工件时，要先卸下容器及管道内压力，再消除可燃气体和溶液，然后冲洗有毒、有害、易燃物质。对存有残余油脂的容器，要先用蒸汽、碱水冲洗，并打开盖口，确认容器清洗干净，再灌满清水

后，方可进行焊接。在容器内焊接，要采取防止触电、中毒和窒息的措施。焊割密封容器要留出气孔，必要时在进出气口处装设通风设备；容器内照明电压不得超过12V，焊工与焊件间应绝缘，容器外要设专人监护。严禁在已喷涂过油漆和塑料的容器内焊接。

㊱ 氧气瓶、乙炔瓶、氩气瓶，未安装减压器，严禁使用。

第九节　煤化工项目的应急管理

一、煤化工项目易发安全事故的种类与特点

（1）高处坠落

施工现场随处都是高空作业，易发生高处坠落的部位主要是脚手架、平台等高于地面的施工作业场合。高处坠落是指因地面作业踏空失足坠入洞、坑、沟、升降口、漏斗等情况，但不包括以其他事故类别作为诱发条件的坠落事故，如触电坠落事故。

（2）物体打击

是指物体在重力或其他外力的作用下产生运动，打击人体而造成人身伤亡事故，但不包括因机械设备、车辆、起重机械、坍塌、爆炸等引起的物体打击。

（3）起重伤害

是指从事起重作业时引起的机械伤害事故，如起重作业时脱钩砸人、钢丝绳断裂抽人、移动吊物撞人、钢丝绳刮人、滑车碰人等伤害，包括起重设备在使用和安装过程中的倾翻事故及提升设备过卷、蹲罐等事故。

（4）机械伤害

是指因机械设备、工具引起的绞、辗、碰、割、戳、切等伤害，如作业中工件或刀具飞出伤人、切屑伤人、被设备的转动机构缠住造成的伤害等。

（5）触电

是指人体接触设备带电导体裸露部分或临时线、接触绝缘破损外壳带电的手持电动工具、起重作业时设备误触高压线或感应带电体、触电坠落、电烧伤等。

（6）坍塌

是指建筑物、构筑物、堆置物倒塌以及土石塌方引起的事故，如因设计或施工不合理造成的倒塌、建筑物倒塌、脚手架倒塌、挖掘沟坑塌方等。

（7）火灾

是指在时间和空间上失去控制的燃烧所造成的灾害，如因高处动火作业未设接火设施引燃易燃物引发火灾、动火作业余火未确认引发的火灾。

（8）窒息

在废弃的坑道、竖井、涵洞中、地下管道等不通风的地方工作，因为氧气缺乏，发生晕倒，甚至死亡的事。不适用于病理变化导致的中毒和窒息事故，也不适用于慢性中毒的职业病导致的死亡。

二、项目应急预案

应急预案的管理要求如下。

(1) 预案应涵盖的范围

① 突发性自然灾害，如暴雨、洪水、沙尘暴、地震等。

② 火灾爆炸事故。

③ 放射性同位素和射线装置储存和使用中可能造成的丢失、泄漏和人身伤害事故。

④ 职业中毒事故。

⑤ 传染性疾病。

⑥ 危险化学品使用、储存中潜在的事故和环境污染事件。

⑦ 食物中毒等公共卫生事件。

⑧ 可能导致重大人身伤害事故的高风险作业，如大型设备吊装、大型脚手架搭设与使用、非常规运输、深基坑开挖等。

⑨ 重大人身伤害，如坍塌、高处坠落、触电、机械伤害、物体打击、中毒窒息等。

⑩ 其他可能发生的紧急事件。

(2) 预案编制的原则

① 应体现出公司和项目的 HSE 方针。

② 应以努力保护人身安全、防止人员伤害为第一目的。

③ 预案针对的事故类型和危害程度要清楚明了，预案要责任明确、措施切合实际、有可操作性且资源准备充分。

④ 上下级预案相互衔接而形成一个整体。

(3) 预案分类

① 综合应急预案，它从总体上阐述处理事故的应急方针、政策、应急组织结构及应急职责、应急行动、措施和保障等基本要求和程序，是应对各类事故的综合性文件。

② 专项应急预案，它是针对具体的事故类别（如火灾、高处坠落、起重伤害、触电、防洪等事故）、危险源和应急保障而制定的计划或方案。它按综合应急预案的程序和要求制定明确的救援程序和具体的应急救援措施，其本身也是综合应急预案的组成部分。

③ 现场处置方案，它是针对具体的装置、场所或设施、岗位所制定的应急处置措施。它应根据风险评估结果及危险性控制措施逐一编制，其内容应具体、简单、针对性强。制定之后，要使相关人员应知尽知、应会尽会，熟练掌握，并通过演练，做到迅速反应、正确处置。

(4) 预案分级

① 一级为公司级，一般仅编制综合预案，它必须结合公司的管理特点进行编制。

② 二级为项目级，一般包括综合和专项应急预案，必要时可编制现场处置方案。所有预案都报公司主管部门备案。

③ 三级为承包商级，一般包括综合和专项应急预案及现场处置方案。所有预案都报监理和项目组备案。

（5）预案内容

① 各类应急预案的内容，因组织体系和管理模式、潜在危害和紧急情况的性质、规模不同而不同，但其所含主要内容可参考《生产经营单位安全生产事故应急预案编制导则》（GB/T 29639—2020）编制。

② 应急预案应含应急演练（响应）记录表、应急指挥通讯录等相关附件。

三、应急准备

1. 应急培训

各类应急预案，都应组织相关的应急救援人员和员工进行有针对性的培训，使他们掌握应急响应的知识和技能、了解疏散与逃生的路线和注意事项，并能够及时准确报警。

2. 应急物资

① 项目部、项目组按照批准的应急预案准备相关的应急物资，并编制"应急设备物资统计表"。当事故发生时，如所需应急物资不足，可实行紧急采购，而不必履行招标程序。

② 应急物资存放在项目仓库中，并对其进行保管和维护，保证应急时能立即投入使用。

③ 充分了解相邻单位、政府的应急资源，并考虑在应急事件发生时如何利用它们补己之短，必要时，可与其签订应急资源利用协议。

3. 应急演练

为检验预案的有效性，项目部、项目组应定期组织应急预案的演练，每年至少一次。演练前编制演练计划，明确演练的目的、范围、规模和内容。

4. 应急响应

（1）应急预案的启动

当发生事故或紧急情况时，项目部、项目组应按相关规定要求启动应急预案。

（2）紧急情况的报告

发生以下情形之一的，发现人或当事人应立即报告。

① 突发自然灾害。

② 发生火险。

③ 发生剧毒或放射性同位素源丢失、泄漏或去向不明。

④ 发生职业中毒或食物中毒。

⑤ 造成人员伤亡。

⑥ 发生传染性疾病。

⑦ 发生环境污染。

⑧ 发生或可能发生的其他突发事件。

（3）应急响应的分级

应急响应应分出级别，与每级对应的是由公司或项目确定的不同等级事故，级别不同，响应层级也就不同，如在 SYCTC-1 项目上，将应急响应分为 I 级响应（特别重大事故、重大事故）、Ⅱ级响应（较大事故）、Ⅲ级响应（一等一般事故）、Ⅳ（二等一般事故）、Ⅴ级响应（三等一般事故）五个级别，五个级别对应的响应如下。

1）Ⅰ、Ⅱ、Ⅲ级响应时

① 项目应急领导小组及各职能小组等及时赶赴事故现场，组织人员抢救、保护现场、进行应急处置。

② 立即上报上级主管部门。

③ 协调周边救护力量，参与救援。

④ 安排相关人员，配合事故现场取证、调查。

⑤ 凡达到或超过《生产安全事故报告和调查处理条例》最低级别事故的，项目部员工事故由项目部上报政府，承包商事故由承包商上报政府，情况紧急时，事故现场人员直接上报政府。

2）Ⅳ级响应时

① 项目应急救援组织、项目部、项目组立即组织事故的紧急处置。

② 立即上报项目负责人、上级主管部门。

③ 协调周边救护力量，参与救援。

④ 安排相关人员，组织事故现场取证、调查，按时限提交调查报告。

3）Ⅴ级响应时

① 项目部、项目组应急救援组织赶赴现场，组织事故紧急处置。

② 安排相关人员，组织事故现场取证、调查，按时限提交出调查处理报告。

（4）应急响应的要求

① 事故或紧急情况发生时，发现人员除立即报告外，还应采取相应的急救措施，项目应急领导小组在接到报告后，应立即启动应急预案，组织紧急救援工作。

② 项目所有人员和部门或项目组服从应急领导小组的统一指挥，相互配合、协作，无条件地提供人力和物力支援。

③ 应急抢险人员按应急预案要求，在应急领导小组的指挥下，立即开展救援。

④ 项目应急通信联络、调度人员负责救灾情况的联络及指令的传达。

⑤ 项目急救站的医疗救护人员负责应急现场伤员的抢救和临时处置，并将重伤人员转送项目协议医院或通知协议医院，赶到现场进行紧急救护。

⑥ 项目警戒保卫人员负责隔离灾区（事故区）、保护现场、维持秩序和疏导交通工作。

⑦ 项目应急物资供应人员负责各种应急物资的供应、分配。

⑧ 事件或事故发生后，项目应按事故的类别进行处置和上报。救援结束后，必须将救援情况书面报告上级主管部门。

四、应急预案评审和修订

在应急演练、应急响应过程中和完成后，形成应急演练（响应）记录。应急演练或应急响应后，对评估预案效果，分析演练或响应中暴露出的问题和存在的不足，提出改进意见，据此修订、完善预案，并形成应急预案变更记录单。

第十六章
项目风险管理与工程保险

项目是为创造独特的产品、服务或成果而进行的临时性工作，独特和临时性意味着有诸多的不确定性。项目本身就是一个系统的整体，因此，其风险存在于项目中的各个方面。与其他种类的项目相比，工程建设项目历时时间长、不确定因素更多且投资额颇大，因此，风险更多、更大，风险既铺展到项目全身，也贯穿项目始终。也正因此，对建设项目管理来说，树立正确的风险意识对项目的成功至关重要，这些意识主要包括：风险无处不在；任何一项项目任务和项目工作都有风险，但通过有效的措施或行动，不良风险是可以规避和降低的；风险管理人人有责、每位员工都有权利也有义务掌握风险识别和风险分析的能力；任何一个项目成员都有责任将自己的工作范围内的不良风险影响程度降到最低等等。

我们提倡通过培训、会议或者管理者的言传身教培育项目的全员风险意识，并将这种意识贯穿到项目建设全过程。同时，通过培训或其他形式努力提高项目全员的风险辨识和风险分析能力，以更好地降低项目风险。

第一节　项目风险管理体系的建立

项目风险管理体系的建立体现了项目风险管理的理念。对于一个内容复杂而体量巨大的煤化工项目，项目风险管理体系应融入整个项目管理体系中，项目风险管理组织等同于项目管理组织，项目风险管理人员是项目部全体成员。

建立项目风险管理体系的根本目的是通过项目全员在项目建设全过程有效的风险管理，将不良风险对项目产生的不利影响降低到最低程度。

建立项目风险管理体系，首要一步是确立项目风险目标，为此，在项目定义阶段，就要针对项目建设不同时期的不同特点进行风险分析，根据风险分析结果，制定针对性的风险管理目标。

其次，是明确项目部内部项目风险管理职责，就此，概而言之，项目部的全体员工都是项目风险管理的主体；项目领导机构（项目主任组）是领导主体；项目管理部是主要监控主体；项目各部门在项目定义阶段是各自管理范围内风险管理的直接管理责任主体，在项目执行阶段是各自管理范围内风险管理的监控主体；项目各项目组是各自管理范围内风险管理的直接管理责任主体，具体如下。

项目主任，是项目风险管理的第一责任人，项目副主任，是分管范围内的风险管理责任人，部门经理/项目组经理是部门/项目的风险管理第一责任人。

项目主任组，负责整个项目风险管理的领导和组织，密切关注项目风险以及风险管理效果，定期分析影响和制约项目正常运行的重大风险并研究制定相应措施以规避或降低不良风险影响程度，批准开展项目层面的风险管控活动。

项目管理部，负责项目总体风险管理，组织风险识别与分析，提出规避风险和降低不良风险影响程度的措施或行动，监督检查和落实措施、行动的执行情况并定期报告风险管理情况。

项目各部门，负责定义阶段其管辖范围内的风险辨识与分析，制定并实施规避风险和降低不良风险影响程度的措施或行动，在项目执行阶段负责监督、检查和落实其管辖范围内的风险管理措施、行动的执行情况，定期报告风险管理情况。

项目各项目组，是项目执行阶段风险管理的直接责任者，定期组织风险辨识和分析工作，并根据分析结果采取必要的规避或降低不良风险影响程度的措施。

项目主任组、各部门和各项目组都有责任将其管辖范围内无法规避和控制的风险向上一级组织报告。

第二节　煤化工项目的风险辨识

一、项目外部风险

项目外部风险主要是存在于项目外部的、项目本身无法防范或规避的、由外部客观因素而产生的风险，它包括：

不可抗力引起的风险，如重大自然灾害、政府行为、社会异常事件等；

自然环境变化引起的风险，如自然灾害、工程水文/地质的严重不确定性等；

经济环境变化引起的风险，如汇率改变、通货膨胀等；

国家政策变化引起的风险，如相关法律改变、国家调整税率、利率变化、外汇管理政策改变；

合法合规方面引起的风险，如政府报批、政府监管等；

园区配套设施引起的风险，如外供水、外供电等；

上级单位对项目的调整风险，如上级与项目相关政策的调整、项目投资的调整等，上级在集采、项目管理模式上的调整等；

承包商/供应商能力风险，包括技术能力、装备能力、施工力量、管理水平等，资金周转困难、资不抵债、资金供应不足、破产等。

二、项目内部风险

项目内部风险是项目自身存在的，主要影响项目质量、安全、进度、投资四大控制目标顺利实现的风险，这些风险体现在项目管理的各个方面、各个环节。

影响质量目标实现的风险。这些风险在设计方面体现为工艺包工艺不成熟、设计方案存在缺陷、设计输入有误、设计选材有误、设计偏差等；在采购方面表现为设备、材料制造缺陷或存在重大质量隐患等；在施工方面表现为未按要求施工、施工存在质量隐患等。

影响安全目标实现的风险，在项目 HSE 管理一章中已有详细阐述，在此不再赘述。

影响进度目标实现的风险，设计方面包括设计未按期完成、重大设计变更等，采购方面包括设备、材料交货严重滞后等，施工方面包括施工人力不足、施工组织不善等，开车方面包括试车准备不足等。

影响投资控制目标实现的风险，在定义阶段主要体现在工艺包不成熟、设计方案有缺陷、设计输入错误、总体设计、系统设计有缺陷、商务招标环节把控不到位等，在执行阶段，除商务招标环节把控不到位外，主要也体现在随意提高标准、项目组织不力、工程签证过多等。

第三节　煤化工项目的风险应对

1. 项目风险辨识

项目风险辨识是风险管理的第一步。组织开展项目风险识别活动，辨识出对项目有重大影响的不良风险，这些风险就是项目管理中的难点和重点。

在大型煤化工项目上，以部门和项目组为单位组织风险辨识活动，项目主任组则负责组织辨识项目的重大风险。

风险辨识的关键是要识别出真正的风险，并按照影响程度排列风险，而这种辨识是动态的，贯穿整个项目建设全过程的。

2. 项目风险管理措施

项目总体策划的目的之一就是降低项目上不良风险的影响，为此设置了很多风险管理的措施。其中最有效措施是针对重大风险加大协调力度、采取有效措施、找准关键环节对症下药，从而将风险消弭于无踪无影，或采取规避措施将风险向具有应对能力的相关方转移。

项目风险管理的主要措施如下。

1) 通过多种形式的风险培训，增强项目全员风险意识。

2) 组织项目风险识别活动，辨识对项目有重大影响的风险。

3) 对项目风险进行定性分析、定量分析，估算风险可能性和风险事件一旦发生对项目的影响，以此进行优先级排序，以便确定采取的主要风险措施。

4) 选择项目风险管理策略和应对措施，如风险转移，包括向承包商转移和向保险公司转移。向承包商转移，包括合同价格承担方式、要求承包商购买保险等。向保险公司转移，包括购买保险等，如风险回避，如果不良风险无法转移又难以承担，通过采取变更等方式，使这风险随着原有宿主的不复存在而消失。

5) 通过完善风险管控流程，有效控制项目风险，在此主要有如下内容：

① 制定风险管理有关项目规定；

② 制定风险管理计划；

③ 形成风险监视及报告制度；

④ 识别并分析项目风险；

⑤ 提出应对风险措施并予实施；

⑥ 跟踪原有风险、识别新风险；

⑦ 更新风险识别、重新分析风险，补充、修正应对风险的措施；

⑧ 定期评估风险管理、风险应对的效果，持续改进风险管理。

第四节 项目工程保险的分类和实施

项目保险分为两类，一类是建设方购买的保险，包括建筑雇主责任险、货物运输险、安装工程一切险附带第三者责任险等；另一类是承包商购买的保险，包括施工人员人身意外伤害险、施工机具险、机动车辆险、货物运输保险等。

一、建设方需购买的保险

1. 雇主责任保险

用于保障由建设方为项目有关工作而雇用的员工在受雇期间因意外事故或职业疾病而造成人身伤残或死亡时，承担医疗和赔偿费用，包括经济赔偿责任。

建设方人员及其雇员人身意外伤害，由建设方公司所购买的雇主责任保险（一般为按年度投保）覆盖。

雇用第三方人员的人身意外伤害，由第三方公司负责购买并且在第三方合同中进行约定。

2. 货物运输保险

这里的货运险主要指建设方直接采购设备、材料的保险。建设方采购的设备、材料，尤其是进口部分，如采用FOB（装运港船上交货）模式，由建设方购买货物运输保险。在此情况下，通过统一的公开货运险招标，可以有效地降低保险费率，获得更优的保险条件。

3. 建筑安装工程一切险附加第三者责任险

建筑安装工程一切险附加第三者责任险包括施工现场一切活动以及已进入项目现场的设备、材料的损失和损坏。第三者责任险则覆盖完工之前和十二个月质量担保期内由于项目施工现场建设或调试操作引起的第三方财产毁损和人身伤害。建设方根据自身项目特点，可决定是否购买，也可以通过合同要求承包商购买。

二、承包商需购买的保险

1. 建筑安装工程一切险附加第三者责任险

承包商根据项目要求或合同要求确定是否购买。

2. 施工人员人身意外伤害险

《中华人民共和国建筑法》第四十八条规定"建筑施工企业应当依法为职工参加工伤保险缴纳工伤保险费。鼓励企业为从事危险作业的职工办理意外伤害保险，支付保险费"。虽然在法律法规上没有规定必须上意外伤害保险，但因在煤化工建设项目上意外伤害风险较大，建设方也应在招标文件及合同中明确要求承包商为其施工人员投保此险种或投保雇主责任保险。赔偿限额标准下限应足够覆盖承包商人员的死亡、伤残赔偿以及医疗费用的补偿。

3. 施工机具保险

承包商应为其投入项目现场所有自有、非自有的以及租赁的施工机具及设备投保施工机具险，以避免因自然灾害、意外事故等风险发生时，造成承包商施工机具损坏而产生纠纷或影响工程进度。施工机具保险保险金额为施工机具工地替换价值或重置价值的110%，以高者为准。

4. 机动车辆保险

机动车辆保险包括交强险、车辆损失险、第三者责任保险等。

5. 货物运输保险

承包商应为其负责采购设备、材料投保货物运输保险，货物运输保险的保险金额为合同价格的110%。除此之外，还应根据实际情况增加包括海盗风险，战争风险，装货、卸货风险以及50/50（运输险/工程险责任分摊）等附加保险。以避免设备在运输途中损坏时，因投保不当不能及时获得赔付而影响项目工期。

6. 分包商保险

承包商的分包商也必须办理相应保险，如人身意外伤害保险、汽车责任险、施工设备责任险等。承包商负责对其分包商保险情况进行监督和管理并报建设方备案。

第十七章

项目信息化管理

项目管理信息化顾名思义就是要将信息技术渗透到项目管理业务活动中提高工程项目管理的绩效，属于工程建筑领域信息化范畴，包括对工程信息资源的开发和利用，以及信息技术在建设工程管理中的开发和应用，其意义在于提高工程项目管理效率，辅助科学决策，优化管理流程，提高管理水平，提高工程项目参与各方的协同能力。

大型煤化工项目建设具有多系统、多专业、多区域、规模大、工期紧、技术复杂等特点，涉及内容广泛，参与人员众多，交叉面复杂，这些特点都对其项目管理提出了更高的要求。为了让现代项目管理技术与信息技术协助煤化工项目管理，就需要利用项目管理的系统方法、模型、工具对项目相关资源、数据、工作活动等进行系统整合，建立起适合工程建设管理的项目管理信息系统（以下简称 PMS），使得设计、采购、施工、进度、投资、质量、安全等各方面、各种类的管理活动一体化，并利用信息技术实现数据共享。

建立 PMS 对煤化工项目管理主要有如下几方面的积极作用：为参与项目的各相关方提供协同办公的工作平台；协助建设方、监理、承包单位进行四控（质量、HSE、进度、投资控制）和四管（合同、文档、采购、风险管理），提高各个管理层次的工作效率和决策水准；通过信息化规范项目建设的基础管理要素，并按照项目管理的思维方式关联和集成，实现信息共享、数据统一、管理同步；积累项目建设管理经验、过程资料和历史数据，形成经验和知识数据库，实现知识积累和再利用，提高"复制项目成功"的能力。

第一节　项目管理信息资源

一、项目管理中的信息资源

项目管理信息资源是工程建设与管理过程中所涉及的一切文件资料、图表和工程数据等信息的总称。其内涵是建设管理活动过程中所产生、获取、处理、存储、传输和使用的一切信息资源，贯通于煤化工项目管理的全过程。

（一）煤化工项目管理信息资源的分类

1. 按照项目信息形式划分

包括文字、图纸、图片、影音等信息资源。

2. 按照项目信息的内容划分

包括技术类、经济类、管理类、法律类等相关的信息资源。

3. 按照项目管理的任务和职能划分

包括投资、质量、进度、合同等相关的信息资源，以及业主、设计、监理、施工等相关的信息资源。

4. 按照煤化工项目实施过程中主要环节划分

（1）决策阶段信息资源

（2）实施阶段信息资源

1）规划设计阶段信息资源

① 初步设计文件

② 技术设计

③ 施工图设计文件

2）施工阶段信息资源

① 施工招投标阶段信息

② 工程建设施工信息

③ 工程建设竣工信息

（3）运营阶段信息资源

该阶段包括设施，空间管理，设备运行和建筑物的维护等信息。

（二）煤化工项目信息的特点

煤化工项目信息的特点表现为数量庞大、类型多样、来源广泛、存储分散，信息的时效性强，信息间关联复杂。

二、煤化工项目管理信息资源的管理和利用

（一）煤化工项目信息的收集

① 面向工程不同阶段：包括决策、设计、施工、运营维护等相关的信息资源。

② 面向不同参与方：包括业主、设计、监理、施工等相关的信息资源。

③ 信息设计手段多样：包括投资、质量、进度、合同等相关的信息资源。

（二）煤化工信息的加工整理

把煤化工项目得到的数据信息进行鉴别、选择、核对、合并、排序、更新、计算、汇总，转储生成不同形式的报告，提供给不同需求的各类管理人员使用。

其面向不同参与方，按不同需求和角度，以不同加工方法分层加工。

（三）煤化工项目管理中的信息沟通

项目管理信息流是指信息供给方与需求方进行信息的交换和交流，包括信息的生产，加工，存储和传递过程。煤化工项目中的信息沟通包括项目组织内部的信息流动（自上而下、自下而上、横向间）、项目各参与方的信息流动和煤化工建设各阶段的信息流动。

第二节　建立项目管理信息系统

一、系统建设前应解决的认识问题

在建立 PMS 之前，应先就几个重要问题在项目或公司内部达成一致。首先，建设 PMS 要在项目管理层面甚至公司管理层面达成统一的认识，并得到最高管理者的支持。信息化手段的推进是"一把手工程"，涉及固有工作流程的改变，如果没有最高管理者对该项工作的支持，就很难推进。其次，要认识到通过信息化手段进行项目管理，不仅仅是 IT 技术的问题，也不是软件好坏的问题，而是有没有真正地梳理管理流程，搞明白想要如何管控的问题。也就是在上 PMS 之前，项目或公司要有成体系的管理方法、表格、表单等，系统的建设只是实现它们的手段而已。最后，信息化工作不能一蹴而就，也不能指望一步到位，管理手段是不断改进的，也应该允许信息化手段不断改进。这意味着，信息化建设的投入不是一次性的，会随着管理手段的进步、信息技术的进步和企业的不断发展要有持续的改进和持续的投入。工程项目管理信息化建设与实施，涉及管理理念变革，组织构架设置软硬件基础环境配置及信息化系统建设等多个方面。

1. 煤化工项目管理信息化实施的基础准备工作

煤化工项目管理信息化实施的基础准备工作包括合作共赢的工程项目文化和协调一致的组织氛围、全员的积极参与和业主的主导作用、先进理念下的科学管理工作以及建立统一的数据库平台。

2. 煤化工项目管理信息化的发展趋势

① 专业化趋势：煤化工项目管理涉及到合同、计划、成本等多种管理，支持以上各类内容的信息管理专业化软件很多，这些软件的功能更加专业化，与理论结合更为紧密，软件功能更有针对性。

② 集成化趋势：煤化工项目实施过程中对外涉及多方利害关系人，对内涉及多个部门。通过集成化管理和企业内部系统的一体化，实现工程管理和政府机构，客户以及工程相关方进行信息交互，实现信息的共享和传输，项目参与方更方便交流和协同工作。

③ 网络化趋势：煤化工项目管理信息化应充分考虑不同参与方的需求，建立一个涵盖施工现场管理，项目远程监控，项目多方协助，企业知识和情报管理等多层次的软件系统和网络信息系统平台，能够自动生成面向不同主体的数据，实现各种资源的信息化。

3. 煤化工项目管理信息化规划

（1）煤化工项目信息化规划概述

对煤化工项目管理所需信息，从采集、处理、传输到利用的全面规划，使参与主体之间，主体各部门之间，部门与外单位之间频繁复杂的信息畅通，发挥信息资源作用。

（2）规划制定的原则及内容

煤化工项目信息化规划原则：一致性、系统性、整体性、扩展性、现有资源保护和利用、集成性、实用性。

煤化工项目信息化规划内容：目标规划、管理模式分析、信息系统总体需求分析、建设方信息化现状分析、建设方信息化实施战略分析、信息系统总体架构设计。

（3）煤化工项目管理信息化规划的实施

1）煤化工项目信息化规划实施计划

2）煤化工项目信息化规划实施组织保障

① 权威性及独立性。

② 经验及技能。

③ 综合知识。

3）煤化工项目信息化规划实施风险

① "纯理念化"风险。

② "目标侵蚀"风险。

③ 片面选型风险。

④ 人力资源缺乏风险。

⑤ 业务中断风险。

⑥ 成本失控风险。

（4）信息化规划的技术成果

1）职能域划分

2）业务过程建模

3）组织结构建模

4）用户视图分析

5）数据流分析

6）系统功能建模

7）系统数据建模

8）系统体系结构建模

（5）煤化工项目管理信息化建设的标准化

1）煤化工项目信息化建设标准化内涵与意义

① 标准化是适应经济全球化的需要。

② 标准化有利于避免低水平重复开发。

③ 标准化有利于建筑业信息的共建与共享。

④ 标准化有利于提高应用系统开发质量。

2）煤化工项目管理信息化标准化体系

化工项目管理信息化标准化体系包括：编制说明，体系框架，标准体系表。

二、系统建设的方法和途径

一是购买市场上成熟的软件产品。目前市场上辅助项目管理的软件产品很多，有国内的，也有国外的；有价值数千万的，也有几十、数百万的；有功能相对多而全的，也有就单一功能进行深入开发的。总之，在进行深入调研并与企业需求相吻合的基础上，可以直接购买商品化的项目管理软件，当然，一般还需要二次开发。优点是上线速度快，缺点是与企业执行的管理流程贴合度低，需对管理流程进行改造，并且维护成本较高。此种方法适用于大型煤化工项目。

二是根据公司项目管理制度、流程、表单等进行定制开发。优点是与企业执行的管理流程高度贴合，不需要对现有管理流程进行改造，缺点是开发和维护成本较高，实施周期长。此种方法适用于大型煤化工项目或复杂性程度高和对系统要求高的煤化工项目。

三是应用服务供应商模式，即 ASP（Application Service Provider）。租用 ASP 服务供应商已完全开发好的项目管理信息化系统，通常按租用时间、项目数、用户数、数据占用空间大小收费。优点是实施费用低、周期短、维护量小，缺点是针对性差，安全和可靠性也较差。此种方法适用于中小型煤化工项目或复杂性程度低和对系统要求低的煤化工项目。

项目或公司可以根据项目实际情况，在深入调研和规划的基础上选择建设 PMS 的方法和途径，考虑的主要因素有现有的项目管理体系、项目建设周期、系统建设周期、项目复杂程度、系统建设成本、运维成本以及系统复用率等。

第三节 煤化工项目管理信息系统实例

一、煤化工项目管理信息系统的组成

（一）煤化工项目管理单业务应用系统

1. 单业务应用系统的发展
基础的数据收集和处理——进度控制，网络图绘制——各个阶段的相应软件的出现。

2. 煤化工项目管理单业务应用系统

（1）多主体进度计划系统
是一种利用计算机，结合业主、承包商等主体，三阶段分析煤化工项目多种不确定因素，动态调整煤化工项目进度计划的人机交互系统。

多主体进度计划系统总体功能分别由三个模块实现：PWBSP 模块、CWBSP 模块和合并模块（PWBSP 和所要汇总的 CWBSP，按照 WBS 编号、约束限制条件、持续时间、逻辑关系自动合并、优化的功能模块）。

（2）煤化工项目质量管理系统
其包括设置质量控制点和编制质量控制表格。

（二）煤化工项目管理综合业务应用系统

综合业务应用系统的结构
综合业务管理系统一般包括：合同管理子系统、进度管理子系统、投资管理子系统、质量管理子系统、安全管理子系统、成本管理子系统、材料管理子系统、设备管理子系统、财务管理子系统等。

1. 合同管理子系统
① 工程概算概况。

② 合同会签。

③ 合同信息管理。

④ 合同变更管理。

⑤ 合同支付管理。

⑥ 合同信息查询。

⑦ 合同报表。

2. 进度管理子系统

作用：为进度管理者及时提供工程项目进度控制信息。

3. 投资管理子系统

① 计划项管理。

② 投资计划编制。

③ 投资计划审查。

④ 投资计划汇总。

4. 质量管理子系统

① 单元工程分解与定义。

② 工程质量问题管理。

③ 工程验收与评定。

④ 信息查询与主要报表。

⑤ 材料与试件检测。

⑥ 施工工序检测。

5. 安全管理子系统

① 基于 GIS 的安全管理综合数据平台。

② 施工安全检查。

③ 安全状况分析。

④ 伤亡事故及隐患管理。

⑤ 监理管理。

⑥ 事故及隐患管理。

6. 成本管理子系统

① 基础数据管理子系统。

② 成本控制与分析子系统。

③ 成本报表子系统。

④ 成本核算子系统。

⑤ 成本计划子系统。

7. 材料管理子系统

① 材料维护。

② 供应商管理。

③ 材料计划。

④ 甲供材料供应管理。

⑤ 甲控材料质量文档管理。

⑥ 材料价格管理。

⑦ 材料报表。

8. 设备管理子系统

① 设备文档管理。

② 设备土建接口管理。

③ 设备文档综合查询。

9. 财务管理子系统

① 财务核算。

② 期末数据处理。

③ 综合查询。

④ 年末财务决算。

⑤ 财务指标分析。

（三）工程项目总控系统

1. 项目总控思想

项目总控（Project Controlling）作为一种运用现代信息技术为大型建设项目工程业主方的最高决策者提供战略性、宏观性和总体性咨询服务的新型组织模式。

项目总控是以信息技术为手段，对大中型建设项目进行信息的收集、加工和传输，用经过处理的信息流指导和控制项目建设的物质流，支持项目决策者进行策划、协调和控制的管理组织模式。

从项目总控的定义可以看到：

① 项目总控是一种建设工程管理的组织模式；

② 控制的核心是信息处理，即通过信息处理来反映物质流的状况；

③ 控制的工作内容是信息收集、信息处理、编制各种控制报告；

④ 项目总控的服务对象是项目的最高决策层。

2. 煤化工项目总控系统

项目总控构成一个开放的控制系统，其对象包括项目整个系统：项目目标（功能、投资、进度、安全质量），建设过程（过程中的活动，过程的交界面和节点），项目组织（组织结构、工作流程、信息流）。

项目总控的控制过程：信息的收集和加工是一个系统的控制过程，信息是流动的，根据信息的状态及映射关系，可分为四个平面，即：目标平面、信息平面、报告平面和用户平面。

（四）煤化工项目信息门户

1. 煤化工项目信息门户及其特征

信息门户：项目信息门户（Project Information Portal，PIP）是在项目主题网站

（Project-Specific Web Sites）和项目外联网（Project Extranet）的基础上发展而来的一种项目信息管理的应用概念。

PIP 作为一种基于 Internet 技术标准的、以项目组织为中心的煤化工项目信息管理与协同工作解决方案，具有开放、协作和个性化等特点，具有广泛的应用前景。

特点：

① 以互联网作为信息交换平台；

② 主要功能是信息共享与共建；

③ 通过信息的集中管理和门户设置为项目参与各方提供开放、协同、共性化的信息沟通环境。

2. 煤化工项目信息门户系统

着眼于项目参与各方的高效沟通和协作，朝着更高的信息集成度，更强大的项目管理功能的方向发展，为项目的管理提供更便利的信息交互和沟通环境。

功能：

① 项目信息交流功能；

② 项目文档管理功能；

③ 项目协同工作；

④ 工作流管理。

二、煤化工项目管理信息系统的实施

以某煤化工项目集成项目管理系统（SIPMS）为例，对煤化工项目管理信息系统模块组成及相应功能进行说明，见图 17-1～图 17-4。

SIPMS 是针对煤化工项目建设管理实际，定制开发的项目管理信息系统。它以提高工作效率、促进管理规范化和透明化、积累建设经验和知识为宗旨，围绕项目费用控制、进度控制、质量控制、HSE 管控、合同管控的需求，协助实现一体化、全过程、全方位管理，形成涵盖建设方、总承包商、分包商、供应商为一体的协同工作平台。

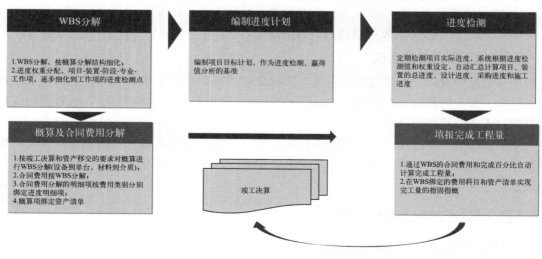

图 17-1　SIPMS 进度控制

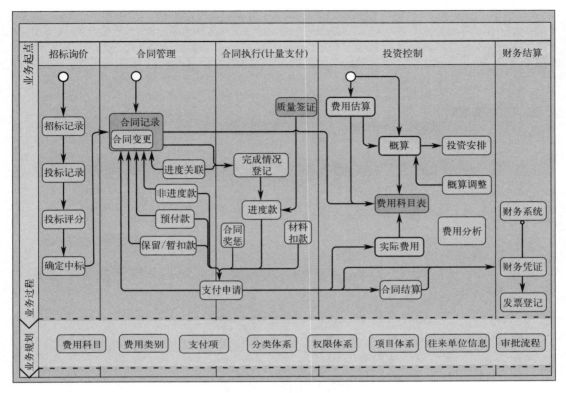

图 17-2 SIPMS 费用控制

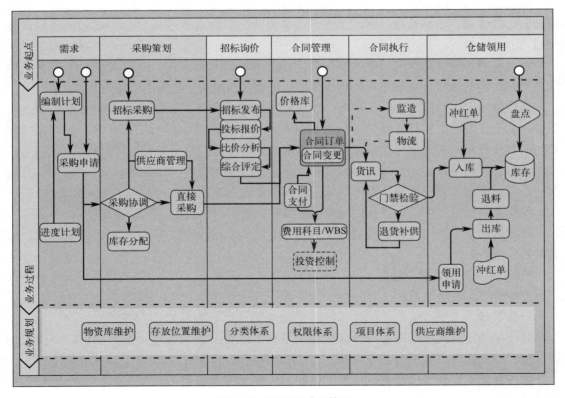

图 17-3 SIPMS 采购管理

图 17-4　SIPMS 协同平台

SIPMS 主要功能包括进度管理、费用控制、采购管理、供应商管理、质量管理、HSE 管理、门禁管理、文档管理、协同平台等业务模块。下面对这些模块的主要功能进行简要介绍：

进度控制：通过确定的权重体系每月定期汇总项目整体进度，通过确定的工程量监测体系每月定期汇总项目整体工程量完成情况，进而实现对项目进度的清晰可控。

费用控制：以合同为中心，将每一个合同按照工作分解结构和费用控制分解结构进行分摊，结合进度控制流程计算的进度数据进行统计、分析等，同时实现概算、合同及实际费用的对比分析，得到项目费用报告。过程中单据均可进行电子审批也可打印出纸质文档。

采购管理：全过程采购管理，包括采购需求、采购策划、招标采购、合同管理、合同执行、仓储领用、投资控制、财务结算等。同时，出入库数据成为资产移交数据来源。

供应商管理：主要功能包括供应商信息维护，供货清单查询，订单管理等。

质量管理：主要功能包括质量类文件管理，质量体系管理，质量计划、质量记录、质量报告管理等。

HSE 管理：主要功能包括 HSE 类文件管理，HSE 体系管理，HSE 培训教育、安检人员等台账管理，安全事故统计等。

门禁管理：主要目的是根据设备材料采购合同订单，协助建设方控制物资进出场。主要功能包括物资到现场后质量检验和检测的登记、统计及遗漏筛查，统计分析物资进出场情况等。除此之外，它还与 HSE 相关人员办卡信息结合，进行人员进出场自动统计。

文档管理：文档管理模块是加工、存储、传递和共享信息的重要平台，它协助用户单位以适当的方式，将组织内部和外部的计划信息、控制信息和作业信息及时、可靠地进行管理。

协同平台：SIPMS 为建设方、监理、EPC 总包商、EPCM 管理方、施工承包商、供应商等主要参建单位提供了信息展现门户和协同工作平台，用户能及时获取工作所需信息并处理彼此关联业务。协同平台中的信息包括公共信息如天气预报、新闻、电子公告等，个人信息如邮件、会议通知、流转责任事项等、各种汇总分析报表、关键文档及统计报表信息。

第四节 项目管理信息系统与工厂数字化交付

当前，煤化工建设领域也正全面迈入数字化时代。在煤化工建设阶段就进行数字化设计、项目管理和交付，这些数据资产将为企业后期的智能工厂建设提供数据基础，并使建设方从源头上掌握工厂运行管理数据，并以设计数据为基础实现工厂数字化、智能化、智慧化，实现工厂全要素全生命周期的数字化管理，由此，方能在煤化工建设阶段就打好工厂智慧化发展的基础。

对工厂成千上万的设施、设备在设计、采购、施工全过程中形成的数据进行整合，并装入到三维模型中一并移交给建设方，即完成了项目管理系统到数字化工厂的移交。但要完成这样的移交过程，需要有三个前提：一是统一标准，即把项目编码、材料编码、文档编码等主数据进行统一化、标准化，在设计阶段就制定好各项编码的编制规则，并且在采购、施工过程中也应用这个标准；二是深度集成，即设计平台和项目管理平台的深度集成，设计阶段产生的图纸、数据、模型要跟采购、施工的数据或信息按既定的标准集成起来，数据流、信息流随着业务流自动产生关联；三是互联网应用，建设方、设计院、EPC 承包商、供应商及制造商、施工承包商要在这个集成化的平台上进行规范化的管理，所得的数据才能形成数字化移交的结果。

图 17-5 是数字化交付示意图。

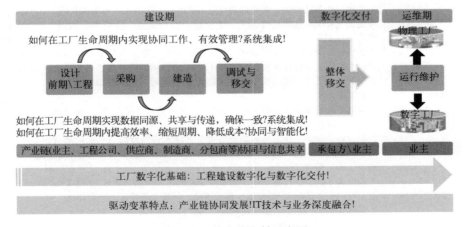

图 17-5 数字化交付示意图

煤化工项目的建设经过可行性研究、设计、采购、施工、试车、开车等阶段，每个阶段都会产生大量的数据，有工厂布置软件 PDMS 产生的三维模型、施工图纸、设备属性、管线数据表，工艺专业的 P&ID，采购文件、施工过程产生的检测报告等，所有的数据、文档、模型都需按数字移交标准进行准备。设计阶段的数据，设计院通过三维设计软件进行数据的准备，提供 XML 文件，交付到项目管理系统。同样，采购、施工、试车数据经过数据过滤和清洗之后也集成至项目管理系统，最终将项目管理系统的数据集成至数字接收平台，交付给建设方作为企业数字工厂平台门户，用于后期的数字工厂建设。数字工厂平台可根据用户需求，集成工厂运维阶段的可用信息化系统的数据，应用在资产信息管理、报警管理、实时数据、设备拆装、安全管控、视频联动等业务上。

一、数字化交付范围

交付范围至少应涵盖以下部分，依据交付物类型分为智能化数据、结构化数据和非结构化文档，如表 17-1 所示。

表 17-1　交付范围表

序号	交付物分类	主要交付物名称	交付物描述
1	三维数字化模型	电子文档	
2	智能 P&ID	智能 P&ID 数据	
3	工厂对象数据	工厂对象数据	
4	电子文档	工艺设计类：工艺设计说明、工艺设备数据表、管道表、工艺管道及仪表流程图、设备汇总表、安全阀、爆破片数据表 静设备设计类：静设备设计说明、静设备计算书、装配图（总图）、部件图、零件图 动设备设计类：动设备设计说明、机械的辅助流程图、机械的仪表联锁原理图、动设备数据表 总图运输设计类：总图运输设计说明、总平面布置图 管道设计类：管道材料等级规定、综合材料表、非标准管道附件规格书、设备布置图、管道平面布置图、管段图或单管图 仪表设计类：仪表设计说明、仪表索引表、气体检测器平面布置图、仪表盘（柜）布置图、控制室平面布置图、仪表及主要材料汇总表 电气设计类：电气设计说明、电气计算书、电气设备材料表、电气设备规格书、配电平面图、照明平面图、爆炸危险区域划分图 电信设计类：电信设计说明、电信设备材料表、电信设备技术规格书、电信设备布置图、火灾自动报警系统图、电缆桥架（电缆沟）图 建筑设计类：建筑设计说明、主要建筑物一览表、建筑物平面图、建筑物立面图、建筑物剖面图 结构设计类：结构设计说明、材料表、钢筋混凝土结构详图（包括结构布置图、剖面图及构件和节点详图）、钢结构详图（包括结构平面布置图、立面图、构件和节点详图）、单体基础图（包括基础平面布置图和基础详图） 预制钢结构采购类：材料质量证明书/材质单、产品合格证/质量证明书、产品图纸 静设备采购类：压力容器制造许可证、压力容器监检证书、产品合格证/质量证明书、材料质量证明书/材质单、铭牌复印件、备品备件清单、竣工图 动设备采购类：产品安装、操作使用说明书、产品合格证/质量证明书、材料质量证明书/材质单、备件清单、特殊工具清单、产品图纸 管道采购类：安装、操作使用说明书、材料质量证明书/材质单、产品合格证/质量证明书、无损检测报告、热处理报告、产品图纸 仪表采购类：安装、操作使用说明书、仪表规格书、产品图纸、材料质量证明书/材质单 电气采购类：安装、操作使用说明书、材料质量证明书/材质单、产品合格证/质量证明书、元器件合格证、产品图纸	经过文档整编处理，在数字化平台中与智能化数据进行关联

二、工厂对象分类属性规定

① 工厂对象分类应有继承关系。

② 工厂对象分类、属性的名称宜唯一、易识别、无歧义。

③ 属性应包含工厂对象类具有的典型特征，宜分组管理并设置交付级别。

三、三维数字化模型交付规定

智能化数据主要包括设计模型、供应商提供的设备模型、成套设备三维模型等。

1. 基本要求

① 交付的三维模型应符合约定的格式和内容要求。

② 交付的三维模型应能在交付平台中正确地读取和显示。

③ 交付的三维模型宜使用统一的原点和坐标系，如使用相对坐标系，需提供相对坐标系和绝对坐标系的转换关系。

④ 交付的三维模型不应包含临时信息、测试信息以及与交付无关的信息。

⑤ 三维模型应使用统一的 PBS 结构，组织各类工厂对象。

⑥ 同一工厂对象在三维模型中和智能 P&ID 中的属性应保持类型定义一致，交付的三维模型的信息应与其他交付的数据、文档、智能 P&ID 中的信息一致。

⑦ 三维模型元件间应具备准确的关联关系，包括介质流向，端面匹配关系、元件从属关系等。

⑧ 三维模型的设计内容深度应同时符合项目执行过程中各阶段模型审查的要求，便于更加直观地指导施工、操作、维修等人员理解设计意图。

⑨ 交付的三维模型应具有完整性、规范性和一致性。

2. 设计模型规定

（1）设计模型建设内容

设计模型建设范围及深度见表 17-2。

表 17-2　模型内容表

序号	类别	工厂对象	模型设计内容深度
1	通用设施	道路	道路竣工轮廓、整体厚度
2		路灯	外观效果
3		地坪铺砌	不同类型铺砌轮廓分别表示
4		检修区域	主要检修区域
5		操作通道	主要巡检、操作通道
6		围墙、大门	围墙、大门
7		围堰	竣工结构尺寸
8		防火堤、隔堤	竣工结构尺寸、台阶
9		消防栓、泡沫产生器、灭火器	简化外形
10		消防水炮	设备外形、管口

序号	类别	工厂对象	模型设计内容深度
11	通用设施	消防箱	简化外形
12		应急电话、扬声器	简化外形
13		监视摄像机	简化外形
14		气体检测器、火灾探测器、手动报警按钮、声光报警器	简化外形
15		取样器	简化外形及连接管口
16		洗眼器、淋浴器	简化外形及连接管口
17	设备（静设备、工业炉、包设备、烟囱等）	本体	外形、支腿、支座、鞍座、电机、底板
18		管口	管口表中所有管口（包括人孔、裙座检修孔等）
19		平台	平台铺板、斜撑外形
20		梯子	直梯、斜梯及盘梯的简化外形
21		附件	仪表及连接的管道组成件
			吊柱、吊耳、人孔吊柱等
22		绝热层	保温、保冷实体层外形轮廓
23		防火层	设备裙座的防火
24		检修空间	人孔并开启空间、吊装空间、装卸空间、抽芯空间
25		包设备	包含各设备的简化外形、底板
			连接管口
26		工业炉	设备的外形及连接管口、钢结构（梁、柱、斜撑等）、平台、梯子、燃烧器、看火门和人孔门等炉附件
27		烟囱	简化外形
28	地下工程	桩基	简化外形
29		承台、基础	简化外形
30		地下管道	循环水、消防水、雨水、污水等埋地管道
31		电缆沟	简化外形
32		管沟	简化外形
33		排水沟	简化外形
34		水井、阀门井	简化外形
35		池子、地坑	简化外形
36	建筑物（非生产）	主体	简化外形
37	构筑物	混凝土结构	梁、板、柱、墙体
			管墩、开孔（洞）
38		钢结构	梁、柱、斜撑、铺板
			$\geqslant \phi 200mm$ 平台开孔
39		附件	护栏、吊柱
			各类梯子

续表

序号	类别	工厂对象	模型设计内容深度
40	构筑物	土建支架	梁、柱、基础
41		大型管墩基础	简化外形
42	配管	工艺管道	管道组成件（管子、阀门、管件）
43		公用工程管道	管道组成件（管子、阀门、管件）
			伴热蒸汽分配站、凝液回收站、公用工程站
44		管道夹套	简化外形
45		消防管道	消防竖管、水喷淋管道、蒸汽消防管道
			其他地上消防管道
46		泵、仪表等辅助管道	泵、仪表等吹扫、冲洗、排放管道以及放空、放净等
47		管道支吊架	简化外形
48		管道特殊件	简化外形
49		在线仪表	简化外形，包括孔板上的导压阀等管道组成件
50		保温、保冷	简化外形
51	仪表	主桥架	≥300mm 电缆桥架/梯架
52		分析小屋	简化外形及连接管口
53		控制盘	简化外形
54	电气	桥架	≥300mm 电缆桥架/梯架
55		控制盘	简化外形
56		室外电气设备	简化外形
57		操作柱、开关盒	简化外形

（2）模型属性要求

模型的属性应包含设计、施工、采购过程中的数据，即工厂对象分类属性规定的数据。

（3）模型间逻辑关联关系

模型元件间应具备准确的逻辑关联关系，包括介质流向，端面匹配关系、元件从属关系。

3. 供应商模型

供应商应提供各自负责设备的三维模型，模型包含设备外部和内部结构（与现场检维修相关的零部件的结构），应结构准确，零部件完整，机组外形尺寸与实际一致（误差范围2%），零部件与检维修相关的基本尺寸信息准确。采用机械设计软件建模，采用装配体建模。

提供基于单台设备的零部件（与现场检维修相关的零部件的结构）的模型爆炸拆解图和按照正确顺序的装配图。按照总装配图和合格产品出厂标准标识确定装配尺寸。

按照用户规范和标准，提供设备制造过程的数据信息和设备成品及出厂的属性信息，需按照用户提供的属性收集模板进行填写。

提供所有与现场检修的信息（如安装的数据、检验的数据、易损件的名称及部件号），数据以可编辑的 Excel 表格、图纸以图片外挂的形式提供。

对于机组类设备，除按照以上要求提供设备的模型和属性信息之外，还需要提供机组附属设备设施的模型外形尺寸和属性信息（不需要提供可拆解的装配图）。模型精细度需满足企业规定的以下工程级模型精细度要求。

设备配管及管道模型需涵盖所有管道、阀门、法兰、垫片、管件（弯头、异径管、三通、丝堵、半管接头、管帽、八字盲板、其他）、螺栓、螺母、管道和设备附属仪表、管道焊缝、特殊件等，管道、法兰、管件（弯头、异径管、三通、丝堵、半管接头、管帽、八字盲板、其他）等外形与现场一致，定位与现场误差小于5cm。阀门、管道特殊件，管道和设备附属仪表等外形与实际误差在10%以内、定位与现场误差小于5cm。管道焊缝定位与实际位置误差小于5cm。

结构模型需涵盖梁、柱、水平支撑、垂直支撑、钢平台、斜梯、直爬梯、栏杆、管架、基础等；外形、定位与现场误差小于5cm。

模型的属性应包含用户要求的主要工程属性，无法在模型中完成的数据可通过用户提供数据收集模板进行数据补充，数据收集模板与模型间的关联数据准确。

管道模型元件间应具备准确的逻辑关联关系，如介质的流向，端面匹配关系、从属关系等。

4. 模型配色要求

为清晰区分和展现三维模型内容的不同，需要对三维模型的设备、管道、结构等赋予不同的颜色。统一执行项目模型配色规定。

四、智能 P&ID 交付规定

交付方应按照要求交付由智能 P&ID 软件生成的 P&ID 数据，具体要求如下：
① 工序内应使用统一的标准图例绘制智能 P&ID；
② 应确保智能 P&ID 上的仪表与相应的回路正确关联；
③ 在交付前宜对智能 P&ID 进行冗余数据清理和图面重构；
④ 应确保智能 P&ID 图、各类工厂对象以及属性数据存在关联关系；
⑤ 智能 P&ID 中工厂对象之间应具有完整的拓扑连接关系；
⑥ 智能 P&ID 中的工厂对象的位号信息应与其他交付物（三维模型、文档、属性表）保持一致；
⑦ 智能 P&ID 中的工厂对象属性信息应与三维模型的工程信息保持一致；
⑧ 智能 P&ID 应可以与三维模型之间形成数据共享和相互定位；
⑨ 智能 P&ID 中的工厂对象应具有符合设计要求定义的工厂对象位号信息。

五、工厂对象数据交付规定

① 工厂对象数据内容和格式应根据表格模板要求进行规范填写；
② 各单位根据表格模板中的数据来源录入相应的数据；
③ 数据计量单位应与设备属性表中规定的单位一致。

六、电子文档交付规定

① 交付的文档与原版文档内容应一致，当原版文档为纸质文档时，应扫描为电子

文件；

② 当原版文档包含不止一种文件格式时，应转换为统一格式的电子文件；

③ 电子文档不应包含任何指向其他文档的链接；

④ 电子文档中不应含有内嵌文件；

⑤ 电子文档不应包含密码保护；

⑥ 电子文档应不含病毒。

七、交付物格式要求

模型的格式应满足表 17-3 的要求，装置模型宜交付可编辑的整个项目模型及数据库文件。

表 17-3　交付文件格式要求

项目类型	设计软件名称	需交付文件	交付要求
工程设计类	PDMS	PDMS 项目库	建议
		RVM＋ATT 文件	必须
	PDS	PDS 模型文件（DGN）、数据库文件	建议
		PDS 模型文件（DGN）、DRV 文件	必须
	SMART PLANT 3D	VUE 或 ZGL＋XML	必须
	PDSOFT 3DPiping	PDSOFT 3DPiping 模型文件（DWG）、数据库	必须
机械设计类	ProE	ProE 模型文件（ASM、PRT）	必须
	Solidworks	Solidworks 模型文件（SLDASM、SLDPRT）	必须
	CATIA	3dxml、stp、igs	建议
工艺设计类	PDSOFT P&ID	PDSOFT P&ID 模型文件（DWG）	必须
	AutoCAD P&ID	SVG 或 DWG＋XML 格式的 P&ID 文件	必须
	Diagrams		必须
	SP P&ID		必须
通用设计类	3ds Max	3ds Max 模型文件	必须
设备工程属性表	EXCEL	设备工程属性表（XLS）	必须
电子文档		PDF	必须

八、数字化管理及职责

1. 项目组织架构（见图 17-6）

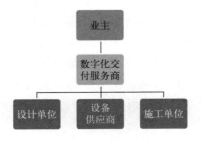

图 17-6　项目组织架构图

2. 各方职责

(1) 业主

① 负责提出数字化交付项目需求，负责组织签订数字化项目合同；

② 组织验收数字化交付；

③ 协调数字化交付实施过程中存在的问题并提出考评意见；

④ 数字化交付项目整体协调、管理；

⑤ 负责监督、协调设备供应商、施工单位的交付工作。

(2) 设计单位

① 提供满足交付规范的各专业设计模型、工厂对象数据、电子文档；

② 交付文件确保经过完善的内部校核，并形成详细校核记录和过程文件；

③ 负责模型、工厂对象数据、电子文档的关联文件构建工作。

(3) 设备供应商

① 提供满足交付规范的设备机械设计模型、成套设备三维模型、采购电子文档和工厂对象数据；

② 交付文件确保经过完善的内部校核，并形成详细校核记录和过程文件。

(4) 施工单位

① 提供满足交付规范的施工电子文档、工厂对象数据；

② 交付文件确保经过完善的内部校核，并形成详细校核记录和过程文件；

(5) 数字化交付服务商

① 制定数字化交付技术要求及相关规范；

② 数字化交付数据的接收和处理；

③ 数字化交付平台的配置及维护；

④ 对导入到数字化交付平台中的所有信息进行整合和校验；

⑤ 负责项目实施过程中的培训；

⑥ 配合业主完成数字化交付工作的验收。

九、数字交付方式

交付的数据、文档和模型应符合本标准要求的组织方式，且应按照交付基础要求建立完善的关联关系。

交付方的数字化平台建议与接收方的数字化平台兼容，从而保证数据的无损接收。

设计建造阶段是数字工厂基础数据的收集阶段，也是数字工厂打基础的一个阶段；运维阶段是充分发挥这些数据价值的阶段，同时，通过收集此阶段产生的数据，进行大数据分析，进而进行数据统计和事故预判等应用，因此，这也是业务深化升级的一个阶段。这样，将工厂的建设和运维连成一体，将企业全生命周期的信息维护起来，盘活整个企业的信息流转和资源共享，保障企业的资产得到有效管理，促进企业稳定、绿色、高效生产。

第十八章
项目档案管理

第一节　项目档案管理的目的和意义

像大型煤化工项目这类重大工程，其项目档案既是今后工厂运行、维护的基础性资料，也是今后技改技措施及扩建时新旧衔接的重要依据，更是后续新项目汲取经验、教训以及获取各类工程建设信息的宝贵信息资源。它也是界定项目相关方法律权责、解决项目纠纷的重要凭证，至于在项目本身建设过程中的作用更是极端重要。

以上这些也正是档案管理的目的和意义所在，因为档案的完整、齐全，以便于查阅、妥善保管为根本目的对档案有序归类和良好存放，这些都是在档案管理的范畴内。

第二节　项目档案管理的特点和原则

一、项目档案管理的特点

（1）归档整理的及时性

与其他种类的项目相比，建设项目更要求在过程中及时收集资料，这是因为建设项目历时长、场面大、经手人员相对不固定，尤其是历时数年的大型建设项目，在建设过程中也会经常使用已形成的各类资料，若不及时收集归档，会造成遗失或无法正常使用现有资料。

（2）归档过程的动态性

与其他生产项目一样，煤化工项目从项目提出，立项，做出投资决策到开工建设、试运行、竣工验收，一直处于不断累积、不断向前的动态中。同时，在工程建设过程中，也时常会有变更发生，因此，归档过程本身也就具有了动态性。

（3）归档内容的成套性

工程项目文件资料的成套性是指在项目建设活动中围绕一个独立的建设项目所形成的各方面、各阶段文件资料相互间既有清晰的区别，也因项目本身的系统性和整体性而彼此有机关联，构成一套完整资料，并以此完整准确地反映项目全过程。

（4）归档主体的协作性

大型煤化工项目，参建单位众多，来自不同地区、不同行业，它们的项目文件中有不少要归入建设方档案中。但工程项目档案的管理却不仅仅是建设方单方面的事，从形成、整理、审核到移交，还需要 EPC 总包商、设计、监理、施工承包商、供货商及制造商等各参建单位共同完成，因此，这是一项需要各方密切配合的工作。

二、项目档案管理的原则

根据国家有关规定和煤化工项目档案特点，煤化工项目的文件控制和档案管理应遵循如下原则。

① 对项目文件控制和档案实行统一管理。此即要建立健全统一的项目文件控制和档案管理工作制度。所有参加项目建设的设计、施工、监理单位，都要按照建设方的统一要求进行文件控制和档案管理，并接受建设方的业务监督和指导。

② 建立文件控制和档案管理组织体系，形成档案管理网络，保持其中人员的相对稳定。

③ 文件按"谁发生、谁经办、谁负责"的原则归档。工程前期文件、工程管理文件由建设方相应部门统一汇总整理；施工文件由施工承包商编制整理、归档，有分包的，由各分包单位负责编制、收集、积累、整理各自分包范围内的文件，交总包单位汇总、整理、归档；监理文件由监理负责编制、整理、归档。

④ 实行过程归档。从项目前期到竣工验收移交，凡在各阶段中具备组卷条件的，都及时组卷归档，归档后的查阅、使用以电子版为主。

⑤ 保证建设项目归档文件的完整。此即是要保证建设项目归档文件齐全、成套，不能残缺不全，也不能任意割裂分散。

⑥ 保证建设项目归档文件的准确。此即是要保证建设项目归档文件的内容同它所反映的实体相一致，不能有差错。文件一旦失去准确性，其依据和凭证作用就失去了客观的基础，也就失去了保存和管理的意义。如果把不准确的项目档案提供出来使用，不仅达不到预期的效果，而且常常会造成危害和重大损失。因此建设项目档案要杜绝搞"回忆录"式的事后补，更要严禁造假。

⑦ 保证建设项目档案的系统性。此即是要保持建设项目文件材料之间的有机联系，不能杂乱无章。要对建设项目形成的全部档案进行系统整理，科学分类、组卷、编号、排架，从全部档案到每一个案卷，都要实现系统化和有序化。

⑧ 保证建设项目档案的安全。此即是要保证建设项目档案的实体安全和信息安全。实体安全，是指做到建设项目档案不损坏、不散失，尽量延长建设项目档案的寿命；信息安全，是指确保建设项目档案内容的安全，做到不失密、不泄密。

⑨ 实现建设项目档案的有效利用。这是建设项目档案管理的根本目的。建设项目档案对于项目建设过程和投用后工厂的维护管理及项目管理的改进、提升都具有不可替代的作用，项目档案室及工厂档案机构和档案管理人员要积极主动为项目人员和生产运维人员提供优质服务，以充分发挥建设项目档案的作用。

第三节　建立项目档案管理体系

为确保工程项目文件归档的完整、准确、系统、规范，项目文件归档和移交应实行集中管理、分级负责。

一、明确岗位职责

项目各参建方文件控制和档案管理职责如下。

（1）**建设方职责**

① 负责组织、协调和指导项目文件的编制、收集、整理和归档工作，负责项目档案的移交工作。

② 将项目文件管理工作纳入合同管理中。在签订项目承包合同，监理等服务咨询合同、协议时，设立专门条款，明确提交项目文件的相关要求以及整理与归档责任。

③ 将项目文件管理工作纳入项目计划中，并制定相关项目规定，纳入领导和工作人员的岗位职责中。

④ 将项目文件管理工作纳入项目结算管理中。在完成档案移交并经归属项目管理部的项目档案室的签字确认后，方能办理结算手续。

⑤ 施工管理部会同项目档案室确定项目交工文件所用表格及填写内容等标准，项目组负责督促执行相关标准，并审查交工文件形成的同步性和内容的真实、齐全、完整、准确；项目管理部负责督促、检查交工文件形成的有效性，以及收集、积累、整理、组卷、编目的规范性，并组织归档工作。

⑥ 项目部各部门负责本部门职责范围内项目文件的收集、整理工作，并在项目档案室的统一安排下向工厂档案机构移交归档文件。

⑦ 项目档案室与工厂档案机构一同检查、指导项目文件的整理、归档，项目档案最终由后者接收。

（2）**勘察、设计单位职责**

负责收集、积累勘察、设计文件，并按规定向建设方提交有关设计基础资料和设计文件。

（3）**施工承包商职责**

负责编制、收集、整理施工文件及竣工图，并提交监理、项目组及档案管理部门审核后归档。

（4）**工程总承包单位职责**

① 负责审查、汇总各施工承包商编制、收集、整理的施工文件及竣工图，并统一将其提交监理、项目组和项目档案室审核后归档。

② 负责总承包项目设备随机文件的收集、整理，并提交项目组和项目档案室审核后归档。

（5）**监理单位职责**

① 负责监理文件的编制、收集、整理，统一将编制整理好的案卷提交项目组和项目档案室审核后归档。

② 负责督促检查承包商编制、整理施工文件及竣工图，审核施工文件及竣工图的完整性、准确性和系统性，并向建设方提交有关专项报告、验证材料。

（6）**试运行单位职责**

负责收集、积累在生产技术准备和试运行中形成的文件，并向工厂档案机构归档移交。

（7）项目档案室主管岗位职责

① 负责编制项目总体策划中有关项目档案管理内容，并组织实施。

② 协助项目主管部门即项目管理部建立项目档案管理网络，并以项目部名义正式发文，确保网络体系的有效运转。

③ 负责组织制定文件控制和档案管理项目规定，并按此执行，同时检查、监督其他各方执行规定。

④ 负责组织进行项目文件控制和档案管理的培训、检查、指导、考核，就检查出的问题跟踪督促整改。

⑤ 负责按进度节点计划编制年度项目文件归档计划，并组织实施。

⑥ 负责组织进行项目文件的过程归档，并按规范要求检查归档案卷质量。

⑦ 负责组织项目档案专项验收的准备工作，并在通过验收后组织将项目档案向工厂移交。

（8）项目档案室档案工程师岗位职责

① 负责执行文件控制和档案管理项目规定，并参与所负责项目组或部门文档工作的业务指导、培训和检查工作。

② 负责建立项目文档信息管理数据库。

③ 负责督促、指导各部门、项目组、承包商的工程技术人员和项目文控做好工程项目前期文件、设计文件、项目管理文件、施工文件、监理文件、竣工验收文件、设备仪器文件的收集、整理、管理、提供利用和移交归档工作。

④ 负责按子单位工程或分部验收节点及时接收施工文件的过程移交及存放；按节点监督承包商及时进行文件整理和过程归档。

⑤ 负责按建设进度节点编制《建设项目文件归档进度计划》，及时督促和组织项目组和承包商做好设计文件、设备文件、施工监理文件日常的内容审查，并做好三方会审记录，确保文件的齐全、完整、准确和有效。

⑥ 负责督促指导和检查承包商做好施工文件的整理、组卷、编目和移交归档工作。

⑦ 负责项目建设中所有纸版和电子版成品文件的接收审核、统一管理和数据维护；经项目组专业经理向承包商催交电子版文件，并及时将电子文件录入到"档案管理系统"中。

⑧ 负责"档案管理系统"中的权限设置、数据归档和备份等管理工作。

（9）项目各部门、项目组文控工程师岗位职责

① 他们是本部门或项目组文件控制的统一进出口，部门或项目组所有正式往来文件都必须经文控工程师的统一控制管理并建立文件台账。

② 负责本部门或项目组产生的项目管理文件的收集、积累、分发、整理、组卷、编目及移交归档工作，并确保项目文件在以上工作中的齐全、完整、准确和有效。

③ 需要提供给其他项目部门、项目组或工厂使用的文件，交项目档案室，由其统一分发、提供。

④ 负责对本部门或项目组产生的电子文件的管理工作，将本部门或项目组产生纸质文件扫描为电子文件，并将电子文件录入到"档案管理系统"中。

⑤ 督促、检查、指导、组织相应其他各参建方项目交工文件的整理、组卷、初步验收和归档。

（10）**承包商及监理文档管理职责**

① 建设过程中及时收集形成的交工文件，并按工程节点及时整理、组卷、编目和移交归档。

② 负责由自家采购的设备仪器类文件的收集、整理、组卷、编目和移交归档。

③ 对建设过程中产生的电子版文件及时、准确、完整、规范地进行收集、整理和移交，并确保与纸质文件的一致和对应。

④ 负责将电子文件及时录入到"档案管理系统"中，保证电子文件的完整、准确。

二、配备人员，建立项目档案室

项目档案室是建设方在项目上设立的临时派出机构，随项目部的成立而建立，在项目档案通过专项验收、移交工厂后即予撤销。其人员配备，建设规模 100 亿以上的项目，每个项目配备 4～8 人，其中档案主管 1 人，档案工程师 3～7 人；低于 100 亿投资视情况配备专职档案工程师 1～4 名。

项目档案室与项目部门、项目组间，以及他们与承包商、监理间在文控和档案管理内容各不相同，其管理界面及相关其他主要管理界面如下。

（1）**项目档案室与项目部门间的界面**

项目部门文控工程师在行政关系上隶属于各管理部门，项目档案室负责对项目部门文控，档案业务的监督、检查、考核、指导和培训；总体设计、基础设计文件由设计管理部整理归档；商务合同、采购合同分别由商务管理部和采购管理部整理归档，由建设方采购的设备厂商文件由采购管理部整理归档。

（2）**项目档案室与项目组间的界面**

项目组文控工程师在行政管理关系上隶属于项目组，项目档案室负责对项目组文控，档案业务的监督、检查、考核、指导和培训。

前期项目组所形成的前期文件在前期阶段结束后，由其整理、组卷并向项目档案室移交归档。

（3）**项目组文控工程师与各专业人员间的界面**

项目组文控工程师是项目组对外文件往来统一且唯一的进出口，所有正式往来文件都由其统一控制管理；项目组专业工程师负责对承包商交工文件的内容审查、确认及签署工作，并在以上工作中确保交工文件的齐全、完整、准确和有效；项目组专业工程师将各自形成的正式文件及时移交文控工程师统一管理、保存，并配合文控工程师进行收集、整理及归档。

（4）**项目档案室与承包商、监理间的界面**

项目档案室对承包商、监理交工文件进行日常监督和抽查；对交工文件的归档过程进行监督和指导；负责对承包商的培训工作。

（5）**项目各部门与承包商间的界面**

设计管理部负责对设计单位文件的催缴、检查、验收及归档工作；采购管理部负责对由建设方采购设备材料的供应商文件的催缴、检查、验收及归档工作。其他部门按照业务管理范围，收集、整理、归档由本部门发送给承包商的管理性文件。

（6）项目组与各承包商、监理间的界面

项目组对承包商、监理交工文件进行监督、检查、指导及培训工作；组织对交工文件的初步验收；组织协调承包商和监理交工文件的整理、归档移交。

（7）项目档案室与工厂档案管理部门的界面

工程建设期间，项目档案管理的主体责任在项目档案室，工厂档案室予以配合和协助；项目档案通过国家或地方有关部门专项验收后，项目档案移交给工厂档案室，项目档案室随即撤销，但视工程尾项情况确定项目档案管理方面的留守人员。项目后续改造的项目档案由工厂档案室负责。

（8）项目档案室与公司及地方档案主管部门间的界面

项目档案室应保持与公司档案管理部门和地方档案主管部门的业务联系，保证档案有关信息的畅通，及时接受公司及地方的监督、检查及指导，按计划完成项目档案的专项验收工作。

第四节　对项目文档的过程控制

一、前期文件

前期文件由项目部下的设计管理部负责收集、积累，项目部正式成立前，由前期项目组负责收集、整理。对于有阶段交叉的前期文件，如专利、专有技术选择文件，在选择阶段包括通知、各项专利商技术文件、谈判会议纪要、内部的审批文件等，由设计管理部按照前期文件进行收集。进入合同谈判阶段及以后流转直到正式合同签订的所有文件，由商务管理部负责收集、整理、归档。

前期文件的形成要按照公司的统一格式，设计管理部要有专人负责进行文件的统一编号，签章要齐全。

按照成册表对前期文件数量、原件、签章进行检查核对，要尽可能地收集原件，如批复文件确难以获得原件，也一定要追溯到原件的去向。项目批文有申请就有回复，按照批文上的文号追踪相关引用文件及附件，保证文件的完整性。

二、设计文件

总体设计、基础设计文件由设计管理部负责催缴和接收，并全部移交项目档案室统一管理，由后者向项目部门和项目组提供借阅和使用服务。原则上，设计单位提供的份数要满足项目策划和后续核查的需要。

详细设计文件，由项目组设计经理提前发布设计文件成册表或总目录、分目录、专业目录等，在出图前检查文件的版次、签署以及电子文件与纸质文件的一致性等。

详细设计正式出图后，移交项目组文控工程师进行分发、提供利用及升版后的版次替换，并将旧版的图纸予以销毁或标识。

详细设计变更文件签署信息必须完整、有效。要求承包商项目经理或设计单位现场总代表（负责人）以及专业设计人员签字，并加盖变更专用章，并按项目规定报建设方审批或备案。任何设计变更也均由项目组文控工程师负责分发。

原则上，EPC 或 EPCM 承包商提交建设方的详细设计文件份数不少于 10 套，其中，监理 1 套、项目组 2 套、工厂 2 套，项目档案室 2 套，其中归档 1 套、提供利用 1 套，设计管理部 1 套；E＋P＋C 模式下，设计单位提交建设方的详细设计文件份数不少于 11 套，除以上 10 套外，另给施工单位 3 套。

对于非正式或中间版详细设计图纸，根据图纸用途，分别加盖"审查版""招标版""施工准备版""报批版"等功能标识章，经设计经理或项目组经理审核确认后发放或提供有关单位，非正式施工图纸不需归档。

三、施工文件

为更好地明确施工文件归档范围，项目部在项目启动初期就应组织档案人员和各专业人员共同编制《项目文件归档总目录》。

施工文件应该按文件形成的先后顺序或项目完成情况及时收集、积累，并按文件编码分类存放。

施工文件形成要确保及时性和内容的完整性、准确性，杜绝后补。施工文件要字迹清楚，图样清晰，图表整洁，文件内容字体要一致，文件编号和文字排版要符合要求。施工记录中的签字要手签，签署不能只签名，还需填写意见，日期和红章都须齐全。复印、打印文件及照片字迹、线条和影像的清晰及牢固程度应符合档案要求。

各类报审文件，施工承包商文控人员先报给监理文控，再由监理文控报给建设方文控，不能直接把报审文件上报项目组专业工程师。报审文件最少需要一套原件，报审时，项目名称要写齐全，编号要按照工序、时间顺序编码，不能出现随意编号和断号的情况。本单位文件的签署、红章及日期要齐全，文件返还后，施工承包商文控将文件分类存放，台账分类记录，每一个类别都需要目录清单，做到纸质和电子版同步分类管理保存。

施工文件在完成阶段性工程后（视工程具体情况完成分项或冬季施工撤场前），由施工单位向项目档案室对口档案工程师移交存放，项目组专业工程师负责过程中的内容审查。在完成子单位或分部工程质量验收和相关签署后的一个月内，施工单位应完成整理、组卷、编目、归档工作。

项目组文控工程师每个月向项目档案室对口的档案工程师提交装置建设进度计划和设备进场开箱计划，以便后者及时督促、检查施工文件和设备文件的移交归档情况。项目档案室同时做好日常的检查、指导和归档验收工作。

施工监理及设备监造文件分别在装置完成中交，监造范围内设备出厂后一个月内完成整理、归档工作。施工监理文件由项目组进行监督、检查；设备监造文件由项目采购管理部进行监督、检查，并在签订监造合同前，明确监造文件目录、内容要求及整理、归档责任。

承包商、监理分别提交符合归档要求的 2 套施工文件、1 套监理文件，纸版文件必须保证 1 套原件，并提交相对应的电子版。经各专业验收小组的验收，完成三方会审程序后，提交项目档案室正式验收归档，并将电子文件录入到"档案管理系统"中。

工程施工中的各类检试验报告属于施工文件的一部分，由承包商随施工文件一并整理、组卷，由建设方和监理基于抽查、验证目的而另委托检测单位完成得分检测，其检测报告由委托的项目部门、项目组、监理随其他文件整理、组卷，如建设方就此类检测与被委托检测单位签有单独合同，后者也要将其单独整理、组卷。

承包商自身形成的工程联络单、传真、会议纪要等重要往来文件，作为施工文件进行收集整理和归档移交，但其内部管理性的和从建设方接收的文件不移交归档。

各承包商施工文件的编码规则应符合建设方统一的文件编码要求，并在按此编码前要报项目档案室备案。

第五节 项目档案整编

一、项目档案整编的总体要求

项目文件必须与工程实际相符，并做到完整、准确、系统，满足生产、管理、维护及改扩建的需要。其中的完整性是指按照各装置详细设计和各专业工程师确定的实际工程内容，将建设项目建设全过程中应该归档的文件归档，各种文件原件齐全。准确性是指项目文件的内容真实反映建设项目的实际情况和建设过程，做到图物相符，技术数据准确可靠，签字手续完备。

项目文件应保证原始性和真实性，归档的项目文件应为原件，项目文件的电子版文件应同时归档，并做到纸质文件与电子文件一一对应。

组卷要遵循竣工文件的成套性特点，并保持文件间的有机联系，文件分类要科学，组卷要规范合理，法律性文件要手续齐备，符合档案管理要求。

前期文件、管理文件、施工文件、竣工图、监理文件分别组卷。卷内文件一般文字材料在前，图纸在后。

项目文件中文字材料幅面尺寸标准规格为 A4 幅面（210mm×297mm），图纸采用国家标准图幅。

项目文件所使用的计量单位、符号、文字及书写方法符合国家有关规定。

项目文件的编制和书写材料必须宜于长期保存。不得使用如红色墨水、纯蓝墨水、圆珠笔、复写纸、铅笔等易褪色的书写材料书写、绘制。项目文件要做到字迹清楚、图样清晰、图表整洁、签认手续完备。

录音、录像文件应保证载体的有效性，电子文件应保证其真实性、完整性及有效性。

二、项目前期文件的整编

(1) 前期文件案卷整理的原则

文件以"卷"为整理单位，进行案卷级整理。原则上，除设计文件外，其他前期文件按照"事项/问题-文种-时间"进行组卷。

(2) 组卷规则及要求

政府批文中相同事项/问题的文件要放在一起，同一个事项/问题按照"事项/问题-时间"或重要程度进行排列，并保证各文件之间的互相联系，附件附在正文后，正文中引用的文件应收集齐全并附在正文后。

单个事项/问题尽量单独组成一卷。组卷过程中，将具有联系的文件组成一卷，务必不能出现卷中内容混乱的现象。

三、项目管理性文件的整编

（1）项目管理文件整理及编制要求

按"装置-文种"组卷，或按照"事项/问题-时间"、依据性、基础性进行组卷。文件较多时，可以分卷归档。如果文件是同时发往几个装置的，以"主要装置-文种"为单位进行组卷。

就明确需要回复的项目管理文件，要保证发出文件的关闭。例如，建设方发出的质量整改"通知单"，需在通知单后边附相关单位的整改"回复单"，文件所涉及问题关闭后方可进行归档。

（2）项目设计文件的整编要求

设计管理部及各项目组在设计方面产生的文件需单独进行组卷。同样，就明确需要回复的文件，要保证发出文件的关闭。部门或项目组发出的文件在前，收到的通知或回复作为附件在后。

（3）商务、采购文件整理及编制要求

商务合同和采购合同组卷形式或组卷方法，目前在行业内还没有统一的规定，也没有形成统一惯例，而是由建设方按自身习惯或根据后续使用的便利决定。

同装置、同专业或同设备的招投标文件及合同文件应放置在一起，出现多卷的情况时，应以连续案卷形式进行归档。

四、项目交工技术文件的整编

1. 项目施工文件整理及编制要求

土建专业施工过程表格使用国标或地方标准；除土建专业外，化工装置中各专业全部使用《石油化工建设工程项目交工技术文件规定》（SH/T 3503—2017）、《石油化工建设工程项目施工过程技术文件规定》（SH/T 3543—2017）表格，化工装置内的土建工程，像设备基础、钢框架安装等国标或地方标准无合适表格的，也采用 SH/T3503、SH/T3543 相应表格；电站项目执行电力行业相关标准；铁路项目执行铁路行业相关标准。

施工承包商报审、报验用表和监理用表执行《建设工程监理规范》（GB/T 50319）或《石油化工建设工程项目监理规范》（SH/T 3903—2017）

除以上外，各类管理文件表格全部使用建设方相关项目规定中明确的表格。

施工文件按照已划分的单位工程分部分项划分表进行组卷；或按装置、阶段、结构、专业为基本单元进行组卷。

2. 施工文件的排列顺序

① 各专业施工文件的排列顺序，按照《石油化工建设工程项目交工技术文件规定》

（SH/T 3503—2017）执行。

② 管道专业施工文件，分为工艺管道和地下管道，按照试压包进行组卷。

③ 电气专业施工文件，施工记录按照分部分项中的顺序进行排列。

④ 设备、仪表专业，组卷按照装置或区域、专业、台件（或设备、仪器位号）进行，文件按照施工工序排列。

3. 项目监理文件编制要求

监理文件按装置或单位工程整理，按照"文种-事项/问题-时间"进行组卷排列；监理通知单附监理回复单一同组卷，除回复单外，施工文件中已经完成组卷的内容，在监理文件中不必重复组卷。

4. 设备厂商文件

设备厂商文件按照专业、台件组卷，卷内文件按照依据性、开箱验收、随机图纸、安装调试和运行维修等顺序排列。

5. 竣工图编制、整理及组卷要求

（1）竣工图编制要求

在项目交工后，由设计单位编制竣工图，编制竣工图时应注意以下事项。

① 原则上，要求所有图纸全部根据设计变更及现场施工实际情况进行重新绘制，将图纸的"设计阶段"更改为"竣工阶段"。发生变更的图纸需在图纸的说明中注明相关设计变更单号。

② 如果现场施工过程中，原图没有发生变更的，并且原施工图仍然完整并整洁的前提下，可以将施工图加盖竣工图章作为竣工图。

③ 凡施工中发生变更的，设计单位要根据现场实际情况全部重新绘制并出图。

④ 引用院标、企标图的，必须编入竣工图中，引用国家标准图、地方标准图、通用图的，可不编入竣工图中，但必须在图纸目录中列出图号。

（2）"竣工图章"的使用

① "竣工图章"按《建设项目档案管理规范》（DA/T28）规定的"竣工图章"样式。

② 所有竣工图均应逐张加盖"竣工图章"。图纸目录、说明、材料表、设备表、工艺规格表、仪表规格表等文字材料、表格首页的背面（左下角，距左边 20mm±10mm，距下边 20mm±10mm）加盖"竣工图章"。图纸一般加盖在图标题栏上方或附近空白处，无加盖竣工图章的位置时，可加盖在"标题栏"的背面处，竣工图章应使用不易褪色的红色印泥。此外，设计院可以根据实际情况，在出图前在底图上进行盖章及签署。

③ 设计单位、监理应逐张签署"竣工图章"，"竣工图章"中的内容应齐全、清楚。"签名栏"不得由他人代签或以个人印章代替签名，应是签名本人可辨识的手写体原笔迹签名，其中"编制人"和"审核人"，原则上不能为同一人。"现场监理"及"总监"应由专业监理工程师和总监分别签名。

④ "竣工图章"中的"编制单位"和"监理单位"，填写相关单位的完整名称，宜直接刻在"竣工图章"上。

⑤ "竣工图章"中的"编制日期"一般填写竣工图编制完成的日期，也可填写工程中

间交接或完成交工验收日期。

（3）竣工图的整理、组卷要求

① 竣工图按专业排列，同专业的竣工图则按图号顺序排列。

② 竣工图按单项工程、单位工程或装置、阶段、结构并分专业按原施工图图纸目录图号顺序排列组卷。不应把不同专业的图纸组成一个案卷，也不应把相同专业而不同图纸目录的图纸组成一个案卷，也就是说，要按照原图纸目录排序，一个目录的图纸组成一个案卷或者多个分卷。

③ 某一专业图纸按原施工图图纸目录排列较多时，可视情况分别组成若干分卷，各卷的题名应有区别标识。

④ 竣工图总目录放在竣工图的第一卷，各专业或各区域的第一卷应该有该专业或该区域的总目录，专业下应有各设计单元的分目录。

6. 案卷编目要求

（1）卷内文件页号的编写

① 卷内文件排列后，凡有书写内容的页面均应编写页号，所有页码一律用铅笔进行编写。

② 页号编写位置：单面书写文件在其右下角；双面书写文件，正面在其右下角，背面在其左下角；图纸一律在右下角（一般在图标题栏外右下角）。

③ 成套或印刷成册的文件，凡自成一卷的，已有连续页号的不必重新编写页号，否则，应重新编写页号。凡以件归档的，均应加盖档号章。

④ 每卷独立编写页号，即各卷页号应从"1"开始编起；各卷之间不连续编写页号，即同一类案卷，分卷与分卷之间的页号不能连续编写或打印。

⑤ 案卷封面、卷内目录及卷内备考表不编写页号；竣工图案卷目录编写页号。

（2）案卷外封面的编制

① 案卷外封面格式按照"电子档案管理系统"中的模板执行，采用 $300g/m^2$ 无酸牛皮纸以打印方式编制，一般选用档案管理系统中案卷封面（非套打）格式进行打印。

② 案卷题名，应简明、准确揭示卷内文件内容，主要包括项目名称、装置名称、装置代码、单位工程名称、专业和文件名称等，其中，项目名称应与批准的立项文件相符［设计图中的项目名称（包括代号）也要与之相符］。装置名称及代码、单位工程名称及代码按项目主项表，主项表不涵盖的单位工程及代码，按建设方下发的或经建设方批准发布的单位工程划分及编号一览表。归档外文资料的题名应译成中文。案卷题名不能重复。

③ 拟写案卷题名的要求。案卷题名应简明、准确地揭示卷内文件的内容。其结构应完整、文字宜简练，应避免因堆砌组合每份文件的题名而造成案卷题名繁琐冗长。同时，也要杜绝因过于笼统而造成查找不便的困难。同一个单项工程竣工文件案卷目录中不允许出现相同的案卷题名。

④ 立卷单位应填写文件组卷部门或项目负责部门，编制单位填写相应组卷单位。EPC承包模式，所有案卷的立卷单位统一为工程总承包商，编制单位为相应的组卷单位。E＋P＋C承包模式，施工文件的编制单位及立卷单位都为相应的施工单位，竣工图的编制单位

及立卷单位为设计院或设计院委托的施工单位，制造厂商文件的立卷单位为设备采购单位，编制单位为制造厂家。

⑤ 监理文件的立卷单位填写监理单位名称。

⑥ 起止日期。文字卷填写卷内文件形成的起止日期（即案卷内文件形成的最早和最晚日期），图纸卷可填写竣工图章的最终审核日期。

⑦ 保管期限。根据《建设项目档案管理规范》填写组卷时划定的保管期限。案卷保管期限划定时按照就高不就低的原则，即同一案卷内有不同的保管期限划分时，以保管期限最高的文件的期限为准填写该卷的保管期限。

⑧ 密级。依据保密规定填写卷内文件的最高密级。

⑨ 档号。依据项目档案分类编号方案填写。

⑩ 正副本章。在案卷外封面右上角，加盖"正本"或"副本"红色印章

（3）案卷内封面的编制

① 施工文件、竣工图、监理文件组卷必须有案卷内封面，案卷内封面排列在卷内目录之前，并由案卷编制单位、监理单位和建设方项目管理部门的责任人员审核、签名。

② 按 EPC 总承包和施工总承包两种承包模式的不同，采用的内封面格式也不同，具体格式见 SH/T 3503。

③ 内封面的"项目名称""单项工程名称""单位工程名称"必须与案卷外封面的一致。

④ 建设单位名称，填写建设单位全称，加盖建设单位项目组公章；审核人，由项目组施工负责人签名；项目负责人，由项目组经理签名。

⑤ 监理单位，加盖监理单位公章；审查人、总监理工程师，由监理单位对应人员签名。

⑥ 组卷单位，施工文件、竣工图的"组卷单位"为承包单位，实行工程总承包的项目，加盖工程总承包单位公章，未实行工程总承包的项目，加盖施工单位公章。编制人、项目负责人，由组卷单位对应人员签名。

⑦ 监理文件的"组卷单位"加盖监理单位公章；编制人、项目负责人，由监理单位对应人员签名。

⑧ 建设单位审核人和项目负责人、监理单位的审核人和总监理工程师、组卷单位的编制人和项目负责人，原则上都不能填写同一个人。

⑨ 同一单项、单位工程的施工文件、竣工图案卷内封面，建设单位的项目负责人的签名原则上应为同一个人，监理单位的总监理工程师的签名原则上应为同一个人；组卷单位的项目负责人的签名原则上应为同一个人。

（4）卷内目录的编制

① 卷内目录格式参见《建设项目档案管理规范》。

② 竣工图卷内目录使用原施工图图纸目录。如果需要编制竣工图卷内目录，则使用电子档案系统内目录编制。

③ 序号，用阿拉伯数字从1起依次标注卷内文件的排列顺序，一个文件一个号。

④ 文件编号，填写文件文号、编号或图纸的图号或设备、项目代号。

⑤ 责任者，填写文件形成部门或单位。

⑥ 文件题名，填写文件材料标题全称。

⑦ 日期，填写文件形成日期，以 8 位阿拉伯数字标注年月日，填写在题名占用的最后一行内，案卷内某些文件一页中有几个日期，一般填写最晚的日期。

⑧ 页号，填写每份文件首页上标注的页号，每卷内最后一份文件填写首尾页上标注的页号即起止页号，起止页号之间用“—”连接，页号填写在题名占用的最后一行内。

⑨ 卷内目录排列在案卷卷内封面之前。

⑩ 成套或印刷成册的文件，凡是自成一卷的，原目录可替代卷内目录，不必重新编写卷内目录，但若该文件目录中未标注页号的，则必须将页号标注上。

（5）卷内备考表的编制

① 卷内备考表中应标明案卷内文件的页数，以及在组卷和案卷提供使用过程中需要说明的问题，排列在卷内文件尾页之后。

② 立卷人由立卷责任者签名，立卷日期填写完成立卷的日期。

③ 检查人由案卷质量审核者签名，检查日期填写审核的日期。

④ 施工文件、竣工图的立卷人和检查人的填写。实行 EPC 总承包的项目，由工程总承包单位或施工单位立卷责任者、案卷质量审核者签名；实行施工总承包的项目，由施工单位立卷责任者、案卷质量审核者签名。

⑤ 监理文件的立卷人、检查人应分别由监理单位立卷责任者、案卷质量审核者签名。

⑥ 互见号，填写反映同一内容不同载体档案的档号，并注明其载体类型。

⑦ 不装订的竣工图案卷，应编制卷内备考表。

7. 案卷信息的电子录入

① 在案卷进行电子档案录入之前，建设方档案人员组织承包商人员学习“电子档案系统”的使用功能。

② 在案卷完成整理、分类、审核、校对、编目等一系列工作，在案卷正式装订之前，要完成案卷电子档案系统的录入和案卷的扫描工作。

③ 案卷扫描，一卷为一个扫描文件，将扫描的电子文件对应挂接在档案条目之后。

④ 在完成案卷文件条目录入之后，从电子档案系统中，打出案卷外封面、案卷目录、案卷内封面、脊背、案卷备考表等后，经过档案部门审核方可进行案卷装订。

8. 案卷装订要求

① 案卷外封面、卷内目录、内封面、案卷材料、案卷备考表齐全后进行装订。

② 文字材料采用整卷装订，图纸不装订。

③ 案卷内不应有金属物，装订前应修补或裱糊破损文件。

④ 表格文件装订时，其表格文头一律向上或向左。

⑤ 文字材料按 A4（210mm×297mm）折叠装订，其案卷厚度不超过 30mm。为了案卷美观，最好保持每个案卷厚度相差不要太大，保持在 20～30mm 左右。

⑥ 竣工图按《技术制图　复制图的折叠方法》（GB/T 10609.3—2009）要求统一折叠。图纸折叠是先将图框线以上、下、右各留 10mm±5mm，其余裁掉，按 A4 幅面采用先横后竖“手风琴”式折叠法，图签标题栏露在外面（或斜角反折叠出），其案卷厚度不得超

过 40mm。

⑦ 案卷装订时，幅面规格小于 A4 或者大于等于 B5 时（指整卷），遵循案卷左边齐、下边齐的装订原则。案卷内文件幅面规格全部为 A3 时（指整卷）或者案卷内 2/3 以上文件的幅面规格为 A3 时，按"以少从多"的原则整理。

⑧ 装订的案卷顺序为"外封面-卷内目录-案卷内封面-交工技术文件总目录-交工技术文件总说明-文字材料页-图纸页-卷内备考表"的顺序排列。其装订方式参照图书出版装订法，先把案卷内封面至卷内备考表之间的文件材料用棉线绳按三孔一线的方式（每个孔的间距为 8mm，距离案卷顶部为 7mm）或者胶装的方法装订起来；卷盒粘贴案卷脊背纸。

⑨ 装订好的案卷应做到牢固、整齐、美观，卷内无错页、倒页、压字，不妨碍阅读，便于保管和利用。

⑩ 成套或印刷成册、自成一卷的文件，可保持原来的案卷及文件排列顺序、装订形式，补充案卷外封面和卷内目录。

9. 案卷的入库及排架

① 案卷全部完成装订、装盒、电子条目录入和数据的挂接工作，完成"档案案卷目录"和"竣工资料移交清单"后，进行入库上架工作。

② 案库排架要统筹安排，本着减少倒架的原则按照档案分类规则进行合理、有序地排列。

第六节　项目档案专项验收

一、档案专项验收的概念和依据

1. 概念

（1）重点建设项目

重点建设项目是指由国家、省、市确定的，对国民经济和社会发展有重大影响的基础设施、社会事业、产业发展、生态保护等建设项目。具体认定标准由国家、省、市发展和改革行政主管部门会同有关部门制定，报本级人民政府批准后公布。

（2）重点建设项目档案

重点建设项目档案是指在重点建设项目建设全过程中选出的，与建设项目各项活动有关的，对国家、社会和单位有保存价值的，以各种文字、图表、声像等形式归档的历史记录。

（3）重点建设项目档案专项验收

重点建设项目档案专项验收是指各级档案行政管理部门依法在项目竣工验收前，对项目档案进行的专项检查、验收。

2. 意义

重点建设项目是对国民经济和社会发展有重大影响的建设项目。而与项目建设相伴而生的档案是对从立项、投资决策、设计、施工，到交工全过程建设活动的原始记录，是评价工程质量的信用依据，也是今后生产运行、维修、改造、扩建不可替代的重要依据。

项目档案验收是项目竣工验收的重要组成部分，未经档案验收或档案验收不合格的项目，不得进行或通过竣工验收。

3. 依据

主要依据为《重大建设项目档案验收办法》（档发〔2006〕2号）和《建设项目档案管理规范》。

二、档案专项验收的程序和办法

1. 档案专项验收申请

项目准备申请档案专项验收前需具备下列条件：

① 项目主体工程和辅助设施已按照设计建成，能满足生产或使用的需要；

② 项目试运行指标考核合格或者达到设计能力；

③ 完成了项目建设全过程文件材料的收集、整理与归档工作；

④ 基本完成了项目档案的分类、组卷、编目等整理工作。

项目档案验收前，建设方组织项目设计、施工、监理等方面负责人以及有关人员，根据档案工作的相关要求，依照《重大建设项目档案验收办法》和《建设项目档案管理规范》进行全面自检。

项目符合以上要求后，由建设方向项目档案验收组织单位报送档案验收申请报告，并填报《重大建设项目档案验收申请表》。项目档案验收报告要包括下列主要内容：

① 项目建设及项目档案管理概况；

② 保证项目档案的完整、准确、系统所采取的控制措施；

③ 项目文件材料的形成、收集、整理与归档情况，竣工图的编制情况及质量状况；

④ 档案在项目建设、管理、试运行中的作用；

⑤ 存在的问题及解决措施。

2. 档案专项验收的准备工作

① 项目全部文件（也包括声像、照片、电子文件等）完成整理、归档和库房上架工作，基本做到归档文件齐全、完整、准确、系统，达到验收条件。

② 建立项目档案检索目录，含电子和纸质目录系统，并将案卷目录装订成册。

③ 撰写项目档案验收汇报材料，包括项目建设基本概况（含试生产情况）、项目档案工作报告、监理单位项目档案质量审核情况报告。根据档案工作报告准备相应佐证材料，并将汇报、佐证材料印制成册，要做到内容详尽、外表规整。

④ 项目综合办公室负责组织录制项目档案专题片，内容包括：

a. 项目工程建设基本概况，包括地理位置、项目投资、规模、效益、工程建设过程中的重大事件以及开工、交工仪式等；

b. 项目档案管理概况，包括项目档案的体制建设、制度建设、基础设施建设、项目档案形成情况以及档案业务整体状况等。

第十九章
项目交工管理和竣工验收

第一节　煤化工项目的交工管理

现代煤化工工程项目的交工阶段一般包括机械完工、中间交接等阶段，它是建设项目的一个重要转折点。其基本内涵是指建设项目按照设计文件和有关规范标准及合同规定内容完成全部工程施工、安装、测试和预试车工作，工程质量初评合格。其中，机械完工后，建设方生产操作人员按规定全面进入合同装置区参与试车工作。

项目交工阶段标志着工程项目的主体工程基本完成，大规模、高强度的施工任务结束，开始进行量小点散的零星施工，更重要的是建设方生产操作人员开始全面介入，并与建设方项目部一起参与预试车。生产操作人员作为建设方管理重要力量介入，既是对项目部管理力量的加强，同时对项目部来说，这一阶段的界面协调也颇具挑战性。

项目交工阶段的特点是项目建设按照规定的程序向生产移交，生产单位要进行诸多种类的查验、试验见证，并分系统按装置办理接收。因此，项目部要在项目前期阶段在《项目总体策划》中明确项目的交工标准，清晰定义机械完工、中间交接的条件及内容，在项目定义阶段及时制定交工管理的程序文件并充分宣贯到位，在《项目总体统筹计划》中制定好项目各装置或单元的中间交接计划，并在交工阶段管理好标准、管理好程序、管理好界面、管理好冲突。

管理好标准是指要严格按照国家、行业标准和合同要求的标准组织项目单位工程、分部分项工程的验收和与之相应的检试验。生产单位不能随意提高标准，承包商也不能随意降低标准，交接双方在同一个基准上工作，是完成交接的基础。

管理好程序是指验收、与之相应的检试验和交接工作要按照规定的程序进行，程序规定了交接工作的步骤、各单位各层级的责任、实验结果的形成过程等。如果违反了程序，时常会使检试验和验收的数据和结果失去了公信力，乃至失去了有效性，这有可能造成无法验收的结局，甚至引发商务纠纷。

管理好界面是指一个单位工程或者一个要交工的系统可能由多个承包商共同完成，在检试验、验收和预试车阶段，要将各承包商之间的责任界面划分清楚，分清楚什么事谁是主要责任、谁是配合责任、谁准备什么材料、谁准备什么工具等，既要避免责任重叠，也要避免责任真空。

管理好冲突是指在交工阶段，由于生产单位人员作为重要一方的介入和工程进入到最后的关键阶段而更容易产生冲突，而在此阶段管理好冲突又是项目最终顺利完成的必要条件。为此，除了管理好标准、程序、界面之外，还需要运用冲突管理的技术来管理冲突。先要对项目冲突分类分级，比如有项目部内部冲突、项目部和承包商冲突、承包商和生产单位冲突、项目部和生产单位冲突、项目和政府冲突、项目和社区冲突等。对冲突分类分级后，据此制定不同的管理办法，落实冲突管理的部门和责任岗位。在交工阶段的冲突一部分是由本阶段的工作产生的，但更多的是前面阶段的隐性冲突发展到本阶段变成了显性冲突，或者是由于前面阶段的冲突没得到有效妥善解决积累到本阶段爆发。比如承包商的变更审批和结算、产品质量缺陷扣款等。对于冲突，要积极有效地面对，并主动预测冲突趋势、把握变化特点，据此制定相应应对方案，通过跟踪判断其征兆，及时主动地采取措施管理冲突。

第二节　建立项目交工管理机构

大型煤化工项目，在项目执行阶段后期，各装置/单元工程建设交付验收工作在项目主任组领导下，由项目组、监理机构和生产装置及工厂有关技术部门适时形成联合验收组来具体组织与实施。其常采用的组织结构如图 19-1 所示。

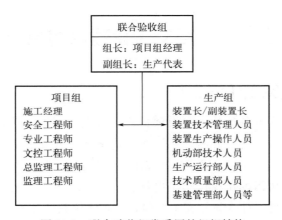

图 19-1　联合验收组常采用的组织结构

联合验收组的主要工作职责如下。

① 项目组经理。全面负责联合验收组各项工作的组织、协调与实施，侧重于项目组与其他各方、各组织机构间的协调。

② 生产代表。配合项目组经理开展联合验收组各项工作的组织、协调与实施，侧重于生产组与其他各方、各组织机构间的协调。

③ 项目组专业工程师。按专业开展自机械完工阶段到中间交接期间的"三查"（查设计漏项、质量隐患、未完工程）、"四定"（定问题整改任务、整改责任人、整改措施、整改时限）工作，检查、确认工程机械完工及中间交接验收条件，配合、支持工程中间交接阶段生产组工作。

④ 项目组文控工程师。负责联合验收组工作过程的资料管理，组织开展交工资料的组卷、归档检查与接收工作。

⑤ 项目组施工经理。落实、协调、确认机械完工和中间交接阶段各项施工工作的实施。

⑥ 项目组安全工程师。依据 HSE 方面的法律法规和规范标准以及项目安全管理要求，对交付的装置或单元，以 HSE 方面的符合性进行"三查四定"工作，就发现的 HSE 方面隐患和问题，督促承包商实施整改。

⑦ 生产组。全面参与"三查四定"工作，与项目组共同确认"三查四定"问题清单、验收确认整改结果；检查、确认工程机械完工及中间交接验收条件；参与审查承包商负责编制的单机试车、大机组空负荷试车、工业炉煮炉与烘炉、系统清洗、吹扫、气密、三剂装填等方案，负责编制或提供 E＋P＋C 管理模式下装置或单元的系统清洗、吹扫、气密方案；配合承包商负责的单机试车、大机组空负荷试车、工业炉煮炉与烘炉、系统清洗、吹扫、气密等工作，并与相关单位联合确认有关试车、试验条件及实施结果；派人监督承包商负责的三剂装填工作，并会签装填确认单；对于非承包商负责的大机组空负荷试车、系统清洗、吹扫、气密、三剂装填工作，由各生产装置组织实施和操作，生产组参与实施结果的确认。

⑧ 承包商、监理机构、供应商、专利商。承担工程交工验收期间规定的工作，履行合同约定的责任与义务。

第三节　项目交工管理内容与要求

一、项目机械完工（MC）

包括煤化工项目在内的各类化工建设项目，一旦机械完工，既意味着承包商按工程设计内容基本完成工程实体建设。此时，工厂人员将全面介入装置工程的各项检试验、试车工作，开始组织系统管道的清洗、吹扫、气密的方案编制，并指导其现场实施以及工业炉的烘炉，动设备、大型机组的负荷试车，电气、仪表、DCS 系统的联校等各项工作，逐步达到装置工程的中交条件。而在机械完工之前，三查四定就已开始。

1."三查四定"工作

（1）"三查四定"时机

"三查四定"一般应在具备以下基本条件时开展：

① 土建工程基本完成；

② 设备安装基本完成；

③ 工艺配管达到 80％ 以上；

④ 电气设备安装、电缆铺设完成；

⑤ 仪表机柜安装、现场仪表安装、电缆铺设基本完成。

（2）"三查四定"工作实施

联合验收组在开展"三查"工作前两周通知承包商、设计单位技术人员配合。"三查"一般按专业分工艺（管道）、静设备、机械设备、仪表、电气、土建等小组分头进行。各小组的"三查"开始时间根据现场条件分别确定，发现的问题记在"工程三查问题记录"中，承包商、设计单位代表签字确认。

承包商在联合验收组"三查"之前先自查自改，并对联合验收组"三查"发现的问题制定"四定"措施，通过"工程三查问题整改统计"记录整改消项状况。联合验收组按专业负责见证、确认所有问题的解决或整改结果。

2. 机械完工条件

① 土建及结构工程全部结束，配电间、控制室、泵房、各类操作间等设施均已具备实体移交条件，钢结构施工结束，竖向施工结束。

② 静设备强度试验完成并清扫完成，除需要配合吹扫的，其余塔内件安装完成，完成预封闭。

③ 工艺、动力管线试压全部完成。

④ 炉类系统工程实体安装完成，达到烘衬、烘炉条件。

⑤ 除需要物料或特殊介质试车的，其余动设备单机试车完成。

⑥ 大机组单机试车完成，压缩机的空负荷试车完成，配套的机、电、仪安装完成。

⑦ 防腐完成，除部分仪表伴热、工艺伴热管或受气密因素影响的，其余管线的保温基本完成，设备的保温全部完成。

⑧ 装置（含变电所）电气实体完成，系统调试完成，并具备投用条件。

⑨ 装置仪表、消防、电信系统实体完成，单回路点对点调试完成。

⑩ "三查四定"内容整改基本完，未完尾项明确了完成时间并获得联合验收组同意。

3. 机械完工确认

承包商完成工程设计内容（包括设计变更）的建设和"三查"问题整改，达到机械完工条件后，即可向联合验收组提请确认装置/单元工程机械完工的状况，这既可整体性提出，也可按专业分别提出。联合验收组核实认定工程达到"机械完工条件"要求后，组织由承包商、设计单位、监理参加的会议，制订从机械完工到中间交接期间的工作计划和相互协调、配合措施。

根据合同约定要求，承包商适时向建设方生产装置或管理部门移交随机备品备件，办理"随机备品备件移交清单"、提交"工程供货厂商清单"，移交专用工具，办理"专用工具移交清单"，向建设方管理部门提交办理特种设备使用许可登记的资料。承包商还要针对不致影响系统性试验、试车功能及安全的遗留问题，制定、落实整改措施，确定完成时限。

4. 机械完工工作及责任范围

在 EPC 承包模式下，机械完工（MC）前完成的各项工作及责任范围如表 19-1 所示。

表 19-1　机械完工（MC）

工作内容	工作状态	工作责任范围划分			
		施工承包商	总承包商	项目组	工厂
一、土建					
1. 建筑物	完成主体施工及门窗、暖通、照明、室内给排水、内外装修，具备使用条件	实施	组织	管理	
2. 构筑物	完成施工、油漆（或粉刷）	实施	组织	管理	
3. 总图竖向	完成施工、排水系统完善	实施	组织	管理	
二、给排水	完成施工、排水井（管）清理、井盖安装及其标识	实施	组织	管理	

工作内容	工作状态	工作责任范围划分			
		施工承包商	总承包商	项目组	工厂
三、管道	完成安装、试压后积水排放、临时管道拆除	实施	组织	管理	
1. 工艺管道	试压	实施	组织	管理	见证
2. 特殊管道					
2.1 高压管道	试压条件确认、试压	实施	组织	管理	见证
2.2 需化学清洗管道	试压、化学清洗、吹干	实施	组织	管理	见证
2.3 蒸汽吹扫管道	试压、化学清洗	实施	组织	管理	见证
3. 伴热管道	试压	实施	组织	管理	见证
4. 防腐、保温	防腐完成、保温基本完成	实施	组织	管理	
四、静设备	完成安装	实施	组织	管理	
1. 冷换设备	试压	实施	组织	管理	见证
2. 反应器、塔类设备	内件安装、预封闭	实施	组织	管理	验收、预封闭见证
3. 容器类设备	清理、预封闭	实施	组织	管理	验收、预封闭见证
4. 现场组焊散装设备	内件安装、预封闭	实施	组织	管理	验收、预封闭见证
5. 防腐、保温	完成防腐、保温	实施	组织	管理	
6. 其他	安装、试压、内件验收	实施	组织	管理	
五、机械设备	完成安装	实施	组织	管理	
1. 泵类	单机试运	实施	组织	管理	方案审查结果确认
2. 风机类	单机试运	实施	组织	管理	方案审查结果确认
3. 需物料试车设备	电机单试	实施	组织	管理	
4. 其他类	单机试运	实施	组织	管理	方案审查结果确认
六、大型（成套）机组	完成安装	实施	组织	管理	
	空负荷试车	实施	组织	管理	方案审查结果确认
	密封系统试压、气密	实施	组织	管理	见证
	润滑系统试压、清洗、吹干	实施	组织	管理	见证
	液压系统调试	实施	组织	管理	见证
	冷却系统试压、冲洗	实施	组织	管理	见证
	控制及连锁、回路、报警等自控系统调校	实施	组织	管理	见证
七、炉类					
1. 工业炉	完成结构、附件安装，完成炉衬施工、炉管试压、油漆保温	实施	组织	管理	
2. 蒸汽、热水锅炉	完成安装、筑炉、油漆保温	实施	组织	管理	

工作内容	工作状态	工作责任范围划分			
		施工承包商	总承包商	项目组	工厂
八、电气	完成安装	实施	组织	管理	
1. 桥架、线缆	试验	实施	组织	管理	
2. 接地系统	具备使用条件	实施	组织	管理	
3. 电气设备	调试	实施	组织	管理	见证
4. 电机、电动执行机构	单试	实施	组织	管理	见证
5. 照明系统	调试	实施	组织	管理	
6. 变电所受电	变压器冲击试验、条件验收确认、完成受电	实施	组织	管理	参加
九、仪表	完成安装	实施	组织	管理	
1. 现场仪表	单校	实施	组织	管理	
2. DCS/SIS 系统	调试	实施	组织	管理	
3. 回路调试	单回路调校	实施	组织	管理	见证
十、电信	完成安装	实施	组织	管理	见证
1. 火灾报警系统	调试	实施	组织	管理	见证
2. 扩音对讲系统	调试	实施	组织	管理	见证
3. CCTV 系统	调试	实施	组织	管理	见证
4. 网络系统	调试	实施	组织	管理	见证
十一、消防					
1. 消防设施	完成管道安装、试压、完成消防设备（器材）安装	实施	组织	管理	
2. 电信	安装、调试	实施	组织	管理	见证

在 E＋P＋C 承包模式下，机械完工（MC）前完成的各项工作及责任范围如表 19-2 所示。

表 19-2 机械完工（MC）前完成的各项工作及责任范围

工作内容	工作状态	工作责任范围划分		
		施工承包商	项目组	工厂
一、土建				
1. 建筑物	完成主体施工完及门窗、暖通、照明、室内给排水、内外装修，具备使用条件	实施	组织	
2. 构筑物	完成施工、油漆（或粉刷）	实施	组织	
3. 总图竖向	完成施工、排水系统完善	实施	组织	
二、给排水	完成施工、排水井（管）清理、井盖安装及其标识	实施	组织	

工作内容	工作状态	工作责任范围划分		
		施工承包商	项目组	工厂
三、管道	完成安装、试压后积水排放、临时管道拆除	实施	组织	
1. 工艺管道	试压	实施	组织	见证
2. 特殊管道				
2.1 高压管道	试压条件确认、试压	实施	组织	见证
2.2 需化学清洗管道	试压、化学清洗、吹干	实施	组织	见证
2.3 蒸汽吹扫管道	试压、化学清洗	实施	组织	见证
3. 伴热管道	试压	实施	组织	见证
4. 防腐、保温	防腐完成、保温基本完成	实施	组织	
四、静设备	完成安装	实施	组织	
1. 冷换设备	试压	实施	组织	见证
2. 反应器、塔类设备	内件安装、预封闭	实施	组织	验收、预封闭见证
3. 容器类设备	清理、预封闭	实施	组织	验收、预封闭见证
4. 现场组焊散装设备	内件安装、预封闭	实施	组织	验收、预封闭见证
5. 防腐、保温	完成防腐、保温	实施	组织	
6. 其他	安装、试压、内件验收	实施	组织	
五、机械设备	完成安装	实施	组织	
1. 泵类	单机试运	实施	组织	方案审查结果确认
2. 风机类	单机试运	实施	组织	方案审查结果确认
3. 需物料试车设备	电机单试	实施	组织	
4. 其他类	单机试运	实施	组织	方案审查结果确认
六、大型（成套）机组	完成安装	实施	组织	
	空负荷试车	实施	组织	方案审查结果确认
	密封系统试压、气密	实施	组织	见证
	润滑系统试压、清洗、吹干	实施	组织	见证
	液压系统调试	实施	管理	见证
	冷却系统试压、冲洗	实施	组织	见证
	控制及连锁、回路、报警等自控系统调校	实施	组织	见证
七、炉类				
1. 工业炉	完成结构、附件安装，完成炉衬施工、炉管试压、油漆保温	实施	组织	
2. 蒸汽、热水锅炉	完成安装、筑炉、油漆保温	实施	组织	

工作内容	工作状态	工作责任范围划分		
		施工承包商	项目组	工厂
八、电气	完成安装	实施	组织	
1. 桥架、线缆	试验	实施	组织	
2. 接地系统	具备使用条件	实施	组织	
3. 电气设备	调试	实施	组织	见证
4. 电机、电动执行机构	单试	实施	组织	见证
5. 照明系统	调试	实施	组织	
6. 变电所受电	变压器冲击试验、条件验收确认、完成受电	实施	组织	参加
九、仪表	完成安装	实施	组织	
1. 现场仪表	单校	实施	组织	
2. DCS/SIS 系统	调试	实施	组织	
3. 回路调试	单回路调校	实施	组织	见证
十、电信	完成安装	实施	组织	见证
1. 火灾报警系统	调试	实施	组织	见证
2. 扩音对讲系统	调试	实施	组织	见证
3. CCTV 系统	调试	实施	组织	见证
4. 网络系统	调试	实施	组织	见证
十一、消防				
1. 消防设施	完成管道安装、试压、完成消防设备（器材）安装	实施	组织	
2. 电信	安装、调试	实施	组织	见证

二、工程中间交接

工程中间交接标志着承包商除工程质量的保证责任外，已完成合同约定的建设工程及相应的工作，并向作为建设方的生产厂移交工程照管责任，开始整理交工资料，生产设施也将由单机试验、试车转入全面的联动、系统试车阶段。

1. 工程中间交接验收依据

① 工程建设合同、合同变更和后续有关协议、纪要等有效文件。
② 建设方发布的工程统一规定。
③ 设计文件、图纸。
④ 有关的法律法规、工程建设强制性标准及其他约定执行的标准。

2. 工程中间交接应具备的条件

除非合同另有约定，否则，在机械完工的基础上，工程中间交接还应具备如下条件。

① 工程质量初评合格。

② 氧气管道及其他有特殊要求的管道的吹扫、清洗应按相关规范特殊处理完；系统清洗（或冲）、吹扫和气密试验完。

③ 烘衬、煮炉、烘炉结束。

④ 大机组用空气、氮气或其他介质负荷试车完，机组保护性联锁和报警等自控系统调试联校合格，具备投料试车条件。

⑤ 装置电气、仪表、计算机、防毒、防火、防爆等系统调试联校合格，其中的仪表系统包括所有顺控系统、复杂控制回路、联锁逻辑等。

⑥ 工程区域内的施工临时设施、机具都已拆除。

⑦ 装置6S施工完，并通过验收。

⑧ 润滑油准备及其设施符合合同规定要求。

⑨ 对联动试车有影响的"三查四定"内容及设计变更处理完，其他未完尾项责任、完成时间已经明确。

⑩ 消防、防雷设施消防检测合格，具备报验条件。

⑪ 特种设备监检合格，取得监检报告。

3. 工程中交阶段主要工作和责任界定

在EPC承包模式下，工程中间交接阶段完成的各项工作及责任范围如表19-3所示。

表19-3 工程中间交接阶段完成的各项工作及责任范围

工作内容	工作状态	工作责任范围划分				完成阶段
		施工单位	总承包商	项目组	工厂	
一、管道						
1. 公用系统管道	清洗、吹扫、空气气密	实施	组织	管理	方案审查结果确认	中交前
2. 燃气系统、临氢系统等	清洗、吹扫、氮气气密	实施	组织	管理	方案审查结果确认	中交前
3. 工艺管道	介质气密	配合实施	配合实施	协调	方案编制、组织	中交后
4. 特殊管道						
4.1 高压管道	清洗、吹扫、氮气气密	实施	组织	管理	方案审查结果确认	中交前
4.2 需化学清洗管道	吹扫、气密及氮气保护	实施	组织	管理	方案审查结果确认	中交前
4.3 氧气等特殊介质管道	清洗、脱脂、氮气气密及保护	实施	组织	管理	方案审查结果确认	中交前
4.4 蒸汽管道	蒸汽吹扫、打靶	实施	组织	管理	方案审查结果确认	中交前
4.5 伴热管道	吹扫、标识	实施	组织	管理	方案审查结果确认	中交前

工作内容	工作状态	工作责任范围划分				完成阶段
		施工单位	总承包商	项目组	工厂	
5. 系统复位、盲板拆除	吹扫复位、盲板拆除	实施	组织	管理	指导	中交前
6. 防腐、保温	需要热紧的阀门、法兰及开车过程中经常拆卸检查部位	实施	组织	协调	管理	中交后
7. 生产联运	生产联运	配合实施	配合实施	协调	方案编制、组织	中交后
二、静设备						
反应器、塔类等设备	承包商负责的三剂装填，封闭	实施	组织	协调	方案审查过程监督结果确认	中交后
三、机械设备						
1. 需物料试车设备	物料单机试运	配合实施	配合实施	协调	方案编制、组织	中交后
2. 防腐、保温	开车过程中经常拆卸检查的部位	实施	组织	协调	管理	中交后
四、大型机组（成套机械设备）						
负荷试车	机组负荷试车	配合实施	配合实施	协调	方案编制、组织	中交后
五、炉类						
1. 工业炉	烘衬	实施	组织	管理	方案审查结果确认	中交前
2. 蒸汽、热水锅炉	烘炉、煮炉	实施	组织	管理	方案审查结果确认	中交前
六、电气						
变电所送电	工作票、用电管理	实施	配合	协调	接管	中交前
七、仪表						
仪表系统调试联校	顺控系统、复杂控制回路、联锁逻辑等调试及联校	实施	组织	管理	见证	中交前
八、电信						
电话系统	系统调试	实施	组织	管理	见证	中交前
九、消防						
1. 防火	防火涂料施工	实施	组织	管理		中交前
2. 消防检测	消防检测合格	实施	组织	管理	参与	中交前
3. 消防报验	资料审核、报验	配合	实施	协调	参与	中交后

在 E＋P＋C 承包模式下，工程中间交接阶段完成的各项工作及责任范围如表 19-4 所示。

表 19-4　E＋P＋C 承包模式下，工程中间交接阶段完成的各项工作及责任范围

工作内容	工作状态	工作责任范围划分			完成阶段
		施工承包商	项目组	工厂	
一、管道					
1. 公用系统管道	清洗、吹扫、空气气密	配合实施	协调	方案编制、组织	中交前
2. 燃气系统、临氢系统等	清洗、吹扫、氮气气密	配合实施	协调	方案编制、组织	中交前
3. 工艺管道	介质气密	配合实施	协调	方案编制、组织	中交后
4. 特殊管道					
4.1 高压管道	清洗、吹扫、氮气气密	配合实施	协调	方案编制、组织	中交前
4.2 需化学清洗管道	吹扫、气密及氮气保护	配合实施	协调	方案编制、组织	中交前
4.3 氧气等特殊介质管道	清洗、脱脂、氮气气密及保护	配合实施	协调	方案编制、组织	中交前
4.4 蒸汽管道	蒸汽吹扫、打靶	配合实施	协调	方案编制、组织	中交前
4.5 伴热管道	吹扫、标识	配合实施	协调	方案编制、组织	中交前
5. 系统复位、盲板拆除	吹扫复位、盲板拆除	配合实施	协调	组织	中交前
6. 防腐、保温	需要热紧的阀门、法兰及开车过程中经常拆卸检查的部位	实施	协调	管理	中交后
7. 生产联运	生产联运	配合实施	协调	方案编制、组织	中交后
二、静设备					
反应器、塔类等设备	三剂装填，封闭	配合实施	协调	方案编制、组织	中交后
三、机械设备					
1. 需物料试车设备	物料单机试运	配合实施	协调	方案编制、组织	中交后
2. 防腐、保温	开车过程中经常拆卸检查的部位	实施	协调	管理	中交后
四、大型机组（成套机械设备）					
负荷试车	机组负荷试车	配合实施	协调	方案编制、组织	中交后
五、炉类					
1. 工业炉	烘衬	实施	组织	方案审查结果确认	中交前
2. 蒸汽、热水锅炉	烘炉、煮炉	实施	组织	方案审查结果确认	中交前

290

工作内容	工作状态	工作责任范围划分			完成阶段
		施工承包商	项目组	工厂	
六、电气					
变电所送电	工作票、用电管理	配合	协调	接管	中交前
七、仪表					
仪表系统调试联校	顺控系统、复杂控制回路、联锁逻辑等调试及联校	实施	组织	见证	中交前
八、电信					
电话系统	系统调试	实施	组织	见证	中交前
九、消防					
1. 防火	防火涂料施工	实施	组织		中交前
2. 消防检测	消防检测合格	实施	组织	参与	中交前
3. 消防报验	资料审核、报验	实施	协调	参与	中交后

4. 工程中间交接的内容

工程中间交接的内容至少应包括：

① 审核工程质量初评资料和有关调试记录，按施工验收规范验收相应工程；

② 按设计内容对工程实物工程量逐项核实并交接；

③ 对随机安装用专用工器具和剩余随机备件和材料进行清点、检查、交接；

④ 对遗留的工程尾项进行清点和检查，并确认完成时间；

⑤ 签署工程中间交工证书及相应附件。

5. 工程中间交接验收程序

承包商应在装置/单元工程建设达到中间交接条件后，及时向联合验收组提交"工程中间交接验收申请"，并附上已明确完成时限的"尾项工程清单"。

联合验收组负责组织承包商、设计、监理单位按单位工程分专业进行验收检查，确认工程达到中间交接验收条件后，组织质量监督机构、各参建方召开工程中间交接验收会议，会议就上述"工程中间交接的内容"及以下事项做出安排：

① 承包商向建设方生产装置或管理部门转移工程照管责任，办理"工程实体移交清单"；

② 若合同或协议有保运方面的约定，落实中交后的保运管理事项，并向建设方生产装置提交保运人员名单；

③ 监理机构提交工程质量评价报告；承包商向建设方提交工程质量保修书，承诺工程交付后的质量保修责任及期限；

④ 承包商形成竣工资料卷宗，经监理、项目组检查验证后向建设方档案管理部门移交，并办理"工程竣工资料移交清单"。

联合验收组长在验证以上所列除"工程竣工资料移交清单"外的所有凭证后，代表建设方向承包商出具"工程中间交工证书"（按《石油化工建设工程项目交工技术文件规定》SH/T 3503 格式），在所有工程中间交接验收参加单位代表签字后生效。对工程尾项以及其他未尽事宜，在签署中间交工证书时，作为附件同时签署。

凡办理中间交接的工程项目，自工程中间交工证书签署之日起，即由建设方负责保管和使用，其后，承包商若进行施工，需向生产单位办理必要的手续，如动土证、动火证等。

办理工程中间交接，只涉及工程项目的保管、使用权和责任的转移，并不能解除承包商对工程质量和最终交工验收应负的责任。

三、最终交工验收

按照合同约定，建设工程项目投料试车生产出合格产品、性能考核合格后，建设方生产代表向承包商签发最终的"工程交工证书"（按 SH/T 3503 格式）。

第二十章

项目生产准备

项目可行性研究报告批复后，建设方就应着手生产准备工作了。生产准备的主要任务是做好组织、人员、技术、物资、资金、营销及安全健康环保、产品储运物流、外部条件等各方面的准备工作，为后期试车及安全稳定生产奠定基础。

第一节　生产组织准备

建设项目在可行性研究报告批复后，建设单位要组建生产准备机构，编制《生产准备工作纲要》，根据工程建设进展情况，按照精简、统一、效能的原则，负责生产准备工作。

建设单位应根据总体试车方案的要求，及时成立以建设单位领导为主，总承包（设计、采购、施工）、监理等单位参加的多位一体的试车领导机构，统一组织和指挥单机试车、联动试车、投料试车及生产考核工作。

建设单位要根据设计要求和工程建设进展情况，按照现代化管理体制的要求，适时组建各级生产管理机构，以适应生产管理的实际需要。

对合资企业或引进装置从组织准备开始就要力争掌握工作主动权。

试车方案的贯彻落实。经批准的试车方案已向生产人员交底：

① 工艺技术规程，安全技术规程，操作法等已人手一册，投料试车方案主操以上人员已人手一册；

② 每一试车步骤都有书面方案，从指挥到操作人员均已掌握；

③ 已实行"看板"或"上墙"管理；

④ 已进行试车方案交底，学习讨论；

⑤ 事故处理预想方案已经制定并落实。

第二节　人员准备

建设单位应在初步设计批复确定的项目定员基础上，编制具体定员方案、人员配置总体计划和分年度计划，适时配备人员。

项目所需人员以单位内部调配解决为主，内部调配难以满足需要的，经有关部门批准，可通过内部调剂及适量录用普通高等院校、高职学校等毕业生补充。人员配备应注意年龄结构、文化层次、技术和技能等级的构成，在相同或类似岗位工作过的人员应达到项目定员的三分之一以上。主要管理人员、专业技术人员应在投料试车 1～2 年以前到位。操作、分析、维修等技能操作人员以及其他人员应在投料试车半年至 1 年以前到位。负责生产准备工作的骨干人员，要有丰富的生产实践和工程建设经验，在建设项目可行性研究报告批复后，由建设单位商请有关部门酌定。

建设单位应根据煤化工行业特点和投料试车的要求，按照建设和管理国际先进、国内一流化工企业的目标，紧密结合新建（改扩建）项目实际，制定好全员培训计划，以能力建设为重点，坚持思想作风教育与业务培训相结合、理论培训与生产实践相结合、课堂培训与现场练兵和仿真培训相结合，分层分类开展培训。同时，普遍加强 HSE 管理体系相关知识和事故预案演练培训，强化安全、环保、职业卫生意识，提高防范与处理事故的能力。各级管理人员、专业技术人员、技能操作人员要经过严格培训和考核，满足装置顺利开车和长周期安全运行的需要。

① 各级管理人员。重点围绕国际先进管理理念与管理方法、先进管理工具与软件、集团经营管理有关规定及内控管理制度、本单位管理体制与规章制度、项目可行性研究报告、总体设计等内容，主要采取集中授课、交流研讨、对口实习、自学辅导等方式开展培训，使经营管理人员既精通管理又懂技术，具备较强的组织管理、团队建设和沟通协调能力，以适应试车指挥和生产管理的需要。

② 各类专业技术人员。针对新建项目集中控制程度高、工艺流程复杂、管理模式新等特点，重点学习掌握各生产装置新工艺、新设备、新控制技术，主要采取集中授课、交流研讨、对口实习、仿真培训等方式，着重提高专业技术人员解决实际问题的能力和技术管理与创新能力，特别是消化吸收再创新能力。专业技术人员应与技能操作人员一起参加仿真培训，通过装置开停车、参数调整及事故处理的模拟训练，提高指导开停车和解决生产过程中技术疑难问题的能力。

③ 技能操作人员。以国家职业标准为依据，根据新装置工艺技术特点，开展系统操作和一专多能培训。一般分五个阶段进行全过程培训：基础知识和专业知识教育，同类装置实习，岗位练兵，计算机仿真培训，参加投料前的试车。通过培训，使他们熟悉工艺流程，掌握操作要领，做到"三懂六会"（三懂：懂原理、懂结构、懂方案规程；六会：会识图、会操作、会维护、会计算、会联系、会排除故障），提高"六种能力"（思维能力、操作能力、作业能力、协调组织能力、反事故能力、自我保护救护能力、自我约束能力）。对班组长等技能操作骨干，还要采取多种方式加强现场管理、生产操作调整及故障判断和应对等能力的培养。各阶段培训结束时，都要进行严格的考试，并将考试成绩列入个人技术培训档案，作为上岗取证的依据。在全员培训中，尤其要抓好思想、作风、纪律的培养和职业道德教育，采取各种有效方式促进职工自我教育、自我提高，开展思想作风练兵，强化管理，从严要求，努力培养一支有理想、有道德、有文化、守纪律、懂技术的职工队伍。

④ 建设单位派人到同类装置实习要成建制进行，实行"六定"（定任务、定时间、定岗位、定人员、定实习带队人、定期考核）办法，并与代培单位签订协议，明确各自责任与义务。

⑤ 引进装置应根据合同规定和试车的实际需要，认真选派部分生产骨干人员出国进行技术培训并签订协议，约定服务期。出国培训人员名单及计划报集团公司有关部门审批。

第三节 技术准备

技术准备的主要任务是编制各种试车方案、生产技术资料、管理制度，使生产人员掌握各装置的生产和维护技术。

建设单位要尽早建立生产技术管理系统，通过参加技术谈判和设计方案讨论及设计审查等各项技术准备工作，使各级管理人员和技术人员熟练掌握工艺、设备、仪表（含计算机）、安全、环保等方面的技术，具备独立处理各种技术问题的能力。

建设单位应根据设计文件、《总体统筹控制计划》、《生产准备工作纲要》和现场工程进展情况，于投料试车半年以前编制出总体试车方案，经过反复修改，不断深化、优化。

建设单位应根据设计文件及供货商资料，参照国内外同类装置的有关资料，适时完成培训教材、技术资料、管理制度、各种试车方案和考核方案的编制工作。

（1）**培训资料**

工艺、设备、仪表控制等方面基础知识教材，专业知识教材，实习教材，主要设备结构图，工艺流程简图，生产准备手册，安全、环保、职业卫生及消防和气防知识教材，国内外同类装置事故案例及处理方法汇编，计算机仿真培训机及软件等。

（2）**生产技术资料**

工艺流程图、岗位操作法、工艺卡片、工艺技术规程、安全技术及职业卫生规程、环保检测规程、事故处理预案（包括关键生产装置和重点生产部位）、分析规程、检修规程、主要设备运行规程、电气运行规程、仪表及计算机运行规程、控制逻辑程序、联锁逻辑程序及整定值等。同时应编制、印刷好岗位记录和技术台账。

（3）**综合性技术资料**

企业和装置介绍、全厂原材料（三剂）手册、物料平衡手册、产品质量手册、润滑油（脂）手册、"三废"排放手册、设备手册、阀门及垫片一览表、轴承一览表及备品配件手册等，并及时收集整理随机资料。

（4）**各种试车方案**

① 供电：外电网到总变电（总降）站，总变到各装置变电所，自备电站与外供电网联网，事故电源，不间断电源（UPS）、直流供电等受送电方案。

② 给排水系统：水源地到厂区，原水预处理，脱盐水（精制水），循环冷却水系统冲洗、化学清洗、预膜，污水处理场试车方案。

③ 工业风、仪表风：空压机试车、设备及管线吹扫方案。

④ 锅炉及供汽系统包括：锅炉冲洗、化学清洗（煮炉）、燃料系统、烘炉、安全阀定压，各等级蒸汽管道吹扫，减温减压器调校、锅炉（2台以上）并网等方案。

⑤ 其它工业炉化学清洗（煮炉）、烘炉等方案。

⑥ 空分装置：空压机、空分管道，以及设备吹扫、试压、气密、裸冷、装填保冷材料等，氮压机、氧压机、液氮、液氧、液氩等系统投用方案。

⑦ 储运系统：原料、燃料、酸碱、三剂、润滑油（脂）、中间物料、产品（副产品）等储存和进出厂（铁路、公路、码头、中转站等）方案。

⑧ 消防系统：消防水、泡沫、干粉、二氧化碳、可燃气体报警、有毒气体报警、火灾报警系统及其它防灭火设施等调试方案。

⑨ 电信系统：呼叫系统、对讲系统、调度电话、消防报警电话等方案。

⑩ 装置的系统清洗、吹扫、试压、气密、干燥、置换等方案。

⑪ 装置的三剂装填、干燥、硫化、升温还原及再生方案。

⑫ 自备发电机组、事故发电机、自备热电站等试车方案。

⑬ 装置的大机泵、大机组试车方案。

⑭ 联动试车方案。

⑮ 装置投料试车方案。

⑯ 事故处理预案。

（5）管理制度

生产作业部门应制定以岗位责任制为中心的相关管理制度，各职能管理部门应制定相应的内控管理制度。

（6）引进装置技术资料

引进装置要翻译和复制工艺详细说明、电气图、联锁逻辑图、自动控制回路图、设备简图、专利设备结构图、操作手册等技术资料，并编制阀门、法兰、垫片、润滑油（脂）、钢材、焊条、轴承等国内外规格对照表。

（7）试车方案、规程与管理制度及其他技术资料的审批权限

1）试车方案的审批。

① 重点建设项目和特殊项目的总体试车方案，由建设方组织审批；其它建设项目的总体试车方案，一般由建设单位组织审查批准，并将审查意见报生产公司备案。

② 联动试车和投料试车方案，由试车领导小组组织审查批准。

③ 引进装置除按上述执行外，其余按合同执行。

2）管理制度及其它技术资料的审批。按照建设单位内控管理制度有关规定执行。

第四节　安职环防准备

在项目可研阶段，建设方应聘请安全评价机构对项目进行安全预评价，预评价报告编制完成后需报政府主管部门审批，并取得批复文件。

在项目设计阶段，建设方应组织编制安全设施设计文件，同样报主管部门审批，取得审批文件。在试生产前，相关安全设备设施必须检验检测合格，并完成总体试车方案的编制。总体试车方案编制完成后，建设方还需组织专家审核，并根据审核意见修改、完善总体试车方案，形成终版，经审批后发布执行。

在项目试生产阶段，建设方应根据项目试生产进度及时聘请评价机构对试生产运行情况进行评价，并编制评价报告。最后由建设方组织开展项目安全设施竣工验收评价，并完成安全生产许可证办证等相关证照办理工作。

第五节　生产物资及营销准备

建设方应按照试车方案要求，组织编制试车所需原料、燃料、三剂、化学药品、标准氧气、备品备件、润滑油（脂）等采购计划，并与供货单位签订供货协议；到货后，妥善储存、保管，做好分类、建账、建卡、上架等工作。

安全、职业卫生、消防、气防、救护、通信方面的器材，要按照设计和试车需要配备到岗位，劳动保护用品按设计和有关规定配发。

产品的包装材料、容器、运输设备等，也应在联动试车前到位。

建设方应尽早建立产品销售网络和售后服务机构，开展市场调查，收集分析市场信息，制定营销策略。投料试车前一年要做好产品预销售准备工作，落实产品流向，并与用户签订销售意向协议或合同，满足投料试车后产品的销售要求。

编制产品说明书，使用户了解产品质量指标、性能用途和紧急处理、使用和储存等方法。产品属于危险化学品的，要按照国家有关标准编制安全技术说明书和安全标签，并办理危险化学品安全生产、运输和销售等证书。

建设方应建立产品储存、装卸的安全操作规程等规章制度。投料前，储存设施必须与生产装置完全衔接，确保产品输送和储存的安全、畅通。当产品营销和储存能力不能满足试车需要时，不得进行投料试车。

第六节　生产资金及外部条件准备

建设方应根据项目的基础设计概算、年度投资计划和工程进展，编制生产准备费用的资金使用计划。

建设方在编制总体试车方案时，应测算需物料的单机试车以及联动试车和投料试车的费用，并纳入资金准备的项目内容。项目试车前必须确保各项试车费用已到位，满足项目试车的资金需求。

建设方根据试车时间点，提前与地方相关部门签订供水、供汽、供电、供氮、供氧、供氢、通信等相关协议，按照总体试车方案要求，落实开通时间、使用数量、技术参数等，保障试车前供应正常。

建设方应根据场外公路、铁路、码头、中转站、工业污水、废渣处理场及工程进展及时与有关管理部门衔接开通。

建设方应就落实安全、消防、环保、职业卫生、特种设备注册登记和检测检验等各项措施情况，主动向政府相关部门汇报，办理必要的审批手续，做到合规、合法试车。

建设方根据企业自身实际情况，确定检修、消防及医疗救护等公共服务提供的方式，提前与委托单位签订协议或合同，保障项目试车及试生产期各项工作的正常开展。

第二十一章
煤化工项目的投料试车和性能考核

试车是煤化工项目建设的重要组成部分。为保证实现合理工期和安全试车，考核设计、施工、机械制造质量和生产准备工作，使建设项目能持续稳定生产，达到设计规定的各项技术经济指标，发挥投资效益，化工行业标准《化学工业建设项目试车规范》（HG 20231—2014）于 2015 年 6 月 1 日开始施行。

按照相关规定和要求，编制总体试车方案和配套细化方案，做好试车前的生产准备、预试车煤化工投料试车及生产考核工作，可为装置投产后运行的"安、稳、长、满"奠定良好的基础。

第一节 煤化工项目试车及方案审批

试车的广义定义：项目从建设阶段的装置设备安装完成后至装置投入运行、通过考核并被业主正式验收的过渡性衔接过程。

1. 试车工序

从安装就位开始，试车工序包括：预试车、（机械）竣工联动试车、投料试车、开车（俗名）、投产（试车成功）、性能考核、试车后服务等。

（1）预试车

即安装就位后的工作，是施工过程的最后收尾阶段，包括：

① 管道强度试验、烘炉；

② 静止设备开启检查及恢复；

③ 设备填料的装填（包括分子筛、树脂）管路的吹扫，及气密试验（按施工规范要求）；

④ 运转设备无负荷及带负荷试运及测试（单机试车）；

⑤ DCS/仪表电器调试及联锁回路调试等。

由 EPC 总承包商的施工管理人员负责组织，分包方的施工人员具体操作，总包的试车管理人员及业主人员额外监督。

（2）（机械）竣工联动试车

即装置竣工（中间交接）后为装置原始启动所做的一切工作，是热试车（化工投料试车）的基础，包括：

① 煮炉、管道及设备的清洗预膜；

② 催化剂、化学品的装填；

③ DCS 及联锁回路试验；

④ 紧急停车试验；

⑤ 模拟物料运转（水运、油运、冷运、热运）；

⑥ 系统干燥置换、预热、预冷等等。

（3）投料试车、开车（俗名）、投产（试车成功）、性能考核、试车后服务

① 开车（俗名）：开始投入真实化工原料的时间点。

② 投料试车：从投入原料直至产出合格产品的全过程，是以生产出设计文件规定的产品为目的，由建设单位组织进行，通过将原料、燃料等投入生产装置，启动设备并进行操作，以检验设备的运行性能和整个生产系统的稳定性。

③ 投产（试车成功）是指项目从建设阶段的装置设备安装完成后至装置投入运行、通过考核并被业主正式验收的过渡性衔接过程。试车成功标志着项目达到了预期的目标，可以正式投入运行。

④ 性能考核是指投料试车产出合格产品后，对装置进行生产能力、工艺指标、环保指标、产品质量、设备性能、自控水平、消耗定额等是否达到设计要求的全面考核。

⑤ 试车后服务包括对设备的维护、修理和增值服务，确保设备长期稳定运行，它是项目成功的关键环节，通过这一过程可以发现问题、解决问题，确保设备在投入使用后能够稳定运行，达到预期效果。

2. 各种试车方案

① 供电：外电网到总变电（总降）站，总变到各装置变电所，自备电站与外供电网联网，事故电源，不间断电源（UPS）、直流供电等受电方案。

② 给排水系统：水源地到厂区，原水预处理，脱盐水（精制水），循环冷却水系统冲洗、化学清洗、预膜，污水处理场试车方案。

③ 工业风、仪表风：空压机试车、设备及管线吹扫方案。

④ 锅炉及供汽系统包括：锅炉冲洗、化学清洗（煮炉）燃料系统、烘炉、安全阀定压，各等级蒸汽管道吹扫，减温减压器调校、锅炉（2台以上）并网等方案。

⑤ 其他工业炉化学清洗（煮炉）、烘炉等方案。

⑥ 空分装置：空压机、空分管道及设备吹扫，试压，气密，裸冷，装填保冷材料等，氮压机、氧压机、液氮、液氧、液氩等系统投用方案。

⑦ 储运系统：原料、燃料、酸碱、三剂、润滑油（脂）、中间物料、产品（副产品）等储存、进出厂（铁路、公路、码头中转站等）方案。

⑧ 消防系统：消防水、泡沫、干粉、二氧化碳、可燃气体报警、有毒气体报警、火灾报警系统及其他防灭火设施等调试方案。

⑨ 电信系统：呼叫系统、对讲系统、调度电话、消防报警电话等方案。

⑩ 装置的系统清洗、吹扫、试压、气密、干燥、置换等方案。

⑪ 装置的三剂装填、干燥、硫化、升温还原及再生方案。

⑫自备发电机组、事故发电机、自备热电站等试车方案。

⑬装置的大机泵、大机组试车方案。

⑭联动试车方案。

⑮装置投料试车方案。

⑯ 事故处理预案。

3. 试车方案、规程与管理制度及其他技术资料的审批权限

（1）试车方案的审批

重点建设项目和特殊项目的总体试车方案，由集团公司组织审批；其他建设项目的总体试车方案，一般由建设单位组织审查批准，并将审查意见报集团公司备案。

联动试车和投料试车方案，由试车领导小组组织审查批准。

引进装置除按上述执行外，其余按合同执行。

（2）管理制度及其他技术资料的审批

按照集团公司内控管理制度有关规定执行。

第二节　单机试车和系统吹扫

在工程安装基本结束时，施工单位应抓扫尾、保试车，按照设计和试车要求，合理组织力量，认真清理未完工程和工程尾项，并负责整改治缺；建设单位应抓试车、促扫尾，协调、衔接好扫尾与试车进度，组织生产人员及早进入现场，及时发现问题，以便尽快整改。

工程按设计内容安装结束时在施工单位自检合格后，由质量监督部门进行工程质量初评，建设单位（总承包单位）组织生产、施工、设计、质监、监理等单位按单元和系统，分专业进行"三查四定"（三查：查设计漏项、查施工质量隐患、查未完工程。四定：对检查出的问题定任务、定人员、定措施、定整改时间）

1. 单机试车

通用机泵，搅拌机械，驱动装置，大机组及与其相关的电气、仪表、计算机等的检测、控制、联锁、报警系统，安装结束均要进行单机试车，目的是检验设备的制造、安装质量和设备性能是否符合规范和设计要求。除大机组等关键设备外的转动设备的单机试车，由建设单位（总承包单位）组织，建立试车小组，由施工单位编制试车方案并实施，生产单位配合，设计、供应、质监、监理等单位参加，单机试车时应遵循以下原则。

1）单机试车时需要增加的临时设施（如管线、阀门、盲板、过滤网等），由施工单位提出计划，建设单位（总承包单位）审核，施工单位施工。

2）单机试车所需要的电力、蒸汽、工业水、循环水、脱盐水、仪表风、工业风、氮气、燃料气、润滑油（脂）、物料等由建设（生产）单位负责供应。

3）单机试车过程要及时填写试车记录。试车合格后由建设单位（总承包单位）组织生产、工程管理、监理、施工设计、质监等人员确认签字，引进装置或引进设备按合同执行。

4）大机组等关键设备单机试车，由建设单位（总承包单位）组织，成立试车小组，由施工单位编制试车方案，经过施工、生产、设计、制造厂、监理等单位联合确认。试车操作由生产单位熟悉试车方案、操作方法、考试合格取得上岗证的人员进行操作，引进设备的试车方案，按合同执行，同时试车应具备以下条件。

① 机组安装完毕，质量评定合格。

② 系统管道耐压试验和冷换设备气密试验合格。

③ 工艺和蒸汽管道吹扫或清洗合格。

④ 动设备润滑油、密封油、控制油系统清洗合格。

⑤ 安全阀调试合格并已铅封。

⑥ 同试车相关的电气、仪表、计算机等调试联校合格。

⑦ 试车所需要的动力、仪表风、循环水、脱盐水及其他介质已到位。

⑧ 试车方案已批准，指挥、操作、保运人员到位。

⑨ 测试仪表、工具、防护用品、记录表格准备齐全。

⑩ 试车设备与其相连系统已隔离开，具备自己的独立系统。

⑪ 试车区域已划定，有关人员凭证进入。

⑫ 试车需要的工程安装资料，施工单位整理完，能提供试车人员借阅。

某些需要实物料进行试车的设备，经建设（生产）单位同意后，可留到投料试车阶段再进行单机试车。

2. 系统清洗、吹扫、煮炉

① 系统清洗、吹扫、煮炉由建设单位编制方案，施工建设单位实施。EPC 总承包的项目按照双方签订的合同执行。

② 系统清洗、吹扫要严把质量关，使用的介质、流量流速、压力等参数及检验方法，必须符合设计和规范的要求，引进装置应达到外商提供的标准。系统进行吹扫时，严禁不合格的介质进入机泵、换热器、冷箱、塔、反应器等设备，管道上的孔板、流量计、调节阀，测温元件等在化学清洗或吹扫时应予拆除，焊接的阀门要拆掉阀芯或全开。

③ 氧气管道、高压锅炉（高压蒸汽管道）及其他有特殊要求管道和设备的吹扫、清洗应按有关规范进行特殊处理。吹扫清洗结束后，交建设单位进行充氮或其他介质保护。系统吹扫应尽量使用空气进行，必须用氮气时，制定防止氮气窒息措施。同样引蒸汽、燃料气，也要有相应的安全措施。

第三节　联动试车及预试车

1. 联动试车的条件

联动试车的目的是检验装置设备、管道、阀门、电气、仪表、计算机等性能和质量是否符合设计与规范的要求。

联动试车（合资企业称预试车）包括系统的气密、干燥、置换、三剂装填、水运、气运、油运、工业炉烘炉等。一般先从单系统开始，然后扩大到几个系统或全装置的联运。对合资企业引进装置或引进设备按预试车规定执行。

联动试车（预试车）应具备以下条件：

① 单项工程或装置机械竣工及中间交接完毕；

② 设备位号、管道介质名称及流向标志完毕；

③ 公用工程已平稳运行；

④ 岗位责任制已建立并公布；

⑤ 技术人员、班组长、岗位操作人员已经确定，经考试合格并取得上岗证；

⑥ 试车方案和有关操作规程已印发到个人；

⑦ 试车工艺指标经生产部门批准并公布；

⑧ 联锁值、报警值经生产部门批准并公布；

⑨ 生产记录报表已印制齐全，发到岗位；

⑩ 机、电、仪修和化验室已交付使用；

⑪ 通信系统已畅通；

⑫ 安全卫生，消防设施，气防器材，温感、烟感、有毒有害可燃气体报警，防雷防静电，电视监视，防护设施已处于完好（备用）状态；

⑬ 岗位尘毒、噪声监测点已确定；按照规范、标准应设置的标识牌和警示标志已到位；

⑭ 保运队伍已组建并到位。

2. 联动试车方案

(1) 联动试车由生产单位负责编制方案并组织实施施工设计单位参加

(2) 联动试车方案内容

① 试车目的；

② 试车的组织指挥；

③ 试车应具备的条件；

④ 试车程序、进度网络图；

⑤ 主要工艺指标、分析指标、联锁值、报警值；

⑥ 开停车及正常操作要点，事故的处理措施；

⑦ HSE 评估，制定相应的安全措施和（或）事故预案；

⑧ 试车物料数量与质量要求；

⑨ 试车保运体系。

(3) 联动试车前，必须有针对性地组织参加试车人员认真学习方案

3. 系统气密、干燥、置换、三剂（溶剂、助剂和催化剂）装填、烘炉

① 系统气密、干燥、置换、三剂装填、烘炉由建设单位按设计要求编制方案。

② 系统干燥、置换应按试车方案进行，检测数据符合标准；经试车负责人审核验收后，做好保护工作。

③ 系统干燥介质一般为干燥的空气、氮气、脱水溶剂。气体的露点、溶剂的含水值等具体指标应符合工艺规定。

④ 系统置换应根据物料性质，采用相应置换介质。

⑤ 三剂装填应按装填方案进行，要有专人负责；装填完毕应组织检查，试车负责人签字后方能封闭。

⑥ 合资企业或引进装置按合同执行；联动试车结束意味着装置实体竣工，具备投料试车条件。

第四节　投料试车

投料试车的目的是用设计文件规定的工艺介质打通全部装置的生产流程，进行各装置之间收尾衔接的运行，以检验除经济指标外的全部性能，并生产出合格产品。

投料试车前建设方对投料试车条件认真检查确认，填写《投料试车条件检查确认表》。

投料试车应坚持高标准、严要求、精心组织，做到"条件不具备不开车，程序不清楚不开车，指挥不在场不开车、出现问题不解决不开车"。

寒冷地区投料试车应避开冬季，如确需在冬季投料试车则要制定冬季投料试车特殊方案，落实防冻、防凝措施。

1. 投料试车的条件

投料试车时，需按照《危险化学品建设项目安全许可实施办法》（国家安监总局令第8号）的规定，将试生产（使用）方案报相应的安监部门备案，并取得备案证明文件。同时，需具备以下条件。

（1）单机试车及工程中间交接完成

① 工程质量初评合格；

② "三查四定"的问题整改消缺完毕，遗留尾项已处理；

③ 影响投料的设计变更项目已施工完毕；

④ 单机试车合格；

⑤ 工程已办理中间交接手续；

⑥ 装置区内施工用临时设施已全部拆除；现场无杂物、无障碍；

⑦ 设备位号和管道介质名称、流向标志齐全；

⑧ 系统吹扫、清洗完成，气密试验合格。

（2）联动试车已完成

① 干燥、置换、三剂装填、计算机仪表联校等已完成并经确认；

② 设备处于完好备用状态；

③ 在线分析仪表、仪器经调试具备使用条件，工业空调已投用；

④ 化工装置的检测、控制、联锁、报警系统调校完毕，防雷防静电设施准确可靠；

⑤ 现场消防、气防等器材及岗位工器具已配齐；

⑥ 联动试车暴露出的问题已经整改完毕。

（3）人员培训已完成

① 国内外同类装置培训、实习已结束。

② 已进行岗位练兵、模拟练兵、防事故练兵、达到"三懂六会"（三懂：懂原理、懂结构、懂方案规程。六会：会识图、会操作、会维护、会计算、会联系、会排除故障），提高"六种能力"（思维能力，操作能力、作业能力，协调组织能力，防事故能力，自我保护救护能力，自我约束能力）；

③ 各工种人员经考试合格，已取得上岗证。

④ 已汇编国内外同类装置事故案例，并组织学习。对本装置试车以来的事故和事故苗

头本着"四不放过"（事故原因未查清不放过，责任人员未处理不放过，整改措施未落实不放过，有关人员未受到教育不放过）的原则已进行分析总结，汲取教训。

（4）各项生产管理制度已建立和落实

① 岗位分工明确，班组生产作业制度已建立；

② 各级试车指挥系统已落实，指挥人员已值班上岗，并建立例会制度；

③ 各级生产调度制度已建立；

④ 岗位责任、巡回检查、交接班等相关制度已建立；

⑤ 已做到各种指令、信息传递文字化，原始记录数据表格化。

（5）经批准的化工投料试车方案已组织有关人员学习

① 工艺技术规程、安全技术规程、操作法等已人手一册，化工投料试车方案主操以上人员已人手一册；

② 每一试车步骤都有书面方案，从指挥到操作人员均已掌握；

③ 已实行"看板"或"上墙"管理；

④ 已进行试车方案交底、学习、讨论；

⑤ 事故应急预案已经制定并经过演练。

（6）保运工作已落实

① 保运的范围、责任已划分；

② 保运队伍已组成；

③ 保运人员已上岗并佩戴标志；

④ 保运装备、工器具已落实；

⑤ 保运值班地点已落实并挂牌，实行 24 小时值班；

⑥ 保运后备人员已落实；

⑦ 物资供应服务到现场，实行 24 小时值班；

⑧ 机、电、仪修人员已上岗；

⑨ 依托社会的机、电、仪维修力量已签订合同。

（7）供排水系统已正常运行

① 水网压力、流量、水质符合工艺要求，供水稳定；

② 循环水系统预膜已合格、运行稳定；

③ 化学水、消防水、冷凝水、排水系统均已投用，运行可靠。

（8）供电系统已平稳运行

① 工艺要求的双电源、双回路供电已实现；

② 仪表电源稳定运行；

③ 保安电源已落实，事故发电机处于良好备用状态；

④ 电力调度人员已上岗值班；

⑤ 供电线路维护已经落实，人员开始倒班巡线。

（9）蒸汽系统已平稳供给

① 蒸汽系统已按压力等级运行正常，参数稳定；

② 无跑、冒、滴、漏，保温良好。

（10）供氮、供风系统已运行正常

① 工艺空气、仪表空气、氮气系统运行正常；

② 压力、流量、漏点等参数合格。

（11）化工原材料、润滑油（脂）准备齐全

① 化工原材料、润滑油（脂）已全部到货并检验合格；

②"三剂"装填完毕；

③ 润滑油三级过滤制度已落实，设备润滑点已明确。

（12）备品配件齐全

① 备品配件可满足试车需要，已上架，账物相符；

② 库房已建立昼夜值班制度，保管人员熟悉库内物资规格、数量、存入地点，出库满足及时准确要求。

（13）通信联络系统运行可靠

① 指挥系统通信畅通；

② 岗位、直通电话已开通好用；

③ 调度、火警、急救电话可靠好用；

④ 无线电话、报话机呼叫清晰。

（14）物料贮存系统已处于良好待用状态

① 原料、燃料、中间产品、产品贮罐均已吹扫、试压、气密、标定、干燥、氮封完毕；

② 机泵、管线联动试车完成，处于良好待用状态；

③ 贮罐防静电、防雷设施完好；

④ 贮罐的呼吸阀、安全阀已调试合格；

⑤ 贮罐位号、管线介质名称与流向标识完全，罐区防火有明显标志。

（15）物流运输系统已处于随时备用状态

① 铁路、公路、码头及管道输送系统已建成投用；

② 原料、燃料、中间产品，产品交接的质量、数量、方式等制度已落实；

③ 不合格品处理手段已落实；

④ 产品包装设施已用实物料调试，包装材料齐全；

⑤ 产品销售和运输手段已落实；

⑥ 产品出厂检验、装车、运输设备及人员已到位。

（16）安全、消防、急救系统已完善

① 经过风险评估，已制定相应的安全措施和事故预案；

② 安全生产管理制度、规程、台账齐全，安全管理体系建立，人员经安全教育后取证上岗；

③ 动火制度、禁烟制度、车辆管理制度等安全生产管理制度已建立并公布；

④ 道路通行标志、防辐射标志及其他警示标志齐全；

⑤ 消防巡检制度、消防车现场管理制度已制定，消防作战方案已落实，消防道路已畅

通，并进行过消防演习；

⑥ 岗位消防器材、护具已备齐，人人会用；

⑦ 气体防护、救护措施已落实，制定气防预案并演习；

⑧ 现场人员劳保用品穿戴符合要求，职工急救常识已经普及；

⑨ 生产装置、罐区的消防水系统、消防泡沫站、汽幕、水幕、喷淋以及烟火报警器、可燃气体和有毒气体监测器已投用，完好率达到100%；

⑩ 安全阀试压、调校、定压、铅封完毕；

⑪ 锅炉、压力容器、压力管道、吊车、电梯等特种设备已经质量技术监督管理部门监督检验、登记并发证；

⑫ 盲板管理已有专人负责，进行动态管理，设有台账，现场挂牌；

⑬ 现场急救站已建立，并备有救护车等，实行24小时值班；

⑭ 其他有关内容要求。

(17) 生产调度系统已正常运行

① 调度体系已建立，各专业调度人员已配齐并经考核上岗；

② 试车调度工作的正常秩序已形成，调度例会制度已建立；

③ 调度人员已熟悉各种物料输送方案，厂际、装置间互供物料关系明确且管线已开通；

④ 试车期间的原料、燃料、产品、副产品及动力平衡等均已纳入调度系统的正常管理之中。

(18) 环保工作达到"三同时"

① 生产装置"三废"处理设施已建成投用；

② 环境监测所需的仪器、化学药品已备齐，分析规程及报表已准备完；

③ 环保管理制度、各装置环保控制指标、采样点及分析频次等经批准公布执行。

(19) 化验分析准备工作已就绪

① 中间化验室、分析室已建立正常分析检验制度；

② 化验分析项目、频率、方法已确定，仪器调试完毕，试剂已备齐，分析人员已持证上岗；

③ 采样点已确定，采样器具、采样责任已落实；

④ 模拟采样、模拟分析已进行。

(20) 现场保卫已落实

① 现场保卫的组织、人员、交通工具已落实；

② 入厂制度、控制室等要害部门保卫制度已制定；

③ 与地方联防的措施已落实并发布公告。

(21) 生活后勤服务已落实

① 职工通勤车满足试车倒班和节假日加班需要，安全正点；

② 食堂实行24小时值班，并做到送饭到现场；

③ 倒班宿舍管理已正常化；

④ 清洁卫生责任制已落实；

⑤ 相关文件、档案、保密管理等行政事务工作到位；

⑥ 气象信息定期发布，便于各项工作及时应对和调整；

⑦ 职工防暑降温或防寒防冻的措施落实到位。

（22）开车队伍和专家组人员已到现场

① 开车队伍和专家组人员已按计划到齐；

② 开车队伍和专家组人员的办公地点、交通、食宿等已安排就绪；

③ 有外国专家时，现场翻译已配好；

④ 化工投料试车方案已得到专家组的确认，开车队伍人员的建议已充分发表。

2. 投料试车的标准

投料试车应达到以下标准：

① 投料试车主要控制点正点到达，连续运行产出合格产品一次投料试车成功；

② 不发生重大设备、操作、火灾、爆炸、人身伤亡、环保等事故；

③ 安全、环保、消防和职业卫生做到"三同时"，监测指标符合标准；

④ 投料试车出产品后连续运行一个生产周期；

⑤ 做好物料平衡，动态优化试车网络，控制好试车成本，经济效益好。

3. 投料试车方案

投料试车应由生产部门负责编制方案并组织实施，设计、施工单位参加。引进装置按合同执行。

装置投料试车方案的基本内容包括：

① 装置概况及试车目标；

② 试车组织与指挥系统；

③ 试车应具备的条件；

④ 试车程序与试车进度及控制点；

⑤ 试车负荷与原燃料平衡；

⑥ 试车的水、电、汽、风、氮气平衡；

⑦ 工艺技术指标、联锁值、报警值；

⑧ 开停车与正常操作要点及事故处理措施；

⑨ 环保措施；

⑩ 防火、防爆、防中毒、防窒息等安全措施及注意事项；

⑪ 试车保运体系；

⑫ 试车难点及对策；

⑬ 试车存在的问题及解决办法；

⑭ 试车成本预算。

4. 倒开车

"倒开车"是指在主装置或主要工序投料之前，用外供物料先期把下游装置或后工序的流程打通，待主装置或主要工序投料时即可连续生产，通过"倒开车"，充分暴露下游装置或后工序在工艺、设备和操作方面的问题，及时加以整改，以保证主装置投料后顺利打通流程，做到投料试车一次成功，缩短试车时间，降低试车成本。

生产部门在编制试车方案时，应根据装置工艺特点和原料供应的可能，原则采用"倒开车"的方法。

5. 试车队伍

① 生产装置投料试车，应组成以生产单位为主，总承包单位、设计单位、施工单位、对口厂开车队伍以及国内外专家参加的"六位一体"的试车队伍。

② 建设单位在投料试车期间，应建立统一的试车指挥系统，负责领导和组织试车工作。

③ 建设单位在投料试车期间，应根据装置技术难易程度聘请国内专家组成试车专家组，分析试车的技术难点并提出相应对策。

④ 设计单位应派出以设计总代表为首的现场服务组，处理试车中发现的设计问题。

⑤ 建设单位应提前落实国内开车队伍及国外专家来现场的人员和时间。在试车中认真吸取国内外专家的意见，充分发挥他们的技术把关和技术指导作用。

⑥ 组织保运体系，负责试车保运工作。

a. 建设单位应组织有总承包、施工、设计等单位参加的强有力的保运领导班子，统一指挥试车期间的保运工作；

b. 本着"谁安装谁保运"的原则，建设单位应与施工单位签订保运合同，施工单位应实行安装、试车、保运一贯负责制；

c. 保运人员应具备处理现场问题的能力，实行24小时现场值班，工种、工具齐全，做到随叫随到、"跟踪"保运。

6. 试车期间的产量监控

建设单位要制定相关管理制度，加强试车期间各类产品的生产管控。要对每天各类产品产量进行汇总、分类办理入库手续，同时质检部门要对产品质量进行分析确认。产品销售要出具出库单，入库、出库相关手续均应报送财务管理部门。要加强盘库管理，对于半成品、不合格产品要采取合理措施，规范处置、降本增效。项目预转固之前的各类产品销售收入按照有关基本建设财务管理规定执行，核算基建收入、冲减基本建设成本。预转固之后的各类产品销售收入按照有关生产企业财务管理规定执行。

7. 试车总结

建设单位要做好试车各阶段（生产准备，单机试车，系统清洗、吹扫、气密，系统置换、干燥，联动试车，投料试车等）各种原始数据的记录和积累。

建设单位在投料试车结束后半年内，在对原始记录整理、归纳、分析的基础上，写出试车总结（包括总体试车总结和分装置试车总结），及时上报集团公司备案。

试车总结中应重点包括下列内容：

① 各项生产准备工作；

② 试车实际步骤与进度；

③ 试车实际网络与原计划网络的对比图；

④ 开停车事故统计分析；

⑤ 试车过程中遇到的难点与对策；

⑥ 试车成本分析；

⑦ 试车的经验与教训；

⑧ 意见及建议。

第五节　生产考核

生产考核是指投料试车产出合格产品后，对装置进行生产能力、工艺指标、环保指标、产品质量、设备性能自控水平、消耗定额等是否达到设计要求的全面考核。引进装置的生产考核按合同执行。

建设项目未经生产考核不得进行竣工验收。

1. 生产考核准备

生产考核应由建设单位组织，总承包、设计单位参加。必要时，科研单位也要参加。建设单位应会同设计、科研单位做好以下生产考核准备工作：

① 组成以建设单位为主，设计、科研等单位参加的生产考核工作组，编制考核方案，全面安排考核工作；

② 研究和熟悉考核资料，确定计算公式、基础数据；

③ 查找可能影响考核的隐患和问题；

④ 校正考核所需的计量仪表和分析仪器；

⑤ 准备好考核记录表格；

生产考核应在装置满负荷或高负荷持续稳定运行一段时间，并具备下列条件后进行：

① 影响生产考核的问题已经解决；

② 设备运行正常，备用设备处于良好待用状态；

③ 自动控制仪表、在线分析仪表、联锁已投入使用；

④ 分析化验的多样点、分析频次及方法已经确认；

⑤ 原料、燃料、化学药品、润滑油（脂）、备品配件等质量符合设计要求，储备量能满足考核时的需要；

⑥ 公用工程运行稳定并能满足生产考核的参数要求；

⑦ 上、下游装置的物料衔接已落实，产品、副产品等出厂渠道已畅通。

引进装置的生产考核除应具备上述条件外，中外双方在执行合同的同时还应共同确认计算公式、分析方法、计量仪表、考核时间、记录数据等。

2. 生产考核内容

① 装置生产能力；

② 原料、燃料及动力消耗；

③ 主要工艺指标；

④ 产品质量；

⑤ 自控仪表、在线分析仪表和联锁投用情况；

⑥ 机电设备的运行状况；

⑦ "三废"排放达标情况；

⑧ 环境噪声强度和有毒有害气体、粉尘浓度；

⑨ 设计和合同上规定要考核的其他项目。

生产考核的时间一般规定为 72 小时，生产考核结束后，由建设单位提出考核评价报告，参加生产考核的各单位签字。

3. 生产考核遗留问题的处理原则

生产考核遗留问题的处理应遵循以下原则：

① 生产考核结果达不到设计要求时，应由建设单位与总承包、设计、科研单位共同分析原因，提出处理意见，协商解决，一般不再重新组织考核；达不成协议时，应报上级有关部门裁决或重新确定考核日期，但重新考核以一次为限。

② 引进装置考核达不到合同保证值时，应按合同有关条款执行，并载入考核协议书附件，明确解决办法和期限。

③ 生产考核结束后，建设单位应对生产考核的原始记录进行整理、归纳、分析，按装置或项目写出生产考核总结并报公司备案。

第二十二章

项目决算

第一节　煤化工项目竣工财务决算报告编制

一、竣工财务决算报告的概念和意义

项目竣工财务决算报告是指以实物数量和货币形式综合反映竣工项目从筹建开始到项目竣工为止的全部建设费用、投资效果和财务情况的总结性文件，是竣工验收报告的重要组成部分。通过竣工决算，一方面能够正确反映建设工程的实际造价和投资结果，另一方面可通过竣工决算与概算的对比分析，评价、衡量投资控制的工作成效，总结经验教训，积累技术经济方面的基础资料，提高未来建设工程的投资效益。

一个项目的经济活动既有合同的付款与完成，也有各项非合同费用的发生、物资出入库等等，大到上亿元，小到几元钱，这些经济活动在项目竣工后，都会以各种各样的资产形式移交给生产部门。竣工决算就是在对这些经济活动进行分类、统计、整理、计算、归集而形成资产，并最终形成竣工决算报告并通过决算审计的过程。

竣工决算是工程竣工验收的重要组成部分，竣工决算报告则是反映项目在建设过程中发生的全部费用支出情况，落实结余的各项财产物资及其他资金，核定新增固定资产的价值，考核设计概算水平、基本建设投资计划结果和进行建设项目经济效益评价的重要资料。

二、竣工财务决算报告的编制要求和依据

① 煤化工项目一般在完成工程结算后 3 个月内完成竣工财务决算的编报，遇特殊情况确需延长的，延长期也不应超过 6 个月。

② 竣工财务决算报告的编制，应遵循"一个概算，一个报告"的原则，但如项目是分期建设且前后间隔 6 个月以上，先竣工的单项工程可先编报此项的竣工财务决算报告，待项目全部竣工后则编报竣工财务总决算报告。

③ 经验收具备投产条件的基本建设项目，原则上不得留有尾工。如在概算内确遗留下尾项，可以将对应费用以预留形式纳入竣工财务决算，并按概算项目编报预留尾工工程明细表，预留尾工工程的全部价值不得超过批准概算的 5％。预留尾工工程原则在 1 年内完成，同时，不能因是尾工工程而放松对其建设资金的监督管理，在尾工工程完成后，则及时办理其资金清算和资产交付使用手续。

④ 工程竣工达到预定可使用状态的，财务部门应对其资产先行估价入账，待竣工财务决算报告经审计后，依据经审计的竣工决算报告对原估价入账的资产价值进行调整。

⑤ 严格执行财务会计制度，严肃财经纪律，实事求是地编制基本建设项目竣工财务决算报告，做到编报及时、数字准确、内容完整。

⑥ 应以概算批准文件为依据，以工程动态总投资为基础编制竣工财务决算报告（不含铺底流动资金），其中的概算投资，以经批复的初步设计概算或经批准的调整概算为依据。除此之外，其他的概算投资，以行业管理部门或企业自身要求的概算投资为依据。实际投资应根据正确的会计账面数据如实填报，做到账实相符、账表相符。

⑦ 竣工财务决算报告的各项技术经济指标以有关职能部门提供的数据为依据，工程质量以质量监督机构正式出具的工程质量监督报告等文件为依据，经济效益分析以概算批准文件为依据。

⑧ 对重大设计变更、概算外项目、工程结算总投资，应以概算核准机构或建设方的批准文件为依据。

⑨ 竣工财务决算报告是正确登记固定资产的依据，应以公司固定资产目录规定的内容列示。

三、竣工财务决算报告的编制内容及原则

竣工财务决算报告中项目成本费用的开支范围应包括从项目筹建开始到竣工验收的全部建设成本费用。即建筑工程费，安装工程费，安装设备费，待摊支出和不通过"在建工程"科目核算直接形成的固定资产、流动资产、无形资产和长期待摊费用等资产的价值。

1. 竣工财务决算报告组成

① 竣工财务决算报告封面；
② 竣工财务决算报告目录；
③ 竣工项目全景或主体工程彩照；
④ 竣工财务决算说明书；
⑤ 全套竣工财务决算报表；
⑥ 项目核准文件、概算批准文件和竣工验收报告；
⑦ 竣工决算审计报告及其他重要文件。其他重要文件包括但不限于：用地批复、环境评价报告批复、水土保持报告批复、项目建议书批复、可研报告/投资决策批复、初步设计批复、开工批复、重大设计变更批复、概算外投资项目批复、质量检查验收文件、交接证书、电网并网证书等。

2. 竣工财务决算说明书

竣工决算说明书是财务决算报告中的重要组成部分，它应总括反映项目的成果和经验、全面分析与考核基本建设项目投资完成情况的书面总结，其主要内容包括如下内容。

（1）对工程的总体评价

① 进度情况，主要说明开工和竣工时间，以及实际工期对比合理工期是提前还是延期。着重说明各项工程项目间工期的衔接与系统的协调；
② 质量情况，要对工程质量监督报告中的质量评定以及项目质量目标的实现情况进行说明；
③ 安全情况，根据相应的安全记录，对有无设备和人身事故等进行说明；
④ 投资情况，应对比批准概算总投资、项目造价目标，说明总投资与单位投资分别是

节约还是超支，用金额和百分率进行分析说明。

（2）**建设依据**

应对项目建议书、可行性研究报告、设计任务书、概算批准文件等的批准单位、批准日期和文号进行说明。

（3）**主体工程造型、主设备和主体结构**

应说明主体工程造型、结构和主设备的有关情况，说明主要建筑的布置和主体设备的合理性。

（4）**工程施工管理**

在施工过程中出现的问题及其处理、解决情况，施工组织设计及安全技术措施的实施情况、采用的先进技术、取得的经验和教训。

（5）**各项财务和技术经济指标分析**

① 概算执行情况分析，包括实际支出与概算的对比分析、单位投资分析、动用基本预备费的项目、金额、动用原因及依据的分析说明。

② 新增生产能力的效益分析，项目对当地社会经济和企业的作用分析，投资回收分析，投产以后新增生产能力分析。电力项目还应对发电量、负荷量等能力进行分析。

③ 财务状况分析，列出历年资金计划及资金到位、使用情况，有无资金严重短缺、过剩的情况及形成原因，并对筹资成本进行分析说明。

（6）**财务管理情况分析**

在项目建设过程中，通过制定的财务规章制度及会计账务处理和采取的具体措施、办法而在控制工程投资、节约建设资金、支持并服务于项目建设、提高经济效益等方面的作用。

（7）**结余资金情况**

竣工结余资金的占用形态，处置情况，包括剩余物资、应收款项、生产资金占用等。

（8）**预留尾工工程的说明**

说明预留尾工工程的原因、项目内容、拟完成时间等。

（9）**发现问题处理情况**

逐项说明历次审计、检查、审核、稽查提出的整改意见及整改情况。

（10）**债权债务清理情况**

列表说明各项债权和债务单位、金额、原因等情况。

（11）**竣工财务决算报表编制说明**

① 待摊支出、分摊原则和计算情况说明，说明待摊支出各项费用分摊的依据和方法。

② 转出投资原则，若存在为项目配套的专用设施如专用道路、专用通信设施、送变电站、地下管道等的投资且又对其没有产权或控制权时，应说明该类投资的转出及移交情况。

③ 数据勾稽关系说明，竣工财务决算报表间应满足勾稽关系的要求，如因特殊情况无法满足的，应予以说明。

④ 其他特殊处理说明。

（12）征地拆迁补偿情况、移民安置情况

（13）大事记

是对项目具有"历史意义"的记录，要把包括筹备期在内的建设期发生的重大事项及工程关键进度节点记录下来，并按时间顺序进行编纂。

（14）其他需要说明的事项

3. 竣工财务决算报表

全部竣工财务决算表共有如下四大类 13 种：

（1）煤化工项目竣工工程概况表

（2）竣工工程决算表（通用表）

① 竣工工程决算一览表（汇总表）。

② 竣工工程决算一览表（明细表）。

③ 预留尾工工程明细表。

④ 其他费用明细表。

⑤ 待摊支出分摊明细表。

（3）移交资产明细表（通用表）

① 移交使用资产总表。

② 移交资产——房屋、建筑物一览表。

③ 移交资产——安装的机械设备一览表。

④ 移交资产——不需要安装的机械设备、工器具及家具一览表。

⑤ 移交资产——长期待摊费用、无形资产一览表。

（4）基本建设项目竣工财务决算表

① 基本建设项目竣工财务决算表。

② 竣工项目应付款项明细表。

第二节　项目竣工财务决算编制信息化应用

利用电子决算系统形成竣工决算自动化，形成了"业务规范、标准统一、业财融合、信息集成、决算自动"的闭环管理链条。同时，以此促进竣工决算管理的理念和方式的现代化，并由此加强竣工决算管理的深度、细度、力度。

一、竣工决算管理系统的作用和意义

相比较传统的竣工决算方法而言，应用信息化工具即竣工决算管理系统进行竣工决算在决算周期，资料、数据的完备性及数据的准确性方面具有无法比拟的优势。

竣工决算管理系统的实施把决算工作向前推进到项目投资过程的各个阶段，决算所需数据在工程进度款支付、物资出库和费用报销等业务过程已经形成，而数据统计又是信息系统最擅长的工作，所以，采用竣工决算管理系统就能免去大量的数据统计和对账的工作，也由此能极大地加快竣工决算工作。

竣工决算管理系统立于其上的信息系统保留了项目建设过程的所有资料，包括出入库单据、工程结算报表、发票清单、工程结算文件及各类验收报告等，从而能够很方便地追溯到项目以往资料。应用信息系统也使数据的规范性和统一性得到了保障，避免因数据需要从财务部门、费用控制部门、物资管理部门等各个部门汇总数据而产生的差异，提高了数据的准确性。

目前，项目竣工决算系统作为项目管理集成信息系统的核心模块之一已经在化工、电力等行业得到了较为普遍的应用，相信在不久的将来，也会在更多的大型煤化工项目上得到更为广泛的应用，从而为缩短我国煤化工项目的竣工决算周期、提高交付资产的准确性发挥更大的作用。

二、竣工决算管理系统的核心功能

项目集成管理信息系统是把建设方、设计院、总承包商、监理等项目参建单位都纳入一个平台，实现项目前期、设计、采购、施工直到竣工验收的项目全生命周期的集成化管理平台。大型煤化工项目建设过程中产生了非常庞大的费用数据，如何将这些费用数据准确而高效地转成资产，并与运营管理相对接，这是长期困扰我们项目管理层的一个难题。也正因此，竣工决算管理系统就顺理成章地成为项目集成管理信息系统的核心子系统之一，其核心思路是通过资产与项目建设期的物资出库、工程量核定和费用报销等成本发生过程进行数据关联，实现资产价值的过程形成和决算报表的动态生成。

1. 建立资产目录

煤化工项目最终形成的资产一般可分为固定资产和非固定资产（流动资产和长期待摊费）两大部分。固定资产包括房屋及建（构）筑物、需要安装的固定机械设备和不需要安装的机械设备；流动资产包括为生产准备的不构成固定资产标准的工具、器具、家具、随机备件等；长期待摊费用包括已发生但应由本期和以后各期承担且分摊期限在一年以上的各项费用。

资产的建立可以实现按固定资产目录规则进行编制，目录的一级分类为房屋，构筑物，通用设备，煤制油化工，电力，铁路等各类专用设备以及制药设备、海水淡化设备、医疗设备。房屋、构筑物、通用设备的二级分类采用国家标准分类，专用设备采用各行业标准并结合企业自身管理实际情况进行分类。

2. 成本过程数据

煤化工项目的成本数据组成，总体来说可以分为领用出库的设备材料成本、核定的工程进度款和为项目发生的各类费用。对于领用出库的设备材料，系统通过发票匹配实现入库物资的价税分离，再通过出库物资对应具体的概算项，实现资产设备本体和材料的价值归集。

3. 待摊费用分摊

工程竣工决算时，需要将项目建设过程中形成的费用分摊到具体的资产目录上，具体做法如下：对于能够确定明确资产目录的待摊费用可直接由系统自动分摊计入该项资产成本；对于不能明确指向某项资产目录的待摊费用，可根据此项待摊费用的性质、属性和构成比例合理地切分到资产目录上。

在工程建设过程中，常常发生一些无法分摊的费用，具体的处理原则如下：软件、土地作为无形资产管理；办公家具作为低值易耗品管理；可资本化的房屋装修费用与房屋一起入账，作为一项固定资产管理，不可资本化的房屋装修费用作为费用管理。

4. 决算报表与资产移交

系统可以自动生成竣工决算报表，同时可以自动完成资产移交，在工程竣工时，由项目组负责制定本项目资产移交表的编制计划，在该计划下组织实施，完成资产移交工作。

三、构建竣工决算管理系统

竣工决算管理系统的构建是一项贯穿项目全程的系统性工程，需要各个单位的通力配合，需要在投资控制的策划阶段就充分考虑项目资产移交，按资产移交的要求编制概算、策划招标等。

1. 投资控制的实施阶段

每一项成本都指向到具体的概算项，最终所有的投资数据都能够以概算为主线串联起来，系统再通过概算和资产的对应关系实现资产价值并明确数据来源。通常来讲，要求设备到具体的规格型号和设备位号，管道材料按介质分，建筑物、构筑物能明确对应到最终具体形成的资产。

2. 按项目概算分解结构进行工程招标报价

在工程招标时，如果具体相应条件，建设方就要求投标单位按项目概算结构进行投标报价，以便在合同执行过程中顺利分解合同费用，并以合同费用分解去指导、控制工程进度款的支付。如无法在工程招标时按照项目概算结构进行报价，则需要在合同的工程进度款申请之前按概算结构分解合同金额。

3. 每一笔费用发生都指定到对应概算节点

从合同管理的角度看，可以把项目投资的实现过程分为工程合同（含服务类合同）的进度核定，物资领用出库和无合同费用报销三部分。对于工程合同，要求承包商每一次申请进度款时，都要把申请款项和开具的发票对应到具体的合同费用分解项，实现价税分离。对于物资领用出库，要求领用的每一笔设备、材料都对应到具体的概算项，系统根据发票自动计算出出库物资的价值和税金。费用报销也类似，每一笔报销都对应到具体特定费用科目。

4. 确定概算与资产清册的挂接关系

在完成单个装置资产清单的编制工作后，需启动资产清册和概算的挂接工作。对于设备来说，大多数都能够实现与资产清单的一一对应，材料则可能存在多种对应关系。对此，需要由操作人员指定材料和资产的对应关系，并设置金额分摊的规则（如按资产价值或指定比例等）。

5. 二、三类费用的分摊

对于全厂性的二、三类费用如工程设计费、咨询服务费等费用可在项目竣工阶段进行一次性分摊。系统中提供了按资产价值分摊、按特定比例分摊、按建筑面积分摊、按占地面积分摊等多种分摊规则。

6. 竣工决算

完成以上各项工作，竣工决算工作就轻松很多，只需简单操作，各类竣工决算报表数据就可自动统计出来。

第二十三章
项目审计

第一节　项目全过程跟踪审计

一、全过程跟踪审计的概念和意义

通过项目全过程跟踪审计，能够及时发现和纠正工程管理、投资控制等建设环节中常见的较重大的或趋势性的问题，从而规范建设管理行为，合理、合规地使用建设资金，保障项目建设目标的顺利实现，最终达到完善建设程序、规范投资管理、保证工程进度、提高投资效益的目的，并有效规避或减少国家相关监管部门的审计风险。

针对项目特点，采取同步跟进的办法，积极发挥审计工作的监督作用，及时发现管理过程中存在的缺陷、薄弱点和风险，实现从事后审计向事前咨询和事中控制的延伸拓展，完善煤化工程序、规范财务管理、提高工程建设管理水平、规避建设风险，从而对工程全部管理和经济活动真实性、合法性和效益性实现有效监督，这也是项目全过程跟踪审计的意义所在。

二、原则和内容、方法和程序

1. 项目全过程跟踪审计的原则

项目全过程跟踪审计，是一种将工程造价审计与财务收支审计相结合的审计手段，它有四项原则，即工程审计与财务审计同步且两者并重；独立公正；以风险为向导、以效益为中心；与工程管理部门密切沟通、紧密合作。

2. 项目全过程跟踪审计的内容

审计包括但不限于以下内容：内部制度的建立和执行情况；工程设计管理、招投标管理、合同管理、设备物资管理、工程现场管理情况；概算执行情况；资金的来源和使用情况；财务管理与会计核算的合规性和准确性；工程结算及财务决算的真实性、准确性和完整性。

3. 全过程跟踪审计的依据

项目全过程跟踪审计主要依据如下：

《中华人民共和国注册会计师法》

《中华人民共和国建筑法》

《中华人民共和国民法典》

《中华人民共和国招标投标法》

《中华人民共和国审计法》

《中华人民共和国审计法实施条例》

《中国注册会计师执业准则》

《审计机关国家建设项目审计准则》

《工程造价咨询企业管理办法》（建设部令第 149 号）

《关于印发〈会计师事务所从事基本建设工程预算、结算、决算审核暂行办法〉的通知》（财协字〔1999〕103 号）

《基本建设财务管理规定》（财建〔2002〕394 号）及补充规定

《国有建设方会计制度》（财会字〔1995〕45 号）及补充规定

中央部委和地方有关部门颁布的工程定额、费用定额

其他相关国家法律、法规、企业规章制度、项目工程建设相关文件。

采用全过程跟踪审计，要结合项目工作进度，阶段性进驻现场，并将风险管理、内部控制、效益审查和评价贯穿于工程实施各个环节，与项目法人制、招标投标制、合同制、监理制、HSE 管理体系、质量管理体系等相结合，这样才能做好此项工作。

4. 项目全过程跟踪审计方法和程序

工程审计的方法主要包括：审阅法、观察法、询问法、抽查法、文字描述法、现场核查法、分析性复核法、追踪审计法、实地清查法、设计图与竣工图循环审查法、技术经济分析法、质量鉴定法、网上比价审计法等。

工程审计的程序，先是审计准备，编制审计工作计划，签订审计咨询合同；其后成立审计项目组并进行岗前培训；再是审计实施，按照审计计划开展项目审计工作；最后是审计收尾，出具审计报告和归档审计资料。

三、全过程跟踪审计实施

1. 项目建设过程的合法合规性审计

（1）审计范围

此项审计范围包括项目前期投资立项及项目建设过程管理的合法合规性。

（2）审计目的

通过对项目全过程、全方位的审计，评价项目过程管理中的合法合规性，及时发现、揭示和纠正项目建设中存在的管理问题，堵塞工程管理上的漏洞，从源头上防止建设资金的损失和浪费，保证工程建设质量，提高项目管理的整体水平。

（3）审计主要内容

投资立项和建设过程管理中的合法合规性。

（4）审计实施主要计划

就前期投资立项，根据项目实际情况进行审计；就项目建设过程管理，审计贯穿全程，并结合项目实际进展情况，分阶段完成。

（5）审计所需主要文件

① 开展投资立项工作时的技术经济活动记录、成果，包括项目建议书、立项、决策、进行可行性研究、各类专项评价等一系列活动的记录、成果；

② 签订的工程咨询合同、补充协议，以及合同履行过程中双方往来文件、会议记录及

最终提交的成果文件等；

③ 总体设计、基础设计审查等相关文件；

④ 与项目监理实施情况相关的过程资料；

⑤ 经批准的项目概算、里程碑节点、建设总体目标等相关文件；

⑥ 物资总体采购计划、工程物资到货、验收管理等相关文件；

⑦ 设备监造过程资料；

⑧ 项目管理程序性文件。

2. 招投标管理审计

(1) 审计范围

此项审计范围为建设方组织的工程和物资自采招标管理。

(2) 审计目的

检查招标投标程序及其结果的合法合规性和规范性，通过审计检查发现招投标中不规范行为和问题，及时提出审计意见，并跟踪整改，使项目招标活动合法、合规、规范。

(3) 审计主要内容

① 审核项目招标活动是否符合国家法律法规和企业自身制度要求；

② 审核招标文件中合同条款是否有效控制了风险。

(4) 审计实施主要计划

结合项目实际招投标进展情况分阶段进行。

(5) 审计所需主要文件资料清单

① 经批准的项目总体招标方案及计划；

② 经批准的月度招标计划；

③ 资格预审文件及招标公告；

④ 招标文件及审核流转表；

⑤ 招标控制价或标底、招标工程清单及审核意见；

⑥ 各投标方投标文件；

⑦ 招标答疑、补充通知、澄清及评标报告；

⑧ 中标通知书。

3. 工程造价管理审计

(1) 审计范围

此项审计范围包括工程造价的全部工作内容，重点关注合同计量、支付、变更、签证、索赔、暂估价以及合同价款调整等直接决定工程造价的事项。

(2) 审计目的

及时发现工程造价管理过程中存在的问题，提出审计意见，保证项目造价真实、合理，并缩短加快工程结算审计进程。

(3) 审计主要内容

1) 合同计量支付管理审计

① 是否执行合同计量支付相关的内部制度；

② 计量支付的报批手续是否完备；

③ 计量是否符合合同约定，工程量是否经承包商、监理、项目部确认；

④ 合同款项的拨付方式是否符合合同约定；

⑤ 施工变更、索赔的计量是否已经监理、项目部确认；

⑥ 预付款、质保金等是否已经扣除。

2）变更、签证、索赔审计

① 变更、签证、索赔管理的内部制度是否执行；

② 变更、签证、索赔的处理方法是否符合承包合同规定；

③ 变更增减内容、工程变更价款是否真实、合理；

④ 变更、签证引起的建设规模扩大、标准提高，是否已履行审批程序。

3）暂估价确定管理审计

① 暂估价确定的内部制度是否得到执行；

② 暂估价确定是否按合同规定方式进行，是否真实；

③ 承包商提交的单价是否合理，是否符合合同约定。

4）承包合同价款调整管理审计

① 承包合同价款调整文件是否按合同规定方式编制，是否符合清单规范或定额管理要求；

② 审核新增综合单价是否符合合同规定；

③ 合同价款调整报告中各项金额、工程量的计算规则及数量是否正确；

④ 工程取费是否符合建设项目所在地的相关规定和合同约定；

⑤ 监控工程投资变化，提出投资管控建议。

（4）审计实施主要计划

结合项目的计量支付、变更、签证、索赔的实际发生情况，暂估价的招标与价款确定，已发生的合同价款调整情况分阶段进行审计。

（5）审计所需主要文件

① 合同文本及合同台账；

② 承包商、供应商的计量与支付申报文件；

③ 设计施工图纸、设计变更、工程签证、工程索赔、材料认价单、工程联系单、验收记录；

④ 工程物资使用计划、需求计划以及与其相关的采购、供货管理文件等；

⑤ 工程物资到货记录、工程物资验收单以及验收过程中发现问题的相关处理文件；

⑥ 承包商申报并经项目部审核的价款调整资料；

⑦ 与计量支付、签证变更、索赔相关的会议纪要；

⑧ 其他与造价相关的资料。

4. 煤化工项目财务管理审计

（1）审计范围

此项审计范围包括项目前期投资立项及项目建设过程财务方面的合法合规性。

9787122471581

（2）审计目的

掌握建设项目资金活动的各种情况，纠正基本建设财务管理存在的各种问题，从而达到提高投资效益的目的。

（3）审计主要内容

① 煤化工项目财务核算体系和内部财务制度是否建立、健全；

② 建设项目资金来源和使用是否合法、合规；

③ 工程物资出入库记录、审批程序、领用明细等；

④ 合同预付款、进度款等款项支付依据是否充分，是否履行审批程序；

⑤ 资金使用和资产形成记录是否完整，财务收支会计处理是否正确。

（4）审计实施主要计划

煤化工财务管理审计将贯穿于项目财务管理全过程，结合项目实际进展情况，分阶段完成。

（5）审计所需主要文件

① 项目管理程序性文件；

② 建设项目管理文件；

③ 会计核算及财务管理文件。

第二节　结算审计

结算审计是对工程结算的真实性、合法合规性及工程结算成效的审查和评价，是项目加强审计监督职能，真实反映工程造价，保证资金合理使用，有效控制建设投资的重要手段。结算审计是项目竣工决算的一项重要工作。

一、结算审计的策划和实施

结算审计通常在一个项目竣工阶段才开展工作。而大型现代煤化工项目是由一系列复杂的工艺装置及公辅装置组成的集合，工程合同数量多，合同模式不同，工期长，因此实现过程结算审计是目前通用的做法。

根据合同模式及装置完成的不同时段，在结算审核计划的基础上编制结算审计计划。通常情况下，现代煤化工的厂前区单体建筑物施工和总图施工在前，工期较短，结算审计策划应将这些工作安排在前面。同时，结合装置复杂性及对设计变更的预判，将工艺装置审计工作安排在后。而在建设过程中，也要及时掌握工程结算审核进展情况，以进行必要的时间调整。

二、结算审计的审核要点

1. 通用审查要点

① 结算资料的全面性审查，审查结算文件有无项目上遗漏或专业遗漏、有无将费用扣减项遗漏的情况。

② 结算资料的合法性及合理性审查，对于签字不齐全或不规范的设计变更单、工程签证单及隐蔽工程验收记录，不能纳入工程结算，对于存在相互矛盾的签字单据，需报送单位给出合理澄清。

③ 结算资料真实性及准确性审查，对于结算计价模式、工程量计量规则、单价及费率的准确性进行重点审查。

2. 不同合同模式审查重点

（1）定额计价模式

由于定额计价模式结算分歧往往较多，耗时费力，现代煤化工项目只有在非工程实体的零星工程、临时设施工程采用此模式。对这种合同模式审查的重点是审查工程结算选用的定额子目与该工程各分部分项工程特征是否一致，代换是否合理，有无高套、错套、重套的现象。对取费及执行文件的审核，则应关注费用定额与预算定额是否配套，地区分类及工程类别，调整文件的合理性等内容。

（2）综合单价模式

由于实际实施与招标时条件的变化，综合单价清单缺项的价格如何选定是对这类合同模式审查的重点。

（3）固定总价模式

固定总价合同是现代煤化工项目主体工艺装置通常采用的合同模式。设计变更往往是此类合同价增加的主要原因之一。因此，设计变更是否成立是对这类合同模式进行结算审计的首要环节，为此，需要从原合同工作范围、变更产生的原因及目的等方面综合判断，在变更成立的基础上，再对设计变更工程量及价格的确定进行审查。因为负变更往往被人忽略，因此，它也是这类合同审计的重点。除此之外，同一装置多个合同工作界面及内容是否有交叉重叠也是审查的另一个重点。

3. 结算审计的实施程序

（1）审前准备

了解并掌握建设项目的基本情况，包括建设依据、建设规模、建设主要内容等，并收集项目结算文件、审查依据等资料。

（2）结算审查

依据资料及合同模式的不同，采用全面审核法、对比审核法、重点审核法等不同方式通过看图、观察、询问、调查、测量等方法进行结算内容审计。

（3）沟通反馈

充分的沟通能确保自己全面、深入地掌握相应情况，而就审查情况适时向对方反馈，则能有效避免审查本身的偏失乃至错误。但在沟通反馈过程中，要确保以下几点：

一是保持审计工作的独立性，以审计法规、制度为基础，注意营造良好的沟通环境，有针对性地进行沟通，不得违反审计纪律与廉政纪律；

二是沟通手段的合法性，应在法律规定的职责范围内沟通，不得采取欺骗、恐吓等非法手段进行强制性沟通；

三是沟通内容的合法性，沟通内容属于审计工作的范畴，沟通中不能泄露保密内容，更不应暴露审计意图，切实做好已发现违法违纪线索的保密工作。

（4）审查报告

在充分沟通的基础上，形成工程结算初步审查报告，就争议问题进行谈判并达成一致意见后出具正式报告。

第三节　决算审计

通过对建设项目进行决算审计，保证建设资金合法、合理使用，最终达到防范经济和法律风险、控制工程建设成本、提高投资效益、规范建设程序、提升工程项目管理水平的目的。

决算审计范围包括对建设项目资金的来源、支出及结余等财务情况，竣工决算编制，概算执行，交付使用资产，待摊投资分摊，财经法规执行，工程收入，工程尾工等方面。

一、决算审计的内容

1. 建设过程财务收支审计

此项审计，审查建设资金支出是否真实、合法，资金的使用是否符合规定的范围和标准，往来账项的真实性、合法性，有无在往来科目列收支等。财务收支审计贯穿于全过程跟踪审计全程，其主要审计内容如下。

① 审查"专用材料""专用设备"明细科目中的材料和设备是否与设计文件相符。

② 审查"预付大型设备款"明细科目所预付的款项是否按照合同支付。

③ 审查据以付款的原始凭证是否按规定进行了审批，审批是否规范。

④ 审查支付物资结算款时是否按合同规定扣除了质量保证期间的保证金。

⑤ 审查工程完工后对剩余工程物资的盘盈、盘亏、报废、毁损等的账务处理是否正确。

⑥ 审查"在建工程—建筑安装工程"科目累计发生额的真实性，主要包括在设计概算外其他工程项目的支出；是否将生产领用的备件、材料列入建设成本；据以付款的原始凭证是否按规定进行了审批及其是否合法、齐全；是否按合同规定支付预付工程款、备料款、进度款；支付工程结算款时，是否按合同规定扣除了预付工程款、备料款和质量保证期间的保证金。

⑦ 审查"在建工程-在安装设备"科目累计发生额的真实性，主要包括以下内容：是否将设计概算外的其他工程或生产领用的仪器、仪表等列入本科目；是否在本科目中列入了不需要安装的设备、为生产准备的工具器具、购入的无形资产及其他不属于本科目工程支出的费用。

⑧ 审查"在建工程-其他支出"科目累计发生额的真实性、合法性、合理性，主要包括以下内容：工程管理费、征地费、可行性研究费、临时设施费、公证费、监理费等各项费用支出是否存在扩大开支范围、提高开支标准以及将建设资金用于集资或提供赞助而列入

其他支出的问题；是否存在以试生产为由，有意拖延不办固定资产交付手续，从而增大负荷联合试车费用的问题；是否存在截留负荷联合试车期间发生的收入，不将其冲减试车费用的问题；试生产产品出售价格是否合理；是否存在将应由生产承担的递延费用列入本科目的问题；投资借款利息资本化计算是否正确，有无将应由生产承担的财务费用列入本科目的问题；本科目累计发生额摊销标准与摊销比例是否适当、正确；是否设置了"在建工程其他支出备查簿"，并登记按照建设项目概算内容购置的不需要安装设备、现成房屋、无形资产以及发生的递延费用等，登记内容是否完整、准确，有无弄虚作假、随意扩大开支范围及舞弊迹象。

2. 竣工决算资料审计

① 审查竣工决算报告资料是否完整、规范。

② 审查竣工决算编制依据是否符合国家有关规定，资料是否完整、规范，手续是否完备，对遗留问题处理是否合法、合理。

③ 审查竣工决算报表的"竣工工程概况表""竣工财务决算表""交付使用资产总表""交付使用资产明细表"中填列的内容和数据以及竣工决算说明书是否真实、准确，反映的总投资额是否正确。

3. 概算执行情况审计

① 审查工程项目是否严格按照批复的概算执行，是否存在扩大建设规模、提高建设标准的行为，有无将计划外的工程项目列入工程投资。

② 审查工程总投资是否超审批概算，如超支是否办理了调整概算的批准手续，其手续是否合规，有无存在越权审批的情况。

③ 审查项目部管理费列支范围及标准是否合规。

④ 审查管理车辆购置费、生活福利设施费、生产职工培训费的使用或计提情况，是否存在超概算的现象。

⑤ 审查工器具、办公生活家具的购置情况，其是否存在超概算的现象，其列支范围是否均是按要求与本项目直接有关的、为移交生产必需的工器具以及办公及生活家具配备。

⑥ 审查备品备件的使用情况，其购置是否是为了满足项目投产的需要而发生的，是否存在着以流动资产的形式移交给生产的情况。

4. 交付使用资产审计

① 审查交付使用资产必须的资料是否合规齐全。

② 审查交付使用的资产是否符合交付条件，是否存在不符合交付使用条件的资产。

③ 审查交付使用的资产是否办理了交付手续，是否存在未办理交接手续就已经使用的资产。

④ 审查移交生产的固定资产和流动资产是否真实与合理，对报表、账户、实物进行核对，分析是否存在重复计算或漏计资产和资产计算不正确的问题。

5. 待摊投资分摊审计

① 审查是否存在将可以直接确定收益对象的"待摊投资"进行分摊的情况。

② 审查"待摊投资"实际分摊的收益对象是否正确，是否存在随意确定收益对象的

情况。

③ 审查"待摊投资"的分摊方法是否正确，是否存在随意分摊或分摊不合理的情况。

6. 财经法规执行情况审计

① 审查各项财务支出和付款是否真实合规、凭证附件是否符合要求、审批手续是否完备，是否存在超合同规定付款、无审批手续付款等违规现象。

② 核实往来款项和银行付款，审查是否存在挪用工程建设资金的行为。

③ 审查是否存在隐瞒、转移、挪用建设工程物资的行为。

④ 审查是否存在收入不入账、虚拟工程支出等私设"小金库"的行为以及贪污建设资金的行为。

⑤ 审查报废工程是否经有关部门鉴定、签证，报批手续是否完备。

⑥ 审查设备器材盈亏和毁损的原因及审批手续是否完备，非常损失是否真实。

⑦ 审查有无重大事故和经济损失问题。

⑧ 审查项目是否按工程建设程序进行，各相关手续是否齐全、完备，竣工验收是否符合国家有关规定、各类交工技术文件是否按规定整理归档。

7. 工程收入的审计

审查工程收入是否真实，有无隐瞒转移收入的问题，试生产收入、净收入、提前投产收益是否按国家规定计算分成，应上缴或还贷部分是否足额上缴或归还贷款。

8. 工程尾项工程审计

核实尾项工程的未完工程量和完成尾项工程所需要的资金，查明是否留足资金和有无新增工程内容等问题。

二、决算审计依据的主要文件

决算审计依据的主要文件如下：

① 建设项目管理相关文件；

② 企业自身建设项目管理制度、项目会计核算制度等；

③ 会计核算及财务管理文件；

④ 工程整体或主要项目验收资料；

⑤ 工程竣工决算报表及编制说明；

⑥ 工程结算审核报告；

⑦ 项目建设情况说明、建设项目概算执行情况说明；

⑧ 分年度固定资产投资计划及建设资金实际到位情况；

⑨ 所有与建设项目相关的合同及合同台账；

⑩ 建设方统供设备、材料清单；

⑪ 与工程相关的总账、明细账及会计凭证等会计资料；

⑫ 建筑工程、安装工程、设备、待摊销投资及与工程相关往来账明细表；

⑬ 结存货币资金、工程物资盘存明细表及各往来科目余额明细表；

⑭ 设备清查盘点明细表；

⑮ 工程款、设备材料采购款及其他合同支付情况表；

⑯ 未完工程情况表（工程名称，预计开工、完工时间，投资额，相关合同，目前进度等）；

⑰ 与工程项目相关关联方单位名册、关联方交易事项说明及关联方交易的相应合同；

⑱ 与工程项目有关的房产证、土地使用权证（或土地出让合同）、车辆行驶证等产权证明文件；

⑲ 项目资本金验资报告。

第二十四章
项目后评价

项目后评价可以说是建设项目管理中最后完成的一项重要内容，它是出资人评判投资活动的重要依据之一，也是出资人对投资活动进行监管的重要手段。通过项目后评价反馈的信息，可以发现项目决策与实施过程中的问题与不足，从而吸取经验教训，以此提高项目决策与建设管理水平。

第一节　项目后评价的概念和要求

项目后评价作为项目管理周期的最后一环，与项目周期的各个阶段都有着密不可分的关系。

一、项目后评价的目的和作用

1. 项目后评价的目的

项目后评价的主要目的是服务于投资决策，并且是出资人对投资活动进行监管的重要手段之一。同时，通过项目后评价，发现并纠正现有决策、制度、规划、计划的偏失和不足，通过项目后评价，总结提炼经验、教训，增强项目实施的透明度和项目管理部门、人员的责任心，进而改进、提升现有项目管理，提高后续项目的投资决策和项目管理水平，提高投资效益。

2. 项目后评价的作用

（1）促进项目前项工作质量的提高

开展项目后评价，回顾项目前期决策成功的经验及失误的原因以及前期工作质量的好坏，能够促使参与项目可行性研究、评估和决策的人员增强责任感，提高项目前期工作的质量和水平，通过项目后评价反馈的信息，也能及时发现和暴露决策中存在的问题和不足，进而吸取经验教训，提高项目决策水平。

（2）促进项目建设方提高项目管理水平

项目后评价对建设方在项目实施阶段的项目管理进行分析，剖析其内部履行职责的情况，总结其管理经验教训，这些既能直接提高被评价项目建设方的项目管理水平，也可通过经验交流方式，为其他的项目建设方改进自身项目管理提供参考和借鉴。

（3）对企业优化生产管理起推动作用

项目后评价也包括评价时点前的生产运营管理情况，因此，通过对生产组织、企业管理、财务效益等方面的分析、评价和相应建议，促进企业优化生产运营管理。

（4）对出资人加强投资监管起支持作用

项目后评价也包括分析评价资金使用情况和企业经营状态，以此支持出资人对投资活动的监管和对投资效果的评判，对政府出资的项目，则可以为建立和完善、实施政府投资监管体系和责任追究制度提供依据。

二、项目后评价的含义和基本特征

1. 项目后评价含义

目前，对项目后评价还没有一个统一、规范的定义，根据项目后评价启动时间的不同，一般分为狭义的项目后评价和广义的项目后评价。

狭义的项目后评价是指项目投资完成之后所进行的评价。它通过对项目实施过程、结果及其影响进行调查研究和全面系统回顾，与做出项目投资决策时确定的项目目标和技术、经济、环境、社会指标进行对比，找出差别和变化，并分析其原因，总结经验，吸取教训，得到启示，以此改善和指导新一轮投资管理和投资决策，达到提高投资效益的目的。

广义的项目后评价还包括项目中间评价，或称中间跟踪评价、中期评价，这是指从项目开工到竣工验收前所进行的各阶段性评价，即在项目实施过程中的某一时点，对建设项目实际状况进行的评价。一般在规模较大、较复杂、工期较长的项目上以及在项目主客观条件发生较大变化的情况下采用。中间评价除了总结经验教训以指导下阶段工作外，还应就项目实施过程中出现的重大变化因素对项目的后续建设和项目目标的影响进行重点评价。

无论是广义的或是狭义的项目后评价，需注意的一点是，它们都应避免出现"自己评价自己"。

2. 项目后评价的基本特性

根据其在项目周期中的地位和作用，项目后评价具有以下基本特性。

（1）全面性

项目后评价，既要总结、分析和评价投资决策和实施过程，又要总结、分析投产运行过程；不仅要总结、分析和评价项目的经济效益、社会效益，而且还要总结、分析和评价生产运营管理状况；不仅分析和评价过去，还要展望未来，得出持续性分析。因此，项目后评价具有数据采集范围广泛、评价内容全面的特点。

（2）动态性

项目后评价主要是对投产一至两年的项目进行全面评价，涉及到从项目决策到项目实施和投产运营各个阶段各不相同方面的工作，因此，具有明显的动态性。广义项目后评价包括项目建设过程中的中间评价，前面完成的项目后评价成果，会在其后进行的后评价中，根据收集到的项目最新数据和最新情况，而对其进行修正，这也体现了项目后评价的动态性。

（3）方法的对比性

对比是项目后评价的基本方法之一，它是将实际结果与原定目标进行同口径对比，将项目建成后的或项目某阶段性的结果与建设项目前期设定的各项预期指标进行对比，从而找出差异，分析原因，总结经验和教训。除此之外，有无对比法也常用于项目的后评价。

（4）依据的现实性

项目后评价是对项目已形成的现实结果进行分析研究，依据的数据资料是建设项目已实际存在的真实数据和真实情况，对将来的预测也是立足于评价时点的现实情况之上。因此，后评价依据的资料以及所用数据或其他类信息的采集、提供、取舍都要坚持实事求是，唯此才能避免因依据的现实性不足而形成错误结论。

（5）价值在于传播的广泛性

项目后评价的目的之一是为改进和完善项目管理提供依据，为投资决策提供参考和借鉴。因此，在后评价完成后，必须使项目决策者、项目管理人员乃至项目投产后的运营人员都对其应知尽知，以此才能够使经验得到推广、教训得以吸取，从而防止重大或较大的错误和问题再犯、再发生。

三、项目后评价的类型

项目后评价，既可以按评价的时点分类，也可以按评价的范围或评价的项目类别分类。

1. 按评价时点划分

项目后评价根据发起的时点不同，分为中间评价和项目已投产运行后进行的后评价。后一种也即狭义的项目后评价，为区别于广义的项目后评价，我们暂把它称为"最后评价"。

中间评价是指建设方或项目组织对正在建设中的项目进行的评价。其作用是通过对项目建设活动中的检查评价，及时发现存在的问题，分析产生的原因，重新评价项目目标是否可能达到、项目效益指标是否可以实现，并有针对性地提出解决问题的对策和措施，以便决策者及时调整方案，使项目按照决策目标继续推进，而对于评价后判定确已无必要再继续建设的项目，就及时中止，以免造成更大浪费。项目中间评价从立项到项目完成，可以多次进行，它们根据启动时点不同又分为开工评价、跟踪评价、调概评价、阶段评价、完工评价等。

项目中间评价是项目监督管理的重要组成部分，它以建设方日常的监测资料和项目绩效数据为基础，以调查研究的结果为依据进行分析评价，通常是由独立的咨询机构来完成的。

"最后评价"则是对项目自立项开始经项目投资决策、项目建设到评价时点的生产运营为止的全过程进行的评价，其意义重在改进、提升后续的生产运营管理和后续项目的投资决策和项目建设管理。

中间评价与"最后评价"都是项目全过程管理的重要组成部分，既相对独立又紧密联系。一方面，由于两者实施的时间不一样，评价深度和相应的一些实际指标数据就有差异，而它们的作用和功能也有所不同。另一方面，中间评价和后评价也有许多共同点，如评价方式、方法都是一致的，除时间因素外，评价范围的划定也不会因两者类型不同而有差别，我们可以把"最后评价"看成是中间评价的向后延伸，中间评价可以被看成是"最后评价"的一个依据和基础。

2. 按评价范围划分

项目后评价根据评价范围的不同，可以分为全面后评价和专项后评价。

项目后评价可以是全面后评价，也可以根据决策需要，选取单一专题进行专项后评价。就后一种来说，又可以分为项目影响评价、规划评价、地区或行业评价、宏观投资政策研究等类型。专项后评价，既适用于中间评价，也适用于"最后评价"。

3. 按项目类别划分

按项目类别划分，目前比较常见的后评价类型有工程项目后评价、并购项目后评价、贷款项目后评价、规划后评价等。

四、项目后评价的依据

1. 理论依据

现代煤化工项目建设是一个十分复杂的系统工程，而项目系统的整体功能就是要实现既定的项目目标。项目系统通过与外部环境进行的信息交换及资源和技术的输入实施完成项目，并向外界输出项目产品。

项目系统的各项状态参数会随时间变化而动态变化，要使这种动态变化满足实现姓名目标的需要，就需要建立起有效的反馈控制机制。反馈控制是指将系统的输出信息返送到输入端，与原有的输入信息进行比较，并修正二者的偏差进行控制的过程。反馈控制其实是用过去的情况来指导现在和将来。在控制系统的反馈控制中，需要克服环境变化的干扰，减少或消除系统偏差。

投资决策者根据经济环境分析，通过决策评价确定项目目标，以目标制定实施方案，专业机构对方案进行可行性分析和论证，把分析结果反馈给投资决策者，使后者在项目决策阶段中及时纠正偏差，作出正确的决策、改进、完善项目目标和方案。在项目实施阶段，执行者将实施信息及时反馈给此阶段的决策者，并通过项目中间评价提出纠正、改进的意见和建议，使决策者和其他项目管理者及时调整方案和执行计划，纠正、改进自身管理，以使项目顺利完成并投入运营。在项目运营一段时间后，通过项目后评价将项目的经营效益、社会效益与决策阶段的目标相比较，对建设和运营的全过程作出科学、客观的评价，反馈给生产决策者和项目投资决策者和项目管理者，从而对今后的生产运营和后续项目作出正确的决策、进行更好的管理，以此提高项目投资效益。

2. 政策制度依据

随着国家投融资体制改革和管理的不断完善和深入，经过几十年的实践探索，我国已初步形成了政府制订后评价制度性或规定性文件、行业制订后评价实施细则、企业制订后评价操作性文件的制度体系。开展项目后评价工作的制度依据已经充分、齐全。

3. 信息数据依据

后评价的信息、数据主要来源于项目决策及项目实施过程中的重要决策、决定类文件、重要的计划类和记录类文件、项目生产运营数据和相关财务报表、与项目有关的审计、竣工验收报告、稽查报告等。

煤化工项目通常的后评价依据的主要文件如下。

（1）项目决策阶段的主要文件

包括项目建议书、项目可行性研究报告及各类行政审批、备案手续文件和企业投资决策文件。

行政审批、备案文件如项目核准或备案文件、土地预审报告、用地规划许可证、工程规划许可证、环境影响评价报告、安全预评价报告、职业卫生评价报告、节能评估报告、重大项目社会稳定风险评估报告、洪水影响评价报告、水资源论证报告、水土保持报告等及相应的批复文件。

企业投资决策文件主要是项目立项批复和投资决策批复及相应的管理制度，由于各煤化工项目建设方内部的决策程序不尽相同，这类批复文件也可能以董事会决议、项目资金申请报告等形式存在。

（2）项目实施阶段的主要文件

包括项目管理规定，项目管理策划，工程设计文件及概（预）算，招投标文件及合同，开工报告报审、审批文件，项目进度计划，项目投资计划，施工图设计会审，设计变更，合同变更，监理资料，施工资料，监造资料，各类专项验收文件，竣工验收报告及其附属文件等。

有的煤化工项目，由于实施过程中发生重大的条件变化或执行偏差，还会有概算调整报告、稽查报告等重要的过程资料。

（3）项目生产运营阶段的主要文件

包括项目生产和经营数据、装置及关键设备运行指标及维护记录、企业财务报表、项目生产运营管理制度、安全生产许可证、经营许可证等，也包括评价时点前已完成或正进行的技术改造情况。

五、项目后评价的评价指标

不同类型的煤化工项目，其后评价选用评价指标也不相同，但其主要指标一般有如下几类：

1. 工程技术评价指标

此类指标如设计能力、技术或工艺的合理性、可靠性、先进性、适用性、设备性能、项目工期、进度、质量等。

2. 财务和经济评价指标

① 项目投资指标，项目总投资、建设投资、预备费、财务费用、资本金比例等。

② 运营期财务指标，单位产出成本与价格、财务内部收益率、借款偿还期、资产负债率等。

③ 项目经济评价指标，内部收益率、经济净现值等。

3. 项目生态与环境评价主要指标

物种、植被、水土保持等生态指标，环境容量、环境控制、环境治理与环保投资以及资源合理利用和节能减排指标等。

4. 项目社会效益评价主要指标

项目社会效益评价主要指标包括利益相关群体、移民和拆迁、项目区贫困人口、最低生活保障线等。

5. 项目目标和可持续性评价指标

① 项目目标评价指标，项目投入、项目产出、项目直接目的、项目宏观影响等。

② 项目可持续性评价指标，财务可持续性指标、环境保护可持续性指标、项目技术可持续性指标、管理可持续性指标、需要的外部政策支持和其他外部条件等。

六、项目后评价结果反馈

后评价结果反馈的目的是将后评价总结提炼的经验教训以及提出的对策或建议，反馈到投资决策者和投资主管部门、项目出资人以及项目执行组织那里，以使其发挥应有的作用。

第二节　煤化工项目后评价的方法和报告内容

一、选择后评价项目时应考虑的因素

即使是煤化工项目，也不是所有的都要做项目后评价，但有以下情况的项目应做项目后评价：

① 项目投资额巨大，建设工期长、建设条件较复杂或跨地区、跨行业；

② 项目采用新技术、新工艺、新设备，对提升企业核心竞争力有较大影响；

③ 项目在建设过程中产品市场、原料供应及融资条件发生重大变化；

④ 项目组织管理体系复杂，境外投资项目包括其中；

⑤ 项目对行业或企业发展有重大影响；

⑥ 项目引发的环境、社会影响较大。

二、项目后评价方法

（1）项目后评价的综合评价方法

项目后评价的综合评价方法是逻辑框架法，它是一种通过投入、产出、直接目的、宏观影响四个层面对项目进行分析和总结的综合评价方法。

（2）项目后评价的主要分析评价方法

项目后评价的主要分析评价方法是对比法，即根据后评价调查、收集到的项目实际情况，对照项目立项时所确定的直接目标和宏观目标及项目指标，找出偏差和变化，分析原因，得出结论和经验教训。对比法包括前后对比法、有无对比法和横向对比法。

① 前后对比法是项目实施前后相关指标的对比，用以直接估量项目实施的相对成效。

② 有无对比法是指在项目周期内把相关指标的实际值与假设无项目情况下相关指标的预测值对比，用以度量项目真实的效益、作用及影响。

③ 横向对比法是同一行业内类似项目相关指标的对比，用以评价项目绩效或项目投产后的竞争力。

（3）项目后评价调查

项目后评价调查是采集对比信息资料的主要方法，包括现场调查和问卷调查。后评价调查的成效主要取决于事前策划的质量好坏。

（4）项目后评价指标框架

① 构建项目后评价的指标体系，应按照项目逻辑框架构建，从项目的投入、产出、直接目的三个层面出发，将各自目标分解落实到各项具体指标中。

② 后评价指标体系内的指标包括工程咨询评价常用的各类指标，主要有工程技术指标、财务和经济指标、环境和社会影响指标、管理效能指标等几类，主要的具体指标见本章第一节的"项目后评价的评价指标"内容。不同类型的项目，其项目后评价应选用不同的重点评价指标。

③ 项目后评价应根据不同情况，对项目立项、项目评估、初步设计、合同签订、开工报告、概算调整、完工投产、竣工验收等项目周期中几个时点的指标值进行比较，特别应分析比较项目立项与完工投产或竣工验收两个时点指标值的变化，并分析变化原因。

三、项目后评价报告内容

项目后评价报告内容包括项目建设全过程回顾、项目绩效和影响评价、项目目标实现程度和持续能力评价等，并在此基础上总结经验教训，提出对策和建议。

1. 煤化工项目全过程的回顾

① 项目立项决策阶段的回顾，主要内容包括项目建议书、项目可行性研究、项目评估或评审、项目决策审批或核准等。

② 项目准备阶段的回顾，主要内容包括工程勘察设计、资金来源和融资方案、采购招投标（含工程设计、咨询服务、工程建设、设备采购）、合同条款和合同、协议签订、开工准备等。

③ 项目实施阶段的回顾，主要内容包括项目合同执行、重大设计变更、工程进度、投资、质量、安全"四大控制"、资金支付和管理、项目管理等。

④ 项目竣工和运营阶段的回顾，主要内容包括工程竣工和验收、技术水平和设计能力达标、试生产运行、经营和财务状况、运营管理等。

2. 项目绩效和影响评价

① 项目技术评价，主要内容包括工艺技术和装备的先进性、适用性、经济性、安全性，工程的质量及安全，除此之外，还要特别要关注资源、能源的合理利用。

② 项目财务和经济评价，主要内容包括项目总投资和负债状况、重新测算的项目财务评价指标、经济评价指标、偿债能力等，此项评价应通过投资增量效益的分析，突出项目对企业效益的作用和影响。

③ 项目环境和社会影响评价，主要内容包括项目污染控制、地区环境生态影响、环境治理与保护、增加就业机会、征地拆迁补偿和移民安置、带动区域经济社会发展、推动产业技术进步等，必要时，还应进行项目的利益群体分析。

④ 项目管理评价，主要内容包括项目实施相关者管理、项目管理体制与机制、项目管理者水平；企业项目管理、投资监管状况、体制机制创新等。

3. 项目目标实现程度和持续能力评价

（1）项目目标实现需满足的条件

项目目标实现需在四个方面满足以下条件，与其的接近程度也就是项目目标的实现程度。

① 项目工程实体建成。项目的建筑工程完工，设备、管道、电气、仪表、电信安装调试完成，生产装置和设施经过试运行，具备竣工验收条件。

② 项目技术和能力。生产装置、设施和设备的运行达到设计能力和技术指标，产品质量达到国家或企业标准。

③ 产生经济效益。项目财务和经济的预期目标，包括运营（销售）收入、成本、利税、收益率、利息备付率、偿债备付率等基本实现。

④ 产生项目影响。项目的经济、环境、社会效益目标基本实现，项目对产业布局、技术进步、国民经济、环境生态、社会发展的影响已经产生。

（2）项目持续能力的评价

主要分析以下因素及条件。

① 持续能力的内部因素，包括财务状况、技术水平、污染控制、企业管理体制与激励机制等，核心是产品竞争能力。

② 持续能力的外部条件，包括资源、环境、生态、物流条件、政策环境、市场变化及其趋势等。

4. 经验教训和对策建议

煤化工项目后评价应根据调查、收集到的真实情况认真总结经验教训，并在此基础上进行全面而深入的分析，得出启示和对策、建议。对策、建议应具有针对性和可操作性，并且要适宜、合理。项目后评价的经验教训和对策建议应从项目、企业、行业、宏观四个层面分别说明。

上述内容是项目后评价的总体框架。大型或复杂煤化工项目的后评价应该包括以上主要内容，一般中小型且并不复杂的煤化工项目应根据后评价委托的要求和评价时点，选做其中一部分内容。项目中间评价则应根据需要有所区别、侧重和简化。

参考文献

[1] 杨芊，颜丙磊，杨帅.现代煤化工"十三五"中期发展情况分析[J].中国煤炭，2019，45(7)：77-83.

[2] 崔粲粲，梁睿，罗案，等.现代煤化工含盐废水处理技术进展及对策建议[J].洁净煤技术，2016，22(6)：95-100.

[3] 谢克昌."十四五"期间现代煤化工发展的几点思考[J].煤炭经济研究，2020，40(5)：1-3.

[4] 叶茂，朱文良，徐庶亮，等.关于煤化工与石油化工的协调发展[J]，中国科学院院刊，2019，34(4)：417-425.

[5] 张媛媛，王永刚，田亚峻.典型现代煤化工过程的二氧化碳排放比较[J]，化工进展，2016，35(12)：4060-4064.

[6] 王自齐，赵金垣.化学事故与应急救援[M].北京：化学工业出版社，1997.

[7] 武祥东.现代新型煤化工工程建设项目管理模式探讨[J].中国工程科学，2012，14(2)：54-58.

[8] 高坤俊.浅析 EP 总承包模式管理[J].中国石油大学学报，2008，24(6)：31-33.

[9] 赵引师.浅谈大型煤化工项目建设的安全管理工作[J].中国化工贸易，2013(5)：166.

[10] 尹贻林，徐志超.工程项目中信任合作与项目管理绩效的关系——基于关系治理视角[J].北京理工大学学报(社会科学版)，2014，16(6)：41-51.

[11] 杜亚灵，胡雯拯，尹贻林.风险分担对工程项目管理绩效影响的实证研究[J].管理评论，2014，26(10)：46-55.

[12] 方圆，张万益，曹佳文，等，我国能源资源现状与发展趋势[J].矿产保护与利用，2018(4)：34-42，47.

[13] 胡迁林.现代煤化工产业的精细化发展[J].科技导报，2016，34(17)：42-47.

[14] 杨芊，杨帅，张绍强.煤炭深加工产业"十四五"发展思路浅析[J].中国煤炭，2020，46(3)：67-73.

[15] 徐耀武，徐振刚.煤化工手册[M].北京：化学工业出版社，2013.

[16] 赵引师.浅谈大型煤化工项目建设的安全管理工作[J].中国化工贸易，2013(5)：166.

[17] 王治泉.EPC 总承包模式在大型煤化工项目建设应用的研究[J].化工管理，2014(35)：245-246.

[18] 郭洪君.大型煤化工项目建设控制管理研究(上)[J].化肥工业，2014(6)：23-29.

[19] 武祥东.现代新型煤化工工程建设项目管理模式探讨[J].中国工程科学，2012，14(2)：54-58.

[20] 张鹏宇，朱闻丽.EPC 总承包模式下的石油化工项目管理优化[J].化工管理，2015，11：73-75.

[21] 邱鸿.国际工程项目管理的主要模式及发展趋势[J].建设监理，2008(3)：1-7.

[22] 姚忠厚.煤化工项目 EPC 总承包管理的实践和探索[J].建设监理，2010(4)：19-23

[23] 陈勇强，孙春风.PMC＋EPC 模式在工程建设项目中的应用[J].石油工程建设，2007，33(5)：55-57.

[24] 黄伟，赵光景.试论现代建筑工程项目的经济管理[J].四川建材，2011，37(04)：278-279.

[25] 杨春慧.煤化工程建设项目造价全过程跟踪审计的应用与研究[J].中国高新技术企业，2016(33)：177-178.

[26] 尹贻林，王垚.合同柔性与项目管理绩效改善实证研究：信任的影响[J].管理评论，2015，27(09)：151-162.

附录一　XX 项目总体策划

XX 项目总体策划

XX 项目部
XX 年 XX 月 X 日

批　准：

审　定：

审　核：

编　制：

目　录

1. 项目概述 ……………………………………………………………………………… 341

   1.1　编制说明 ………………………………………………………………………… 341

   1.2　编制依据 ………………………………………………………………………… 341

   1.3　项目概况 ………………………………………………………………………… 341

2. 项目指导方针与管理理念 ……………………………………………………………… 342

   2.1　项目指导方针 …………………………………………………………………… 342

   2.2　项目理念 ………………………………………………………………………… 342

   2.3　项目管理理念 …………………………………………………………………… 342

3. 项目管理模式、项目组织及职责 ……………………………………………………… 342

   3.1　项目管理模式 …………………………………………………………………… 342

   3.2　项目管理组织架构 ……………………………………………………………… 343

   3.3　项目部人员配备计划 …………………………………………………………… 343

   3.4　工作职责 ………………………………………………………………………… 345

4. 项目管理目标体系 ……………………………………………………………………… 351

   4.1　项目目标体系概述 ……………………………………………………………… 351

   4.2　项目各项具体目标 ……………………………………………………………… 351

5. 项目阶段划分及主要工作 ……………………………………………………………… 351

6. 项目特点难点分析 ……………………………………………………………………… 354

   6.1　项目特点分析 …………………………………………………………………… 354

   6.2　项目难点分析 …………………………………………………………………… 355

7. 项目管理策略 …………………………………………………………………………… 357

   7.1　前期工作管理策略 ……………………………………………………………… 357

   7.2　商务及合同管理策略 …………………………………………………………… 358

   7.3　投资管理策略 …………………………………………………………………… 363

   7.4　计划与进度控制管理策略 ……………………………………………………… 367

   7.5　设计管理策略 …………………………………………………………………… 368

   7.6　采购管理策略 …………………………………………………………………… 372

   7.7　施工管理策略 …………………………………………………………………… 376

   7.8　HSE 管理策略 …………………………………………………………………… 380

   7.9　质量管理策略 …………………………………………………………………… 385

   7.10　财务管理策略 ………………………………………………………………… 388

   7.11　行政管理策略 ………………………………………………………………… 392

   7.12　风险管理策略 ………………………………………………………………… 394

   7.13　沟通管理策略 ………………………………………………………………… 396

   7.14　档案管理策略 ·· 398

   7.15　专项验收及竣工验收策略 ··· 399

8.　项目管理界面 ··· 401

   8.1　利益相关者描述 ··· 401

   8.2　项目界面协调管理 ·· 402

9.　生产准备 ··· 404

   9.1　原则 ·· 404

   9.2　技术选择及基础设计阶段 ··· 405

   9.3　项目执行阶段 ·· 405

   9.4　试车阶段 ·· 406

   9.5　验收阶段 ·· 407

   9.6　项目公用工程系统与现有系统的优化整合 ···································· 408

10.　创建阳光工程 ··· 409

   10.1　创建阳光工程 ·· 409

   10.2　党建共建 ·· 410

11.　项目国产化与科技创新 ··· 412

12.　项目绩效考核 ··· 413

   12.1　分公司对项目部的考核 ··· 413

   12.2　对承包商的考核 ··· 413

   12.3　项目部内部的考核 ·· 414

XX 项目总体策划

1. 项目概述

1.1　编制说明

2016 年 9 月至 2017 年 8 月，为规范、高效开展项目工作，规避项目各类风险，对项目各阶段的管理进行科学统筹，项目部组织开展了《XX 总体策划》编制工作，作为全面指导项目各项管理工作的纲领性文件。

1.2　编制依据

① 国家发改委《关于 XX 项目核准的批复》；

② 神华集团公司《关于 XX 项目分期建设方案的批复》；

③《关于 XX 项目备案的通知》；

④《XX 项目可行性研究报告》；

⑤ XX 集团公司《关于 XX 项目可行性研究报告的批复》；

⑥《可行性研究报告》；

⑦ XX 集团公司《关于 XX 项目可行性研究报告的批复》；

⑧ XX 公司《关于成立 XX 项目主任组的通知》；

⑨ XX 公司领导班子、XX 项目主任组联席会议纪要（第 1 次）；

⑩ XX 项目主任组会议纪要；

⑪ 国家、行业、地方有关工程项目建设的制度、规定、标准、规范等；

⑫《XX 公司基本建设项目管理原则（试行）》（以下简称项目管理原则）；

⑬ XX 集团有限责任公司（以下简称集团公司）、XX 化工有限公司（以下简称板块公司）、XX 能源化工有限公司（以下简称分公司）项目建设的相关制度及规定、程序；

⑭ XX 项目、XX 项目第一条生产线、XX 项目两轮项目建设的成功经验与教训。

1.3　项目概况

为落实 XX 省、XX 市等地方政府加快推进 XX 项目建设的要求，满足已投产 XX 项目原料需求，发挥 XX 地区煤化工项目规模化、一体化、基地化布局优势，化工公司拟先期建设 XX 第一阶段 XX 万吨/年煤制甲醇联产 XX 万吨/年乙二醇工程（以下简称本项目）。本项目建设地点位于 XX 市 XX 工业园 XX 项目的预留地（不足部分向北扩展）。

本项目由空分、煤气化、变换、酸性气体脱除、甲醇合成、硫黄回收和乙二醇等工艺装置和配套的公用工程、辅助设施组成，其中公用工程、辅助设施和 XX 项目紧密结合，两个项目在生产管理上合为一体。

本项目年产甲醇 XX 万吨、乙二醇 XX 万吨，可研估算建设投资 XX 亿元，总投资 XX 亿元。

2. 项目指导方针与管理理念

2.1 项目指导方针

技术先进、策划超前、过程控制、各方满意。

2.2 项目理念

项目成功是所有参与人员的成功。

2.3 项目管理理念

为了贯彻项目的指导方针，体现现代化的项目管理水平，建立以下管理理念：

① 组建精干、高效、务实、协作的一体化项目管理团队，采用矩阵式管理，明确工作范围与管理界面。

② 利用工程公司成熟的项目管理体系，建立满足分公司要求、体现项目特点的项目管理体系，进一步提升项目管理水平。

③ 精心谋划、合理划分合同包，充分利用市场竞争，引入资质合格、团队优良、执行有效的优质建设资源，实现合作共赢，顺利达成项目管理目标。

④ 围绕项目全生命周期统筹策划，依法合规建设，科学实施项目管理。

⑤ 全面推广使用项目集成管理信息系统，实现资源共享，提升管理效率。

⑥ 强化设计输入管理，建立设计输入评审制度，明晰工厂定义，保证装置本质安全，实现全厂运营效益最优。

⑦ 全面推行开工、安全、质量、文明施工标准化，积极营造争创样板工程氛围。

⑧ 项目全过程贯彻"项目材料近零库存""安全零伤害，质量无隐患""6S 标准中交""项目资料过程存档""项目资产过程移交""项目结算和决算过程审计"等先进建设理念。

⑨ 提前策划项目验收，重抓 7 大专项验收，领导重视、各方协同，提前解决制约项目验收的因素，确保项目验收顺利通过，实现工厂合法生产。

3. 项目管理模式、项目组织及职责

3.1 项目管理模式

按照项目建设管理理念，以板块公司项目管理规定为依据，分公司组建由分公司、工程公司等人员组成的一体化项目部，对项目实施全过程进行管理，充分发挥工程公司人员项目管理优势和分公司人员工艺技术与设备管理优势。

3.2　项目管理组织架构

XX项目部由项目主任组、8个职能部门、6个项目组和2个专业组构成，各职能部门、项目组及专业组在项目主任组的领导下实行矩阵式管理。

- 项目部全面负责本项目建设过程中的各项管理工作。
- 项目主任组成员由板块公司任命，项目主任组由项目主任、6位主管副主任组成，项目主任组配备一名主任组秘书。项目主任组是项目各项工作管理的直接领导层和决策层，主任组在分公司的授权下管理项目，负责项目各个阶段的组织和管理工作，并就项目的进度、投资、质量、安全、健康和环境管理对分公司负责。
- 项目部设8个职能部门，分别为项目管理部、设计管理部、采购管理部、施工管理部、商务管理部、安质环监管部、财务部和综合部。项目职能管理部门是项目主任组领导下的工作执行层，将按照项目部制定的项目执行策略、项目的总体目标和要求以及项目管理的统一要求，在其职责范围开展工作，同时对项目组实施必要的管理、监督、指导、支持和协调。
- 项目部设6个项目组，分别为系统工程项目组、公用工程项目组、空分项目组、气化项目组、净化甲醇项目组和乙二醇项目组。项目组是项目分区域的项目管理执行组织，依托各职能部门的技术、资源和管理，通过项目主任组的统一领导、指挥、协调和调度，肩负着区域项目的质量、安全、进度和费用的管理和控制的职责，是合同实施管理的主体。项目组实施项目经理负责制，项目经理在授权范围内，全权代表项目部全面负责项目的合同执行，按照合同的规定，履行对承包商、施工分包方、监理单位和合同相关方的监督、管理和协调。
- 项目部设2个专业组，分别为政府协调组和技术专家组。政府协调组隶属项目主任组直接领导，对项目主任组报告工作。政府协调组由工程公司和分公司派遣相应人员共同组建，负责为项目各项涉及政府报批的事项提供服务和支持，保证项目与政府行政主管部门的密切联系，及时获取行政主管部门在项目建设过程中对行政审批事项和监督检查的意见。技术专家组为项目临时组织机构，根据项目建设需要临时聘请板块公司下相关分（子）公司的相应专业人员或专家，在项目技术支持及把关、项目管理等方面支持项目部的工作。

3.3　项目部人员配备计划

项目部人员配备体现"少而精"的原则，人员配备随着项目进展动态调配。

根据项目前期工作特点，项目定义阶段（含部分前期工作）工作专职、兼职人员约各占一半，项目部搭起组织构架，成立职能部门及项目组、任命关键人员。项目有关前期工作、技术选择、长周期设备采购及商务招标等工作，按照"三集中"原则，即项目部牵头提出工作计划和需求，由工程公司相关职能部门整合专业人员组织落实，同时，分公司抽调相关人员进入项目部给予技术支持。项目进入执行阶段，项目部人员按照组织构架陆续配齐并相对固定，项目部工作以专职人员为主。根据分公司领导班子、项目主任组第1次联席会议纪要的要求，由项目部编制执行阶段人员需求计划，经分公司审核后，由分公司、工程公司向项目部派遣合格项目管理人员。

执行阶段，项目部高峰期投入标准全职人员（折合后）拟控制在 190～200 人之间。

3.3.1 职能部门人员配置

各部门设部门经理 1 人，考虑执行阶段本项目规模、复杂性、协调界面及人员来源等情况，项目管理部、设计管理部、施工管理部、商务管理部及安质环监管部另设部门副经理岗位。各部门结合部门业务设置功能组和相关岗位，部门各功能组人数按管理需求和内容确定。为有效整合人力，结合岗位性质，一些岗位可由工程公司或分公司人员兼职，一些岗位人员将同时兼职部门和项目组工作。其中项目组合同经理、费控经理由部门统一管理；设计管理部专业工程师原则上配备一套班子，由设计部统一管理，详细设计阶段水处理工艺、粉体、静设备、动设备、管道、热工等专业设计工程师派驻到项目组；项目组的施工工程师原则上派驻项目组，个别专业如吊装、测量、焊接、无损检测、筑炉、电气、动设备工程师等由施工管理部统一调配管理。

初步策划定义阶段 8 个部门总岗位 101 个，含工程公司、分公司（借调部分其他公司人员）兼职人员合计总人数为 92 人，其中项目管理部 12 人、设计管理部 12 人、采购管理部 22 人、施工管理部 10 人、商务管理部 21 人、安质环监管部 6 人、综合部 1 人和财务部 8 人。在执行阶段 8 个部门总岗位 115 个，含兼职人员合计总人数为 112 人，其中项目管理部 17 人、设计管理部 18 人、采购管理部 15 人、施工管理部 20 人、商务管理部 12 人、安质环监管部 16 人、综合部 6 人和财务部 8 人。

3.3.2 项目组人员配置

项目组人员由项目经理、生产代表（执行阶段不进入项目部）、专业经理和专业工程师组成。在定义阶段，项目组工作由技术项目经理负责，并任命执行项目经理配合；在执行阶段，项目组工作由执行项目经理负责。项目经理均由分公司、工程公司派遣。在定义阶段，各项目组均配置 1～2 名生产代表，人员由分公司派出。各项目组按需设置专业经理和工程师，除分公司为各项目组配备的工艺、设备、电气、电信及仪表等工程师外，设计经理、采购经理、施工经理、进度控制经理、费用控制经理、合同经理、安全工程师、土建工程师、管道安装工程师、设备安装工程师、仪表安装工程师及文控工程师属于各项目组标准配置。公用工程项目组因合同界面多、管理范围大，施工经理、安全工程师及土建工程师各需要增加 1 人。根据项目组管理范围、装置特点，系统工程项目组需配置 1 名电气安装工程师，净化甲醇项目组需增设 1 名管道安装工程师。

初步策划定义阶段 5 个项目组总岗位 68 个，不含部门、项目组兼职人员合计总人数为 57 人，具体为：系统工程项目组 9 人、公用工程项目组 14 人、气化空分项目组 13 人、净化甲醇项目组 13 人、乙二醇项目组 8 人。在执行阶段，6 个项目组总岗位 121 个，不含部门、项目组兼职人员合计总人数为 118 人，具体为：系统工程项目组 23 人、公用工程项目组 24 人、空分项目组 17 人、气化项目组 17 人、净化甲醇项目组 21 人、乙二醇项目组 16 人。

3.3.3 专业组人员配置

政府协调组岗位 8 个，专职人员 2 人、兼职人员 6 人；技术专家组无常设人员，根据项目建设需要临时聘请相应的专家。

3.4　工作职责

3.4.1　主任组

3.4.1.1　主任组职责

- 代表分公司对项目进行管理。
- 负责组建项目部，并对项目组及项目部各部门的工作进行管理、指导。
- 遵守国家法律法规、集团公司及板块公司相关管理规定，负责项目的前期、定义、执行、试车、竣工验收等各个阶段的组织及管理工作。
- 全面负责项目的安全、健康、环境管理计划并实施，负责项目管理过程中反腐倡廉，创建阳光工程。
- 根据项目的具体情况，可以制定临时管理流程和规定，报分公司备案。
- 负责制定主任组成员的分工和职责，并报板块公司备案。

3.4.1.2　主任组秘书职责

- 负责召集主任组会议，会议准备、记录，编写及发布会议纪要。
- 跟踪项目高层会议纪要的落实情况。
- 编写主任组需要的发言稿、综合性汇报材料。
- 贯彻落实并跟踪主任组的指示、决定执行情况。
- 管理主任组文档及资料，定期存档。
- 承担主任组赋予的其他任务。

3.4.2　技术专家组职责

- 研究、确定项目建设过程中出现的重大技术方案。
- 处理项目建设过程中出现的技术问题。

3.4.3　政府协调组职责

- 为项目各项涉及政府报批的事项提供服务和支持。
- 保证项目与政府行政主管部门的密切联系。
- 及时获取行政主管部门在项目建设过程中对行政审批事项和监督检查的意见。
- 确保项目合法依规建设。

3.4.4　职能部门、项目组

3.4.4.1　项目管理部工作职责

- 负责组织编制项目总体策划。
- 负责组织编制项目年度工作计划。
- 负责制定职责范围内的项目管理程序文件。
- 负责组织编制项目总体统筹控制计划。
- 负责组织制定项目部人力资源配置方案/计划。
- 负责审核项目执行计划。
- 负责审核项目估算/基础设计概算。
- 牵头负责项目进度控制、投资控制。
- 负责项目进度、投资、人力统计及分析。

- 负责组织年度技术经济评价。
- 负责编制项目招标控制价。
- 负责项目合同变更、签证的费用审核。
- 负责项目结算。
- 负责项目档案管理。
- 负责项目管理信息化平台的管理、维护与技术支持。
- 负责组织编制项目管理月报、费用报告、项目建设年度工作报告。
- 负责编制有关项目进展、投资控制、档案管理方面的汇报材料。
- 负责组织项目部例会、年度会议。
- 负责监督、指导和支持项目组项目控制管理、档案管理工作。
- 负责组织项目各 EPC 开工会。
- 负责审批项目 EPC 承包商的开工报告。
- 负责组织对项目 EPC 承包商关键人员的面试。
- 负责组织对项目 EPC 承包商、咨询及服务商的考核。
- 负责组织项目优秀 EPC 承包商的评选。
- 负责组织项目 EPC 承包商的后评价工作。
- 负责组织对项目部内部考核。
- 负责本项目建设的综合协调。
- 组织项目档案验收、中间交接，协助上级公司组织项目竣工验收。

3.4.4.2　设计管理部工作职责

- 负责制定项目整体设计管理执行策划和计划，指导各项目组设计管理执行计划的编制和实施。
- 根据工程公司设计管理有关程序文件，编制项目设计管理文件。
- 负责组织编制本项目的《设计基础》，在工程公司通用版《工程统一规定》的基础上，结合项目实际，负责组织编制《项目工程统一规定》并发布实施，并送分公司及板块公司备案。负责确认在本项目上设计所采用的标准规范及标准清单。
- 协助项目组进行专利专有技术选择相关技术工作。
- 负责组织项目前期可研及项目申请报告、相关前期附属报告的编制单位选择及相关技术工作。负责组织前期可研及项目申请报告、相关前期附属报告过程管理以及审查工作。
- 负责选择并管理本项目上的相关勘察设计咨询单位，协助选择 EPC 承包商。
- 负责组织设计输入条件的审查、编制及维护，并按分公司规定报板块公司评审。
- 负责项目前期、总体设计阶段、基础设计阶段的设计、组织、协调与管理工作，指导和管理项目组进行详细设计阶段的设计协调和管理工作。
- 负责组织本项目各阶段设计工作的总体统筹协调，做好全厂总体性和系统性的设计工作的协调和管理工作，做好全厂各装置间界面协调管理工作。
- 负责组织可研、总体设计、基础设计文件的审查，协助相关政府部门、上级公司的设计审查和报批工作。
- 负责组织长周期设备、框架协议设备材料请购或招标技术文件的编制工作。
- 组织项目组开展各装置单元的 HAZOP 分析、安全仪表系统评级和验证（包括 SIL

定级）及落实在项目各个阶段的工作。

- 组织重要技术方案的研究确定，组织项目执行过程中的重要技术问题处置。
- 负责协助项目组审查项目的设计变更。
- 监督、指导项目组的设计过程管理。
- 负责在设计过程中落实项目"三同时"的要求。负责项目前期、总体设计、基础设计阶段的设计文件、设计管理文件的整理归档和移交。
- 协助项目组审查并完成竣工图的归档工作。
- 负责对项目设计管理人员的考核，并向项目部及分公司相关部门提出人员考核的建议。
- 参与项目中交、性能考核和竣工验收工作。
- 根据项目部的执行主体授权，负责勘察咨询设计合同的执行和管理工作。
- 负责组织项目技术交流并负责技术交流成果的归档，且定期上报分公司。
- 项目结束时，负责编制项目设计工作总结。

3.4.4.3　采购管理部工作职责

- 负责项目各装置长周期设备清单的编制，长周期设备招标采购并监督长周期设备转移给 EPC 承包商后的合同执行，并协调处理合同执行过程中的商务问题；
- 负责项目保护伞协议清单的编制，保护伞协议招标采购和合同执行；
- 负责项目部采购的其他设备、材料的招标采购和合同执行；
- 配合项目组监督和协调各 EPC 承包商完成备品备件及专用工具的移交；
- 负责本项目进口设备、材料的商检报检报验政府协调工作；
- 负责本项目进口压力容器的监检政府协调工作；
- 配合项目组对 EPC 承包商的采购管理（包括计划、进度报告、催交检验、物流、仓储）进行过程监督和检查；
- 负责项目部自采物资的仓储管理并监督各 EPC 承包商的仓储管理工作，满足项目部要求；
- 负责项目部采购文档的收集、整理、造册和归档；
- 负责组织对本项目供应商在项目结束后开展后评价工作。

3.4.4.4　施工管理部工作职责

- 负责编制施工管理策划。
- 负责制定施工管理程序。
- 负责现场三通一平的策划、实施、管理。
- 负责现场施工平面规划及管理。
- 负责项目施工承包商、监理、检测单位的管理。
- 负责建设、管理施工临时设施。
- 负责全厂施工总平面管理及文明施工管理。
- 负责策划施工框架协议并选定、管理框架协议单位。
- 负责策划大型设备吊装并组织实施。
- 负责项目施工短名单的策划和管理。
- 负责监督、指导和支持项目组的施工管理工作。

- 负责定期组织对现场质量、安全、文明施工的检查。
- 参与重大安全、质量事故的处理。
- 负责定期组织对施工承包商、监理和检测单位的检查和评比。
- 负责处理施工废料。
- 负责施工档案施工技术部分的管理。
- 负责对项目施工管理人员的考核。
- 负责项目水土保持方案的实施管理和水土保持设施专项验收。
- 负责项目环境监理的引入及管理。
- 负责项目建设用地规划许可、施工许可、临时用地、施工临时水电资源条件对接、建筑垃圾消纳及处置、弃土场地设置等政府协调工作。

3.4.4.5　商务管理部工作职责

- 编制并提交项目招标计划、项目招标策划。
- 编制招标文件，开评标，合同谈判、签署。
- 负责合同文件的起草、审查、报批。
- 负责合同的执行管理（包括 PIP 上合同记录、审核工程进度款、变更处理、保函管理等）。
- 负责建立和维护合同签署台账。
- 牵头组织各部门提供项目全过程跟踪审计所需的各类资料，做好审计配合支持工作。
- 负责部门工作计划与报告编制和管理。
- 负责商务文件控制、文档管理及保密工作。
- 负责部门制度、程序建设管理，负责部门综合业务管理和风险管理工作。
- 根据项目的实际情况，参照公司的管理制度和程序文件编制项目商务工作细则。

3.4.4.6　安质环监管部工作职责

- 贯彻执行国家法律法规、上级单位、分公司、安全风险预控管理体系和质量管理体系要求，负责项目实施阶段全过程安全、质量监督管理。
- 监督风险预控及质量管理体系在项目实施过程中运行的符合性、有效性，并提出持续改进建议。
- 组织审核监理单位、承包商项目管理体系运行情况。
- 组织项目安全、质量例会或有关专题会，检查和布置有关安全质量监督工作。
- 负责项目安全、质量事故统计管理，配合上级单位组织或参与一般及以上事故的调查、分析，按要求提出调查报告并上报，组织或参与重大事故处理方案编制和审查，监督事故处置。
- 按月度组织项目现场安全、质量大检查，组织项目安全、质量检查和管理考评及奖惩活动，迎接上级单位组织的大检查。
- 负责与地方工程质量监督机构的对口协调工作；负责与地方技术监督局的协调工作，监督承包商报监情况，督促项目组配合生产公司进行使用许可报审工作。
- 负责项目独立管理区域入场人员和车辆入场证的办理，配合生产公司办理生产装置区域入场证，监督检查证卡使用情况。
- 负责进场人员的一级教育培训以及必要的专项教育培训，监督监理单位、承包商的

二、三级培训教育情况。

• 负责项目车辆和交通的安全管理工作，落实生产公司相关管理规定要求，对入场车辆实施检查，监督检查车辆执行限速要求，确保车辆和行人安全。

• 负责项目周月报等的统计工作，并适时组织安全人工时和专项安全奖励活动，激励参建人员，保证施工安全。

• 负责项目公共区域的宣传方面的布局、设置，建立入场人员教育培训室。

• 负责项目应急管理，策划项目的应急演练，选择适合的医院在项目建立急救站，租赁急救车、急救器械等。

• 负责项目门禁和监控系统的选择、建立、使用、管理，确保系统运行良好。

• 负责项目治安保卫管理工作，保持项目治安稳定。

• 负责放射源库的管理工作，确保射线源库安全。

• 负责督促项目组实施风险辨识评价和控制，确保在装置区域显著位置公告评价情况，组织编制重大危险源管理方案。

3.4.4.7 财务部工作职责

• 执行《会计法》、《企业会计准则》和国家财经、税务、金融等方面的法律法规及严格执行公司财务会计制度有关规定，依法、合规进行账务处理。

• 负责建筑安装工程、设备材料、待摊投资的核算管理工作，及时编制会计凭证为项目管理提供财务信息。

• 负责年度、半年度、季度和月度定期的财务会计报告编制、上报工作，做到数字准确、内容完整、报送及时。

• 负责将每周、月资金使用计划进行汇总，合理安排、使用资金，每月分析资金使用计划执行情况，力争周资金使用计划准确率达到98%以上。

• 每月组织项目采购部进行工程物资稽核抽盘，每年组织对工程物资进行全面盘点至少一次。

• 负责执行公司税务筹划方案，依法合规地开展税务工作，防范税务风险，负责项目税务核算及申报纳税等日常工作，协调税企关系，配合税务检查。

• 负责保函的收取、保管、释放工作，建立合同、保函台账，合同、保函台账要经常与业务部门进行核对，以保证其正确性。

• 参与项目招标及合同的会审工作，负责财务、税务有关条款约定的审核。

• 使用项目统一的信息化系统，对使用中发现的问题及时反馈给开发公司，组织信息系统开发公司对财务付款使用功能进行优化升级。

• 负责财务会计档案的达标及移交管理工作，以及其他项目信息的收集、上报工作。

• 凡重大事项，必须按公司相关规定同时向公司领导、业务分管领导、项目主管领导报告。

• 负责组织竣工决算、资产移交及配合审计工作，并将竣工决算、资产移交情况及时向项目主任及公司领导汇报。

3.4.4.8 综合部工作职责

• 负责项目本部门日常公文、印章管理、会务组织及材料撰写等。

• 负责项目信访维稳、新闻宣传与舆情管控、保密管理、外事及翻译、会议接待、人事考勤、七项费用预算、办公用品及设施的采购报送及出入库等。

• 负责利用分公司办公楼、倒班公寓、员工餐厅、文体活动设施等条件，做好项目建设管理团队的办公、后勤保障服务。

• 负责整合利用分公司车辆资源，做好项目用车保障、驾驶员考核管理、车辆费用管控、车辆安全管理等。

• 负责整合利用分公司电信系统资源，合理优化信息化资源配置，做好项目办公设备维护及维修，负责做好项目信息化系统建设及信息化安全管理工作。

3.4.4.9 项目组

（1）各项目组工作职责

• 负责落实项目部及职能部门的各项管理要求。

• 负责编制本区域项目执行计划。

• 负责本区域执行阶段（含部分定义阶段的工作）的实施。

• 负责本区域的平面管理。

• 负责本区域的承包商管理。

• 负责本区域的监理管理。

• 负责本区域的沟通协调管理。

• 负责本区域的设计管理。

• 负责本区域的采购管理。

• 负责本区域的施工管理。

• 负责本区域的 HSE 管理。

• 负责本区域的质量控制。

• 负责本区域的进度控制。

• 负责本区域的费用控制。

• 负责本区域的合同管理。

• 负责本区域的变更管理。

• 负责本区域的风险管理。

• 负责本区域的文档管理并负责归档。

• 负责本区域内信息基础平台的使用。

（2）项目组工作要求

• 严格执行项目部管理规定，不得擅自更改。当有规定无法执行或特殊情况下，按照一事一办的原则向主任组请示，并按照批示执行。

• 按照目标驱动的理念开展工作，抓好项目组管理策划，强化时间观念。重要过程控制点必须制定保证措施，对事态的发展要有预见性和应对预案，抓过程控制保证目标实现。

• 在项目统一策划下制定项目执行计划，结合工程统一规定，强化标准和工作流程，做事有标准、验收有程序。

• 严格执行合同约定，树立项目部管理的信誉，维护项目部管理的权利，及时对监理、承包商违反合同的行为采取果断措施，防止问题拖而不决以及不符合要求的行为反复出现。

• 项目组与分公司派出的生产代表密切合作，共同为建设一流煤化工工程一起努力。

当出现分歧且在项目组层面不能达成一致时，及时向主任组汇报，不得擅自拒绝。

- 创造共赢的工作氛围，对监理、承包商要积极支持工作，帮助协调问题和解决困难，树立项目成功是参建各方共同努力的结果的理念。

- 落实管理责任，抓项目组成员的工作质量，制定详细的岗位工作责任制，鼓励勤奋敬业的项目组成员，对工作不力的人员实行问责制，对不合格人员有权提出退换要求，对造成损失的要追究责任。

- 按照项目主任组及有关部门的规定，按时完成各种策划、计划、报告、总结的编写及提交。

4. 项目管理目标体系

4.1　项目目标体系概述

本项目目标体系包括项目建设总体目标及项目管理目标。项目管理目标包括安全管理目标、质量管理目标、进度控制目标、投资控制目标。

4.2　项目各项具体目标

项目总体目标：全面超越 XX 项目。

项目管理目标：

- 安全管理目标："安全零伤害"为项目安全终极目标，不发生安全事故、不损害健康、不污染环境，不发生直接经济损失 50 万元及以上事故。

- 质量管理目标："质量无隐患"为项目质量管理终极目标；不发生质量事故；不发生系统性设计变更，装置性能考核全部合格；采购产品质量合格率 100％；分部工程、单位工程 100％合格；焊接检测一次合格率 96％以上。

- 进度控制目标：XX 年底主要工艺装置机械完工；XX 年 X 月项目全面建成（中交），X 月底化工投料，X 月份产出合格甲醇。

- 投资控制目标：将项目总投资控制在集团批准的基础设计概算范围内。

5. 项目阶段划分及主要工作

根据项目部的管理与控制需要，结合项目特征，将本项目划分为项目前期、定义、执行、试车和竣工验收及后评价 5 个阶段，各项目阶段按顺序排列，有时又相互交叉。

（1）项目前期阶段

从项目立项开始到可行性研究报告获得批复、项目获得政府核准或备案。该阶段主要工作有：

- 编制项目可行性研究报告。

- 推动地方政府完成项目部分厂址占用园区预留仓储用地的土地利用总体规划调整，编制项目环境影响报告书。

- 编制土地复垦方案、水土保持方案、文物保护、电网接入系统、征占用林地可研、节能评估、安全设立预评价、职业病危害预评价等报告。

- 获取或签署为编制上述文件和报告所需要的各类协议、意向书、承诺函等。
- 与政府相关审批部门或合作单位协调和沟通。
- 上述各项报告的报审、报批。
- 确定项目技术路线。
- 确定项目产品方案。
- 确定项目规模、选址。
- 确定项目外部条件。
- 确定项目投资估算及主要技术经济指标。
- 获得水资源和环保排放指标。
- 成立项目部、搭建组织机构架构。
- 建立项目管理信息系统。
- 项目总体策划。
- 获得集团对项目可研报告的批准。
- 获得政府对项目建设的核准/备案。

（2）项目定义阶段

从可行性研究报告获得批复开始到基础设计通过上级公司组织的设计审查、选定 EPC 总包商。该阶段主要工作有：

- 选定专利技术。
- 选定总体设计和基础设计承包商。
- 确定总体设计、基础设计输入条件。
- 颁布工程统一规定。
- 开展工艺包设计、总体设计和基础设计。
- 项目资金安排。
- 项目征地、现场开工手续办理。
- 消防、安全设施、职业卫生、环境保护设计批复。
- 项目通用合格供应商、施工承包商和咨询服务单位短名单招标。
- 建设方负责采购的专有设备和长周期设备订货。
- 签订框架、保护伞协议。
- 现场三通一平及临时设施建立。
- 现场勘察及地基处理实验。
- 制定人力资源计划、落实人力资源。
- 编制项目总体统筹控制计划。
- 通过上级公司组织的总体设计、基础设计审查。
- 选定 EPC 承包商。

（3）项目执行阶段

从项目建设实施开始到项目达到机械完工条件。该阶段的主要工作有：

- 指导与管理项目执行，包括开展详细设计、设备材料采购及现场施工等。
- 管理项目团队、监控项目工作。

- 拓展并推广使用项目管理信息平台系统。
- 制定项目执行计划。
- 完成消防建审。
- 完成建筑物施工图的报审。
- 组织模型审查、详细设计审查等，确保设计输入准确。
- 实施项目控制，包括安全、质量、进度、投资等。
- 监控项目风险。
- 进行合同变更管理。
- 生产准备（含编制生产准备计划）。
- 编制试车计划。
- 单机试车。
- 电气系统调试。
- 仪表回路调试。
- 机械完工。

（4）项目试车阶段

从项目达到机械完工条件开始，到项目投料试车出产品。该阶段的主要工作有：

- 三查四定及其整改。
- 静设备和管道系统吹扫、冲洗、化学清洗。
- 仪表联校、联锁调试。
- 大型机组负荷试车。
- 烘炉。
- 消防设施检测。
- 中间交接。
- 单元或系统模拟运行。
- 设备及管道系统钝化。
- 催化剂、分子筛、树脂、干燥剂和附属填充物装填。
- 工艺系统气密试验。
- 系统干燥置换。
- 备品备件、专业工具移交。
- 特种设备报验取证。
- 试生产备案。
- 投料试车。

（5）项目竣工验收及后评价阶段

从投料试车成功到通过国家验收、完成项目后评价。该阶段主要工作有：

- 工程结算。
- 防雷接地验收。
- 消防设施验收。
- 档案验收。
- 生产性能考核。

- 遗留问题处理。
- 水土保持验收。
- 职业卫生验收。
- 安全设施验收。
- 环境保护验收。
- 竣工决算。
- 项目审计。
- 项目总结。
- 合同关闭。
- 资产移交。
- 项目竣工验收。
- 项目后评价。

6. 项目特点难点分析

6.1 项目特点分析

6.1.1 工程特点

- 本项目建设投资规模大、工艺较为复杂，建设周期长、动用资源广泛。
- 本项目建设方案与甲醇下游加工项目统筹整合优化。本项目各公用工程系统和甲醇下游加工项目紧密结合，并充分利用甲醇下游加工项目公用工程系统的富余能力，需仔细研究各工况下的系统平衡，在全厂蒸汽平衡，水平衡，氮气、仪表空气和工厂空气、燃料气等平衡方面，作为一个整体考虑，以此确定本项目各公用工程系统的规模和设计参数。
- 本项目可研、前期附属报告编制、专利技术选择、工艺包设计和总体设计同步进行。XX年X月，由于本项目的建设方案和XX先期工程方案发生了变化（建设厂址移至甲醇下游加工项目预留地，并增加了煤制乙二醇装置），如沿用常规的项目建设程序，先编制可行性研究报告经集团审批后再开展后续工作，时间上不能满足甲醇下游加工项目对原料甲醇的迫切需求以及地方政府要求项目尽快开工建设的要求。为此集团召开了专题会进行研究，同意在本项目可研阶段同步启动专利技术选择、工艺包设计和总体设计工作，在可研方案比选有明确结论的前提下，可适时启动基础设计工作。
- 乙二醇装置技术选择与项目整体进度不匹配，受上级公司和乙二醇技术厂商开展合资合作谈判进程制约，影响项目系统平衡、总体设计及早开工全厂地管的实施。
- 本项目工艺装置的主要设备超大型化，如煤气化炉、低温甲醇洗吸收塔、甲醇合成塔等。
- 本项目动设备多而大，如空分空气压缩机组。
- 本项目建设与甲醇下游加工项目生产运行交叉进行。

6.1.2 技术特点

本项目将应用环保新技术。随着环保法规和节能节水指标越来越趋严格，为了给本项目后续工程留出环境容量，以及履行央企的社会责任，本项目循环水系统拟采用节水型新技术，含盐废水拟采用结晶分盐技术。

6.1.3　团队特点

• 本项目由分公司和工程公司共同派出人员组成生产、建设一体化项目管理团队，不足人员通过引入第三方资源解决，总体上管理人员精而少。

• 分公司人员通过甲醇下游加工项目工程的运行，对生产工艺流程、关键设备、生产操作及存在的问题等有充分的了解和认识，积累了丰富的生产运营经验；工程公司人员熟悉项目基本建设程序及有关法律、规范，通过公司两轮煤制油化工项目建设，工程公司建立并完善了一套适合公司管理模式的项目建设管理体系，可借鉴使用。

• 本项目管理涉及专业多，各专业人员相对较少，人力资源管理难度大。

• 本管理模式下的项目管理团队人员相对较多，且来自不同公司，人员背景、期望存在差异，需进行有效整合。

• 本项目在执行过程中将应对工程公司转型。本项目在执行过程中将面临着工程公司转型带来的组织架构、人员管理以及项目管理等一系列问题，项目部将制定相应的管理策略和工作流程、修订或制定项目管理程序文件，以应对这种变化。

6.1.4　地域特点

• 水资源严重缺乏；

• 风沙大，冬季气候寒冷，霜冻期长，雨季集中；

• 项目地处西部，社会配套和依托条件及内陆运输条件相对较差。

6.2　项目难点分析

6.2.1　项目专项审批

• 规划变更。本项目调整到甲醇下游加工项目的预留地内建设，不足部分向北扩展，向北扩展的用地约47.26公顷，占用了园区已规划的XX物流园区部分，需由园区管委会修订园区规划，向省发改委报批园区规划并获得批复。园区规划批复后，项目方可办理工程规划许可和建设工程用地许可等规划审批。

• 土地变更。本项目调整厂址，占用原甲醇下游加工项目部分预留地，以及向北占用XX物流园区仓储用地，用地性质发生变化，需由园区国土部门向省国土资源厅修订省级土地利用总体规划，使项目用地符合土地性质。调规后，由园区按批次逐年向省国土资源厅申请项目土地指标，批复后，按批次给项目供应土地。

• 环评报批。由于本项目厂址大部分在原XX项目已批复的厂址之外，本项目周边环境和原XX项目环评报批时已发生较大变化［XX项目环评获批的前提是工业园北区不能有其他化工项目，目前已建成甲醇下游加工项目及地方若干小项目；工业园区需进行环境治理以便腾出环境容量（包括关停一些小企业及部分企业增加或改造环保设施），也是XX项目环保验收的前置条件］，且乙二醇装置的工艺路线和原XX项目乙二醇装置相比也发生了变化，属生态环境部规定的"建设项目重大变动"，需重新报批环评。但环评变更不能只对本项目进行评价，还需要对XX项目的后续建设内容进行评价，而XX项目的后续建设内容现阶段无法确定，也就无法开展环评变更工作。经和国家生态环境部及地方环保部门沟通，拟将乙二醇装置作为一个独立项目单独立项，在 XX 省内报批。

虽然本项目煤头的主要工艺路线没有发生变化，但仍有一些变化（比如增加 CO 深冷分离），并且和原 XX 项目环评相比，排放标准执行了新的环保排放标准，公用工程和环保设施也发生了一些变化。针对这些变化，需要在适当的时候编制项目环评变化说明，并向国家生态环境部汇报并获得其认可。

• 安全和消防报批。本项目和甲醇下游加工项目紧密结合，相当于改扩建工程，有部分建设内容要在已通过验收的甲醇下游加工项目场地内进行，安全和消防审批部门可能会以独立的两个项目在安全距离、消防水量等方面根据新的规范条文来要求，从而对本项目造成影响。此类问题需在设计阶段和政府相关部门加强沟通。

• 征地、林地、施工许可证办理。项目征地、林地办理、施工许可证办理的相对时间偏紧，项目在合法开工、合规使用上可能存在风险。

• 100MW 抽凝机组并网。虽然国家能源局在 XX 年核准了 XX 项目，但受国家近年来的产业政策限制，存在省电力公司不受理机组并网报告、不准并网的风险。

6.2.2　技术难点

• 在国内建成的合成气制乙二醇项目，目前运行平稳度较低。各种技术都暴露出一些问题，这个技术成熟度较低，从技术、工业化、行业的操作管理习惯都处于探索期、经验积累和提高改进期。

• GE 水煤浆气化技术 3000 吨/日投煤量气化炉在工业上的首次应用。

• 合成气下游同时配套甲醇装置和乙二醇装置，使得变换和净化工艺系统复杂化，对于工程技术方案和未来生产控制带来一定的挑战。

• 合成气管道材料选择、厚壁管道焊接与热处理、超大设备吊装等技术难点。

6.2.3　管理难点

• 本项目装置多，技术种类多，相应参建单位较多、行业各异，管理界面复杂。

• 因本项目涉及专利专有技术较多，并且部分专利专有技术板块公司是第一次接触，对技术特点不熟悉，给项目管理相关工作及试生产带来了困难。

• 本项目 330kV 总变及外供电系统包括扩建 1 个 330kV 间隔、新建 2 个变电所（330kV 和 110kV 各一个）、改造甲醇下游加工项目 110kV 变电所、新建和改建 3 段线路，系统复杂，加之建设及审批涉及 XX 市、XX 省和国家电网公司三个层级，协调难度很大，很有可能成为项目的制约因素之一。

• 集团集采的范围广、采购流程长、采购协调困难，对项目有极大的进度风险。

• 集团集中采购的周期限制。即便采用集团集中采购，正常的采购周期一般也需要 3～5 个月，本项目专利技术许可合同中约定的专利设备或限定潜在供应商范围的设备材料较多，故需要在正式上网招标前采用深度技术交流的方式，该过程会进一步使采购周期延长，所以对于这类由项目部采购的设备需要提前开展相关工作。

• 本项目建设与甲醇下游加工项目工程的工厂运行存在一定的交叉，现场施工、安全管理难度远大于一般新建项目。

• 乙二醇技术选择、工艺包和总体设计进度受上级公司合资合作的影响，和其他工艺装置相比已大幅落后，影响项目全厂系统平衡和总体设计，有可能带来潜在的变更风险。

• 本项目超过一定规模且危险性较大的分部分项工程较多，动力中心、空分、气化装置重大风险较多，高空作业、射线探伤、受限空间作业等高风险作业频次多，交叉作业矛盾突出，项目安全风险巨大、管理难度大。

7. 项目管理策略

7.1　前期工作管理策略

7.1.1　前期附属报告

本项目在原XX项目厂址附近进行了调整，乙二醇装置变更了工艺路线，需要对园区已有规划、原XX项目的水土保持和土地复垦方案、林地征占用可研报告、文物影响评估等报告进行变更。由于这些合同有的已执行完毕，有的尚未完成，为便于变更报告编制及后续的报批工作，拟采取直接委托方式，委托XX项目原报告编制单位开展报告编制工作。

另外，按照国务院最新颁布的《企业投资项目核准和备案管理条例》（国务院令第673号）、国务院《政府核准的投资项目目录（2016年本）》（国发〔2016〕72号）、XX省人民政府办公厅《关于印发省发展和改革委员会主要职责内设机构和人员编制规定的通知》（X政办发〔2014〕67号）等文件，乙二醇装置应在XX市级层面办理备案立项手续，并同时办理水保、土地复垦、文物、环评、节能、安全和职业卫生等评价和审批手续。为此，需要为乙二醇装置单独编制上述内容的评价报告。

园区管委会已安排由其向省国土厅申报调整土地规划（仓储用地调整为工业用地），项目无再变更土地预审报告；土地调规完成后，园区规划局调整规划使项目符合园区规划，项目即可办理规划许可报批手续，因此不再变更选址报告；不再变更XX项目节能、环评、水资源论证报告；由于地震安全性评价报告近场评价范围为XX项目中心外延30km区域，因此项目无需编制新的报告；甲醇下游加工项目已做过雷电灾害风险评估报告，由于和本项目在同一个场地范围内，因此本项目不再安排。

由于本项目在园区内进行了厂址调整，原有的园区规划、土地利用总体规划等报告都需要园区依据新的总平面布置图和坐标进行修编调整，报上级政府行政部门审批。需要协调并配合园区管理委员会及下属各部门对这些报告的修编调整工作提供所需的技术文件和数据，并提供必要的财务和人力支持。

7.1.2　项目开工报批

本项目实质性开工，应具备以下批准文件：
① 国家发改委立项核准文件；
② 集团公司同意项目分期建设方案的批复；
③ 集团公司同意本项目可研报告的批复；
④ 本项目的建设工程规划许可证；
⑤ 本项目的建设用地规划许可证；
⑥ 本项目征占林地的许可。

7.2 商务及合同管理策略

7.2.1 人员配备

项目部下设商务管理部负责项目商务及合同管理。商务管理部定员 9 人，其中：部门经理 1 人，部门副经理兼综合组组长、定义阶段招标及合同经理、EPC 合同经理 1 人，EPC 合同经理 1 人，EPC 合同经理兼定义阶段招标及合同经理 1 人，定义阶段招标及合同经理 3 人，综合合同兼文控工程师 1 人，项目法务人员 1 人。

7.2.2 合同包划分策略

7.2.2.1 合同包划分

项目合同包划分主要原则：

• 基础设计合同包划分 7 个招标包：气化/CO 变换装置、甲醇/低温甲醇洗/硫黄回收、空分装置、乙二醇装置各划分 1 个合同包；动力中心基础设计拟直接委托给 XX 省化工设计院承担；对于 330kV 线路和总变基础设计，由于地处 XX 省电网，拟采用直接委托方式；剩余公用工程、辅助装置基础设计划分 1 个合同包，该合同包还包括总体性设计、拿总内容和详细设计内容。

• 合同包划分前，充分考察、调研，掌握建筑市场行情，挖掘潜在承包商等资源，了解承包商的优势与不足，以保持合同包划分的科学性和合理性并且能够最终实施。

• 实施阶段合同包划分要考虑的重点：

① 充分考虑转型后的工程公司的发展，将动力中心、乙二醇、水系统等 EPC 工作由工程公司承担。

② 甲醇下游加工项目需要改扩建的部分，原则上和新建主工艺装置或公用工程一起打包进行 EPC 招标。

③ 尽量减少 E＋P＋C 合同。

④ 生产装置按照工艺技术或者核心技术划包。

⑤ 类似工程、邻近工程合包，提升招标吸引力。

⑥ 同步建设、投用工程或连续投用工程合包，时间差过长者，切忌合包。

⑦ 有联合设施的工程，划包必须考虑尽可能减少界面协调工作量。

• 鉴于本项目和甲醇下游加工项目紧密结合，全厂系统如采用 E＋P＋C 模式走集采模式，没有机制保证能够实现现场紧急和零星采购，将不能保证在分公司计划停车的有限时间内完成相关设施的施工。因此建议全厂系统采用 EP＋C 模式，考虑和总体院签订补充协议，由其承担其负责的全厂系统项下的采购工作；或者采用新组建的工程公司承担 EPC，或工程公司与总体院联合（EPC）总承包的模式开展项目建设工作，总体院主要负责详细设计工作，工程公司主要负责采购和施工工作。

• 对于现场零星工程、临设、道路围墙等技术简单、工期长、需要长期维护的工程，建议通过邀请招标或直接谈判方式委托集团内部专业化公司完成。

• 为引进适合的施工单位，保证项目施工安全、质量受控、工期目标能够按计划实现，本项目拟采用公开招标的方式选定项目施工短名单，供项目 EPC 分包招标和项目部施工招标使用。该名单需要报板块公司批准。此外，评标设置上，也要充分结合项目业绩情况，应用承包商星级评比结果。

• 对于土建安装为主、区域相邻的工程，如果采用工程量清单方式招标，则可考虑按照 2～3 标段划分进行设置，以形成承包商之间的竞争，从而调动承包商的竞争性。

• 合理采用框架协议模式。对于具有服务性且需全项目实施的工程和服务，如混凝土集中供应、无损检测、土建检测、全厂详细勘察和桩基/强夯检测等，策划按照建设方统一管理，单独打包和选择承包商并且签订框架协议的方式，以供施工承包商和 EPC 承包商使用。

7.2.2.2　发包模式

本项目发包模式策划如下：

• 沿用原 XX 项目选择方式，甲醇、酸性气体脱除、硫黄回收技术许可通过竞争性谈判方式选择专利商；对气化技术拟直接委托 XX 气化技术有限公司。以上专利商选择方式已经集团批准。对变换、空分技术，通过公开招标方式选择专利商；对于乙二醇技术，按照板块公司指示开展技术谈判工作。

• 鉴于原 XX 项目已完成各类可研附属报告编制和相关报批工作，考虑到工作的延续性和变更报告报批工作的顺利开展，建议本项目前期附属报告变更采用原合同补充协议方式、直接委托原编制单位的方式开展工作，包括：文物勘探技术服务合同、水土保持方案报告合同、土地复垦方案报告评价合同、征占用林地可行性报告编制服务合同、地质灾害影响评价合同、电网接入系统可研报告及工程设计合同、职业病危害评价合同等。前述直接委托的合同/补充协议如达到招标限额需上报板块公司、集团公司批准。

• 基础设计合同包，除了按照板块公司或集团公司批准的直接委托工程公司承担的工作外，均采用公开招标模式。

• 项目主要土建安装工程的施工合同包，在已有施工短名单基础上，采用邀请招标方式。如该项施工工作无施工短名单，则原则上采用公开招标方式。

• EPC 合同包，除了按照板块公司或集团公司批准的直接委托工程公司承担的工作外，均采用公开招标方式；在招标前，要进行市场调研，以保证市场竞争充分性。

• 对于工程费用低、进度要求非常紧、市场资源有限的小型工程和专业特殊工程，采用竞争性谈判或询价方式。采用此种方式，需要"一事一批"，履行上级公司的审批程序。

• 项目招标方案中，应根据工程特点、管理要求等选择合适的发包模式。

7.2.2.3　施工合同策略

（1）施工短名单

为了保证项目的施工质量，项目部采用公开招标方式产生施工承包商短名单，短名单将列入 EPC 总承包商招标文件，总承包商的施工分包须从该短名单中选择。

（2）框架协议单位

为确保项目施工质量、进度等得到有效控制，项目部采用公开招标方式引入施工框架协议单位。招标产生的框架协议价格作为 EPC 总承包的招标附件编入招标文件，最终进入 EPC 合同。项目实施时，EPC 总承包商必须使用项目部招标的框架协议单位。拟招标的框架协议单位主要如下。

混凝土供应商：2 家

集中防腐：1 家

土建检测单位：1 家

桩基检测单位：1 家

无损检测单位（招标时划分区域）：4 家

（3）项目施工管理部直接管理的施工服务商

大件吊装单位：1 家。

工程测量服务：1 家。

项目零星工程施工单位：1 家。

（4）监理单位

原则上每个项目组招一个工程监理单位，共 6 家，公开招标。

水土保持监理：1 家，公开招标。

环境监理：1 家，公开招标。

7.2.3　EPC 总承包商选择策略

招标合同包划分后，项目部组织投标意向调查（市场资源预调查），了解有意参与本项目 EPC 招标的设计单位，根据实际情况修订招标方案，以保证充分市场竞争性、减少由于反复而增加工作时间。

招标前调查和调研工作，既要保证招标的充分竞争性，也要保证能够选择好的承包商。招标文件出售前，业务部门根据以往工程经验，对有过投标和工程业绩的企业进行事先分析，选择其中良好业绩、企业实力强的承包商告知招标有关信息。

7.2.4　在总结新一轮项目管理经验基础上对招标文件及 EPC 合同的完善及改进

本项目 EPC 合同以甲醇下游加工项目合同文本为基础。从提高 EPC 合同管理的角度出发，提出如下建议。

•EPC 合同采用合同协议书＋合同条款＋设备材料委托采购合同，在原甲醇下游加工项目 EPC 合同的基础上，完善以下方面。

① 项目组应加强 EPC 合同项下施工分包管理：a. 承包商需制定施工分包方案报项目组审查，并将分包商招标文件报项目组审查。b. 项目部将委派 2 名以上代表作为评委参加施工分包招标的评标、技术谈判和其他除商务部分外的工程合同洽谈工作。c. 承包商的分包商招标结果须报项目组备案。

② 项目部通过公开招标方式选定施工分包商短名单，提供给 EPC 承包商使用。在实际执行中，建议按照项目，项目组在审批 EPC 承包商施工分包名单时，综合考虑装置工程量、施工量投入等因素，实现全项目施工力量的总体均衡，减少项目建设过程中，因施工投入不足而发生的工程任务二次划分。

③ EPC 合同设置施工分包合同标准条款，要求 EPC 承包商参照执行，重点关注合同计价模式及变更条款。

④ 细化长周期设备转移执行责任，避免执行中的界面不清。

⑤ EPC 合同中保护伞协议项下的采购合同由建设方、承包商和保护伞协议供应商三方签署，付款由建设方负责，加大项目部对保护伞的协调力度；保护伞协议质保期与 EPC 合同质保期相比，不足部分由建设方负责。

⑥ 考虑 EPC 项下施工框架协议款项在向 EPC 付款时单列、暂扣，由建设方直接支付给供应商。

⑦ EPC 合同项下除预付款保函、履约保函、质量保证金外，不再设置其他保证金。

⑧ EPC 合同付款设置统一要求。

• 完善质量标准化、文明施工标准化、仓储管理标准化、6S 标准化文件。

• 完善安全标准化：承包商应建立和运行符合项目部要求的安全生产管理体系；承包商在投标时应制定施工（作业）组织方案和关键岗位标准作业流程；项目部在工程造价中确定安全费用额度，列入标外管理，EPC 承包商应当将安全费用按比例直接支付施工承包商（费用计提基数含主材费，EPC 承包商应把此项费用按照含主材费的工程造价比例，全部分解给施工分包商，在分包工程招标时此项费用单独列支，不计入竞争）等。

7.2.5　强化合同变更的管理

7.2.5.1　合同变更的预控措施

• 严格遵守报批报建程序，合规合法建设项目。

• 掌握环保、消防、安全等政策法规，了解政策新动向。

• 完善工程统一规定。

• 严格把控设计输入、设计基础。

• 提供设计的技术方案及时、明确、准确。

• 项目经理全面介入 EPC 招标文件的编制。

• 细化招标技术文件，如 6S 等标准的制定与统一、框架协议和保护伞协议价格分项完善、基础设计满足深度要求等。

• 合同变更条款设置清晰、明确。

• 生产人员在设计审查中的深度介入。

• 强化设计管理，界面条件清晰、准确。

• 生产使用要求及时明确，尽可能少变。

• 设置变更控制目标，强化目标的管控。

7.2.5.2　合同变更的过程管理

• 重大合同变更上报。根据板块公司和集团公司规定，项目重大合同正式确认前，要先行上报，严格遵守"先批准、后变更、再实施"的原则。

• 坚持"从严控制合同变更、量价分离"原则。变更定性、变更工程量由项目组/部门签字确认，变更费用由项目管理部核算后确定。

• 根据合同变更处理进度，适时建立合同变更处理简报制度，通报项目合同变更处理整体状况。

• 定期召开合同变更专题会议，明确项目合同变更处理原则。

7.2.6　项目保险的设置

7.2.6.1　建设方需购买的保险

• 货物运输保险

• 雇主责任保险

7.2.6.2　承包商需购买的保险

• 雇主责任保险或施工人员人身意外伤害保险

• 施工机具保险

• 货物运输保险

7.2.6.3　保险安排

（1）雇主责任保险和承包商施工人员人身意外伤害保险

1）此两项险种关系到建设方和承包商员工的切身利益，针对本项目建设方雇员应由建设方投保雇主责任险（公司每年度投保）；各级承包商的施工人员，项目部将根据《项目保险管理办法》严格要求承包商为其投保施工人员意外伤害保险或雇主责任保险，在招标文件及合同中做出明确投保要求约定，并要求承包商将保单报备项目部审核，未经项目部同意，严禁承包商施工人员的保单在工程期内失效及保额不足。

2）建设方人员雇主责任保险：费率目标 0.7‰。

3）承包商施工人员人身意外伤害保险：费率目标 2.4‰。

（2）货物运输保险

材料设备的货物运保险是项目采购资金安全及减少货物运输环节纠纷的重要保证，货运保险的安排策略是根据项目 EPC 合同中的责任分担及采购合同的贸易方式、物流安排而制定。本项目货运保险可分为进口设备和国内采购设备，同时又包含建设方负责采购和承包商负责采购的部分。

1）建设方负责的货物采购运输保险

① 针对进口设备部分，因存在海关港口/机场港口往往不能及时开箱验收、设备卸到工地现场后又有不同的存放时期，那样将产生存在海运/空运保险和内陆运输保险的界面以及内陆运输保险与工程保险界面的问题，这也是货运保险最可能产生纠纷而导致索赔困难的界面问题。内陆货物运输保险也存在与工程险接口界面。为减少索赔纠纷和有利于保险投保及管理，应统一要求货物运输险保至（或延长）至工地现场交货为止（即海运险应包含内陆运输保险），以做到保险责任明确，索赔及举证过程通畅，减少纠纷使赔款尽快赔付到位。由建设方提供的货物或负责运输的货物，无论是海运还是内陆运输、空运，均采用一张预约（开口）保单的方式进行统一投保管理，不仅有利于取得较好的综合费率条件，更有利于减少日常的繁琐的投保工作量，有利于货运保险的统一管理，还可防止漏保问题的出现。

② 采用公开招标的方式进行保险采购，充分调动保险市场的竞争。

③ 费率目标：0.3‰。

2）承包商负责采购的货物运输保险

① 项目部均应对承包商负责采购设备的货物运输险保单提出详细的投保要求，以避免运输途中如设备发生损坏因投保不当不能及时获得赔付而影响工期的进度。在项目部提出的承包商货物运输险要求中应包括运输险/工程险责任分摊条款（50/50 条款），同时明确建设方为第二受益人。在风险发生时，由承包商负责举证和索赔。为降低保费，项目部也可以统一代为询价，并要求承包商在此基础上可选择地进行保险安排。

② 费率目标：1‰。

（3）承包商施工机具保险

① 在 EPC 及施工招标文件及合同中均要求承包商按项目部要求为大型、重要的施工机具投保施工机具保险。以避免因自然灾害、意外事故等风险发生时，造成承包商施工机具损坏而产生与项目部纠纷进而影响工程进度。承包商投保的施工机具险保单需经项目部审

核、备案。超过 20 万元的施工机具均应投保施工机具险。

② 费率目标：3.5‰。

7.3　投资管理策略

7.3.1　工艺技术选择、工程设计方面

• 本项目调整至甲醇下游加工项目预留地内进行建设，可利用甲醇下游加工项目预留的设施，大大地降低投资。比如本项目不必新建办公楼、中央控制室、中央化验室、消防气防站、火炬等设施，只需进行扩建或改造。

• 本项目与甲醇下游加工项目公用工程系统紧密结合，可充分利用甲醇下游加工项目公用工程系统（如锅炉、化学水、循环水系统等）的富余能力。

• 板块公司已组织对工程统一规定进行了修订，对涉及质量过剩的条款进行了修改。本项目将在此基础上，充分吸取陕西、新疆两个项目的经验教训，组织分公司、总体院进行修订，经审查后由分公司报板块公司审批后并发布执行。

• 把好项目前期阶段的方案研究、设计输入及设计文件的评审关，项目部将根据项目实际情况，编制项目总体设计、基础设计和详细设计审查管理规定，设计审查工作将严格按管理规定执行，以减少设计失误和返工成本。

• 紧跟板块公司和乙二醇专利商合资的谈判进程，在公用工程配置和系统平衡上保证一定的富余和灵活性，以应对乙二醇专利技术选择滞后对项目的不利影响。

7.3.2　采购、商务方面

• 建设方供货的设备，原则上均采用集团集中采购方式进行采购。

• 本项目所有保护伞协议，原则上均采用以人民币为计价单位的完税价格进行结算，即便采用集采方式，也将采用统谈分签分付方式签订合同及合同项下的订单。

• 备品备件策略

在 EPC 招标工作开始前，分公司将根据设备类别制定本项目的备品备件采购策略，该策略应涵盖随机备件（安装备件、试车和开车备件、质保期内备件）和 2 年备件（含资产性备件）的供货品类和数量的要求。

• 关税的减免

本项目不属于国家鼓励类的项目，故不享受进口关税的优惠政策。考虑到国家可能出台的不定期的退税政策，本项目将依托物资集团国外采购中心认真做好进口设备的清关、报关管理，及时了解国家出台的有关税收减免政策。

• 以近零库存管理为目标的剩余材料利库策略

本项目现场材料管理的目标是项目结束库存近零。为实现这一目标，需要在材料请购阶段划分好请购数量和请购批次，在满足现场施工要求的前提下按照比例分批交付；对即将完成现场施工的主项，技术部门应配合采购部门确认该主项下可能发生剩余的物资，并按月度或双周汇总剩余材料清单，该清单将直接在同步或后续的包括 EPC 在内的各采购主体内进行调拨和使用，通过利库设计实现项目部现场仓储近零库存的目标。

• 增加招标清标环节，强化对招标文件"清标"审查力度，有效识别投标文件的风险和漏洞，减少后期执行过程产生的纠纷。招标开标后，组织专业人员对投标文件技术、商

务和报价进行细致分析，形成清标报告。清标报告供评标委员会使用，也为合同谈判提供支持。

• 合理运用招标控制价格、基准价格，有效分析投标报价。根据项目特点，对于需要设置最高限价的，由业务部门编制招标控制价格并放入招标文件中，对超出该控制价格的投标，按照废标处理；对于满足编制标底条件的，招标前委托业务部门编制标底并参与商务评标；除此之外，招标项目要编制基准价格，对投标商价格进行对比分析。

• 招标控制价格、基准价格，要满足对投标报价进行对比分析的需要，从而实现"选择好价格"的目的。

7.3.3 施工方面

• 永临结合，项目临设策划尽可能地与正式工程相结合，全厂道路、仓储等提前建设供项目建设期使用，以降低工程投资。

• 对大型设备吊装进行统筹规划，降低大型机具使用费。

7.3.4 财务方面

（1）融资方案研究

本项目总投资 135.9854 亿元，其中项目资本金 40.7956 亿元，占项目总投资 30%；项目贷款 95.1898 亿元，占项目总投资 70%。项目资本金由上级公司按投资计划进行拨付，项目贷款主要使用商业银行五年期以上长期贷款及集团发行中期票据。

商业银行长期贷款：资金来源稳定，筹资手续简单，贷款期限长，筹资费用相对较高，是项目资金的主要融资渠道。商业银行融资根据各银行批准的贷款信用额度，按公司融资计划签订贷款合同，根据需要采取"随用随贷"的方式提取贷款。同时调动各银行积极性，协商最优惠的利率下浮方案，满足项目资金需求的同时，降低财务费用。

集团中期票据贷款，较同期银行基准利率低 20%～25%，但贷款期限较短，到期一次还款，存在融资风险。按融资计划提取适当比例，作为项目融资的补充，可有效降低财务费用，调整融资结构。

融资租赁，采取融资性租赁的出租物，价值大、专用性强、期限长、中途不得解约，筹资费用相对银行贷款费用较高。作为商业银行贷款的备用来源渠道，根据项目实际融资情况使用。

（2）税收优惠政策

利用环境保护、节能节水、安全生产等专用设备税收优惠政策，间接降低项目成本。

企业自 2008 年 1 月 1 日起购置并实际使用列入《环境保护专用设备企业所得税优惠目录》《节能节水专用设备企业所得税优惠目录》和《安全生产专用设备企业所得税优惠目录》范围内的环境保护、节能节水和安全生产专用设备，可以按专用设备投资额的 10% 抵免当年企业所得税应纳税额；企业当年应纳税额不足抵免的，可以向以后年度结转，但结转期不得超过 5 个纳税年度。

公司在购买以上专用设备时，在市场经济同等条件下优先考虑上述优惠目录中的专用设备，签订合同时将节能、环保设备单独列示，标注符合税收优惠目录，办理财务结算时单独开票入账结算，以达到抵税优惠资料的过程归档。

7.3.5 选择合理的投料试车方案，降低试车费用

• 乙二醇装置 DMO、加氢单元采用分段开车方式，减少装置物料的排放。

- 磨煤机负荷试车及成浆性试验时，第 1 台磨煤机负荷试车与成浆性试验同时进行，并在最短的时间内取得磨煤机的运行数据，剩余 5 台磨煤机按第 1 台磨煤机取得的运行数据装填钢棒，仅进行负荷试验不再进行成浆性试验，同时尽量缩短每一阶段的运行时间，从而节约原料煤的消耗。
- 合理衔接磨煤机成浆性试验的时间节点与气化炉投料的时间节点，将磨煤机负荷试验的不合格煤浆利用煤浆大槽存储起来，并配置临时管线，在气化炉投料试车前将不合格煤浆打回磨煤机利用，可以节省大量的原料煤。
- 在设计阶段考虑煤气化、变换、酸性气体脱除、甲醇合成装置接入 8.0MPa 高压氮气，用作原始开车或大检修后开车的气密气源，可以减少各装置气密泄压次数，缩短气密时间并减少氮气消耗量。
- 合理安排装置试车计划，在煤气化装置具备投料试车条件时，变换、酸性气体脱除、甲醇合成装置同时具备进气的条件，可以减少合成气放空量，从而减少原料煤、氧气的消耗量。
- 将变换催化剂、甲醇合成催化剂利用原料合成气还原方案替换为利用氢气还原，可以减少合成气的消耗量。
- 将气化装置试车期间管线、设备冲洗水收集储存后重复使用，可以减少联动试车补充水的消耗量；制定装置合理的吹扫方案，在保证吹扫效果的同时，缩短吹扫时间，可以减少吹扫用气的消耗。
- 结合当时气温条件，在煤气化装置投煤前 50 天左右开始进行污泥驯化，可以节约驯化完成后所需投加营养源的费用。
- 在项目吹扫阶段，充分挖掘小空分的能力，全部利用小空分供应吹扫所需的压缩空气、低压氮气，避免大空分小负荷运行所造成的损失。

7.3.6　过程投资控制

投资控制涵盖项目所有的费用，包括工程费用、固定资产其他费用、无形资产、其他资产等，贯穿项目立项至竣工验收的全过程，包括基础设计、详细设计、招标投标、物资采购、工程施工、竣工验收等各阶段、各环节的控制。

7.3.6.1　概算管理
- 根据本项目的特点，由项目管理部制定概算的管理办法和统一规定。
- 项目的设计概算由多家单位分别编制，总体院负责汇总。总体设计及基础设计概算的管理协调由项目管理部进行。

7.3.6.2　招标管理
- 项目管理部编制招标控制指标，在商务招标和评标中严格采用和控制。
- EPC 合同清单编制以基础设计为基础。E＋P＋C 合同清单编制按清单编制审核要求执行。
- 取费标准、计费依据由项目管理部统一制定，项目管理部派专业人员参加合同价格谈判。
- 清标工作由项目管理部负责，根据招标项目的规模、方式确定清标人员，在评标前留足清标时间，第三方造价咨询单位予以配合，形成正式的清标报告作为评标和合同谈判的依据。

7.3.6.3 工程量清单的编制及审核

- 工程量清单编制采用 GB 50500—2013《建设工程工程量清单计价规范》。
- 施工合同工程量清单由咨询单位编制，费控经理进行审核。

7.3.6.4 招标控制价的编制

- 招标控制价分 EPC 合同、施工合同及其他合同招标控制价。
- EPC 合同招标控制价由项目管理部编制，以基础设计概算为基础，参考类似工程的结算资料，结合本项目实际情况，按概算下浮一定比例作为招标控制价。
- 采用工程量清单招标的项目，项目管理部委托第三方造价咨询单位依据招标工程量清单编制招标控制价并负责审核。

7.3.6.5 暂估价的设置

- 暂估价是发包人在工程量清单或预算书中提供的用于支付必然发生但暂时不能确定价格的材料、工程设备的单价、专业工程以及服务工作的金额。
- 暂估价在咨询单位编制工程量清单时，对无法定价的材料及专业工程予以定价，直接放入投标报价中，不作为竞争费用；暂估价要与实际价格相近，并在合同中明确暂估价的结算原则。
- 暂估价包括材料暂估价和专业工程暂估价。

7.3.6.6 费用控制指标

- 在项目基础设计概算获得批复后，为保证项目投资控制目标的实现，项目管理部按照批准的设计概算建立项目费用控制指标并建立考核制度。
- 项目的费用控制指标的编制与下达由项目管理部负责。
- 按 WBS 将费用分解，建立项目分项费用控制指标，利用赢得值原理监控、管理项目投资。

7.3.6.7 咨询单位的选择及管理

- 咨询单位的选择采用公开招标方式，选择两家拥有甲级资质、有类似造价咨询经验的咨询单位。
- 咨询单位的合同计费形式分两种，一种是按费率计取费用，另一种是按人工时考勤计取费用。

7.3.6.8 签证管理

- 工程项目中以综合单价、综合费率为计价方式的各类施工合同及临时设施、零星工程等合同中无法按施工图计量的项目需要办理签证。
- 工程任务单按照签证管理办法事前签署，项目组费控经理对该任务进行费用估算，按照权限范围及时签署任务单，过程中项目组按照规定确认工程量，并实施抽查复核。
- 根据本项目特点，项目管理部制定本项目的签证管理办法及统一规定，项目执行过程中及时进行工程签证的费用审核。

7.3.6.9 变更管理

- 工程变更主要分为 E＋P＋C 合同设计变更、EPC 合同的合同变更、监理合同变更。
- 根据项目实际情况，项目管理部制定本项目的变更管理办法，并严格执行该管理办法。
- 加强基础设计审查，保证审查时间、审查力量足够，提前对参审人员进行必要的培训，尽量将方案变更消化在基础设计阶段。

• 加强详细设计 3D 模型的可操作性、检维修性和生产安全性审查，尽量做到提早发现、提早修改，尽量减少或避免工程中交后的变更工作。

• 在合同中约定变更条款，在施工过程中及时完成变更处理，并报项目管理部及时进行变更费用审核。

7.3.6.10　结算管理

• 结算资料统一要求由项目管理部负责制定，并在合同执行初期进行明确。结算资料由项目组费控经理收集整理，附资料清单签字后报项目管理部核对，确认资料无误后进行结算审核。

• 除地方政府政策性收费合同外所有合同均需进行结算。

• 工程材料的结算，施工合同结算的同时，进行工程材料用量的结算。材料用量的结算分工程材料的结算和采购材料的结算。采购材料的结算由采购管理部根据开箱检验数量和采购合同规定办理和供应商的结算。工程材料的结算由项目管理部根据工程结算提出甲供材料的结算清单，采购管理部依据结算清单对承包商实际领用材料进行核对结算，并督促承包商对其超领部分进行退库或按采购价进行补偿。

• 结算资料、结算工作与项目建设同步，工程中交一个月后承包商上报完整结算资料给项目部，力争在中交后 6 个月内完成结算。

7.3.6.11　建立风险识别评估制度

建立风险识别评估制度，对可能存在的风险进行识别评估，及时发现，及时分析预警。

7.4　计划与进度控制管理策略

• 人员配备。项目部下设项目管理部负责计划与进度控制、工程造价、文件控制与档案管理、综合协调管理等，项目管理部定员 17 人，其中：部门经理 1 人，部门副经理兼综合计划组组长 1 人，部门副经理兼费控组组长 1 人，档案组组长 1 人，费用控制经理 4 人，档案工程师 3 人，综合计划、综合管理及统计、PIP 服务、财务系统服务、文控工程师各 1 人，技术经济师 1 人。

• 项目推进必须合规合法。严格执行国家、集团公司、板块公司项目建设的有关管理规定，制定切实可行的总体进度计划。

• 在对项目范围、特点、难点分析基础上，组织统筹规划和精心策划，在项目前期、定义及执行阶段分别形成《项目总体策划》、《项目总体统筹控制计划》和《项目执行计划》三个纲领性文件，用来指导并开展项目各项管理工作。

• 坚持总体进度计划不轻易调整的原则，项目总体进度计划的变更应严格按照项目协调程序执行。

• 认真策划项目设计拿总管理，协调好各设计方的协作关系，控制好互提条件和界面条件的时间。

• 科学规划长周期设备订货、大型散装设备现场制造及大型设备吊装等影响项目进度的关键因素，尽可能提早安排项目关键路径上的长周期设备订货工作。

• 策划并组织开好各类项目开工会，包括 EPC 开工会、大型设备制造开工会等，建立沟通协调机制、审定承包商的项目执行计划、进行条件对接并提出管理要求，为后续工作的顺利开展打下良好的基础。

• 采用以 EPC 为主的合同承包模式，有效保证设计、采购、施工的深度交叉与衔接，以缩短建设工期。

• 将项目前期阶段报批报建、定义阶段的工艺技术选择及工艺包设计、总体设计、基础工程设计、长周期设备订货、保护伞协议招标、EPC 承包商招标、现场准备工作及竣工验收阶段的工程结算、7 大专项验收等各项收尾管理工作纳入计划管理体系，编制相应的专项计划，并进行控制。

• 在项目执行阶段初期，按照 WBS 进行权重分解，建立科学的项目进度监测基准和进度监测体系。项目组重点通过进度监测体系和项目协调体系管理参建各方，使项目现场、承包商总部及制造厂有机地连为一体，掌握各方所需及所急，真正做到设计、设备材料供货及现场施工的有效衔接，从而提高工作效率。

• 在项目执行阶段，建立并推行六级进度计划管理体系：项目总体进度计划—装置/单元控制点计划—装置/单元主进度计划—装置/单元详细设计/采购/施工计划—装置/单元年度计划—装置/单元三月滚动计划、三周滚动计划、专项计划。

• 在项目执行阶段，建立进度跟踪、预警及纠偏机制，定期召开项目进度协调会，及时解决项目推进过程中存在的问题，做到月初有计划、每周有检查、月底有总结，年底有评比和责任状，以确保项目进度总体可控。

• 项目地处西北、冬季时间长，在项目总体进度计划、项目总体统筹控制计划安排中最大限度地利用冬季进行施工，规划好冬季施工安排，在项目执行计划中制定可行的冬季施工方案。施工管理部依据《建筑工程冬期施工规程》（JGJ/T 104—2011）及《冬季施工管理规定》（SYXX-1-CON-12）组织、落实好冬季施工措施，在项目临建设施专项策划方案中应充分考虑承包商办公区、生活区、库房、封闭预制场地及各装置冬季施工的供暖需求及对应措施；热源方面，若甲醇下游加工项目动力中心可提供相应热源，则由动力中心引入临时管道提供，否则可考虑利用原甲醇下游加工项目临时燃煤锅炉提供热源；各项目组在编制项目执行计划时，应结合供热能力和实际需求制定本装置各年度冬季施工具体实施方案，确保冬季施工任务按计划保质保量完成。

• 项目初步总体计划安排：xx 年开展专利技术选择，启动总体设计、气化工艺包设计；xx 年完成专利技术选择、可研变更、前期附属报告修改及报批、总体设计、工艺包设计、基础设计、主要长周期设备订货、现场准备，启动 EPC 承包商招标工作，全厂地管开工；xx 年 EPC 承包商选定，主要土建工程完成，部分装置/单元安装工程开始；xx 年大件设备吊装就位，主要工艺装置机械完工，公用工程陆续中交投用；xx 年 x 月装置全部建成中交，x 月开始投料试车，x 月份出合格产品。

7.5 设计管理策略

7.5.1 人员配备

项目部下设设计管理部负责项目设计管理，设计管理部定员 19 人，其中：部门经理 1 人，副经理兼系统经理 1 人，电气主管工程师 3 人，仪表、电信、土建、水工艺、粉体、外供电系统、静设备、管道、暖通、热工、消防主管工程师各 1 人，林地、文物、水保、土地复垦报告编制协调 1 人，环评报告编制协调 1 人，文控兼合同员 1 人。

7.5.2　工艺技术选择

XX项目在可研阶段已完成了原有产品方案中的上游装置专利技术谈判和技术评价工作，为节省人力、物力、财力，提高工作效率，集团公司批复同意酸性气体脱除、硫黄回收、甲醇合成采用与原XX项目排名前两位的技术许可方直接进行竞争性谈判的方式进行选择。气化技术采用直接委托的方式选择GE公司的水煤浆气化技术。

板块公司决策在现有煤制油化工企业大规模地建设乙二醇装置充分利用这些项目的合成气规模和成本优势，因此着眼于乙二醇技术持续开发和进步考虑，板块公司以合资合作为前提来选择技术。因此，此项工作将紧跟板块公司的公司技术选择谈判进程，以最大程度地降低对整个项目系统平衡和总体设计的影响。

变换专利技术将通过公开招标进行选择，采用综合评分法。

技术选择工作以板块公司和分公司的技术力量为主，工程公司进行配合。

7.5.3　设计基础

设计基础中纲领性文件是集团公司批准的可行性研究报告，这是项目重要的设计基础。作为资本性投资项目，可行性研究报告和批文所构成的项目总体要求、方案是项目在设计执行中的指南和方针，项目设计基础编制要严格遵守可行性研究和批文的内容。

项目政府审批在项目核准的前置事项以及伴随项目执行所获得的各种审批是项目设计基础的重要依据，需要对这些内容进行分解，在设计不同阶段进行认真落实，确保在采购和施工执行前在相关设计文件中落实到位。

本项目是配套甲醇下游加工项目的煤气化生产合成气和甲醇的原料项目，客观上是一个项目分为两个阶段实施，项目建设成为高度一体化是项目设计管理的最大努力方向。

本项目的设计基础将继续沿用甲醇下游加工项目设计基础的内容，但需要根据本项目的具体内容，进行必要的修正。

项目近期以XX煤作为原料煤，煤质数据应根据XX井田勘探报告、2^{-2}煤层钻孔检测报告、XX露天煤矿和周边煤矿商品煤的煤样分析提出代表性煤质数据，同时根据XX煤进行修正。

设计基础文件遵循版次升级管理制度，项目设计基础文件的编制工作归属于设计管理部，经过项目部门、项目组按照职责会签后，通过项目主任组会议审批发布。

审批后的项目设计基础文件属于项目层级文件，项目各部门和项目组无权进行修改。

7.5.4　工程统一规定

工程统一规定是煤制油化工项目建设经验和教训的积累，也是行业标准、规定、规范、制度、技术、管理体系进步的综合体现。这个文件目前定义为板块公司级文件，每个建设项目在执行中按照项目特点进行修订，最终报板块公司进行审批，审批后的文件是板块公司级文件，项目在执行中无权进行修改和变更。

在总体设计和基础设计阶段，设计管理部组织分公司、工程公司和总体院就板块公司的工程统一规定母版，根据项目实际情况提出修改建议，经审查后由分公司报板块公司审批。EPC发包前，原则上工程统一规定应冻结。

其他专业规定、专项规定的编制，只能以板块公司批准的公司级文件为依据进行细化，有关内容只能高于工程统一规定。

分 XX 项目的工程统一规定上报之前的修订同样遵循集团公司批复的项目可行性研究报告和政府项目核准的批复文件。

分公司的 6S 管理规定纳入工程统一规定。

7.5.5 设计输入

本项目和甲醇下游加工项目紧密结合，并充分利用甲醇下游加工项目各公用工程系统和辅助设施的富余能力。在开展可研和总体设计之前，需组织总体院开展与甲醇下游加工项目有机衔接和整体优化的各项总体性方案研究。

总体性方案研究报告经审查后进行汇总，再编入分公司的管理性输入，作为本项目总体设计输入条件，并按照板块公司相关管理规定上报板块公司审批，审批通过后作为可研和总体设计开展工作的输入。

通过审批的文件按照板块公司层级文件进行管理，项目无权进行修改。

审批后的文件是项目各种开工会议输入的依据，也是项目设计审查、设计管理、技术审查、技术管理的重要依据。

7.5.6 成立外供电系统工作组

建议在项目部层面成立专门的外供电系统工作组，由相关的设计管理、生产管理和政府协调人员参加，在项目定义阶段全面负责外供电系统的前期报告、技术方案、初步设计和政府协调，并向主任组汇报；在 EPC 阶段，协助项目组开展相关工作。

7.5.7 统一管理、维护全厂系统

系统管理贯穿项目建设全过程，始终是设计管理的核心之一，涵盖设计输入管理、全厂总图管理、公用工程系统配置及平衡、界面管理、MAV/MEV/MCV、外部条件管理等。设计管理部负责对全厂系统进行统一维护管理。

在总体设计、基础设计阶段，通过跟催各装置/单元设计条件及组织协调会议，适时对各装置/单元的地管设计条件进行固化，抽取材料表并完成全厂一级地管施工图设计，为实现在 EPC 承包商进场之前完成全厂一级地管和主干道路的施工创造条件。

统一管理和维护全厂系统需要固定的专业和管理人员，采用行业标准的方法和工具来持续地开展工作，从可行性研究开始，一直持续到项目的联动试车，整个管理要以动态的版次发布的管理文件系统化地在项目中发布。这些管理文件由设计管理部编制、动态修订和管理，项目其他部门和各项目组在项目管理和执行过程中无权修改这些统一管理以及涉及全厂系统管理的文件。

7.5.8 界面协调

在督促总体院进行总体管理的同时，检查和审查总体院的工作，形成常态化，以对装置与装置和系统之间的界面形成有效的协调管理。在项目各个阶段组织召开总体院和各装置院的界面协调会议，有计划、分阶段地对各个设计院进行界面检查与协调，积极落实和解决设计院之间的技术问题。

设计管理部安排固定的人员负责各个界面管理，界面管理以动态修订的文件为载体。界面管理文件由设计管理部进行编制、动态修订和发布。

7.5.9 设计管理和审查

所有的设计和审查的活动都是有限授权的活动，从项目可行性研究批复之后，设计管

理和审查工作要严格依据批复的可行性研究报告来开展。

设计管理部按照不同阶段的设计管理和审查的基础和依据的变化，编制设计管理和审查依据清单，及时进行发布。必要时对于设计管理和审查人员进行管理和审查的培训。

以下文件构成设计管理和审查的纲领性文件、重要依据和导则：

➢ 集团公司批复的项目可行性研究报告（纲领性文件）；

➢ 政府核准的报告及相关批文（上报文件和批准文件构成系统文件体系）（重要依据）；

➢ 板块公司层级发布的管理文件（工程统一规定、项目输入）；

➢ 设计和咨询合同；

➢ 设计开工会议纪要；

➢ 其他各种会议纪要；

➢ 专项的审查和分析成果。

设计管理部按照有权单位层级和授权，将以上文件出现冲突和矛盾的处理办法报项目主任组研究批准。

项目部将根据项目实际情况，编制项目总体设计、基础设计和详细设计审查管理规定，设计审查工作将按规定执行。

总体设计和基础设计审查的主体是设计管理部，项目组配合审查；详细设计的审查的主体单位是项目组，设计管理部配合审查。

无论是设计的过程管理，还是阶段性审查，如果不存在影响安全和质量的问题，坚决杜绝任何改变集团批复可行性研究报告内容和政府已经完成审批事项的提议和建议，保障项目的健康和平稳进展。

严格控制板块公司层级文件规定的偏离和变化。对于确需变更的情况，按照层级授权管理，由设计管理部负责提出建议，报项目主任组审批，报分公司审批、报板块公司有权部门最终审批。审批完成前，所有工作按照既定方案执行。

在总体设计和基础设计阶段，为实施过程控制，避免设计返工及对进度造成影响，应加强过程审查。过程审查的重点是对重要设计文件的中间成果进行审查。

对于确需外部第三方参与的专项审查，设计管理部提出申请，项目主任组审批同意后委托第三方开展专项审查。

对于首次大型化的装置和首次接触的装置，必要时邀请业内专家进行审查。

7.5.10　设计变更管理

• 在 EPC 发包前，对工程统一规定（包括 6S 管理规定）进行冻结。原则上，在后续阶段不允许调整，对工程统一规定的修改和调整要经项目主任组批准。

• 经板块公司评审后的设计输入（设计方案）原则上不允许修改。如确需修改，须经项目主任组同意，并按照授权规定报分公司乃至板块公司技术委员会确认。

• 所有涉及合同变更的设计变更，须经项目主任组批准。

• 严格执行集团和板块公司发布的相关规定。

7.5.11　质量控制

• 加强设计基础类条件的确认，由专人负责设计基础文件的维护和管理，在基础设计及详细设计过程中监督和落实，确保设计基础作为设计输入条件的准确无误。

• 在设计过程中的各个阶段，按照项目的总体设计、基础设计、详细设计及 3D 模型审查规定，组织项目部和生产公司人员，必要时外请专家，对设计文件进行审查。同时追踪落实审查意见的整改，并形成关闭报告。

• 分阶段对各个设计院进行界面检查与协调，发现问题及时处理。

• 充分利用项目专家组、分公司技术委员会，保证工程技术问题处置的质量。

7.5.12 专利技术合同执行

在项目定义阶段和实施阶段，专利技术合同执行以项目组为主体，在试车阶段和性能考核阶段以生产公司为主体，设计管理部配合并负责合同管理。

7.5.13 E+P+C 项目的设计管理

E+P+C 项目对内、对外的设计管理界面多而杂，尤其在现行程序文件的规定下，流程繁琐。E+P+C 项目的设计经理配备，必须是综合能力强、能吃苦的人选。

系统项目组配备 2 名专职设计经理，一位负责单体建筑，一位负责除单体建筑之外的各系统单元。

由于集采的物资采购在进度、质量、服务等方面存在的一些问题，建议尽量减少 E+P+C 合同数量。

7.5.14 HAZOP 分析及 SIL 定级、验算

通过公开招标引入专业公司，在基础设计阶段对所有工艺装置、公用工程及辅助设施、全厂外管工艺联锁进行 HAZOP 分析及 SIL 定级；在详细设计阶段对 SIL 进行验算，同时对涉及工艺专业的设计变更及 Package 设备进行 HAZOP 分析。

追踪各个阶段的 HAZOP 及 SIL 分析的建议和措施的整改、落实及关闭，要 100% 关闭并形成关闭报告。

7.5.15 "三同时"设计管理

在项目前期，设计管理部负责组织项目环评、安评、职评报告的编制和审查，并协助政府协调组开展报批工作；在基础设计阶段，由设计管理部组织督促、审查各设计院落实环评、安评、职评报告及批复中的建议及措施，并负责组织项目消防设计研讨会；在详细设计阶段，督促、审查各设计院落实环评、安评/安全专篇、职评报告/职防专篇及批复中的建议及措施，督促、审查各设计院对消防建审意见的回复。并负责根据项目实施过程中的变化，适时组织相关附属报告的变更工作。

7.5.16 数字化交付

为了今后打造数字化工厂、智能工厂，提高建设方信息化管理水平，本项目拟在煤制油化工项目中率先开展数字化交付试点，进行数字化交付探索，并将数字化交付的要求列入 EPC 招标废标项，凡是不承诺按要求进行数字化交付的承包商不得入围。

拟在设计管理部下成立项目数字化交付小组，负责编制项目数字化交付技术要求，负责数字化交付的过程管理及验收交付。

7.6 采购管理策略

7.6.1 人员配备

项目部下设采购管理部负责项目采购管理，采购管理部定员 14 人，其中：部门经理 1

人、综合计划及政府协调1人、ERP平台及合同管理1人、长周期设备采购2人、地管材料采买2人、保护伞协议采购3人、催检协调1人、物流协调1人、仓库主任1人、PIP平台及文档管理1人。

7.6.2　设备材料分交策略

设备材料分交策略是在保证质量的前提下，最大化采用国内制造或国内组装，以降低项目建设投资。

在项目定义阶段，从专利技术选择就开始制定设备材料分交原则，由项目设计管理部/项目组将本项目各装置的进口设备清单（设备分交表）报上级公司批准执行。

7.6.3　厂商名单建立策略

建设方采购的设备/材料通过公开招标以最低评标价法优选供应商。

EPC承包商应在项目部制定的设备/材料短名单内进行采购，短名单分为"通用设备/材料合格供应商（短）名单"（以下简称"通用名单"）、"专用设备/材料合格供应商（短）名单"（以下简称"专用名单"）和"专利专有设备供应商名单"（以下简称"专利专有名单"）。

本项目"通用名单"的编制原则是以甲醇下游加工项目所批复和执行的合格供应商名单为基础，对于项目执行过程中和装置后期运行中发现的问题厂商进行删减，对于甲醇下游加工项目名单不足3家或者由于新增工艺装置需要补充供货厂商类别的，应以建成项目批复的合格供应商名单作为基础进行补充。

"专用名单"指的是为各装置制订的，相对于项目通用名单中设备类别不同的或者存在特殊的设计要求、操作工况和制造要求的重要设备材料所制订的供应商名单。

"专利专有名单"主要是指在技术许可合同中所约定的，对专利技术性能保证存在重大影响的，由专利商推荐的关键设备的供应商短名单。专利技术许可合同中约定的与工艺性能保证相关的，或者由专利商推荐的，或者需要专利商批准增补的供货商名单按照专利技术许可合同的约定执行。如果在该名单外引入新的供应商，需要履行专利商批准审核程序。

本项目保护伞协议不再制定合格供应商名单，按照集团招标采购管理规定对于集团发布短名单的执行集团名单开展邀请招标，对于集团未发布短名单的将采取公开招标方式产生。

本项目合格供应商名单适用于所有参与本项目的EPC总承包单位。对于本合格供应商名单是否适用于XX工程公司、XX设计院总承包的项目，由XX工程公司履行相关审批手续。

当EPC总承包商在执行项目部提供的合格供应商名单过程中发现新增采购类别或某一项厂商名单不能满足项目采购要求时，项目部将设置项目供应商增补和审批程序，该程序将在EPC招标文件和合同文本中进行描述。

7.6.4　长周期设备采购

7.6.4.1　长周期设备界定
对于进口设备而言，交货周期（FOB时间）在14个月及以上的设备。
对于国内制造的设备而言，交货周期（现场车板状态交货）在16个月及以上的设备。

7.6.4.2 长周期设备的采购原则

原则上，长周期设备由项目部通过招标方式进行采购。

长周期设备的（采购范围）清单在专利技术许可合同生效后完成制定。

长周期设备的运输限界执行采购管理部发布的统一运输限界要求，即货物含包装的运输尺寸。

① 使用桥式车组：高度不超过 4.95m 时，重量≤360t；长度≤28m；宽度≤5.5m。

② 使用全轴线车板：高度不超过 4.20m 时，重量≤360t；长度≤35m；宽度≤6m。

在 EPC 承包商选择完成和 EPC 合同生效后，所有由建设方签订生效的长周期设备将按照所属的工艺装置将除合同付款责任外的采购合同项下全部工作转移给 EPC 承包商执行。

长周期设备的合同转移不意味着项目部放弃对上述合同的深度管理。项目组应负责组织相关人员参与合同开工会、预检会、中间检验（如果需要）、出厂前检验（如果需要）、装船前检验（如果需要）、到货验收（包括备品备件）、随机资料验收、现场服务人员管理（包括服务进度、现场工时控制及确认）等。项目采购部应负责开展涉及合同商务变更、合同索赔及与合同商务相关的其他工作。

长周期设备采购合同的文本原则上来源于集团集中采购的标准合同文本，结合以往项目的经验教训，对于延迟交货的罚款条件根据可行的惯例设置为合同总价的 10%。

7.6.5 对集团集中采购的管理

充分认识到集中采购的周期对长周期设备采购的影响，考虑到集中采购周期的刚性。一方面需要抓好设计输入，做好请购文件提交计划，将具备招标条件的时间前移。另一方面，做好招标前尤其是针对关键设备的深度技术交流工作，提高招标一次成功率，避免因为前期调研交流工作不扎实造成的延标甚至废标和重新招标工作。此外，要与集团物管部和物资集团保证密切的沟通，避免由于界面管理的缺失造成的不必要的时间浪费。

7.6.6 保护伞协议管理策略

为满足全厂统一性要求，降低生产运营期间的维护、维修和操作费用，以及最大限度地获得全厂性批量采购折扣，降低建设期成本。本项目拟以框架协议（保护伞协议）的方式对部分电气专业和仪表专业的设备、材料在定义阶段统一组织招标采购，确定全厂性某一特定产品的单一供货厂家按照固定单价、预估总价的方式签订框架协议（保护伞协议），用于项目部或 EPC 总承包商作为项目执行阶段（详细设计阶段）的依据开展采购工作。为体现 EPC 管理责任，业主签订完保护伞协议后，由 EPC 负责保护伞协议项下的所在装置的订单的签订和执行。项目部将负责对保护伞协议供应商在整体项目上的协调管理，及时处理保护伞协议执行过程中可能发生的诸如制造进度协调、合同变更等事宜。

保护伞协议的范围主要涉及电气、仪表和电信三个专业。

（1）电气保护伞协议（MEV）

主要包括变压器、中压柜、低压柜、电气综合保护及自动化系统、防爆和三防路灯、不间断电源（UPS）、应急电源（EPS）和直流电源共计 8 个采购包。

（2）仪表保护伞协议（MIV）

主要包括 DCS/SIS、智能变送器（国产）、智能变送器（进口）和有毒及可燃气体报警系统共计 4 个采购包。

（3）电信保护伞协议（MCV）

为保证本项目与甲醇下游加工项目在电信系统上的兼容性和可靠性，本项目将以系统兼容、备件互换的原则将电信系统的采购供货纳入 EPC 承包商的工作范围，建设方不再签订全厂性的电信保护伞协议。

建设方签订的保护伞协议的质量保证期将覆盖 EPC 总承包合同质量保证期。

7.6.7　备品备件的划分与采买策略

同 7.3.2 相关描述。

7.6.8　项目物流管理策略

如果需要，将通过公开招标的方式通过资格预审选取和制定大件（超限）运输承包商名单。EPC 承包商必须在该名单中选取大件物流商，大件运输工作开始前必须向项目部提交运输方案并通过项目部的确认，对于供货商未按要求执行上述名单的，项目部有权在名单内确定和委托物流厂商执行上述工作，项目部支付的相应运费将从 EPC 合同总价中扣除。

7.6.9　运输保险策略

选择一家保险单位为所有进口长周期设备提供保险。

7.6.10　现场仓储管理

现场仓储设施拟采用第三方专业化公司进行管理，专业化公司将在项目的管理要求及相关制度框架下提供设备接运、保管、清点、出入库台账管理、合同及付款平台管理、采购档案管理等工作。

7.6.11　对 EPC 承包商采购管理策略

对 EPC 承包商的采购管理主要由派驻项目组的采购协调经理按照项目管理要求中的采购管理的内容，在项目经理和项目采购管理部的管理下实现对 EPC 承包商采购过程的管理。

对 EPC 承包商的采购管理主要体现在，采购计划的制订与实施、采购分包的合理性和询价短名单及中标人的审批、现场仓储管理、备件及随机资料交付、合同变更涉及设备材料价格的确认及进度款审批确认等。

现场仓库管理必须由 EPC 承包商负责，并按照项目要求建设仓储设施，并建立完整的出入库台账统计，以保证现场仓储工作的扎实开展。对于未满足合同约定的 EPC 承包商，在限期整改无效后，项目部有权履行合同罚则，直至整改完毕。

原则上不允许 EPC 承包商委托第三方实施主材的采购工作，EPC 承包商应严格按照项目管理规定开展合同签订和合同执行工作。对于 EPC 承包商未能对符合派驻驻厂监造条件的制造商派驻合格的驻厂监造，在项目组发出书面整改通知而 EPC 承包商整改无效的前提下，项目组将有权替 EPC 承包商派驻驻厂监造人员，费用由 EPC 承包商承担。

EPC 在变更执行过程中，对于需要过程认价的设备材料，从供应商的选择和商务价格的确认均应该通过"提前告知""提交方案""获得批准""启动执行""过程参与"的方式开展变更执行工作。由于进度要求和人力资源的限制不能按照上述的过程执行时，特殊情况下，在项目组批准 EPC 先行启动变更项下采购活动完成后 30 天内，必须按照项目要求提交涉及采购变更审批的认价文件，超出上述时间的认价文件将不予受理。

7.6.12　采购质量控制策略

对采购质量的控制贯穿从供应商寻源、原材料进厂、加工制造过程到产品出厂试验、到货验收和安装调试的各个环节。

在招标阶段，要对潜在投标人在制造供货资质、业绩、能力和质量方面的要求明确规定并纳入评标要素当中。

在合同执行阶段，要加大对供应商的催交检验力度。拟通过公开招标的方式选取一家有资质的监造单位提供设备监造检验服务。

设备材料到货后，项目组、生产人员、仓储人员、监理、承包商等参与开箱检验，对于在开箱检验和安装调试过程中出现的质量问题及时反馈给项目采购部，项目采购部负责协调解决。

7.6.13　完善项目管理平台采购模块

建立合格供应商编码、供应商数据库。

完善采购审批程序，在EPC项目询价厂商表和EPC项目中标厂商审批表中增加项目采购部经理审批环节。

7.7　施工管理策略

7.7.1　人员配备

施工管理部设部门经理一名、部门副经理一名，下设综合管理组、技术质量组、施工管理组三个小组，对项目施工的技术质量、施工资源、施工总图、施工过程等进行全方面管理。

7.7.2　现场准备

现场准备工作主要包括：①项目临设策划、设计及建设；②项目总平面布置图确定；③土建检测建站；④建设用地规划许可证办理；⑤征地；⑥余土消纳场地确定；⑦原施工临设拆除；⑧临时用地办理；⑨临时用电办理；⑩商品混凝土招标、建站；⑪集中防腐招标、建场；⑫无损检测招标；⑬桩基检测招标；⑭大件吊装招标；⑮施工短名单招标；⑯水土保持监理招标；⑰环境监理招标；⑱场平；⑲强夯；⑳试桩；㉑详勘；㉒施工水电及零星工程施工及维护合同委托；㉓施工水、电施工；㉔建设工程规划许可证办理；㉕施工许可证办理。

7.7.3　施工总平面管理

为保证项目正常建设，满足项目建设的基本需要，本项目按使用功能规划项目部办公区、施工承包商生活区、承包商及专业分包单位办公区、项目部仓储区、EPC承包商仓储区、保温单位加工区、检测单位办公区、大型设备制造区、预制区、集中防腐区、混凝土搅拌站等。

7.7.3.1　策划原则

（1）方案策划、审批原则

为确保项目临建设施工程实施依据充分、规划合理，项目临建设施实施前应由施工管理部组织编制专项临建设施策划方案。策划方案编制完成后由项目主任组主管领导组织项目部相关领导及人员召开专项策划方案评审会，审查通过并经项目主管领导书面批复后方可实施。

（2）功能分区原则

项目临建设施涉及的各参建单位临时办公设施、生活设施、材料堆放及预制场地、集中防腐、商砼站等内容应严格按照国家卫生、消防、安全要求进行功能分区规划，以确保临建设施及使用人员的卫生及消防安全。

（3）集约用地原则

相关临建设施规划应严格按照项目投资规模、拟投入参建人员数量、项目总图预留地布置情况、集中防腐及砼使用量等综合信息对相关数据进行估算，根据估算数据进行科学、合理规划和设计，节约用地。同时规划应充分考虑项目用地范围内的预留空地，尽量减小项目外围临时用地量。

（4）永临结合原则

临建设施有关内容如项目部办公区、承包商办公区及生活区等应考虑永临结合规划原则，节约建设期及运行期投资。

（5）设计审查原则

临建设施策划及设计内容提交设计审查，特别是全场临时施工用水、用电、采暖、通信、照明等临时系统工程，避免与全厂道路、管廊、地管、电信等永久系统工程位置发生冲突，造成二次建设或返工等不必要的工期及投资损失。

（6）绿化环保原则

临时办公、生活区除主干道路采用混凝土硬化外，其他区域如停车场、活动场地、非主要道路等原则采用草坪、砖等进行硬化，满足水土保持要求，方便项目竣工后的拆除工作。

7.7.3.2　策划内容

（1）施工承包商临时生活区

规划建设约8000人住宿的施工承包商临时生活区，满足施工人员住宿需要。此生活区由项目部建设、管理，施工承包商交费使用。

EPC总包商、监理、第三方检测及质量监督人员的生活住宿原则上不在生活区内安排，由其依托地方资源自行解决。

（2）大型设备制造区

本项目需要现场组对的大型设备，原则上在所在区域内组对。乙二醇反应器需要现场组焊时，组焊厂房规划在煤储运停车场内，组焊厂房使用完成后拆除。

（3）总承包商仓储区及施工承包商预制区

项目在总图布置时要充分考虑、保证装置安装用地。主要装置的施工预制区以装置附近的安装用地为主，必要时考虑临时征地。

各EPC总包商的仓储区也以装置内预留地为主，如预留用地不能满足需求，项目统一征用临时用地，总包商交费使用。

EPC总包商的仓储区、施工预制区需使用单位报方案到项目施工管理部，待批准后自行建设、使用。

（4）承包商办公区

项目部在装置区北侧临时征地370亩作为项目的临时用地，此区域内规划一部分作为总承包商、分包商、第三方检测人员办公区。

各级承包商的办公区用地需承包商提出用地申请，项目施工管理部批复后交费使用。

（5）集中防腐区

本项目招标引入一家集中防腐框架单位，规划在汽车装卸设施区域内建设项目集中防腐区，占地面积约20000m²。

（6）混凝土搅拌站

本项目拟招标引入两家商品混凝土框架单位。每座搅拌站的规模为1500m³/d，按两条生产线建设。每座搅拌站占地15000m²，共占地30000m²。

商品混凝土搅拌站的用地为临时用地，施工管理部协调办理，承包商交费使用，项目结束后拆除。

（7）土建试验室

本项目招标引入一家土建检测单位提供土建检测服务，由检测单位在装置区外临近搅拌站位置新建土建试验室，占地面积约1000m²，土地使用性质与搅拌站相同。

（8）阀门试压站

在项目安装阶段由施工承包商提出申请、施工管理部批准，在装置区内由施工承包商自建2～3家阀门试压站，以满足阀门试压需求。

（9）余土弃置、生活及建筑垃圾弃置规划方案、施工废料处理

本项目施工产生的余土、建筑垃圾等，由施工管理部协调地方管委会，在项目施工招标前确定地点及运距。

临时生活区、办公区的生活垃圾委托专业公司处理。

（10）施工用水

项目施工用水引自工业园区提供的市政用水，施工高峰期日用水量为120t/h，按每天12h施工，1800t/d。施工用水的临时水线根据装置平面布置图统一规划、设计、施工。

（11）施工用电

项目临时用电包括施工用电和施工承包商生活区、办公区用电两部分，用电高峰期预估为15000kW。施工电源引自地电公司电网，分两路引入项目区域内：一路为甲醇下游加工项目10kV路线，主要负荷施工临设区；另一路引自园区内变电所，主要负荷现场施工用电。本项目规划施工用变压器20余台，大部分利用甲醇下游加工项目的临时变压器，变压器根据装置平面布置图统一进行设计和安装。

（12）临时采暖

施工临设区采暖所用蒸汽，一部分引至新建厂前区的热交换站。

（13）施工临时道路及照明

利用项目的正式道路作为施工道路的主干路。施工现场照明沿道路布置，必要时适当安装部分高架灯。

（14）临时卫生间

沿厂区主干道建5～8座水冲式卫生间，装置区内由施工承包商建移动式卫生间。

7.7.4 施工框架协议方案及策略

施工框架协议单位策划内容同7.2.2.3"施工合同策略"下"框架协议单位"的相关描述。

框架协议单位是项目建设期间引入的施工资源，项目部对协议单位的管理一方面是保证协议单位的进度和质量满足现场施工进度、质量要求，另一方面通过协议单位检查、监督现场的实体质量，从而使项目的施工质量管理提升一个层次。

7.7.5 对监理单位的管理策略

施工管理部根据监理的工作范围，编制监理管理的程序文件，过程中做好以下工作：

① 监理面试工作，通过面试，考查监理人员的业务能力和水平；设置试用期，通过试用期考核监理人员责任心和处置问题的能力。

② 通过合署办公的方式，加强与监理沟通和联络，提高工作效率。

③ 督促监理工程师编制监理细则并严格审查。

④ 对监理单位实施月度考评。

7.7.6 施工技术管理

施工管理部根据项目的特点编制本项目的施工技术管理程序文件，重点做好下列工作：

① 做好施工组织设计、重点施工方案的审批工作，在施工方案上严格把关。

② 组织好施工新技术、新工艺、新设备的推广应用工作。

③ 做好施工技术资料的归档工作，做到归档资料能真实反映施工情况。

7.7.7 施工质量控制措施

本项目施工质量控制，做好以下工作。

① 建立质量控制体系，成立施工质量机构，落实各层级的质量控制责任，保证各层级质量控制效果。建立一次报验合格率考核制度，促进承包商自己的质量控制体系的有效运行。

② 加强监理工程师和总承包商专业工程师的工作状况的检查和考核，加强监理的管理和授权，充分发挥各级管理人员的作用，通过确保工作质量达到保证工程质量。

③ 推行"首件样板"制度，强化质量管理的"事前"控制。承包商各工序开工前，首先完成首件样板，经监理、专业工程师、施工管理部验收批准后再实施，使施工人员在施工过程中做到脑中有标准、眼前有样板，避免和减少返工。

④ 贯彻执行项目部的A、B、C三级质量控制点制度，要求施工承包商按三级质量控制点要求编制质量计划，专业工程师负责A级质量控制点的检查、验收，并监督、管理总承包商、监理工程师对A/B/C级质量控制点的控制与检查工作。

⑤ 使用第三方检测单位，对项目进行无损检测、桩基检测和土建材料检测、防雷检测等，以保证原材料投入和施工过程质量。

⑥ 采用混凝土集中供应方式，通过招标选定混凝土供应商，确保项目所用混凝土质量。

⑦ 采用工厂化集中防腐方式，通过招标选定集中防腐承包商，保证项目防腐工程质量。

⑧ 明确阀门试压站要求，项目部确定1~2家承包商在项目现场建阀门试压站，集中为

全项目阀门试压。

⑨ 大型设备采用一体化集中吊装模式。大型塔器吊装要保证"穿衣戴帽"，实现"塔起灯亮管线通"，推行模块化施工，以保证安装质量和绝热施工质量。

⑩ 明确交安条件、管道预制场地和现场无土化安装的要求，现场硬化后方可进行工艺管道的组装和安装，以保证管道内洁。

⑪ 建立焊接记录表管理制度和平台，提前策划试压包，按试压包组织施工和过程检查。

⑫ 设立曝光栏，对质量问题、通病曝光。

7.7.8 文明施工管理

① 文明施工管理严格执行《现场文明工地标准》中的要求，文明施工常态化、标准化。

② 现场土方作业严格执行规定，现场不允许有多余土方堆放，弃土场边弃边清理。

③ 建筑垃圾、施工废料各自集中堆放、集中处置。

④ 在合同中约定安全文明施工管理专项费用和文明施工管理人员，来加大安全文明施工管理力度。

⑤ 实行安全文明施工管理检查和考评制度。通过检查、抽查，考核项目组安全文明施工管理情况及承包商实施情况。

⑥ 承包商生活区、项目各装置间的公用部分实行物业管理制，做好日常维护、保洁工作。

7.8 HSE 管理策略

7.8.1 风险预控管理体系

（1）建立安全风险预控管理体系

结合项目安全管理特点，充分考虑分公司安全管理要求，以工程公司安全风险预控管理体系为蓝本，借鉴甲醇下游加工项目安全管理经验，建立项目安全风险预控管理体系。

（2）项目专职安全机构

安质环监管部配置 1 名经理、1 名副经理并兼职综合组长、1 名安全组长、1 名质量组长、5 名安全监管经理、3 名质量监管经理、1 名培训师、1 名保安工程师、1 名综合管理、1 名文控。

施工管理部为每个项目组配置 1 到 2 名安全工程师。

（3）落实安全生产责任制

健全《项目安全生产责任制》，细化分解安全生产目标指标，签署安全生产责任书，加强安全监管，严格落实管生产必管安全、一岗双责的安全生产责任制。

7.8.2 管理资源配备

（1）监视测量设施

项目部配备全场临时视频监视系统、气体检测仪、对讲机、红外指示器、身份证读卡器、风速仪、混凝土回弹仪、光谱分析仪、红外测温仪、测振仪、测速仪、照相机、摄像机、手电筒、力矩扳手、焊检尺、游标卡尺、卷尺、钢板尺、塞尺、工具包等简易的以及必备的测量设备，并按照有关要求进行计量鉴定。

（2）培训设施

项目部培训教室设在厂区外围承包商进出主要门禁处。培训教室的规模按照一次容纳300～500人考虑（兼用各活动、现场会议场所），培训设施满足培训、会议计划要求，设置投影仪、音箱设备、课桌椅，培训室四周挂设达到目视化教育的挂图。一级教育培训时间定为每周一至周五上午8：30～11：30（培训时间和频次可调整）。

（3）消防设施

分公司综合办公室负责设置项目部在厂前区生活宿舍、办公场所消防设施日常管理。施工管理部负责承包商生活区消防设施管理。项目部协调分公司提供消防车服务，督促承包商配置合适的消防设施。

（4）门禁系统

设置标准化的门禁设施和监控系统，采用公开招标方式选择合格承包商负责项目门禁的设计、安装、调试、维护等相关工作。

厂区实行封闭管理，进出厂区大门的人员和车辆刷卡通过；构成工程实体的物品按照相关规定办理进出场手续；承包商对其施工的区域实行封闭管理，并安排专人在门口值班。

（5）保安公司

引入保安公司负责现场门禁管理，维护场内公共区域的治安、交通秩序，严格控制项目现场人员、物资和车辆的出入。

安保管理职责：维护项目建设期施工现场人员、财产安全，维护秩序，预防各种灾害事件发生；24小时在现场内值班巡逻，检查进出场人员、车辆及物品安全；检查进出门禁人员防护用品的佩戴符合业主管理规定；定期检查现场消防设施并加以维护；配合项目部开展项目重要应急救援、安全管理活动；处理突发事件。

项目建设期，按照"两级管理"模式，组建治安保卫组织机构，项目部成立以分管安全副主任（项目经理）负责的治安保卫组织机构，负责整个厂区内治安保卫统一管理，负责人员、车辆、物资进出厂的出入管理，负责与当地公安系统的沟通和联系。承包商建立其治安保卫组织机构，负责本单位施工区、临时办公区、仓储的治安保卫管理工作，并严格遵守业主的治安保卫管理规定。

（6）医疗服务机构

项目引入医疗服务机构，为现场突发事件提供紧急医疗救助服务。现场急救站拟设在承包商临建生活区，靠近项目快速通道门禁处为宜。急救站提供高处作业、特殊工种健康体检服务。

7.8.3　安全管理活动策划

（1）招标环节安全管理活动

派遣安全监管人员参加评标服务，监督安全措施费用、承包商安全管理人员配备、承包商重大安全技术方案、岗位标准作业流程及班组安全活动等要求在契约阶段落实情况。必要时组织开展投标前交流及交底活动。

（2）安全培训

安质环监管部负责制定项目安全培训年度计划、专项培训计划，组织开展入场培训活动。

各EPC及施工承包商配置培训教室等设施及专职安全培训工程师。

安质环监管部定期开展专项培训，考核上岗，培训合格人员发放培训标识，标识以帽贴的形式记录培训效果。

推行夜校培训、违章再培训教育机制。

（3）宣传与警示教育

项目在主要大门口、主要道路设置宣传牌、标语或警示牌等，承包商在各自的区域、大门口设置宣传牌等；在承包商人员上下班途经的主干道旁边设置"事故案例警示录"宣传栏；在培训教室处设置一间安全文化室。

（4）班组安全文化活动

建立班组安全文化活动机制，开展标准化岗位作业流程、作业交底、风险辨识管控、岗位安全培训、轮值安全员、安全经验分享、班组评比等活动。

（5）危险源辨识与动态管控

风险管控活动向前延伸，项目整体开工前，项目部分装置组织开展全项目风险辨识工作（纳入招标文件），承包商投标文件中编制危险性较大工程专项方案及项目部认为需要编制的专项方案。单位工程开工前，承包商进行风险再辨识，纳入施工组织设计及方案。项目经理每月组织开展月工作危险源辨识活动，建立风险预控清单，亲自落实重大风险控制措施。施工经理每周组织周工作危险源辨识活动，建立风险预控清单，亲自落实较大以上风险控制措施。承包商班组每日开展当日作业活动风险辨识活动，专业工程师检查风险控制措施落实情况。

严格执行作业许可管理。对动火、受限空间、高处、基坑开挖、射线、吊装、交叉等高风险作业实施作业票许可管理制度。

制定高风险作业旁站和停检点工作计划，如烟囱翻膜作为停检点、大型吊装作为旁站点等。建立安全措施检验批制度，如大型建筑砌筑、抹灰工程作业脚手架作业，可以采取分层、分段安全措施检验批验收制度。建立工序安全设施无缝交接及防护设施拆除作业许可制度。

（6）应急预案与应急演练

项目部与当地医院、消防、公安、环保、通信等部门共同建立项目建设应急救援系统，确保重大突发事件发生时能够及时应急处理，尽快控制事态，保证人身安全，减少损失，恢复正常施工秩序。

项目部建立项目综合应急预案和专项应急预案，承包商分别编制本单位的应急预案，经审批后遵照执行。

（7）考核及奖励活动

建立安全目标管理系统，分级开展目标分解考核活动，每年签署目标责任书。

开展月度检查考核评比、年度考核评比、项目建设期的考核评比活动。

奖励形式主要有（不限于）：项目安全人工时奖励、及时奖励、突出贡献安全奖励、月度评比奖励、绩效奖励。

项目将制定安全奖励实施细则，以招标方式采购安全奖励物品。

7.8.4 主要管理措施

（1）承包商安全人员配置

安全专职人员按照 EPC150：1、施工承包商 75：1、监理 300：1 比例进行设置，其中监理和施工承包商人员必须为有劳动合同关系的本部人员。

（2）安全文明施工标准化要求

项目推行现场安全标准化，全面贯彻安全标准化规定，提倡使用定型化、工具化的安全设施。安质环监管部和施工管理部批准单项工程、单位工程开工许可，达不到标准化开工条件的不许开工。单项工程均要设置脚手架、配电系统、加工场等的标准化样板工程，长期保留，作为新开工程、新班组的样板。项目部推行防护设施标准化首件样板制度，每个分部工程开工，均要由第一个开工的班组按照标准化要求设置首件样板，同类其他工程、其他班组参照首件样板执行。建立防护措施专业化作业班组，脚手架、安全网、生命线、防砸棚、临边孔洞防护等安全措施必须由施工总包的专业化班组来实施完成，不允许劳务分包自行设置安全防护措施。

（3）装置性防护措施要求

项目通过标准化开工许可、标准化作业许可、推行标准化样板、拆除许可、安全检查等方法推行装置性防护实施，以装置性安全防护设施保安全无伤害。

管廊、构架层设置硬隔离防护设施，所有的厂房、库房、装置管廊下方必须满挂安全水平网，屋架、网架、框架梁柱提升作业前在地面完成高处作业平台、水平安全网、纵横方向全辐射生命线等。

（4）大型设备吊装

项目部大件吊装范围的塔器设备吊装，按照整体吊装、穿衣戴帽、塔起灯亮管线通的原则进行规划。承包商负责的较高立式设备也必须执行以上原则。大件吊装方案必须按照法规要求开展专家评审活动。

（5）施工用电安全管理

项目部制定全场临时用电系统方案，承包商制定区域临时用电方案。

施工管理部和安质环监管部组成联合验收组，达不到临时用电标准化管理要求的不予以送电。

（6）脚手架搭设、验收、拆除管理

建立脚手架搭设、拆除许可制度。防范搭设、拆除重大风险，同时防止不同工序在同一施工部位重复搭设脚手架现象。

（7）机具设备管理

制定设备设施管理细则、周期检查验收管理制度、投入使用前报验制度、每日检查确认制度。

要求各施工单位必须配备专职设备员，负责本单位所有机具设备的管理并建立设备管理台账。

塔式起重机合规性事关重要，可以考虑把建筑工程向地方建设工程安全质量监督站申报监督备案，努力协调其实现备案和监检发证工作。

（8）动火作业管理

提升动火作业管理水平，加强高处动火作业和交叉动火作业的接火设施管理能力，严禁动火区域内存放易燃易爆物资。

（9）隐患责任追究制度管理

完善隐患责任追究制度，建立违章人员管理台账，严格追究达到问责标准的责任人。

（10）劳保着装及个人防护用品的使用管理

所有进入建设场区人员必须按规定穿戴合格的、统一的、有标识的安全帽、安全服和安全鞋，不合格严禁入场。

（11）危险物品及危险化学品管理

项目建立放射源暂存库，对放射源统一进行管理。新入库的放射源必须持有"放射性同位素异地使用备案表"，方可允许存放。

放射源暂存库实行双人双锁管理，设置暂存库值班室并安装监视摄像头，领用出入做好登记记录。放射源第一次使用前，组织相关单位进行放射源过程控制首件样板活动，过程使用中开展不定期检查。

气瓶进场前，必须对气瓶供应商进行评审，查验和备案，持有锅炉压力容器主管部门颁发的生产许可证书及质量证明书等文件，有运输经营许可的供应商，其气瓶方可进入现场。气瓶要保持完好，其安全防护措施和安全附件齐全。气瓶应按照标准化设施要求采取防止倾倒支架。

（12）HAZOP 分析与审查

所有装置 100% 开展 HAZOP 分析与审查。

7.8.5 安全检查

月度检查：安质环监管部每月组织一次由施工管理部、各项目组、监理单位人员参加的月度联合安全检查，检查将覆盖现阶段所有直接作业环节。

季节性检查：有目的地进行季节性（夏季、冬季、雷雨季）安全检查。

专项检查：及时组织专项检查，加大专项检查频次，尤其是节假日前后、高风险作业前、危险性较大工程施工前的安全检查。

阶段性检查：根据项目执行的各个不同阶段特点，有针对性地进行分阶段、有重点的安全检查。

7.8.6 安全费用管理策略

项目部将根据项目策划的安排及安全管理费用概算指标，细化分解项目部安全费用使用计划，做到专款专用。

必须在招标、评标、合同签订等环节充分落实法规及项目要求，才能保证承包商安全费用预算到位、措施落实到位。

在招标控制价中根据建安工程造价（含主材费），按照规定比例计算出安全施工费用固定额，直接放入招标文件和合同，真正实现专款专用，此部分费用必须全部拨付施工承包商用于安全施工。EPC 可以单独报出用于其自身安全管理活动的安全费用，此费用计入竞争，专款专用。EPC 及施工承包商如果投标时声明安全施工费用不足，可以单独追加安全费用，此部分计入竞争，但要专款专用。否则承包商报出的其他安全管理和安全施工费用，在清标时一律扣除。

7.8.7 环境及职业危害管理

（1）环境管理

项目临时设施采取永临结合措施，大幅节约临时用地和减少垃圾产生。对施工区域的堆土和易起尘的建筑材料进行遮盖，施工场地采用彩钢板围挡、场地内弃土不高于挡风墙及不露尖等措施治理扬尘污染；冲洗试压废水送至污水生化处理装置用于设备调试；施工产生的废渣、生活垃圾集中堆放，集中送至园区建设的渣场内填埋；加强机具车辆管理，严防油品落地；配置洒水车，定期对没有硬化的道路进行洒水；真正实现了绿色环保施工，保护了青山碧水。

（2）职业危害管理

交叉作业执行分公司职业危害管理要求。项目管理经识别没有较大职业危害，项目部将采取防暑降温措施。承包商应针对特殊作业采取体检、排风、防毒、口罩、防风镜、焊接视镜等措施。

7.9 质量管理策略

7.9.1 质量管理体系

项目根据项目特点、依据分公司管理要求，借鉴甲醇下游加工项目总结，以工程公司质量管理体系为蓝本，健全项目质量管理体系。

（1）质量管理组织架构

建立三层五级质量保证体系，通过内部、外部资源的落实及项目质量管理体系在各责任及管理主体的应用，确保各阶段、环节的过程及实体工程质量得到控制。

（2）质量管理体系运行与维护

各参建主体都必须建立并运行符合 ISO 9000 标准要求的质量管理体系，制定并执行针对本项目的质量控制计划和措施。

项目部应严格落实质量管理体系要求，制定并执行项目总体策划、总体统筹计划、质量计划及项目执行计划。

开工前严格审查承包商项目质量保证体系和质量计划。

要求承包商把本项目纳入其质量管理体系外部审核范围。

7.9.2 质量管理活动

（1）质量目标管理

项目按照部门及岗位细化分解质量目标。

（2）质量计划管理

项目部制定质量计划编制规定并编制项目质量计划，项目各部门应在总体策划、总体统筹计划及项目管理体系中策划质量管理要求，项目组应在项目执行计划中策划质量管理要求，监理、承包商应按照有关要求，针对项目的特定条件编制项目质量计划，承包商应编制采购和施工质量控制计划。项目部对质量计划的执行情况进行监督检查，并将检查结果进行通报。工程结束时，项目部门、项目组、监理、承包商向监管部提交质量计划执行情况总结报告。

（3）项目开工管理

安质环监管部、施工管理部审批承包商入场开工条件。承包商对项目开工条件进行自评，逐级申报。

（4）质量行为监督检查

质量监管经理开展质量管理体系、质量计划、方案措施符合性检查活动，并协助组织项目组质量活动和质量问题整改封闭督查工作。

（5）宣传与培训

项目部各部门组织开展本部门员工质量管理体系、质量计划培训工作。安质环部、施工管理部组织承包商开展专项、专业、岗位培训及考核活动。项目组组织开展承包商管理交底活动。

项目在主要大门口、主要道路设置质量宣传牌、标语等。承包商在各自的区域、大门口设置质量宣传牌等。在"质量月"活动期间，组织所有单位开展形式多样的质量宣传活动等。

（6）协商与沟通

建立沟通与协商机制，以口头通知、电话、短信、传真、电子邮件、通知单、联络单、通报/报告、会议、培训、交底等形式开展沟通协商，确定有关沟通活动的相关方、权限、形成的文件以及后续处理活动形成的记录。

项目安质环监管部主持质量管理例会及有关专题会。建立项目质量周（月）报管理制度，明确质量周月报的格式、填写内容、上报时间、数据统计分析等。

（7）开展质量月活动

为了消除工程质量隐患，项目部每年组织开展 2 次质量月活动，安质环监管部每月组织开展一次质量周活动，项目组每周开展一次质量检查活动。

（8）质量监督检查

月度检查：安质环监管部每月组织一次由施工管理部、各项目组、监理单位人员参加的月度联合质量检查，检查将覆盖现阶段所有质量过程和实体。

季节性检查：有目的地进行季节性（夏季、冬季、雷雨季）质量检查。

专项检查：及时组织专项检查，加大专项检查频次，尤其是关键工序交接、质量标准化落实和专业质量检查。

阶段性检查：根据项目执行的各个不同阶段特点，有针对性地进行分阶段、有重点的质量检查。

（9）质量讲评活动

项目部每月组织质量讲评活动，对当月质量管理、实体质量、交工技术文件质量情况进行讲评，表彰先进，鼓励落后向先进看齐。

（10）质量考核

质量奖惩：项目部对日常监督检查问题以整改通知、通报、处罚的形式进行处理。项目部每月对承包商开展一次质量评比活动，并进行奖优罚劣。每年开展一次先进质量单位、先进班组、先进个人和精品工程评审活动。项目中交后开展承包商后评价。班组质量文化建设，评选优秀。

质量事故管理：质量事故是指由于责任方过失而使产品、工程和服务质量不合格或产生本质缺陷，造成经济损失和不良影响的事件，以及在国家、省（自治区、市）或工程质量监督抽查中发现的不合格事件。质量事故管理包括质量事故的报告、调查、处理、统计分析等。

7.9.3　主要质量管理措施

（1）严把准入关

要按照"大型、集中、均衡"的原则通过招标选择确定施工单位短名单，土建与安装要分开设置。在招标阶段策划影响承包商报价基础的重大施工方案、质量标准化和文明施工标准化要求。进场前开展面试活动。

（2）严把设计质量关

• 严格把关设计基础资料、标准规范清单等设计输入条件。

• 按照统一标准、提高标准的原则修编、简化工程统一规定。

• 开展分级全流程总体设计，争取无重大、方案性及系统性设计变更。

• 开展 HAZOP 分析及 PDMS 模型设计审查，强化设计审查质量。根据统一规定、设计输入条件和强制性标准，针对具体的设计单元和专业，制定详尽的设计审查方案，并落实审查质量责任制。

• 竣工图必须由设计单位完成，设计变更必须按照授权获得许可。

• 必须高度重视制造厂商条件确认和制造厂技术条件支持工作。

（3）严把采购质量关

• 严格控制合格供应商名单，在项目整体上固化短名单，要对潜在承包商的业绩和质量体系运行情况进行严格考察。

• 严把过程检查和监造关，严把材料验收关，提高材料入场验收比例和检测项目。

• 规范承包商进场材料验收、仓储和报验管理，健全现场材料管理责任机制，主材必须由 EPC 采购，仓储必须由 EPC 直接管理，由施工承包商负责材料复检及报验工作。

• 强化采购检验等级划分制度落地管理，100％到货验收，复验抽样符合率 100％。

• 100％单机试车。

• 针对国产化设备质量通病，完善监造计划。

• 持续提升 MEV、MAV、MCV 保护伞协议管理水平，确保全场一致性及优化集成。

• 坚持长周期设备执行责任向 EPC 转移策略，发挥 EPC 界面管理优势，提高管理效率、防范厂商条件原因设计变更。

（4）严把施工质量关

• 强化项目质量计划、ITP 计划、材料检验复验计划、首件样板计划、平行检验计划等事前控制手段。

• 全面推行首件样板制度，建设样板工程、打造过程样板、开展管理样板活动。

• 全面推行质量、文明施工、电仪交安、无土化安装、管道内洁及 6S 等质量标准化，建设集中防腐厂、商品混凝土搅拌站、第三方检测室、阀门试压站等标准化服务设施。

• 实施大型设备一体化吊装，统一管理、统一方案编制、统一吊车租赁、统一调遣，集中使用。

• 实施消防施工及检测、水保施工、防雷检测等专业化框架协议，确保工程符合有关法规要求。

• 钢结构工程实施工厂化预制、模块化吊装。

• 管道工程焊工 100％考试，工艺管道 100％氩弧焊打底。

• 统一色标管理，创新管件追溯机制，确保材料快速准确查找。

• 推行试压包管理制度，在管道试压前对管道材料报验、标识、焊口编号、焊工号、热处理、支吊架、阀门、无损检测等各工序质量及技术文件进行全面排查，确保管道工程质量无隐患。

• 创新成品保护措施，保护优质工程不受损害。管道吹扫执行阀门、仪表、螺栓拆除标识、打包及回装确认机制。动土作业采取电气、管道、土建等专业会签许可制。对设备采取防护棚、地砖采取石棉板、基础采取木板包角、螺栓套管、钢筋包覆等防护措施。加强保温防护层成品保护管理

• 推行 ABC 质量控制点计划、工序三级检验制度，确保过程质量合格。

• 重要隐蔽工程增加第三方复测，隐蔽工程全部提升为项目部 A 级控制点，保存影像资料。

• 加强关键过程质量控制，开展混凝土精品工程建设、优秀焊接工程评比活动。加强混凝土供应质量控制，依托项目部、部门、专业组、项目组专业工程师及驻场工程师的整个监管体系的有效运行管控混凝土质量。完善焊接管理方法，加强焊接工艺评定及资质审核，强化现场操作符合性检查。

• 通过强化重大施工技术方案审查及过程管理，保障变换管道、氧气管道焊接质量，保障大型机组安装试车等重要过程施工质量。

• 加强防腐、保温、防火材料的二次复验管理。加强焊缝、法兰等零星工程防腐质量管理。

• 加强交工技术文件管理，健全承包商质量管理组织机构，落实交工资料和现场施工记录责任制，按照分部分项工程建立交工技术文件档案目录，过程验收、过程签署、过程归档。

• 强化施工费用支付的质量管理职能，分部分项工程不验收、交工技术文件不形成就不予支付工程施工费用，能够有效地促进质量验收活动和文件及时形成。

• 强化交工过程质量管理，严格执行交工验收管理规定，必须在九完五交的基础上方可组织中交，尤其是要强化在过程中完成交工技术文件和分部分项工程验收工作。

7.9.4 政府质量监督

化工工程委托煤制油化工质量监督站监督，电力工程委托电力工程 XX 省质量监督站监督。为了满足当地政府合规性要求，同时化工工程委托 XX 省石油化工质量监督站监督。

7.9.5 技术质量监督

项目部牵头联络当地技术监督部门及特种设备检验所。

建立特种设备管理组织机构和责任制，完善管理方法。设计专业应负责所设计的特种设备均符合设计许可要求。采购专业应负责采购的特种设备均符合制造许可要求，如果由制造单位负责设计，同时应当满足设计许可要求，并负责进口特种设备的制造和安装告知、监检协调工作。施工管理部负责施工单位的许可和现场安装告知、监检管理工作。安质环监管部负责总体协调和监督工作。

7.10 财务管理策略

7.10.1 人员配备

项目部下设财务部负责项目财务管理，财务部定员 8 名，其中：部门经理 1 名、部门副经理兼总账报表会计 1 名、建安投资核算会计 1 名、设备材料投资核算会计 1 名、待摊投资核算会计 1 名、税务会计 1 名、资金管理员 1 名、出纳员 1 名。项目财务部人员完全

依托生产公司财务资产部。

7.10.2　会计核算

（1）ERP系统创建及完善

与生产公司财务核算使用同一ERP核算账套，申请项目核算编码，建立项目核算体系。

财务ERP以工艺装置设置订单进行核算，会计科目对应概算项，合同号为辅助核算项，费用发生时以会计科目加订单及合同号记账，明确费用归属，准确、及时记录基本建设发生实际情况，实现对经济活动分类归集、整理的综合统计。

（2）PIP系统的应用

项目合同进度结算及付款按照公司合同付款管理制度执行，采用PIP系统线上审批模式。

根据合同签订、结算、支付、印花税缴纳等要素形成合同台账，准确记录反映合同执行情况。

PIP信息系统中投资进度按照三种方式进行填报并审核，一是建安部分，分装置按项目进度明细数据进行报量。二是设备材料部分，月度报量按照明细项办理出入库，与概算合同对应。三是待摊类费用，按概算费用明细项及装置进行结算，保证决算数据能够全面、完整录入信息系统。

（3）费用审批

为规范项目财务付款管理，制定《项目合同付款及费用报销管理规定》，明确项目合同付款流程、表单以及人员职责等。

业务审批流程：项目组/部门根据合同要求和不同付款阶段的实际情况，由经办人收集整理结算资料，PIP系统中填制相应业务审批单，在系统中经项目组各专业经理、主管领导签批后，作为合同付款依据。

付款审批流程：合同具备付款条件后，项目合同经办人收集整理付款资料，PIP系统中填写《项目合同付款审批表》，在系统中经项目经理、财务、主管领导签批后，资料交财务资产部，财务完成合同款项支付工作。

代付审批流程：具备代付条件后，项目合同经办人收集整理付款资料，在信息系统中填写《资金收支审批单》，在系统中经项目经理或部门经理、财务、业务分管领导、主管领导签批后，资料交财务资产部，完成代付款项支付工作。

（4）费用管理

经济业务5万元及以上金额需签订合同，按照项目合同管理程序进行办理。单笔交易额度在人民币5万元以下零星、小额、临时采购并实现即时结算的费用项目，事前办理费用签报，经主管领导、财务分管领导批准后，办理费用报销审批。

经济业务5万元及以上金额需签订合同，但根据行业交易惯例不适宜签署合同，利用费用阅批件形式事前向领导请示，经批准后凭发票进行报销。

根据税收征管法的适用范围，对于销售设备和材料及货物（包括办公用品、宣传物品、低值易耗品等）、提供建安、技术服务及管理方面类等经济业务，按照不同税率提供增值税专用发票。

7.10.3 资金管理策略

（1）融资筹划

本项目总投资 135.99 亿元，其中项目资本金 40.80 亿元，占项目总投资 30%；银行贷款 95.19 亿元，占项目总投资 70%。项目资本金由上级公司按投资计划进行拨付，银行贷款采用商业银行中长期固定资产贷款。

资金使用及筹集，财务资产部按照月度资金计划筹集、调配资金，严格执行"随用随贷"原则进行贷款提取，保证资金使用效率，有效降低财务费用。

（2）银行账户管理

加强银行账户的管理，基本账户与生产公司使用同一账户，贷款专用账户严格按照国家和集团公司的有关规定开立，办理存款、付款和结算；定期检查、清理银行账户的开立及使用情况，发现问题及时处理。

每月 3 日前，会计人员及时逐户编制银行存款余额调节表，完成银行对账单的收集整理工作，确保银行存款账实相符。

（3）印鉴管理

公司财务印章包括公司法人印章、财务专用章、财务资产部章、财务人员个人印章等。

财务印章使用必须基于发生的真实、合法、手续完备的财务会计业务，财务人员在规定的用印范围内使用印章。

预留银行印鉴包括公司法人印章和财务专用章。财务专用章由财务负责人或指定主管会计保管，公司法人印章由出纳保管。财务人员个人印章由本人保管。

财务印章使用应严格执行登记备案制度，事先须填写《财务印章使用申请表》，经财务资产部负责人审核签字后用印。财务印章原则上不允许带出公司，以公司名义对外协调具体工作等事项用印时，由保管人和业务经办人共同外出办理。

（4）资金计划管理

年度资金计划，财务资产部根据煤制油公司财务资产部通知时间及要求，组织各部门编制年度资金计划。各部门按照要求，结合下年投资计划，组织编制本部门年度资金计划，项目管理部审核汇总编制项目年度资金计划，经部门及项目负责人审核后报财务资产部。

月度资金计划，各部门根据业务计划按月编制月度资金使用计划，项目管理部审核汇总编制项目月度资金计划，经部门及项目管理部负责人审批后，于每月 21 日前报财务资产部。

资金计划反馈及考核，财务资产部每月初将项目资金使用情况，反馈项目管理部资金计划统计人员，以落实考核各部门及项目组资金计划使用情况。

7.10.4 税务管理策略

负责依法合规地开展项目税务管理工作，防范税务风险，负责项目税务核算及申报纳税、税款缴纳等日常工作；协调税企关系，配合税务检查。

严格按照《中华人民共和国发票管理办法》及实施细则等有关规定领取、开具、接收和保管各类发票，按期对增值税发票进行认证、抄报税。

负责印花税等税目的计提及缴纳工作，确保各项税款应缴必缴，各项税收优惠政策应享必享。

负责在项目所在地足额代扣代缴外商投资企业所得税。

建立税务分析报告制度，定期对项目的税负情况进行分析，规避税务风险，为公司决策提供依据。

加强税务档案管理，及时整理、装订税务报表，经财务部经理审核批准，向税务部门提供各类资料。

7.10.5　资产管理策略

所有采购的国内及进口的设备、材料、两年期备品备件等均需办理有金额的出入库手续。期末对已入库未收到发票的物资进行暂估入账，每月组织项目各相关部门进行工程物资的稽核抽盘。

每年组织对工程物资进行全面盘点至少一次。

为了便于开展资产交付，库存设备材料出库单上需有装置、建筑物、构筑物及设备位号、概算编码等信息。

督促并检查采购部对工器具、随机备件建立数量及价格等信息的管理台账，便于竣工决算及资产交付。

7.10.6　竣工决算管理策略

（1）组织与管理

项目初期制定《基建项目竣工决算管理办法》；根据工程的实际进度，制定竣工决算工作实施计划，明确部门、责任人及完成时间。编制决算工作分工明细表和工作进度表；竣工决算后期，根据竣工决算安排时间，进行倒排工期，落实责任部门、责任人以及完成时间，保证竣工决算高效完成。采取定期和不定期召开竣工决算例会、邮件通知等方式，布置和检查竣工决算工作，了解竣工决算的进度和存在的问题，并协调解决。

（2）积极推进竣工决算信息系统建设

竣工决算信息系统通过公开招标方式，建立完善的且适合本项目技术开发体系的软件，保证用户能够得到标准、规范、专业、优质、全面的应用服务。

竣工决算系统集中基建管理过程中各种信息并进行计算处理，通过功能软件实现费控管理、材料管理、财务日常管理和竣工决算管理并为各级决策者提供辅助决策功能，从而实现高效、经济、科学的现代化管理，满足不同层次、不同岗位管理的需求，形成以资金流为纽带涵盖工程建设管理的统一业务平台，并能实现工程合同结算完成1个月内，利用信息系统高质、高效出具项目工程竣工决算报告。

（3）统筹安排竣工决算财务工作

财务资产部各岗位人员按照决算工作计划，积极组织核对资产价值、工程往来款项、工程物资清理及合同结算的逐一核对、检查，确保各项数据的及时、准确、完整，保证竣工决算工作按计划顺利推进。

（4）全过程配合审计工作

结合板块公司对项目实施过程审计的要求，财务资产部积极给予配合，实现审计工作从静态向动态转化，最终达到竣工决算固定资产移交的目标，以确认项目的全部基建投资支出的真实性、合法性。

7.11 行政管理策略

项目行政管理的主要工作包括：妥善安排项目建设管理团队的办公、后勤保障（办公条件落实、员工住宿、用餐、交通保障等），协调与接待，公文处理，办公类资产管理，考勤管理，外事及翻译，保密管理，信访维稳，综合管理等。

7.11.1 人员配备

项目部下设综合部负责项目行政管理，综合部定员 6 名，其中：部门经理 1 名、行政管理 1 名、综合管理 1 名、IT 运维 1 名、后勤管理 1 名、车辆管理 1 名。

7.11.2 办公场所安排

依托分公司的现有办公及生活设施作为项目部管理团队及监理人员的办公场所，项目主任组成员、项目经理/部门经理设置独立办公室，其他管理人员以部门和项目组为单位，统一设置员工工位。分公司在办公区域为项目部指定专有会议室，特殊情况不能满足时，由项目综合部向分公司申请。

7.11.3 办公设施配置

（1）办公家具配置

办公家具将充分利用原甲醇下游加工项目部办公家具等办公设施资源，不足部分由分公司统一集中采购配备。

（2）办公设备配置

办公用品的配置及购置执行分公司办公用品及文销定额标准。项目综合部按照分公司年度、季度管理计划要求按时向分公司综合办公室提报办公用品及文销需求计划，由分公司提报采购计划。同时，项目综合部严格执行分公司集中采购、出入库管理制度。具体配备如下：

项目主任组成员、部门经理/项目组经理办公室配备小型一体机 1 台、固定电话 1 台、碎纸机 1 台。

员工办公室按部门或项目组办公区域配备复合一体打印机，3～4 个工位配备固定电话一部。

设置项目文印室，配备大型复合一体打印机 2 台。

办公固定电话、网络、视频会议室，使用分公司网络和专用数字电路，以满足办公内网、财务专网、视频会议室的网络通信需求。

（3）办公标准化建设及 6S 管理

项目办公区域按照分公司 CTPM6S 可视化标准进行管理，开展 6S 精益化管理。

7.11.4 住宿及餐饮

（1）项目住宿

项目部人员住宿依托分公司现有倒班公寓资源。项目先行启动新建倒班公寓的建设及提早投用，用以解决高峰期现有住宿资源不足的问题。宿舍内床、沙发、茶几、床品等物品由分公司统一配置，物业服务由分公司综合办公室统一管理。人员住宿分配原则：项目主任组成员、部门经理、项目经理每人 1 套，其他派驻现场员工每人 1 间卧室。

（2）项目餐饮

项目员工用餐，依托分公司现有职工餐厅统一就餐，用餐标准参照分公司职工餐标执行。

7.11.5　车辆管理

根据项目建设的实际需要，项目建设用车以租赁为主，车型以商务车和越野车为主。项目所有车辆进行集中管理，项目综合部参照分公司车辆管理制度制定项目车辆管理办法。

项目车辆配备方案如下：

① 项目主任组现场用车：轿车2辆＋越野车1辆（原有）。

② 6个项目组现场用车：越野车6辆。

③ 施工管理部、安质环监管部现场用车：越野车2辆。

④ 项目部其他部门现场用车统一调配或使用电瓶车。

7.11.6　公文处理

项目综合部负责项目部与分公司之间的公文往来及项目部需经分公司对上级和对外的行文管理，项目综合部负责制定相关工作程序。

7.11.7　新闻宣传

项目建设期新闻宣传工作，由项目综合部具体负责。项目综合部按照分公司新闻宣传信息报送及采编程序，充分利用分公司内网内刊、新媒体及现场公告栏、标语牌等载体平台，统一协调组织项目各部门、各项目组新闻稿件报送工作。

项目综合部负责舆情管理日常工作，不定期通过关键字检索及相关网站浏览等方式定期搜集与本项目相关的网络信息，时时关注网络论坛、微信等媒体对本项目的传播和评论，按照板块公司、分公司网络舆情管理办法，制定相应领导机构、管理流程及相应台账。

7.11.8　项目考勤管理

项目综合部负责现场派驻人员的日常考勤、现场换休假审批和统计工作。综合部依据项目各部门每月上报公司部门的考勤进行统计、汇总及上报。

7.11.9　外事与翻译管理

外事与翻译由项目综合部行政管理岗位人员兼职，外事管理由项目综合部对接分公司外事管理人员进行外事活动事项的报批、申请工作。

7.11.10　项目员工体检、保险等业务管理

项目部人员的体检和意外保险，由员工所在的单位负责。分公司、工程公司驻派项目人员分别由分公司、工程公司负责组织体检和意外保险办理。

7.11.11　信访维稳及保密管理

项目建设期间信访维稳及保密管理工作由项目综合部负责。项目综合部负责项目信访维稳领导机构日常工作，及时协调处置因土地、工程建设、社会治安纠纷、工程款、劳务纠纷等群体性上访事件。负责项目保密领导机构日常工作、涉密文件台账管理工作，及时与涉密人员签订保密合同，审定项目商务、采购、设计管理部门涉及商业、技术及关键性文件资料的保密范围、密级、保密期限等工作。

7.12 风险管理策略

7.12.1 风险及风险管理意识

项目风险及风险管理意识包括：

- 风险无处不在。
- 任何一项工作都有风险。
- 通过有效的措施或行动，风险是可以规避和降低的。
- 每位员工都有权利掌握风险识别和风险分析的能力。
- 每位员工都有责任管控风险（风险管理人人有责）。
- 任何一个人都有责任将自己的工作范围内的风险降到最低程度。

项目提倡通过培训、会议或者管理者的言传身教培育项目全员的风险及风险管理意识，并将这种意识贯穿到项目建设全过程。

项目将通过培训或其他形式努力提高项目全员的风险辨识和风险分析能力，以更好地降低项目风险。

7.12.2 项目风险管理目标

（1）项目风险管理总目标

通过项目全员在项目建设全过程有效的风险管理将项目可能存在的风险对项目建设全过程可能产生的不利影响降低到最低程度，以保证项目质量、安全、进度、投资四大控制目标顺利实现，进而实现项目的总体目标。

（2）项目风险管理目标要求

针对项目建设不同阶段的风险分析结果制定针对性的风险管理目标。

项目主任组、各部门、各项目组按照其工作范围的风险分析结果制定其针对性的风险管理目标。

7.12.3 项目风险管理体系

项目风险管理体系体现在整个项目管理体系中，项目风险管理组织等同于项目管理组织，项目风险管理人员是项目部全体成员。

7.12.3.1 项目风险管理主体

项目部的全体员工都是项目风险管理的主体。

- 项目主任组是项目风险管理的领导主体。
- 项目管理部是项目风险管理的主要监控主体。
- 项目各部门是项目定义阶段各自管理范围内风险管理的直接管理责任主体，在项目执行阶段是各自管理范围内风险管理的监控主体。
- 项目各项目组是各自管理范围内风险管理的直接管理责任主体。

7.12.3.2 项目风险管理主体的职责

- 项目主任是项目风险管理的第一责任人，项目副主任是分管范围内的风险管理责任人，部门经理/项目经理是部门/项目的风险管理第一责任人。
- 项目主任组负责整个项目风险管理的领导和组织，密切关注项目风险以及风险管理效果，定期分析影响和制约项目正常运行的重大风险并研究制定相应措施以规避或降低风险，批准开展项目层面的风险管控活动。

· 项目管理部负责项目总体风险管理，组织风险识别与分析，提出规避风险和降低风险的措施/行动，监督、检查和落实措施/行动的执行情况并定期报告风险管理情况。

· 项目各部门负责定义阶段其管辖范围内的风险辨识与分析，制定并实施规避风险和降低风险的措施/行动，在项目执行阶段负责监督、检查和落实其管辖范围内的风险管理措施/行动的执行情况，定期报告风险管理情况。

· 项目各项目组负责具体实施其管辖范围内的风险管理并采取相应的措施/行动规避/降低风险，是项目执行阶段风险管理的直接责任者。项目组应定期组织风险辨识和分析工作，并根据分析结果采取必要的规避或降低风险的措施。

· 项目主任组、各部门和各项目组有责任将其管辖范围内无法规避和控制的风险向上一级组织报告。

7.12.4　风险识别和分析

7.12.4.1　项目外部主要风险

项目外部风险主要是项目本身无法防范、规避的因外部因素而产生的风险，它包括：

· 不可抗力引起的风险。如重大自然灾害、政府行为、社会异常事件等。

· 自然环境变化引起的风险。如自然灾害、工程水文/地质的严重不确定性等。

· 经济环境变化引起的风险。如汇率改变、通货膨胀等。

· 国家政策变化引起的风险。如相关法律改变、国家调整税率、利率变化、外汇管理政策改变。

· 合规合法方面引起的风险。如政府报批、政府监管等。

· 园区配套设施引起的风险。如外供水、外供电等。

· 集团、板块公司对项目的调整风险。如集团政策调整、投资调整等，集团集采、板块公司项目管理模式调整等。

· 承包商/供应商能力风险，包括技术能力、装备能力、施工力量、管理水平等，以及资金周转困难、资不抵债、资金供应不足、破产等。

7.12.4.2　项目内部主要风险

项目内部风险是项目自身存在的，主要影响项目质量、安全、进度、投资四大控制目标顺利实现的风险，这些风险体现在项目管理的各个方面、各个环节。

· 影响质量目标实现的风险。这些风险在设计方面体现为工艺包工艺不成熟、基础设计的设计方案存在缺陷、设计输入有误、设计选材有误、详细设计的偏差等；在采购方面表现为设备/材料制造缺陷或存在重大质量隐患等；在施工方面表现为未按图施工、施工产品存在质量隐患等。

· 影响安全目标实现的风险。在项目风险预控体系中详细阐述。

· 影响进度目标实现的风险。设计方面包括设计未按期完成、重大设计变更等，采购方面包括设备/材料交货严重滞后等，施工方面包括施工人力不足、施工组织不善等，开车方面包括试车准备不足等。

· 影响投资控制目标实现的风险。主要体现在定义阶段包括工艺包不成熟、设计方案有缺陷、设计输入错误、总体设计/系统设计有缺陷等，商务招标环节把控不到位，执行阶段随意提高标准、项目组织不力、工程签证过多等。

7.12.5　风险应对

7.12.5.1　项目风险辨识

组织项目风险识别活动，辨识对项目有重大影响的风险。项目的难点就是项目存在的重大风险。

- 项目主任组组织辨识项目的重大风险。
- 以部门和项目组为单位组织风险辨识活动。
- 风险辨识关键要识别出真正的风险点并按照影响程度排列风险。
- 风险辨识要动态进行。

7.12.5.2　项目风险管理措施

本项目总体策划中很多措施都是为了降低项目的风险而设置的。

- 降低项目风险的最有效措施是针对重大风险加大协调力度、采取有效措施、找准关键环节对症下药、破解风险难题，将风险消弭于无形之中。
- 必要时采取规避措施将风险向相关方进行转移。

7.12.5.3　项目风险管控流程

- 制定和建立风险管理有关程序。
- 识别和分析本项目存在的风险。
- 提出规避/降低风险的措施。
- 督促采取规避/降低风险的行动。
- 定期评估风险管理的效果。

7.13　沟通管理策略

本项目投资规模巨大，涉及的政府部门及公司内部、外部单位等合作方众多，管理界面复杂。因此，建立畅通的沟通机制并使之有效运转，是确保项目成功的关键举措。

7.13.1　项目协调

为了科学、规范、高效地开展协调和联络工作，项目部内部及所有合作方（咨询服务单位、承包商、供应商等）统一执行项目部发布的《项目协调程序》。

项目协调原则如下。

① 项目部与板块公司之间的协调，由项目部按有关管理程序通过分公司进行协调；项目部对承包商的协调，由项目部进行协调；项目部对各级地方政府有法律效力的行文，由项目部起草，经分公司向各级地方政府行文。

② 项目决策程序：技术方面的决策问题，设立项目组、项目主任组、分公司技术委员会、板块公司4级决策层级，根据决策事项的重要性和复杂性逐级进行决策。管理方面的决策问题，设立项目组、主任组、联席会议3级决策层级。板块公司、分公司、项目部分别履行重大决策、管理、执行的工作职责。

③ 项目部内部之间及与合作方之间对合同执行产生影响的信息均应以书面正式文件方式进行协调沟通，以便作为项目执行依据。

④ 所有往来信息文件均需由双方的项目合同执行负责人或其代理人签发，否则视为无效。

⑤ 项目部内部之间及对合作方的沟通方式将以传真、信函、会议纪要、会议签到表、备忘录、通知、工作联络单、工作报告、阅批件作为应用格式文本，并规定相应的编码规则。

⑥ 项目发生的所有传真、信函、工作联络单、会议纪要、备忘录、通知、工作报告都必须严格按照起草、审核、批准（或签发）、分发、存档的程序进行，以保证文件始终处于受控制状态。

⑦ 一般的对外工作和业务往来信息，如果不涉及到双方责任或经济利益，为便于工作，可以在双方达成一致的情况下，通过电子邮件来完成。

⑧ 在项目执行过程中，项目各部门、项目组和专业组应在《项目协调程序》基础上与相关合作方相互协商，并建立项目协调执行程序。

7.13.2　项目会议制度

项目主任组例会：原则上每月召开一次，根据实际情况也可随时召开。会议由主任组负责组织，项目主任主持，主任组成员参加，有关议题涉及的项目部门及项目组负责人列席会议。会议部署项目部重点工作事项，对项目需主任组解决的问题进行商讨和决策。

项目周例会（执行阶段）：每周召开一次，会议由项目管理部组织，项目执行主任主持，主任组成员、项目经理及各部门经理参加。会议听取项目经理有关项目进展情况汇报，协调解决项目组提出的问题，并对项目组提出相关管理要求。

项目月度协调会（执行阶段）：每月召开一次，会议由项目管理部组织，项目执行主任主持，主任组成员、项目经理、各部门经理及承包商项目经理参加。会议听取承包商项目经理有关项目进展情况的汇报，协调解决承包商提出的问题，各部门对当期承包商的检查情况及存在的问题进行通报，并提出管理要求。

项目专题会：不定期召开，由会议发起部门或项目组组织，通知有关部门、项目组负责人或专业人员参加，并邀请相关主任组成员参加。

7.13.3　项目报告制度

《项目简报》《在建项目每月信息填报表》：项目部每月向板块公司上报/填报，由项目管理部负责，项目各部门/项目组配合。

项目管理月报：项目部每月定期编制，由项目管理部负责，项目各部门/项目组配合，报告汇编后经项目管理部经理审核、项目管理部分管副主任审批后，在项目部内部发布并报送分公司。报告涵盖项目当期各项工作完成情况、存在的问题、需要协调的事项及下期主要工作安排等项目各类信息，确保项目部各级人员和分公司随时掌握项目动态，并对项目存在的问题及时做出决策。

承包商月报、周报：承包商定期向项目组提交周报和月报，报告项目进展情况，提出需要协调解决的问题和下期工作安排。

专题报告：根据不同的专项事宜和需要，由项目组、项目部门组织编写专项报告，并按报告层级上报。

进度预警报告：当装置/单元进度偏差≥6%时，项目组按有关规定要求编制相应的进度预警报告，并及时报送项目管理部。

7.13.4　建立项目管理信息系统（PIP）

项目部建立项目管理信息系统，该系统以项目为主体，从项目的设计、采购、施工、费用控制、进度控制、质量控制、HSE 管理等各方面实施集成化管理，为项目部、监理、EPC 总包、施工单位等主要参建单位提供信息展现门户和协同工作平台，用户能获取工作所需信息，并处理业务工作。该系统通过建立科学的报告统计体系、沟通机制，实现项目统筹管理控制，使项目管理得以集成化、标准化，提高管理效率。

7.14　档案管理策略

7.14.1　项目档案管理原则

本项目的档案管理工作按甲醇下游加工项目的档案管理工作方式运行，实行"前期策划，过程控制，同步形成，及时归档"管理原则，具体实行"五同步"：项目档案管理策划与项目总体策划同步；档案管理要求的提出与合同招标同步；项目文件的形成与建设进度同步；施工文件的检查与施工进度和质量检查同步；施工文件的归档预立卷与施工节点质量验收同步，从根本上杜绝施工文件"回忆录"，从源头上确保项目档案"齐全、完整、准确"。

7.14.2　建立项目档案管理组织体系

项目部建立项目档案管理网络，项目各部门/项目组经理是项目文件归档的第一责任人，项目管理部下设档案室，具体负责项目档案管理工作，直接使用分公司档案室（含相应设施）办公，整合项目档案室、部门、项目组、承包商专业工程师、档案管理、文件控制人力资源，并实施一体化管理，确保高效运转。项目部文控、档案人员实行统一管理。

7.14.3　编制项目档案管理文件

参照工程公司程序文件《项目档案管理办法》《项目文件控制管理规定》，结合本项目实际情况，编制并实施本项目的档案管理文件，包括项目档案管理实施方案、归档总目录、施工文件编号原则等。

7.14.4　补充和完善项目文件成册表

根据国家和行业最新标准、规范，在工程招标前，施工管理部要选定施工质量记录文件执行的标准、划分好 A、B、C 质量控制点等级以及统一施工质量记录格式文本；采购部要制订《设备厂商文件成册表》，并汇总到《项目文件归档总目录》中，由项目部发布实施。在详细设计阶段，商务、采购管理部要完善《商务、采购合同文件成册表》，施工管理部要制订《监理文件成册表》，项目管理部要制订《工程结算文件成册表》，作为项目各部门/项目组文件归档的依据。

7.14.5　全面实施项目文件过程归档

① 在签订合同时，要明确项目文件过程归档的原则和要求，确保项目档案管理要求的提出与合同签订同步。

② 根据项目总体统筹计划编制"项目档案工作计划"，根据年度进度控制计划编制"项目档案年度工作计划"，并按计划实施；将项目文件的形成、归档进度统一纳入到进度控制中进行统筹管理和考核，力争项目试生产半年内具备项目档案验收条件。

③ 项目管理部负责承包商进场后的档案管理交底、培训，澄清管理要求，落实管理责任。

④ 实行项目文件的联合定期检查制度，由项目管理部牵头组织，重点检查项目文件形成的规范性、与项目实施进度的同步性、记录数据与实体的一致性以及归档的及时性。

⑤ 项目部形成的管理性文件，包括商务、采购合同及管理性文件，由形成部门负责纸质与电子文件同步形成，同步整理、归档，项目档案室负责定期或不定期检查。

⑥ 为确保项目文件归档的齐全、完整、准确，各项目组专业工程师要履行施工文件内容的审核、把关，设计经理、专业工程师要加强对设计电子文件与纸质文件一致性的审核。

7.14.6　项目档案专项验收

项目管理部负责组织项目档案专项验收，承担档案验收对外联络协调工作，分公司安排和提供验收场地及设施、验收有关人员的住宿及用餐等。

项目每个单项中交前后，项目管理部组织该单项档案资料的审查工作，分公司技术质量部协调分公司有关各部室集中审查该单项的档案资料，有关部门、项目组按照分公司的审查意见进行整改并经复查合格后归档。

项目全面建成三个月内基本完成项目文件的归档工作，并进行自检，基本达到项目文件归档的齐全、完整、准确、系统，具备验收条件。在此基础上，做好项目档案验收的各项准备工作，投料试车半年内完成项目档案专项验收。项目档案专项验收完成后，项目部及时向分公司移交整体档案。

7.14.7　项目档案室硬件设施要求

为满足项目档案管理工作的正常开展，项目档案室需配备打印/复印一体机、高速彩色扫描仪、案卷封面打印机、装订机、档案装具及档案加工用品等。项目档案室硬件设施由项目管理部提出申请报分公司技术质量部审核，由分公司进行采购配置。

7.14.8　建立项目电子文档中心

项目管理性文件要做到全文电子化，由项目管理部牵头建立项目电子文档中心，近期继续使用板块公司的电子档案管理系统，待集团公司第二阶段科技电子档案管理系统完成后，按集团公司要求统一移植到该系统。

7.14.9　项目档案的有效利用

在项目建设过程中，各部门/项目组文控工程师及时提供相关文件给监理单位、部门/项目组专业工程师使用；项目文件归档后，项目档案室及时提供项目档案为项目审计、各专项验收等利用服务；在项目档案移交前，分公司各部室对项目档案资料的借用，将通过分公司技术质量部办理借用手续、发放。

7.15　专项验收及竣工验收策略

7.15.1　项目竣工验收应具备的条件

• 取得政府层面关于项目核准/备案、各类附属及支持报告等建设许可的批复文件或专家确认意见等备查资料。

• 获得集团公司关于项目立项、可行性研究报告、总体设计、基础设计等的批复。

• 工程按批准的设计文件（包括批准的设计变更）、内容建成，工程质量合格。

- 生产性项目和辅助性公用设施，已按设计要求建成，能满足生产使用。
- 主要工艺设备配套设施经联动负荷试车合格，形成生产能力，能够生产出设计文件所规定的产品。
- 必要的生活设施，已按设计要求建成。
- 环境保护设施、安全设施、职业病防护设施、消防设施等已按设计要求与主体工程同时建成使用。
- 取得《工程质量监督报告》。
- 完成消防设施、安全设施、环境保护、职业卫生、档案、水土保持、防雷接地等专项验收并取得批文或专家确认意见。
- 完成装置性能考核，编制完成《生产装置性能考核报告》。
- 已签署工程保修协议。
- 完成工程结算。
- 完成项目决算。
- 完成项目审计。
- 基本完成资产移交。
- 完成项目竣工验收申请。
- 完成项目竣工验收报告编制。

7.15.2 竣工验收策略

- 按照 xx 年 x 月发布的《XX 化工公司基本建设项目管理原则（试行）》的规定，分公司是项目竣工验收的责任主体并承担项目竣工验收的管理职责，项目部负责竣工验收具体工作。
- 项目部与分公司竣工验收组织

① 消防设施、水土保持、防雷接地检测比照甲醇下游加工项目管理模式实施，各种前置手续由项目部负责办理，分公司负责安全设施、环境保护、职业卫生专项验收工作，项目部负责组织项目档案验收工作。

② 分公司负责装置性能考核，项目部组织相关承包商、专利商和制造商参加。

③ 项目部负责完成工程结算。

④ 项目部负责项目决算，分公司配合提供生产准备、联合试运转部分的决算。

⑤ 以项目部项目组为主配合项目审计，分公司配合项目生产准备和联合试运转部分的相关审计。

⑥ 项目部负责在项目执行过程中组织向分公司移交资产，分公司配合提供生产准备、联合试运转部分的资产表。

⑦ 项目部组织编制项目竣工验收报告，分公司配合编制专项验收、生产准备、试车、试生产等有关章节内容。

- 项目部内部项目竣工验收工作的责任主体，项目管理部负责组织工程结算、档案专项验收及竣工验收报告编制；设计管理部负责组织相关专利商参加装置性能考核；采购管理部负责剩余物资清场、组织相关制造商参加装置性能考核；施工管理部负责现场临时设施清理、防雷接地及水土保持专项验收、组织相关承包商参加装置性能考核；商务管理部负责签署工程保修协议、合同变更处理、合同关闭；安质环监管部负责取得《工程质量监督报告》、跟踪三同时完成情况、协助消防设施、安全设施、环境保护及职业卫生专项验收；财务部负责资产移交和项目决算。

• 项目部建立"三同时"管理机制，由设计管理部对前期政府批复文件中提到的问题进行归纳、整理，确定解决方案，确保在项目建设过程中通过设计、采购、施工的各个环节予以解决。

• 提前策划专项验收相关合同，寻求第三方专业公司协助完成项目竣工验收的部分工作。

• 推行6S标准中交，实施项目资料过程存档、过程资产移交及项目过程审计管理，为项目竣工验收奠定良好的基础。

• 将项目收尾各项工作纳入计划管理体系，编制专项计划并跟踪落实。其中，项目组层面中交后需制定的专项管理工作计划包括：中交尾项及"三查四定"问题整改计划、大机组试车服务计划、配合试车保镖计划、资料移交计划、资产移交计划、报批报验及办证计划（压力容器、起重机械安装及使用许可等）、采购服务管理计划（装置设备采购服务台账、供应厂商清单和物资退入库清单）、变更处理计划、工程结算计划、项目总结工作计划等。

8. 项目管理界面

8.1 利益相关者描述

利益相关者就是积极参与项目，或其利益因项目的实施或完成而受到积极或消极影响的个人和组织，他们会对项目的目标和结果施加影响。项目管理团队必须清楚谁是利益相关者，确定他们的要求和期望并加以管理，确保项目取得成功。本项目的主要利益相关者如下。

• 板块公司：项目建设方的上级单位，负责制定并维护基本建设项目管理制度、流程和标准，并对所属公司进行监督、检查和考核；

• 分公司：项目建设方，是建设项目责任主体，承担从项目执行、试车、竣工验收到生产运营的项目全寿命周期管理职责，对项目目标的实现承担责任；

• 工程公司：是板块公司内部专业化项目服务单位，根据资质、能力和任务负荷情况，承担板块公司范围内建设项目服务工作；

• 项目部：是项目建设的执行机构，负责项目建设的执行；

• 国家及地方各级政府：依照相关法律、法规负责项目各类行政审批或许可；

• 园区管委会：协助项目部落实项目外部条件，进行项目前期和后期服务；

• 承包商、供应商、监理单位、第三方咨询服务单位等：参与项目建设的项目合同方；

• 银行：项目融资贷款、银行保函业务等；

• 保险公司：各类项目保险的办理；

• 税务、海关：减免税、清关、商检等；

• 当地居民：征地拆迁、垃圾场地占用、施工影响等。

8.2 项目界面协调管理

8.2.1 项目部与板块公司界面

按照板块公司"项目管理原则"的规定，项目主任组由子分公司和工程公司组建、板块公司批准，项目主任组代表分公司组建项目部，项目部分解、执行板块公司下达给分公司的项目管理目标及各项控制指标。项目部按照板块公司的要求，定期参加板块公司基建项目例会，汇报项目建设有关情况。项目部对板块公司的各种报告、请示等文件及板块公司要求的各类报表，项目部按规定形成后，通过分公司上报板块公司。

8.2.2 项目部与工程公司界面

按照板块公司"项目管理原则"的规定，工程公司是板块公司内部专业化项目服务单位。工程公司负责按照分公司审批后的项目人员需求计划，向项目部派遣合格的项目管理人员，在人力资源、业务培训等方面提供保障。

8.2.3 项目部与分公司界面

按照板块公司"项目管理原则"的规定，分公司承担从项目执行、试车、竣工验收到生产运营的项目全寿命周期管理职责，对项目目标的实现承担责任。项目部负责项目建设的执行。分公司负责对项目部进行考核，每年与项目签订安全环保责任状，分公司定期开展检查，同时对项目投资、项目进度、工程质量、环保等设置考核指标。

项目中层管理人员由分公司发文予以明确。在项目定义、执行、试车及竣工验收阶段，分公司应派遣合格的技术人员、管理人员进入项目部，并服从项目部统一管理和领导。分公司为项目组配备的项目仪表、电气、电信、设备工程师负责技术支持、采购服务、催交检验、到货开箱检验、三查四定、试车工作。

生产代表（专业负责人）由分公司派出，不进入项目部。生产代表（专业负责人）与项目经理应按照板块公司"项目管理原则"所确定的界面分工履行各自应承担的职责。生产代表（专业负责人）侧重于参与、建议、决策、检查和验收对项目建设涉及技术、工艺、设备、选址、安全、环保、操作、检维修、节能、减排等与生产运营的相关事项，并对以上事项承担责任。项目经理侧重于对项目执行过程中的各项协调、管理工作，并对以上工作承担管理责任。项目经理与生产代表（专业负责人）之间应保持良好的沟通、协作关系，生产代表（专业负责人）可以定期参与项目组内部协调会。

原则上，在项目建设的各个阶段，项目执行板块公司"项目管理原则"规定的分工内容。在项目执行、决算审计、资产移交、专项验收、竣工验收及项目后评价等方面，当分公司对项目有超出基础设计、工程统一规定等的特殊要求时，与项目主任组进行沟通，并通过项目主任组会议纪要等形式下发项目部执行。

项目办公、住宿统一安排在分公司，物业、会议室由分公司统一负责。项目办公设施由项目综合部提出申请报分公司综合办公室审核，由分公司进行采购配置。项目档案室直接使用分公司档案室，项目档案室硬件设施由项目管理部提出申请报分公司技术质量部审核，由分公司进行采购配置。在分公司内网建立项目办公邮件群，项目公文流转程序由分公司办公室进行完善。

项目总体策划、总体统筹计划、年度控制点计划、项目开工报告等由项目管理部组织编制，经分公司报板块公司或集团公司审批。对项目承包商的检查，由项目管理部组织，分公司根据需要可派人参与检查。项目月度承包商协调会由项目管理部组织，分公司基建管理部派人参加；项目年度会议由项目管理部组织，分公司领导、各部室经理、生产代表参加。项目投资控制由项目管理部负责，概算、总体设计、基础设计将通过分公司进行报批。对承包商的投资控制指标由项目管理部下达，年度投资计划由项目管理部组织编制并通过分公司报送板块公司。

对承包商的档案管理要求、资料检查及培训活动由项目部负责。项目每个单项中交前后的档案资料审查，由项目管理部组织，分公司各部室进行集中审查。项目档案迎检、专项验收工作，由项目管理部负责，迎检/验收场地及设施、检查/验收有关人员的住宿及用餐等由分公司安排和负责。

分公司成立项目纪检组，负责对项目实施过程进行纪律监督。分公司党委联合项目主任组负责组织与承包商开展党建共建工作。

本项目在建设期间，现场及门禁管理由项目统一负责，项目在生产厂区范围内引用原公用工程、整合辅助设施时执行分公司制定的安全管理规定，在一些特定或紧急情况下需要采取紧急放行或特殊处理的措施，由项目经理与生产代表协商确定，必要时报项目安质环监管部及分公司安健环部批准后实施。项目全面中交后，全场门禁管理移交分公司负责，项目执行分公司的管理规定。

生产联动试车及投料试车期间，项目安排保镖人员配合，处理项目建设过程中发生的质量问题。当试生产达到稳定运行后，交生产保运人员负责生产运行维护，项目保镖人员工作结束退出，且剩余尾项也由保运单位负责，相关费用从承包商质保金中扣除。

8.2.4　项目部与各级政府及银行、保险公司等业务界面

本项目建设在XX市XX县XX工业区XX煤化工园区，在项目建设过程中涉及XX省、XX市、XX县、园区各级政府部门的管理界面，项目将严格执行地方各级政府关于建设工程项目管理方面的文件规定，及时向地方政府汇报项目建设进展情况，并寻求政府对本项目的指导和支持。项目部设有专职的政府协调人员，全面负责政府协调工作。根据需要，制定相应的协调措施和工作流程，并将责任落实到单位或人。

项目部在项目前期还需对项目融资、减免税、保险、银行保函等做出策划。项目部规定了各职能部门的对口协调职责，如：设计管理部负责项目可研及项目申请报告、相关前期附属报告的编制，施工管理部负责征地、拆迁及水土保持专项验收，财务部负责项目融资，采购管理部负责清关、商检，商务管理部负责保险、银行保函协调，政府协调组负责项目的报批、报建及政府协调工作等。在执行过程中，项目各职能部门作为责任主体，按照各自工作职责分别牵头组织对口政府或相关业务机关进行相应协调，包括明确协调工作内容、制定工作流程、编制工作计划并加以实施，并及时报告协调过程中存在的问题，提出建议措施，措施包括某些协调环节需项目部领导或上级公司领导出面等。

8.2.5　项目部与园区管委会界面

园区管委会是项目建设的政府直接管理机构，项目聘请管委会副主任XXX为项目副主任，分管项目政府协调组，负责政府协调工作。原则上按照项目各分管业务部门分工对口与园区管委会各局、委、办沟通协调，分工不明确的，统一由政府协调组与园区管委会进

行沟通协调。

施工管理部在园区管委会相关部门的配合下，将与地电公司、园区水厂及渣场就项目施工用电、施工用水、建筑垃圾消纳等施工条件的创造进行协调，确定方案，并组织相关合同的签订工作。

施工管理部将与园区公用事业局、市政部门进行协调，解决厂区外市政道路的使用事宜。

在前置条件通过的情况下，施工管理部负责在园区规划建设局办理建设用地规划许可证和施工许可证。

8.2.6 项目征地与拆迁等相关利益方

对于项目建设涉及的拆迁、改造等相关利益方，项目部的协调策略是在与对方充分沟通、了解对方期望的基础上，对具体事宜进行策划，包括迁改方案、费用估算、费用对应概算所属科目、是否涉及资产变更、实施合同及管理模式及迁改完成后的责任界面等等，确定我方的底牌、与对方进行谈判，并严格按照分公司及项目部的程序文件要求开展工作。

针对项目征地、迁改涉及利益单位的协调，由施工管理部牵头负责，设计管理部和政府协调组等相关部门进行相应配合。施工管理部牵头在园区农林水利局、国土分局以及财政局办理临时用地占用林地手续和临时用地补偿协议、土地复垦整治协议，在园区总工办、规划建设局、农林水利局及国土分局办理弃土场审批手续。

对于项目建设涉及当地居民利益的个体，由政府协调组通过地方政府按照有关政策、法规及分公司有关规定进行协调，项目部相关职能部门配合，项目部原则上不直接对个体进行协调。

8.2.7 项目部与承包商、供应商、服务商等合作方界面

项目部与承包商、供应商、服务商等合作方的界面管理以合同管理为基础，项目部内部实行专业对口管理。项目部的合同执行主体（职能部门或项目组）按照项目部的管理规定对承包商、供应商、服务商等合作方进行协调，并且是责任主体和唯一的接口界面。对于影响合同执行的任何事项，项目其他组织机构，包括项目主任组，不得跨过合同执行主体进行单方面协调。

8.2.8 项目内部界面

项目内部项目主任组、项目部各职能部门及项目组之间的界面关系，业务工作按照谁主管谁牵头、相关部门配合的原则进行。沟通中出现分歧时，由项目分管主任参加共同确定。

8.2.9 其他临时性工作协调

在项目执行过程中，上级公司等对项目的各种检查，以及其他省市地方政府、其他行业对项目的考察等，由项目部相关业务部门负责组织迎检，接待工作由项目综合部负责统一安排。

9. 生产准备

9.1 原则

分公司在甲醇下游加工项目的生产准备及开工运营等方面已积累了宝贵的经验，这些

经验将被应用到本项目中去，紧密结合工程建设进度，合理安排人员配置和试车物资准备，科学、有序、扎实、创新地做好各项生产准备工作，确保开车一次成功。根据项目的进度安排，生产准备工作的总目标是：xx 年甲醇及乙二醇装置投产，xx 年 x 月生产出 MTO 级甲醇，xx 年 x 月生产出优级品乙二醇。

9.2　技术选择及基础设计阶段

9.2.1　技术方案选择

根据项目可研，分公司和工程公司联合进行工艺包技术谈判，完成工艺包选择，并由分公司签署工艺包技术附件。

由分公司组织，项目部参加，确定辅助生产系统的配置方案和工程承包模式。必要时，联合进行技术调研，并形成专题调研报告。

所有技术方案由项目部组织，生产代表参加，生产代表与项目经理共同签署相关文件。生产代表向分公司负责，重要工艺方案由分公司负责人签字。

9.2.2　工艺包设计

分公司派出人员参加工艺包开工会，提出相关的技术要求，落实到工艺包输入条件中，会签会议纪要。

分公司派出人员参加工艺包设计联络会、PDP 审查会、HAZOP 审查会等会议，提出审查意见和建议，会签会议纪要。

分公司派出人员参加长周期设备采购技术交流，参加采购招标技术文件的审查，参加采购技术谈判，签署长周期设备、材料的技术附件。

9.2.3　基础设计

分公司派出人员参加基础设计文件审查，会签审查纪要。重点对可操作性、可维修性、生产安全性、联动试车、投料试车及相应费用等方面提出审查意见和建议，通过设计审查，尽量做到提早发现、提早修改，减少工程中交后的改造项。

对于辅助生产系统的基础设计，其工艺方案由生产代表审查确认。

分公司协助审查总体院提交的界区条件表，并提出审查意见。

分公司参与工程统一规定的审查，提出 6S 等生产管理的要求并落实到统一规定中。

分公司参加基础设计专篇审查，提出审查意见，会签审查纪要。

9.3　项目执行阶段

9.3.1　分公司人员安排

分公司分装置向项目派出生产代表，负责生产与项目部的协调工作。

分公司根据各项目组人员的需求，在建设期向项目组派出一定数量的工艺、设备、仪表、电气、分析等专业的技术人员，在项目经理的领导下开展项目管理工作，同时承担分公司安排的相关工作。

9.3.2　详细设计

分公司派出人员参加详细设计各阶段设计审查和重大技术方案的论证，提出审查意见和建议；生产代表签署技术方案，会签审查纪要。

项目部重点审查装置布置的合理性、可施工性及工程规范的符合性、技术经济合理性，分公司重点审查装置的可操作性、检维修性和生产安全性。

分公司负责操作规程、分析规程等用于指导生产的相关规程的审查确认。

9.3.3 设备材料采购

分公司参与设备分交表的制定。

项目部组织，分公司确定设备材料的等级。对于Ⅰ类设备，生产代表参加采购技术文件审查和合同谈判，会签采购技术附件，必要时分公司参与设备制造过程的质量检验；对于非Ⅰ类设备，分公司根据需要参加采购技术文件审查和合同谈判工作，对于分公司参加技术谈判的设备材料采购，分公司会签采购技术协议。

分公司参与供应商短名单的审查、确认，分公司参加EPC承包商采购分包策划的审查、确认。

分公司负责提出并确认随机购买的两年期备品备件清单。

生产代表参加设备开箱检验，专用工具和测量仪器、两年期备品备件由项目部造册后直接移交给生产公司库房管理，设备安装时专用工具和测量仪器由安装单位到分公司库房办理相关借用手续。

9.3.4 施工

项目部会同分公司确定由分公司参与检查验收的关键控制点，生产代表参与关键控制点的检查和验收，并签字确认。

分公司派人参与承包商单机试车方案的审查，提出审查意见和建议，由施工分包商负责实施。各生产装置、机动工程部配合单机试车工作，并与相关单位联合确认单机试车结果。

9.4 试车阶段

9.4.1 三查四定

项目部负责组织装置的三查四定工作，分公司分专业全面参与三查四定工作，双方共同确认三查四定问题清单。

项目部负责三查四定问题的整改，整改结果由分公司的提出人签字确认。

9.4.2 煮炉、烘炉

分公司派人参与工业炉煮炉、烘炉方案的审查，提出审查意见和建议；由施工分包商负责实施，生产装置代表与相关单位联合确认煮炉、烘炉结果。

9.4.3 试车方案审查

分公司派人参与大型机组试车方案的审查，提出审查意见和建议；试车由项目部组织实施，分公司生产装置的人员负责具体操作，分公司机动工程部配合，承包商配合并编制试车报告，参加试车单位联合确认并会签试车报告。

9.4.4 吹扫气密

对于E＋P＋C项目，由分公司编制系统清洗、吹扫、气密方案，施工分包商和各生产装置实施，并最终由各生产装置的人员确认。

按照 EPC 合同规定，由 EPC 承包商负责系统清洗、吹扫、气密工作的，总承包商及施工分包商编制系统清洗、吹扫、气密方案，分公司派人参与方案审查，提出审查意见和建议；由总承包商及施工分包商实施，最终由生产装置的人员确认。

9.4.5　三剂装填

对于合同规定由供货商或承包商装填的三剂，分公司要审查其装填方案，派人监督装填工作，并会签装填确认单。

对于分公司自行装填的三剂全部由分公司编制装填方案并组织实施，总承包商、设计单位和施工分包商配合。

9.4.6　中间交接

装置保管责任：装置中交后装置保管责任由项目部移交分公司。

装置施工安全责任：装置中交前，现场安全由项目部负责，生产方人员、设备、车辆应服从项目 HSE 方面的管理；装置中交后，装置安全由分公司负责管理，所有作业由分公司负责安全管理。

9.4.7　开车

分公司负责编制《生产准备工作纲要》和《总体试车方案》。

装置干燥、置换由分公司编制方案并组织实施，项目部负责协调总承包商、设计单位做好配合工作。

装置联动试车方案、投料试车方案、公用工程及辅助设施试车方案、技术规程、安全操作规程、应急预案等进入试车阶段的方案、规程等全部由分公司负责编制和组织实施，项目部负责协调技术提供方、设备提供方、总承包商、设计单位做好配合工作。

9.4.8　特种设备取证

项目部负责组织办理安装告知、安装质量监检手续，取得特种设备的质量监检证书。分公司负责办理安全使用注册登记，项目部提供相关支持文件。

9.5　验收阶段

9.5.1　性能考核

分公司组织各生产装置编制《装置生产考核方案编制实施计划》，各生产装置编制相应的装置生产考核方案，经总承包商、设计单位对接和公司审批后，由分公司组织实施，项目部、总承包商、技术许可方、设计单位参加生产考核工作。分公司编制性能考核报告，由参加考核单位会签。

9.5.2　项目专项验收

专项验收包括：防雷接地、消防设施、水土保持、安全设施、环境保护、职业卫生和档案专项验收。

安全设施、环境保护、职业卫生的专项验收，分公司是责任主体，项目部配合完成；其余四项专项验收，项目部是各验收的责任主体，负责相关评价报告的编制委托工作，分公司提供配合与支持，负责采集或提供相关生产数据。

分公司安健环部作为专业管理部门，对职业卫生、安全设施和环境保护三个专项验收提供指导与协调，并负责与政府部门的沟通与协调。

9.5.3 项目资产移交、决算、审计

资产移交：分公司配合提供生产准备、联合试运转部分的资产表，项目部负责组织资产表的汇总，形成固定资产清册，并组织向分公司移交资产。

工程决算：项目部为项目决算的责任主体，分公司配合提供生产准备、联合试运转部分的决算，共同做好项目的决算工作。

工程审计：项目部为项目审计的责任主体，分公司承担项目生产准备和联合试运转部分的相关审计责任。

9.5.4 项目竣工验收

项目竣工验收由项目部负责组织，分公司配合完成。

9.6 项目公用工程系统与现有系统的优化整合

本项目各公用工程系统和甲醇下游加工项目紧密结合，并充分利用甲醇下游加工项目公用工程系统的富余能力，因此两个项目的部分公用工程系统需要并入全厂管网。本项目公用工程系统开工准备及开工过程中，甲醇下游加工项目作为依托，在保证甲醇下游加工项目生产平稳的同时，向本项目提供所需要的公用工程，缩短开工时间。并考虑两个系统整合后，全厂达到最优化的系统配置为原则。

9.6.1 甲醇下游加工项目增加公用工程系统甩头时间

根据本项目系统管网的设计进度，计划于 xx 年择机完成与甲醇下游加工项目增加公用工程系统碰头工作。

9.6.2 甲醇下游加工项目蒸汽外供能力

本项目 480t/h 锅炉投运前，甲醇下游加工项目利用锅炉的富余能力可向本项目提供吹扫蒸汽。甲醇下游加工项目夏季正常运行时，动力锅炉 2 运 2 备，总产汽量约 350t/h，两台炉满负荷运行情况下最大可向本项目提供吹扫蒸汽 170t/h。如再启动一台备用锅炉，三台炉运行，最高可外供蒸汽 430t/h。冬季正常运行动力锅炉总产汽量约 410t/h，两台炉满负荷运行情况下最大可向本项目提供吹扫蒸汽 110t/h。如再启动一台备用锅炉，可外供蒸汽 370t/h。

9.6.3 甲醇下游加工项目氮气外供能力

本项目空分装置产出合格氮气前，甲醇下游加工项目空分单元外供本项目的低压氮气能力为 8000～13000Nm^3/h。如本项目氮气使用消耗量高于 13000Nm^3/h，则甲醇下游加工项目需启动后备系统，最大外供量可达 100000Nm^3/h。

9.6.4 甲醇下游加工项目工厂风外供能力

甲醇下游加工项目空分单元空压机 2 开 1 备，受制于工厂风外送管线管径，在 3 台空压机全开的情况下，甲醇下游加工项目送至本项目的工厂风最大量为 3000Nm^3/h。

9.6.5 甲醇下游加工项目生产水外供能力

甲醇下游加工项目目前运行一台 500m^3/h 的生产水泵。在本项目需要冲洗、试车用水

时，甲醇下游加工项目再启动一台 $800m^3/h$ 的生产水泵满足本项目的需要。

本项目在设计阶段即考虑甲醇下游加工项目现有上述各公用工程系统的现状，充分考虑统筹优化。分公司的相关生产技术人员与项目部人员密切交流和配合，确保在满足本项目吹扫、气密、单试、联调直至投料试车需要的情况下，达到正常生产运行期间两个系统的公用工程配置和互补达到最优化的目标。

10. 创建阳光工程

10.1　创建阳光工程

10.1.1　廉政建设目标
创建阳光工程、清洁工程、放心工程。

10.1.2　创建阳光工程措施
（1）切实履行"一岗双责"

项目部全体成员岗位职责中明确廉政建设责任。项目主任组、项目部各部门、各项目组负责人，既是项目建设的责任人，也是相应分管范围的反腐倡廉建设的第一责任人，不仅自身要廉洁从业，还要管好亲属、下属及身边工作人员。

（2）构建廉政监督机制

项目部支持分公司建立廉政监督机制，自觉接受分公司对项目廉政建设方面的监督、检查和指导，共同构建廉政监督机制。

（3）开展廉洁共建活动

项目部支持分公司与承包商（供应商）开展廉洁共建活动，为建设优良工程提供保障。定期召开廉洁共建例会，及时总结经验，摸清现场工作动态，针对阶段性存在的廉洁风险及时提出解决方案与行动方案，研究部署共同的廉洁共建行动；定期联合举办各类反腐倡廉宣教活动，如知识答题、廉洁讲座、征文活动、演讲比赛等，筑牢各级管理人员拒腐防变的思想道德防线；定期开展各类联合检查，严肃查处各类以权谋私行为，对查处的典型案件进行通报，达到查处一案，警示教育一片的效果和目的。

（4）强化重点领域监督

针对物资采购、资金管理和废旧物资处理等开展专项检查，提出合理建议，规范操作流程，堵塞管理漏洞，改善管理效能；加强对非招标项目的商务合同签署及物资采购的监督检查，确保合理、合规、合法；针对工程建设管理的关键环节进行监督检查，确保资金安全、高效。

（5）营造风清气正的从业氛围

全面加强反腐倡廉教育，提升各级管理人员的廉洁从业意识。通过经常性的教育，让各级管理人员牢固树立遵规守纪、诚实守信、勤勉敬业的意识。

抓全面教育。充分利用项目例会等多种形式，开展廉洁从业教育，组织各级管理人员学习《中国共产党廉洁自律准则》《中国共产党纪律处分条例》等党规党纪，以及中纪委、集团公司和板块公司关于廉洁从业的相关制度规定。

抓自我学习。通过自我学习，分清哪些事情能做，哪些事情不能做，不忘自己肩负的责任，不拿权力作交易，以党规党纪和法律法规作为行为准绳；通过自我学习，筑牢拒腐防变的思想防线。

抓专题培训。开展以廉洁从业党规党纪、公司规章制度为主要内容的廉洁从业培训，使各级管理人员明白哪些可为、哪些不可为；组织各级管理人员学习工程建设类的警示教育案例，做到警钟长鸣，时刻提醒各级管理人员廉洁从业。

（6）建立阳光公开机制

在项目建设管理过程中，对不涉及知识产权保护或公司机密的事情要予以公开。各类公开内容采用文件、会议、现场公示栏、项目简报、公司内网等方式公开。

招标过程公开。项目的招标工作要严格执行国家法律法规、集团公司招投标管理规定、板块公司和分公司相关招投标管理规定，必须严格执行相关招投标流程，从招标策划、招标文件的编写、投标范围的界定、业主专家的选定等到招标、开标、评标、定标直至最终签订合同进行全过程监督，择优选择承包商和供货商，最大限度地维护业主自身利益，严禁暗箱操作，严禁设立不合实际的门槛，严禁化整为零规避招投标，确保招投标工作合规合法。

施工过程管理公开。施工企业要加强管理，科学组织，规范施工，主动接受监督，确保工程质量和进度，做到文明施工和安全生产。施工管理公开内容：项目工程概况、施工许可、机构设置、岗位职责、投诉方式、安全生产、质量控制、进度计划、施工签证、支付农民工工资等内容。监理单位管理公开内容：监理的工程概况、监理组织机构、岗位设置、办事程序、安全生产、质量控制管理、进度计划、完成情况、合同管理情况等内容。

设计变更管理公开。设计变更过程公开内容：变更设计原因、依据、变更设计方案和变更费用、估算等内容。设计变更费用核算实行量价分离，项目组负责确认变更工程量，项目管理部负责核定费用。设计变更批复结果公开内容：变更设计方案、变更金额等。

安全质量监督公开。公开内容：安全质量监督部门名称、负责人、联系方式，安全质量监督的组织、检查内容、检查方法及检查结果，项目安全质量鉴定结果。

资金使用公开。项目资金要严格按照合同管理有关规定执行支付程序，按时支付工程款。各有关工程管理部门要严格按照财务制度、资金管理制度规范工程财务管理。公开内容：工程资金筹措、支付情况（包括支付工程款和工人工资情况），支付程序、支付周期、支付时限等。

（7）加大查处力度

违纪必究，执纪必严。对违规违纪行为采取"零容忍"的态度，发现一起，查处一起，绝不姑息。重点对假公济私，损害业主利益，以权谋私，收受贿赂等行为保持高压态势。在工程现场显著位置公布举报电话、举报邮箱等公开监督渠道，接受员工监督与社会监督。

10.2 党建共建

10.2.1 党建共建目的

党建共建旨在发挥共建方各自优势，实现资源共享、优势互补、共同发展。以共建促党建，进一步加强共建方党组织建设，提高党员干部整体素质，增强党的凝聚力、创造力和战斗力，提升共建方党建工作科学化水平。为了确保在项目整个建设过程中顺利实施，充分发挥党的基层组织战斗堡垒作用，促进各承包商党组织在工程建设中起到政治核心作用，确保工程顺利进展并保证把工程建成"阳光工程、清洁工程、放心工程"。

10.2.2 党建共建内容

通过党建共建方式，实现项目建设单位与项目部、各承包单位有效的沟通联系，有效推动工程建设合同的有效履行，在按期完成工程进度，确保工程建设质量，保证工程安全的具体目标上做出努力；通过党建共建活动，增进了解，促进交流，取长补短，相得益彰，促进党建工作与项目建设的有机结合和互动同行；通过党建共建平台，及时沟通化解矛盾，共同商议解决问题，促进工程的健康稳定运行；通过党建共建要求，培育和谐氛围，相互监督，在实现工程优良的同时，实现人员的政治安全、人身安全和设备安全，特编制项目党建共建策划方案，通过对方案的有效执行和不断完善，努力提升党建科学化水平，为项目建设提供政治保障和组织保障。

10.2.2.1 加强党员队伍思想建设

坚持以党的理论武装党员干部的头脑，组织党员认真学习深刻领会上级党组织的重要精神及中央领导的讲话精神，强化思想建党。坚持完善并严格落实"三会一课"制度、党员干部双重组织生活会制度。坚持理论与实践相结合，从项目建设实际出发，充分发挥思想政治工作研究的作用，开展党建领域基础理论课题研究，努力形成具有工程项目特点的党建基础理论体系，指导基层党建工作实践。实施党员素质提升工程。

10.2.2.2 规范基层党组织设置

落实"四同步、四对接"要求，即党的建设同步规划、党的组织及工作机构同步设置、党组织负责人及党务工作人员同步配备、党的工作同步开展，实现体制对接、机制对接、制度对接和工作对接。完善党建工作体制机制，分层落实党建工作责任，使党组织发挥作用组织化、制度化、具体化，做到组织落实、干部到位、职责明确、监督严格。

10.2.2.3 强化基层党支部建设

把党员日常教育管理的基础性工作抓紧抓好，通过"三会一课"制度，规范基层党支部日常工作。积极探索党内民主实现途径和形式，切实保障党员权利。定期开展"一先两优"评选工作，表彰先进基层党组织、优秀共产党员、优秀党务工作者，发挥示范带头作用。严格执行中央《关于中国共产党党费收缴、使用和管理实施细则》，按规定收缴、使用、管理党费。

10.2.2.4 履行全面从严治党主体责任

按照全面落实党的建设主体责任要求，抓好责任落实。严守党的政治纪律和政治规矩，以开展好"两学一做"学习教育为契机，以开展"守纪律、讲规矩"主题教育活动为载体，加强纪律建设，不断提高政治素养，保持高度的政治鉴别力和敏锐性，在思想上、政治上、行动上与以习近平同志为核心的党中央保持高度一致。

10.2.2.5 健全风险防范共建机制

通过共建形式，形成项目建设单位党组织与项目部党组织、承包商单位党组织共同推进廉洁风险防控体系建设的机制，建立形成关键环节、重要岗位、多维度、全覆盖的廉洁风险防控体系。

10.2.2.6 充分发挥工会组织桥梁纽带作用

积极开展职工优秀合理化建议和技术成果评选活动。发挥安全监督作用，组织开展群众性安全监督检查活动和隐患排查活动。以"安康杯"竞赛为载体，广泛开展形式多样的安全生产教育和文化活动，增强员工和现场承包商作业人员应对突发事故的能力，提高项目建设过程中安全管理水平。关心员工群众生活。积极开展扶贫帮困，送温暖活动。进一步创新文体活动形式，组织开展形式多样的文体活动。

10.2.3 党建共建组织与职责

根据项目部人员组织实际情况及其党组织关系情况，分公司派驻项目党员身份的人员按照分公司党委组织机构设置安排和党员本人党组织关系情况，参加其所在党支部组织生活；工程公司派驻项目党员身份的人员按照工程公司党委关于项目组织机构设置安排，成立与项目建设相适应的临时基层党组织，党员根据其党组织关系参加所在党组织生活；派驻项目部的第三方党员身份的人员，由项目部临时党组织按照流动管理原则和要求，建立流动党员管理制度，通过有效管理方式和工作机制，严格其党员组织生活。

11. 项目国产化与科技创新

为了在提高装备制造国产化水平和科技自主创新能力方面作出贡献，本项目将结合项目实际情况，开展设备国产化及科技创新。

通过前期调研，本项目拟采用的国产化关键设备主要有：投煤量 3000 吨/天气化炉，大规模磨煤机，酸性气脱除装置丙烯制冷压缩机，低压煤浆泵。

国产化课题的主要工作计划是：

① 调研相近工厂采用进口材料和进口设备的原因；

② 调研相近工厂近些年国产化情况；

③ 组织设计院、制造厂、专家进行国产化可行性论证；

④ 提出设备、材料国产化论证报告；

⑤ 技术委员会批准。

在科技创新和节能降耗方面，本项目将着重开展以下工作：

① 采用高效节水消雾技术，降低项目水耗；

② 采用高效膜浓缩技术，充分软化预处理，回收率高，有利于后续结晶分盐单元的运行及保证结晶盐品种；

③ 采用结晶分盐技术，实现废物减量化、资源化、无害化；

④ 将优化全厂蒸汽平衡作为重点，加强低位热能利用；

⑤ 充分利用甲醇下游加工项目公用工程系统的富余能力，作为一个整体进行优化；

⑥ 优化常规低温甲醇洗流程，变换气和非变换气分开洗涤，并采用半贫液流程，减少贫甲醇的循环量；

⑦ 增加气化高闪气热量回收，副产 0.4MPa（G）的饱和蒸汽作为低温冷凝液汽提塔、氨解析塔和变换除氧器、气化除氧器等的热源，提高了高闪气的热能回收利用，同时冷凝液回收作为系统补水，节约脱盐水的消耗；

⑧ 优化气化粗煤气热量回收，在经变换装置废热锅炉回收热量产生三个等级的过热蒸汽后，余热除预热工艺系统脱盐水送工艺除氧器回收热量外，还用于预热电站除氧器用除盐水，进一步提高变换装置的余热利用率，减少循环水用量。

12. 项目绩效考核

12.1　分公司对项目部的考核

分公司负责对项目部进行绩效考评，考核周期为每半年一次，考核结果由项目部分解落实后，提交相应派出公司兑现，具体考核办法由分公司制定。

12.2　对承包商的考核

12.2.1　考核范围

项目部对承包商的考核，包括对 EPC 总承包商的考核和对施工承包商及监理单位的考核。项目管理部、施工管理部分别是 EPC 总承包商考核和施工承包商及监理单位考核的责任部门。

12.2.2　考核方案

12.2.2.1　EPC 总承包商考核方案

• 在项目 EPC 总承包商进场之前，项目管理部负责建立 EPC 总承包商考核办法。

• EPC 总承包商考核按月度组织考核，每月末组织一次，考核前三名在考评会上进行表扬。

• 每年末组织优秀 EPC 总承包商评比，根据当年 EPC 总承包商月度考核结果综合评定优秀 EPC 总承包商，优秀 EPC 总承包商按 EPC 总承包商总数 30%～40%的比例进行分配。

• 每年底，项目部用一定数量的奖励金奖励当年评定的优秀 EPC 总承包商，以资鼓励，进一步提高项目管理水平。

12.2.2.2　施工承包商及监理单位考核方案

施工管理部对项目参建施工单位及监理单位实施定期考核和后评价制度，并将后评价结果用于后期招标工作，以激励参建施工单位及监理单位在项目建设期保持较高的履约意识和服务质量。

项目建设过程中，施工管理部对参建施工单位实施多维度、全方位的季度考核制度，考核要素主要包括综合履约、施工安全、文明施工、维稳、支付进度、施工进度、施工质量等内容，考核主体包括项目组、施工管理部、项目管理部、商务管理部、安质环监管部、监理机构、质量监督机构等，对施工单位每季度考核后将考核结果在项目部范围发布并发送各参评单位公司总部。对参建监理单位实施月度考核制度，考核要素主要包括施工安全、施工质量、施工进度、监理综合服务意识及水平、协调管理效果等，考核主体包括施工管理部、项目组、安质环监管部、质量监理机构等，对监理单位每月度考核后将考核结果在项目部范围发布并发送各参评单位公司总部。

对于连续三次考评排序末位的施工或监理单位，项目部将视具体情况采取以下一种或多种措施以促使其改进：

① 通报批评、警告；

② 延付费用或经济处罚；

③ 更换不称职人员直至项目负责人；

④ 必要时，解除或终止合同。

项目建设过程中，施工管理部每年度结合过程考核结果和年度总体表现情况，在年底组织对施工及监理单位的年度考核，考核要素和主体如上所述，并将考核结果在项目部发布并发送参评单位公司总部。施工管理部根据年度考核结果设置具体奖励和处罚措施。

项目建设结束后，工程公司施工管理部依据各参建单位在项目的综合履约情况及过程和年度考核结果，适时组织参建施工及监理单位的星级评定工作，根据评定结构授予相应星级，并将评定结果用于施工长名单维护和后期招标过程，以保持社会资源状态最优化。

12.3　项目部内部的考核

12.3.1　建立项目部绩效考核体系

为加强项目规范化管理，充分发挥项目管理各职能团队的作用，项目部建立以管理绩效为导向的考核激励机制，在项目执行过程中，对项目管理绩效开展公正、客观的考核评价，以确保项目目标的实现。项目部绩效考核包括对各职能部门的考核、对各项目组的考核及对项目部人员的考核。其中项目部人员是指派遣到项目部组织机构中相应岗位的人员，包括分公司派遣的人员、工程公司派遣的人员及第三方人员。

项目部成立项目绩效考核领导小组，项目主任担任组长，项目执行主任担任副组长，各职能部门经理及项目经理任成员。绩效考核领导小组负责审批项目绩效考核管理办法、组织项目部定期开展绩效考核、批准考核结果等。

项目绩效考核领导小组下设绩效考核工作组，工作组组长由分管项目管理部的项目副主任担任，项目管理部经理担任副组长，成员为各部门、项目组代表。绩效考核工作组设在项目管理部，日常工作由项目管理部负责。项目管理部是项目绩效考核的牵头组织部门，在项目绩效考核领导小组的领导下，负责组织各部门、各项目组制定和完善项目部绩效考核管理办法、下达绩效考核管理指标，下发考核通知、组织定期开展项目绩效考核评价，负责汇总考核意见及编制考核评价报告，将考核评价报告上报考核领导小组等。其他各部门、各项目组在绩效考核工作组的领导下开展绩效考核评价工作。项目部绩效考核原则上每季度考核一次。

12.3.2　项目绩效考核内容及评价方法

12.3.2.1　对项目部各职能部门的工作绩效考核

项目部对各职能部门按照工作计划完成情况、对项目组的支持配合、部门间协作配合情况、项目主任（组）综合评价四部分进行考核，权重分别为40％、30％、10％、20％。项目部根据此权重设置，细化每一项指标的组成，也可根据项目所处的阶段或具体情况，适当调整指标组成和权重。对职能部门的考核结果评定分为Ⅰ、Ⅱ、Ⅲ三档，9个职能部门按照30％、40％、30％比例进行分配。

•工作计划完成情况。包括计划安排工作和日常管理工作，如管理活动实施情况，台账建立、更新情况，报告、报表统计上报情况，PIP平台相关录入情况，档案文件管理情况，差旅费使用情况，合法合规及程序文件执行情况等。各职能部门需按照发布的季度绩效考核指标编制工作计划完成情况表并形成报告，由绩效考核工作组核查并打分。

•对项目组的支持配合情况。包括部门所管理的框架协议服务、技术问题解决、项目组提交的各类报告审批、票证办理、指导培训、事故处理、变更审批完成情况、项目组提出的需职能部门协调问题解决情况等。考核时各职能部门需编制以上工作完成统计台账提交绩效考核工作组，供项目组核查、打分。

• 部门间协作配合情况。各职能部门结合其他部门对本部门开展相关业务的支持配合情况综合考虑、进行互评。

• 项目主任（组）综合评价。结合交办任务完成情况、工作配合情况、是否存在信访举报案件、阳光工程建设情况等进行综合评价，由项目主任（组）打分。

• 具体的考核细项分解、权重设置，在项目执行阶段进行。

12.3.2.2　对项目组的工作绩效考核

绩效考核工作组组织对各项目组按照绩效考核指标进行考核。对项目组的考核分为两部分：一是绩效考核工作组中各职能部门代表负责联络各职能部门结合本部门归口管理指标进行打分，二是项目主任（组）综合评价。各指标权重可根据项目所处的阶段或具体情况，适当调整指标组成和权重。对项目组的考核结果评定分为Ⅰ、Ⅱ、Ⅲ三档，6个项目组按照30％、40％和30％比例分配。

具体的考核细项分解、权重设置，在项目执行阶段进行。

12.3.2.3　对项目部人员的工作绩效考核

对部门经理和项目经理的考核评定分为优秀、良好、合格。主要参照部门经理、项目经理所在部门、项目组的团队绩效考核成绩，部门或项目组绩效考核成绩为Ⅰ档的，相应部门经理、项目经理即可被评定为优秀，相应为Ⅱ档的评定为良好，Ⅲ档的评定为合格。项目主任组对部门经理、项目经理只进行称职与不称职的评价。

对项目部其他人员的考核按照"谁分配工作、谁参与评价"的原则，由职能部门经理和项目经理从工作能力、工作态度、工作业绩、思想品德等四个方面综合考虑进行打分。对受专业经理、职能组长领导的工程师的考核，项目经理、部门经理要征求专业经理、职能组长的意见。兼职人员需接受所负责部门和项目组业务的双重考核，根据具体情况进行考核分值比例分配。项目部员工的考核评定分为优秀、良好、称职、不称职四档，按照相应组织人数进行一定比例分配。

12.3.3　项目绩效考评结果应用

公司充分应用项目绩效考评结果作为公司奖金发放、评优评先、职级晋升的依据。对加入到项目部的第三方人员，可通过合同设置对人员工作绩效考核及结果应用提出相关要求。

项目部定期向相关单位反馈绩效考核结果，在公司奖金发放等环节的结果应用上，建议综合考虑员工个人成绩及员工所在团队成绩两个因素。

对于项目部考核为不合格的人员，项目部有权退换。

项目结束时，项目部对一贯表现优秀的员工颁发"优秀部门经理""优秀项目经理""优秀项目管理人员"荣誉证书，肯定员工成绩、体现员工价值，并向员工所在公司进行反馈。

附录二　现代煤化工"十四五"发展指南[❶]

现代煤化工是提高煤炭清洁高效利用水平，实现煤炭由单一燃料向燃料和原料并重转变的有效途径，对保障国家能源安全稳定供应具有重要的战略意义。为引导现代煤化工产业科学有序发展，建立清洁高效、生态环保、低碳循环、系统完备的现代煤化工产业体系，特制订本指导意见。

一、发展环境

（一）取得的成绩。"十三五"以来，我国在煤制油、煤制天然气、煤制烯烃、煤制乙二醇等方面取得重要进展。生产工艺、关键大型装备和特殊催化剂等部分领域实现国产化，特别是大型煤气化技术取得了跨越式进步。截至 2020 年底，我国建成煤制油产能 931 万吨、煤制气产能 51 亿立方米、煤制烯烃产能 1582 万吨、煤制乙二醇产能 489 万吨，百万吨级煤制乙醇和煤制芳烃工业化示范项目实现长周期稳定运行，千万吨级低阶煤分质分级利用项目建设稳步推进。大型气化炉、空分设备、超高压合成塔件等部分主要设备实现了国产化。我国已经掌握了具有自主知识产权的现代煤化工工艺技术，整体达到世界先进水平。

（二）存在的问题。现代煤化工产业技术有待提升和优化，资源综合利用水平低和产品同质化问题突出；低阶煤分质利用技术亟待突破，相关规范标准缺失；产业发展面临资源、环境等方面的刚性约束持续加强。

（三）发展趋势。"十四五"时期，是现代煤化工高质量发展的关键阶段。以智能化、绿色化、低碳化为代表的新一轮技术革命与产业发展深度融合，国际能源市场不确定性不稳定性依然存在，生态环保约束更加强化，新能源和可再生能源替代能力显著增强，现代煤化工产业必须走清洁高效绿色低碳发展之路，促进煤炭由单一燃料向燃料与原料并重转变，建设现代煤化工产业体系。

二、指导思想、发展原则和主要目标

（四）指导思想。坚持以习近平新时代中国特色社会主义思想为指导，贯彻落实能源安全新战略，以推动煤炭工业高质量发展为主题，以推动煤炭供给侧结构性改革为主线，以提高煤炭绿色低碳发展的科学化水平为主攻方向，立足资源条件，依靠科技进步，加强统筹规划，优化产业布局，科学有序发展现代煤化工产业，推动煤炭由单一燃料向燃料与原料并重转变，促进现代煤化工产业高质量发展。

（五）发展原则

1. 坚持科学布局，统筹安排。兼顾资源条件、环境容量、生态安全、交通运输、产品

---

❶　中国石油和化学工业联合会发布。

市场等因素科学合理布局煤化工项目。

2. 坚持严控产能，差异发展。优先消化过剩产能，重点推进产业升级和结构调整，把握产业发展节奏。

3. 坚持清洁利用，高效转化。通过优化流程、创新工艺、技术集成等途径降低资源消耗和提高能源转化效率。

4. 坚持煤质优先，煤种协调。根据煤种和煤质特点，实施最合理的工艺与设备搭配，有序发展高硫煤、褐煤化工。

5. 坚持量水而行，环保严控。按照最严格环保标准，在水资源许可的条件下，适度开展项目建设。

（六）发展目标

根据经济性、技术可行性和生态环境容量适度发展现代煤化工，发挥煤炭的工业原料功能，有效替代油气资源，保障国家能源安全。研究富油煤矿区资源科学开发、综合利用规划，打通煤油气、化工和新材料产业链，拓展煤炭全产业链发展空间。

到"十四五"末，建成煤制气产能 150 亿立方米，煤制油产能 1200 万吨，煤制烯烃产能 1500 万吨，煤制乙二醇产能 800 万吨，完成百万吨级煤制芳烃、煤制乙醇、百万吨级煤焦油深加工、千万吨级低阶煤分质分级利用示范，建成 3000 万吨长焰煤热解分质分级清洁利用产能规模。转化煤量达到 1.6 亿吨标煤左右。

三、主要任务

（七）做好顶层设计，开展示范项目评价，重新认识和规划布局方案。对各示范项目从能效、生态环保、资源转化、市场空间、经济效益和社会效益等诸方面开展后评价，认真总结经验和教训，做好下一步产业规划和布局。

（八）开展典型示范项目后评估，发现问题和不足，制定优化升级改造方案。研究评估典型项目工艺路线、环节，避免投资风险和生产安全、生态环保风险，促进"安稳长满优"运行，制定和完善各种工艺、技术和产品标准，控制能效标准，减少低水平重复建设。

（九）在中部地区的煤炭运输大通道沿线适度布局现代煤化工项目。在水资源充沛、环境容量适当的中部能源和油气及其化学品短缺的煤炭运输通道沿线，特别是长江中游地区大型煤炭集散地，示范布局和建设一批重点现代煤化工项目和能源化工产业基地。

（十）支持研发大型低阶煤分质分级清洁高效利用技术和示范项目建设。重点突破富含油气的长焰煤粉煤热解干馏和半焦利用设备大型化技术，开展单系统百万吨级/年原料粉煤干馏装备的研究与工业示范。研发示范长焰煤热解产物的高质高效利用技术，发挥半焦低硫、低灰、低挥发分等特点，联产发电、气化、制氢、清洁供暖燃料等领域的应用技术。

（十一）建立健全现代煤化工技术和产品标准体系。重点构建煤质、煤种及气化等相关产品的标准规范，促进和保障煤炭与化工行业的衔接，引导和调控产业健康有序发展。

（十二）加快构建国家级技术研发平台、创新体系和人才培养体系。加快构建国家级现代煤化工技术研发平台和创新体系，加大专项资金支持和优惠政策扶持力度。加强基础研究和核心技术攻关，将煤炭转化重大科学研究和关键技术攻关纳入国家重大科技计划，将大型现代煤化工示范技术列入国家重点技术创新工程，推进大型技术与装备的国产化进程。优化设置现代煤化工学科专业，健全人才培养机制。

（十三）积极拓展煤制清洁能源和燃料领域，节约油气资源。加大煤制氢技术研发和推广应用力度。加快研发和完善甲醇直接燃烧、改性、高效转化技术以及民用燃料技术，发展以甲醇为原料的深加工产业。

四、保障措施

（十四）制定切实可行的现代煤化工产业政策。尽快制定符合现代煤化工发展实际的产业政策和相关标准体系，对产业发展进行科学指导。

（十五）建立国家煤化工产能战略储备机制。研究建立国家煤化工产能战略储备机制，维持一定规模的现代煤化工产能平稳运行，扭转和缓解我国燃油受制于国际市场和地缘政治的被动局面。

（十六）建立多元投资新模式，提升融资能力，防范投资风险。严格控制煤化工项目主体的财务杠杆、企业负债和财务成本，降低产品成本。充分利用资源优势和资本优势，促进共同稳定发展。

（十七）树立绿色发展理念，统筹布局现代煤化工产业园区化发展。统筹布局，按照上下游配套建设"三同时"的发展模式，秉承绿色发展和循环发展的理念，与其它相关产业统筹多联产发展，充分利用互联网、人工智能、大数据等现代信息技术，构建现代煤化工产业园区。

（十八）推动行业融合，加强行业技术指导和信息交流服务。发挥行业协会的优势，建立协调机制，凝聚行业内外优势资源，引导协作与交流，协调解决相关重大问题。加强调查研究，积极反映企业诉求，及时研究提出具有针对性、可操作性的政策建议。推广新技术、新工艺、新材料和新装备。加强行业自律，协助政府管理部门，做好服务工作。